叢林

JUNGLE

How Tropical Forests Shaped the World–and Us

關於地球生命與人類文明的大歷史

Patrick Roberts

派區克・羅勃茲 ——— 著

吳國慶 ——— 譯　鍾國芳（中研院生物多樣性研究中心副研究員）——— 審訂

推薦

《叢林》是一本立論大膽、野心勃勃,而且真正精彩的世界史,完全展示了熱帶森林對地球生命的重要性。

——彼得・渥雷本(Peter Wohlleben),《樹的祕密生命》作者

從人類作為物種的演化,到發展全球化的早期階段,一直到今天我們如何在廚房櫃子裡塞滿雜貨,叢林的功勞都比你所能瞭解的還多。

——路易斯・達奈爾(Lewis Dartnell),《起源:地球歷史如何改變人類歷史》作者

令人嘆為觀止的一本大書,證明熱帶森林是人類演化的關鍵,並為現代工業時期排碳需求極高的社會供應化石燃料。如果人類想要擁有未來,便需要保護和復原熱帶森林。這本富有洞察力且引人入勝的書,保證讓你不再對熱帶森林的一切視為理所當然。

——馬克・馬斯林(Mark Maslin),《如何拯救地球》作者

關於三葉蟲、恐龍和其他動物歷史的書籍很多,但關於植物歷史的書籍卻很少。在這本異常精彩的書裡,年輕且充滿活力的科學家派區克・羅勃茲(Patrick Roberts),探討了熱帶森林的歷史。從 3 億年前的煤沼澤,到恐龍、哺乳動物和花卉的共同演化之舞,一直談到人類自己的歷史如何被植物塑造等等。在今日人類周遭迅速變化的環境中,這本書是一部適時、可讀且

高度相關的歷史，頌揚了叢林的奇蹟與重要性。

——史蒂夫·布魯薩特（Steve Brusatte），《恐龍興衰史》作者

《叢林》將讀者帶到地球的原始中心，彷彿生命的熔爐在歡迎你來到聖殿……。閱讀這本書，就像品嘗一種快樂、純粹的智慧巧克力。

——保羅·霍肯（Paul Hawken），Drawdown（反轉地球暖化計畫）編輯

從地球生命起源出發的迷人叢林之旅。這本書為人類與熱帶森林的互動，提供了一個精彩的新視角，也就是把它們放在人類體驗的中心點，讓它們向人類對環境的濫用發出及時的警告。

——大衛·阿布拉菲雅 (David Abulafia)，
《偉大的海：地中海世界人文史》作者

派區克·羅勃茲巧妙清晰地展示了熱帶森林的重要性。他提出一個觀點，亦即無論生活在熱帶雨林或住在遙遠的世界彼端，人與熱帶森林都密切相關。這些錯綜複雜的聯繫在今日比起以往的任何時候都來得更加重要。終結熱帶森林的砍伐行為，在解決本世紀人類面臨的氣候和生物多樣性雙重危機方面，將發揮最為關鍵的作用。

——西蒙·路易斯（Simon Lewis），《人類星球》合著者

獻給瑞斯、艾達和利維亞
——他們還在穿越自己的叢林。

目次 Contents

推薦序
Foreword

如果「森林有眼」，
它如何看見地球環境的演變，
看待人類的世界？

洪伯邑（臺灣大學地理環境資源學系副教授）

　　回想女兒還在小學低年級的時候，有天放學去接她，她一見到我就興沖沖卻皺眉頭地跟我說：「把拔，地球發燒了，因為我們人類亂砍樹……。」寫這篇推薦文的時候，女兒已上國中，當然她對森林與環境之間關係有了更多認識，而作為地理學家的我，在跟女兒談到一些相關的環境時事時，偶爾會打開地圖，跟女兒探索全球的森林危機，例如巴西亞馬遜熱帶雨林消失的速度。

　　我想，日常生活中與女兒閒談森林的畫面，雖然只是很偶然的片段，但其實這些從學校課本或者媒體評論中對森林環境議題的描述，反映我們當代社會在面對全球環境變遷的當下，如何界定人和森林關係的一般看法。也就是，人類是大規模砍伐樹木的加害者，而全世界許多森林是受害者，但森林的消失也回過頭來累積成大自然反撲的力量，如極端氣候的發生，造成人類自身生存的危機。

　　或許，「人」作為「加害者」，而「森林」作為「被害者」的敘事，的確是事實，也因此保護森林成為現在人類減緩對全球環境傷害的手段之一。然而在這樣不偏離事實的敘事中，「人」與「森林」被描述成兩個互不隸屬的個體，兩者的關係似乎又過度單一與單向。也就是說，無論「人」是扮演「加害者」或「保護者」，森林成了單一線性關係另一端的「被害者」

或「受保護者」。

　　這樣的視角，就算沒有悖離事實，但就是少了我們人類與森林之間如何互為表裡的描述，也因此缺少關於彼此能否走向「共生」關係的探詢。基於此，派屈克‧羅勃茲博士在他的新作，《叢林：關於地球生命與人類文明的大歷史》這本書裡，轉換一個視角帶領讀者重新認識「熱帶森林」。作者從「熱帶森林」為主體出發，揭示人和熱帶森林從曾經「共生」，到當代兩造分離的過程，然後帶著讀者再一起思索如何再啟「共生」的未來。

　　既然要擺脫以「人」為核心的視角，回到「熱帶森林」為主體敘事方式，派屈克‧羅勃茲博士首先將我們帶回到人都還沒出現的地質年代，探索熱帶森林初始的樣貌，以及在不同地質年代的演化過程。也因此，我自己讀這本書的時候，與其說是跟著作者的文字，其實更像是跟著「長著眼睛」的熱帶森林，從它開始萌生到地球上那一刻，就將目擊事物與其自身作為熱帶森林之間的互動，一五一十地記錄下來，並娓娓道來自 4 億年前到當代的所見所聞。這讓閱讀這本書像是觀看一齣鉅細靡遺的生態演化劇碼，在富饒趣味裡有知識性的探究以及批判性的反思。

　　打開書頁，如同跟著「有眼」熱帶森林一起觀看，發現原來它能見到什麼事物並與之互動，實則跟熱帶森林自己在不同時空的演變，進而創造出什麼樣的環境息息相關。跟著熱帶森林的眼，它帶著我們看到地球環境因熱帶森林的茁壯，從而改變了大氣組成、營造了水文循環、創造了土壤條件。這些熱帶森林「盡一己之力」而來的環境，進而影響其他動物的演化。所以跟著熱帶森林的眼，我們隨之看到恐龍來了、哺乳動物出現了、人類也接續著生活在熱帶森林的「視界」裡。

　　原來，在熱帶森林的眼裡，人類也曾是生活在它的懷抱、一起「共生」的夥伴。在熱帶森林裡，我們見到農業的發展、城市的開拓。讀到這裡，我的眼界隨著熱帶森林的視角重新被打開，那些我們原本以為只能遠離熱帶森林而存在的農業與城市，竟也一度是人類與熱帶森林共創共榮的地景。然而，當熱帶森林帶著我們見證歐洲殖民者的到來，破壞了原本「共生」

的秩序，人類就不再把熱帶森林當成一起生活的夥伴，而是殖民者攫取資源、掠奪土地的對象。

行文至此，熱帶森林讓我們跟著眼睜睜地看著森林被砍伐，成了畜牧場、礦場、大規模經濟作物的農場。看著人類如何從「共生者」走向「破壞者」，如何從此讓自己離開熱帶森林的懷抱，不再以熱帶森林的視角看待環境與世界，而是轉換成外來掠奪者的視線，以「開發」之名看著熱帶森林消失。我想，如果熱帶森林有眼，這書中的描述便是它是用批判之眼帶著我們看這一段殖民者帶來的過往，也讓我們跟著一起檢視它當前傷痕累累的狀態。

回到文章一開始我和女兒日常裡偶然關於地球森林的隻字片語，人類帶給熱帶森林的破壞對現代的我們來說，或許已不是什麼新鮮事。但即便如此，《叢林》這本書給了我們一個新的立足點看熱帶森林，讓我們從以「人類為中心」的視角稍微移開，轉而以「熱帶森林為中心」的新視角，重新審視熱帶森林對你我與其他地球生命的牽連與貢獻。如同作者派屈克・羅勃茲博士在最後的章節裡說：「我希望可以透過這本書讓各位相信『熱帶森林』是你的歷史、你現在的生活，以及未來安全的一部分。」

是的，熱帶森林和我們從來就不是單一線性關係裡互不隸屬的兩端，而是互不可分的「共生」。如同書中描繪，「共生」關係裡，人類曾與熱帶森林「共榮」地存在。但也別忘記，「共生」裡的相互依存，也可能導致「共亡」；正如大規模的森林砍伐帶給人類的自然反撲。當然，我們也必須承認，回到一模一樣、那個曾與熱帶森林「共生」的過去已經不可能，但如何創造「新共生」的未來，就成了關鍵課題。

我想，在尋求「新共生」的過程裡，將熱帶森林隔絕於人類活動之外，進行全然的保護，或許只是手段之一。我們也應該一併思考，該如何以環境友善的方式，讓人類活動重回包括熱帶森林在內的各種森林的懷抱裡。近來，在臺灣與世界其他許多地方已開始這樣的嘗試，例如對「林下經濟」的重視、對原住民與森林之間關係的重新認定等等。這些嘗試，是在往「新

共生」的方向中再次構築森林與人，在彼此互不可分裡的「互利」關係，
也為再次回到彼此關照的視線裡而努力。

推薦序
Foreword

歡迎來到叢林

洪廣冀（臺灣大學地理環境資源學系副教授）

　　打開考古學者派區克・羅勃茲（Patrick Roberts）的《叢林：關於地球生命與人類文明的大歷史》，我的腦中就不停播放著「槍與玫瑰」的名曲：〈歡迎來到叢林〉（Welcome to the Jungle, 1987）。在開頭如戰鼓般的吉他 riffs 後，Axl Rose 喊道，「歡迎來到叢林，有趣的遊戲都在這裡，我們有各種想要的東西，寶貝我們都知道它的名」。在幾段還算正常的歌詞後（「不管你需要什麼，我們都能找到」），Rose 的唱腔益發淫蕩與邪惡。「看叢林如何把你踩在腳下，我要看著你血枯人亡！」「這裡沒什麼免費的東西」「感覺我的大蛇吧，我想聽你尖叫！」

　　〈歡迎來到叢林〉描繪的是 1980 年代充斥著毒品、性愛與搖滾樂的洛杉磯，與現實中的叢林恐怕沒什麼關係。即便如此，這首搖滾樂的經典充分顯露叢林的惡名昭彰。Jungle 一詞源自印地語 *jangal*，意指沙漠、森林、荒蕪或未開闢之土地，泛指聚落以外的土地。19 世紀中葉，當 jangal 被轉化為 jungle，特別在與 tropic（熱帶）一詞結合後，*jungle* 開始被描繪為危機四伏、遍布毒蛇猛獸、稍有閃失人類即屍骨無存的綠色地獄。在大眾文化中，從《泰山》到《金剛》至《侏羅紀公園》，從《丁丁歷險記》至《森林之子毛克利》，處處可見類似手法。

　　學術寫作自然也不例外。在《叢林》中，羅勃茲嘆道，就如同自然史博物館的參觀者常會略過植物化石區、直奔爬蟲類或哺乳類區一般，「當我們談及人類故事與地球物種生命史時，經常會自動忽略熱帶森林。」（頁

24）在論及人類起源與演化時，此「叢林忽略論」格外明顯。典型的人類大歷史大致是如此展開的：「人類祖先脫離『危險的森林』和貧乏的採集生活後，邁開大步走向『草原』生活，利用新的工具探索新環境所提供的豐富機會。」（頁 24）即便在光達等先進測量儀器的協助下，科學家多少能穿透叢林繁複糾結的樹冠層，發現林地上如星叢般集結的人類遺址，但在論及此些遺址的起源時，即便是最審慎的研究者，仍不免採獵奇的角度，認為這些都是居民謎一般地消失、為文明所遺忘的「失落之城」。**然而羅勃茲認為，真正失落者為以全新角度認識叢林的機會。**他批評，光達或許讓研究者看得更深、更為透徹，但只要研究者看不清自己的盲點，再好的光達也是枉然。他認為，在此失落都市論中，叢林每每被視為缺乏生產力、土壤貧瘠，天災不斷、猛獸環伺的不宜人居之處，既無法維持人類的農業發展或城市雛型，更無從發展所謂「複雜化」的人類社會。但事實上，羅勃茲指出，若研究者把此根深蒂固的偏見放在一邊，那些沉睡在叢林之中、結構精巧的人類遺址，訴說著再明顯不過的答案：叢林從來不是阻礙人類演化的「綠牆」，亦非站在文明對立面的「蠻荒」；叢林為人類的孵化器，是文明的搖籃。

————

　　在《叢林》中，羅勃茲全面檢討蔓延在大眾文化與學術研究中的叢林忽略論與失落都市論，並提出自己的替代見解。羅勃茲為牛津大學考古學博士，目前在德國的馬克斯普朗克研究所（Max Plank Institute）的考古系任職。羅勃茲擅長以穩定同位素分析（stable isotope analysis）回答史前人類吃些什麼，從而推測其生活環境。羅勃茲的博士論文探討斯里蘭卡更新世晚期與全新世（Late Pleistocene and Holocene）人類之於叢林的適應（adaptation）。他批評「古人類從依賴『森林』或『樹木繁茂的棲地』至依賴『大草原』的明顯轉變」此經典見解（其實也是其導師茱莉亞‧李—索普〔Julia Lee-Thorp〕教授於 1980 至 1990 年代在南非從事考古研究後的結論），主張智人作為一個人種，從未，而且

也不打算與叢林劃清界線。要證明此點，羅勃茲與古生物學、古人類學、古氣候學等領域的研究者合作，於「『斯里蘭卡充滿水蛭的熱帶雨林』『澳洲的易燃乾燥森林』『墨西哥火山邊緣迷濛的雲霧森林』以及飛舞著『可叮穿鱷魚皮的巨蚊、讓汗水「如瀑布般流入眼睛」的『亞馬遜雨林』展開田野工作。」（頁 23）

　　2020 年，他向國家地理（National Geographic）提出研究案，以叢林與都市的依存觀點，分析斯里蘭卡著名的古城與世界文化遺產波隆納魯瓦（Polonnaruwa）與阿努拉德普勒（Anuradhapura）的形成與衰落。在 Covid19 疫情期間。羅勃茲的田野工作不免停頓。但他並未閒著，結合自博論以來的研究心得，以及叢林研究社群的最新成果，推出《叢林》一書，既給讀者一部前所未見的叢林大歷史，同時也呈現一名叢林研究者於疫情期間的反思。畢竟，若 Covid19 起源於蝙蝠，而蝙蝠又源自叢林，人類在疫情爆發以來承受的苦難與損失，無疑為莫大警訊，表示人與叢林的關係已惡化至無以復加的程度。

　　2021 年，以其對考古學的貢獻，乃至於在森林保育、遺產保存上的心力，羅勃茲獲頒德國學術界頒給年輕研究者的最高獎項——漢斯・邁爾—萊布尼茲獎（Heinz Maier-Leibnitz Prize）。

————————

　　在當今科普寫作中，主打「大歷史」的作品並不罕見；地理學者戴蒙（Jared Mason Diamond）的《槍砲、病菌與鋼鐵》、《大崩壞》，以及歷史學者哈拉瑞（Yuval Noah Harari）的《人類大歷史》，均是膾炙人口的例子。《叢林》的特色在於，當前述著作多少還是以人為中心，羅勃茲認真地把樹與森林當成主角。如同《樹冠上》的作者鮑爾斯（Richard Powers）以及長期在亞馬遜叢林中做田野、完成《森林如何思考》此多物種民族誌的人類學者孔（Eduardo Kohn），羅勃茲表示，樹木與森林或許不具備世俗意義下的「智能」，但無疑能與眾多的生命形式結盟，可彼此溝通，且以深具創意的方

式回應其他生命與環境給予的挑戰。

　　要瞭解這群在地球上存在的時間比人類長一千多倍、至今仍生活在人類周遭、但少有人願意駐足與傾聽的生命，羅勃茲將叢林大歷史的起點定在寒武紀早期。那是距今 5.388 億年至 5.09 億年前，當海洋拜寒武紀大爆發之賜已是生機蓬勃，陸地仍呈現一片死寂的時刻。然而，當 5 億年前如地錢一般的植物出現在陸地、4.2 億年前維管束植物開始將根系深入岩盤、挺著枝葉試著擷獲陽光與二氧化碳時，由於植物的光合作用（將二氧化碳與陽光轉為氧氣與糖分，讓地球氣溫得以降低），力道足以將岩盤粉碎的根系（從而將礦物質釋放出來，可為其他生命所用），以及與真菌與微生物日趨穩固的結盟關係（或稱「木聯網」〔wood wide web〕，讓營養物質可在整個生態系統中流動），這批地球深歷史中最早登陸的拓荒者，在逐步將其勢力拓展至全球的同時，根本地改變了地球系統。

　　在過來億萬年間，伴隨著板塊的幾回大規模重組（在石炭紀時期〔約 3.593 億至 2.989 億年前〕的超級盤古大陸；侏羅紀時期〔2.014 億至 1.431 億年前〕盤古超級大陸一分為北勞亞大陸和南岡瓦納大陸；白堊紀〔1.431 億至 6600 萬年前〕岡瓦納大陸又分裂為非洲、南美洲、印度、南極洲和澳洲），以及相應的火山噴發等激烈的地質活動，於泥盆紀（4.19 億至 3.593 億年前）開始以「樹木」之形式現身的生命，在遭遇二疊紀時期（2.989 億至 2.519 億年前）至三疊紀初期（2.519 億年前）一回幾將規模初具的森林生態系自地表上抹除的滅絕事件後，演化出目前仍活躍於地球的裸子與被子植物。

　　羅勃茲認為，約 6000 萬年前，「與 21 世紀的現代後裔非常相似的熱帶森林在熱帶地區出現，甚至延伸到更溫暖的地區，成為高溫森林」；又過了 5000 萬年，即距今 1000 萬年前，「誕生『現代熱帶森林』所需的基本配備都已完備：具有特定的植物物種、適當的大陸位置，以及今日相關的泛全球氣候條件。」（頁 59）就羅勃茲而言，「現代熱帶森林」意指「北回歸線和南回歸線之間的任何森林」；從亞馬遜和剛果河流域的「潮濕低地常綠雨林」，至中美洲和馬達加斯加等地季節性乾旱和多刺植物的「熱

帶森林」，再到新幾內亞和安第斯山脈之白雪山頂下的「山地熱帶森林」，以及讓華萊士目眩神迷的東南亞孤島森林，乃至於太平洋群島上的島嶼森林，還有非洲熱帶「森林—稀樹草原鑲嵌地景」。特別就非洲熱帶森林而言，羅勃茲指出，「這是人類遇上的合宜環境，也是充滿活力的『森林演化史』裡的最終產物。」（頁65）

────────

正因為叢林可說是陸域上最長期的居民，又是可改造地球系統的「大地工程師」，在植物登陸後輪番上陣的生命形式，都得設法與叢林打交道。為了回應這些生命帶來的限制與機會，叢林也頻頻創新，與這些無法行使光合作用、得仰賴氧氣才能生存、但可隨意移動的動物朋友建立互依互存的關係。羅勃茲寫道，「最早期的熱帶森林徹底重新設計了地球表面，為活躍的陸域生態系提供養分、庇護所、穩定的土壤和大氣條件等，讓昆蟲和各種動物都能生活在不同的營養位階，探索各自的適應能力。在這些新型環境中，出現了我們今日熟知的所有主要陸生動物群。」（頁45）。人類與叢林的關係也是如此。羅勃茲寫道，「在越來越受限的非洲亞熱帶和熱帶森林裡，大猩猩的祖先以及黑猩猩和巴諾布猿的共同祖先出現，逐漸演化。也正是在這個由熱帶森林、乾燥林地和草原共同組成日益複雜的鑲嵌地景世界中，第一批『古人類』和我們的祖先譜系脫離了其他人猿分支，開始走出全新的開創性形式。」（頁109）雖然，如我們所知的，現今仍存活在地球上的人類只剩「智人」，羅勃茲認為，智人能有此演化上的成就，仰賴的不是告別叢林、朝向廣闊的草原與海洋直奔而去的「冒險」，反倒是在緩步在林間、在叢林中的多重縫隙中悉心操作的「實驗」。

醉心人類大歷史的研究者必然會提到農業革命，且把目光集中在中東的「肥沃月彎」。然而，羅勃茲告訴我們，眾多當今農業中最重要的主食、配菜與調味料，如芋頭、甘藷、山藥、玉米、秋葵、胡椒、香蕉、檸檬可能均源自人類於叢林中的實驗；至於那些撐起農業社會的支柱，如雞、馬、

水牛等，恐怕也都出身早期人類的叢林實驗站。甚至工業革命同樣也可算做某種叢林實驗。所謂「工業革命」，究其實質，就是從石炭紀留下的叢林遺骸中，將儲存在當中的陽光釋放出來，轉化為熱能，以推動火車，汽輪與紡織機。

　　然而，羅勃茲指出，這股從叢林中釋放出的力量是如此巨大，在短短幾百年間，竟可抵銷幾億年間叢林的固碳作用，讓地球系統再度充斥二氧化碳，導致氣溫節節上升。有能力扭轉此趨勢的叢林，以及多少已摸索出來與叢林共存的原住民族，先是在帝國擴張與殖民統治中元氣大傷，復在日發嚴峻的氣候災難中首當其衝。眼見叢林極可能遭遇其遠祖自寒武紀登陸以來的第三次大滅絕，該如何避免一小撮人類野心勃勃的實驗拖著地球上億萬年演化出來的生命陪葬，已成為人類社會得共同面對的問題。

　　羅勃茲認為，關鍵在於根本地改變人們看待叢林的態度。他批評，即便叢林在減緩氣候變遷、生物多樣性保存上的效果已廣為人知，但弔詭的是，某種叢林忽略論卻在保育論述、輿論與媒體上恣意蔓延。此新型的「叢林忽略論」「預設人類無法持續生活在這種環境中，因此保護的最佳方式便是視之為完整的『生態荒野』，盡量減少人為干預與出現。」（頁24）羅勃茲問道，「我們真的想重建出一種幾千年來都不曾在許多熱帶地區真正存在過的『自然』景觀嗎？或者，我們更願意接受『許多熱帶森林早在殖民和帝國軍隊來臨之前（以及後來讓它們成為受威脅的生物群落），就已被「成功管理」了很長一段時間。』」（頁273）在《叢林》末尾，羅勃茲提出他的答案與行動策略。關鍵在於重視長期與叢林共存之原住民族的經驗與智慧，結合多領域研究者為叢林建立的歷史圖像，以此為基準點，與叢林經營涉及的利益關係者展開合作與協商。他期許讀者在闔上《叢林》一書後，能立即採取行動；此行動可以基於「對熱帶森林的熱愛和責任」，也可以源自「助人的道德感或同理心帶來的美好感受」。至於那些仍不願放下叢林忽略論的讀者，他也期待該書至少能帶來一些改變，「因為你已經看到如果不這樣做，氣候劇烈變化、食物來源減少、經濟災難、政治不穩定、

大規模移民和流行病的爆發，很快就會敲上你家大門。」（頁303）

────────

　　按照羅勃茲的分類，位於北回歸線兩側的臺灣，同樣也是叢林的分布地點。閱讀羅勃茲時而沉穩、時而憤慨的文字，回想這片叢林在所謂「篳路藍縷、以啟山林」中的遭遇，不免膽戰心驚。與 *jangal* 一般，臺灣的叢林曾被稱為「林野」，意指耕地以外的土地；與 jungle 類似，這片林野也長期被移墾者與統治者視為「番／蕃地」，為「徒有人形，全無人理」之「番／蕃人」的所在之地。為了把「林野」轉化為邊界清楚、可以近代科學予以精算與管理的土地類別，同時將「番／蕃人」拖入文明社會，從 19 世紀以降，這個島嶼的統治者，便積極地將臺灣的叢林改造為井然有致、可永續生產的人工林。這波改造運動至 1990 年代初期劃下句點；時至今日，即便臺灣仍保有傲人的森林覆蓋率，但曾讓 19 世紀歐陸旅行者瞠目結舌的叢林已不復見。然而，就如羅勃茲所觀察到的，即便森林保護、自然保育可說是當代臺灣社會的共識，但森林往往被視為神聖不可侵犯的聖地；森林終究不是家園，而是都市人尋幽訪勝的後花園。現在問題是，主要由移墾者構成的臺灣社會，在試著把森林視為家園的同時，不至於侵門踏戶，對曾經也依然活躍於森林中的原住民視而不見？若森林可以為家，該如何避免隱晦、不易察覺的家庭暴力？可以確定的，如果說《叢林》一書提醒溫帶國家的讀者於「此時」開始行動的重要性，就生活於叢林周遭的臺灣讀者而言，也應當警覺，不僅此時，**此地**即可行動。

　　歡迎來到叢林，歡迎回家。

叢林

前言
Preface

　　2019 年 7 月，我和我的學生維克多（Victor Caetano Andrade）在巴西新熱帶（Neotropics）*的核心地區苦苦奮戰，擊退毒蛇，打敗可以叮穿鱷魚皮的巨蚊，並熬過讓汗水如瀑布般流入眼睛的破表高溫。在過去十年裡，我在世界各地的熱帶森林進行田野調查，從斯里蘭卡充滿水蛭的熱帶雨林，到澳洲易燃的乾燥森林，以及墨西哥火山邊緣迷濛的雲霧森林等地。不過，這些經歷都無法讓我對世界上流量最大的河──亞馬遜河──兩側豐富的生活、令人窒息的氣候以及廣闊的森林做足準備。因為光是要抵達研究地點所在的村莊，就要花上 36 個小時：搭乘「慢速渡輪」（recreio）移動 523 里後，再轉搭兩小時的開放式小船。我們必須在小船上塞滿幾大箱笨重的科學設備，以及一大組維修用的基本工具，並用任何衣物塞滿剩餘的空間；維克多在整個夏季研究過程中不僅染上登革熱，手上還長了一個李子大小的膿瘡。當他搭乘的飛機在當地城市降落時，引擎突然發生故障。

　　這一切對你來說可能並不陌生，尤其是住在歐洲和北美洲的人，幾乎都在電影和小說中體驗過這樣的「叢林」生活。從《阿波卡獵逃》（Apocalypto）的追逐，到與動物一起奔跑的《森林之子毛克利》（Mowgli: Legend of the Jungle）等等，大多數人把熱帶森林視為一種「**未知**」**的陌生之地**，除了能提供藝術隱喻和各種自然資源外，認為這裡與我們對「家」的概念毫不相干。事

---

* 譯注：新熱帶的範圍包括美洲大陸的熱帶陸域生態區，以及南美洲的溫帶區，涵蓋整個南美大陸、墨西哥低地及中美洲。

實上，大多數以「叢林」為背景的歐美書籍、系列影集和好萊塢大片，都壓倒性地表明熱帶森林根本無法維持大型人類社會的永續安全。

這種概念不只深植人心，還充斥在學術思想中。當我們談及人類故事與地球物種生命史時，經常會自動忽略熱帶森林。人類演化的主流敘述，通常提到人類祖先脫離「危險的森林」和貧乏的採集生活後，邁開大步走向「草原」生活，利用新的工具探索新環境所提供的豐富機會。[1] 而在尋找人類物種的起源，亦即「智人」的全球遷移路線時，也只會關注開闊草原地帶或沿海環境。[2] 同樣的情況也在討論農業或城市起源時發生，幾乎沒有人提到熱帶森林，我們認為這種環境「缺乏生產力」且土壤普遍貧瘠，加上致命的自然災害、難以捉摸的動物和極端氣候等，根本不可能維持人類的農業發展或城市雛型，亦即無法發展出所謂「複雜化」的人類社會。[3] 隨著農耕工業化以及城市人口增加，對今日環境造成不可避免的破壞，我們才開始正視過往熱帶棲地是如何支持大面積的單一栽培農耕、廣闊牧場以及繁華大都會等課題。而對熱帶森林中社群生活的描述，則通常傾向認為他們是孤立的小型族群，靠狩獵採集維生。[4]

這些假設不僅形塑我們對於熱帶森林歷史的理解，也影響了我們保護它們的行動。傳統熱帶森林保護的概念，已預設人類無法持續生活在這種環境中，因此保護的最佳方式便是視之為完整的「生態荒野」，[5] 盡量減少人為的干預與出現。甚至英語中常用來替代熱帶森林的專有名詞「叢林」（Jungle），便來自印地語的 *jangal*，[6] 意指人類居住地區和家庭舒適區「以外」的範圍。

不過，對於這些經常聽到的關於熱帶森林的敘述，我們應抱持「懷疑」態度。例如在改變我人生觀點的亞馬遜盆地探險期間，我就遇到兩個特定時刻。這兩個時刻一直留駐我的心頭，比起維克多和我在樹冠下的任何驚險經歷都更出人意表，也更激動人心。這樣的邂逅，突出了人類與此壯麗環境之間長久密切的互動，以及我們持續受到的它的影響，這是不管你是否生活在熱帶地區都能感受到的。

　　第一個特定時刻是在某天清晨。當時我們在老渡輪的輕微震動和長尾鸚鵡的叫聲中醒來，身兼巴西國民與亞馬遜地區資深旅行者雙重身分的維克多，指著岸邊樹林對我說：「很快就會出現村莊。」我朝著他的手指方向看過去，沒有看到任何人、房屋或可能暗示某種人類存在的痕跡，我眼前只有一片野生的綠色樹林。維克多要我觀察逐漸支配整個河岸的植被**類型**。經過仔細觀察，我發現果然跟之前行經的大片森林不同：兩種特別密集的特定類型植物變得十分清晰，一種是長著巴西莓漿果的棕櫚樹，另一種是巴西堅果樹（更準確說是「亞馬遜堅果樹」）。

　　作為一位長期在地工作的生態學家及亞馬遜盆地兩岸棲地研究的常客，維克多知道這些植物是進入人類生活領域的指標。果然沒過多久，河岸茂密的植被中慢慢出現村莊，亦即被暱稱為「亞馬遜堅果樹點」（Ponta da Castanha）的村莊。

　　維克多和一些當地人，包括慷慨的主人朱塞利諾（Jucelino），都知道目前河岸村落的定居點，幾乎重疊在史前人類的居住遺跡之上。過往的人類社會在幾萬年中，改變了地表土壤的肥沃度與附近植被的組成。由於改變很大，目前這些地點依舊吸引著亞馬遜當地的食品生產商進駐採收。如果亞馬遜熱帶森林確實「不適合居住」，也未曾出現在人類演化史上，那我怎麼可能有機會站在一個幾萬年來人類反覆定居的地點上呢？

　　第二個特定時刻出現在亞馬遜旅程結束、我們搭乘一艘小馬達船駛離岸邊之際。小船的船身只比水線高一點，為了安全起見，我把重要財物和設備抱在腿上。我抬頭望著天空，看到一片快速移動的雲朵飛越亞馬遜雨林及人類定居地上方，距離近到就好像可以觸摸一樣。也就在這一刻，我首次體會到熱帶森林對區域、大陸及整個地球的重要性。如果這些森林消失了，就會少掉幾以億計片樹葉蒸發的水分，而這可能會讓我頭上這朵雲變得像戳滿洞的破布一般。

　　很少有人意識到熱帶森林對地球上絕大部分陸地的降雨，擔負著全球重任。[7] 以亞馬遜盆地來說，如果熱帶森林消失，降雨量將大幅減少。而且

不只局部地區減少，整個南美洲大陸多數地區的降雨量也會一起減少。加上海洋和大氣環流系統遍布全球，所以遠至歐洲的氣候也會受到影響。此外，這些熱帶森林通常也是主要的「碳匯」（碳吸收庫），執行地球 1/3 以上的光合作用，吸收並儲存約 1/4 的陸地碳。如果森林消失，所有儲存的碳就會釋放到大氣中。而熱帶森林消失後生物也會減少，導致生物圈捕獲的二氧化碳立刻變少。[8] 在人類製造的碳排放對氣候變化的影響日益緊迫下，你一定能想像這會對整個地球氣溫造成什麼影響。

這兩次經歷提供一種切入點，協助各位瞭解熱帶森林在人類歷史上儘管舉足輕重，卻也受到嚴重忽視。同時，它也協助我在本書中向各位說明它們對地球的重要性。熱帶森林並非不適於人類定居的可怕「綠色地獄」[9]，也不是對遠方的它們無情地榨取和清除，我們才能得到益處。它們也可以富饒地與人類共存，或讓人類長久定居其中（這事實對我們預設人類社會、經濟和定居點應該如何組織才正確的想法，提出了強烈質疑）。事實上，由於它們對整個地球十分重要，我們必須盡快找出方法來證明這一點。

作為一名在熱帶地區工作的「跨學門」考古學家，我看見前輩和同事們的發現，突顯了在全球範圍內，存在著生活在熱帶森林環境當中的人類社會。它們都有適應性與靈活度，不論是人類最早的祖先，還是工業化時期前存在過最大城市地區的居民都是如此。我也看見生物學家和生態學家長期以來一直強調，這些地球上最古老的陸域生態系統是全球最大的動植物多樣性集中地，在演化和維持上扮演了重要角色。[10] 我還看到當地原住民[11] 長期倡導熱帶森林在他們經濟、文化活動扮演的重要角色，並強調應對這些生態系統做積極管理。[12]

話雖如此，仍有許多人認為熱帶森林與人類的存在本質上是分離的。儘管我們開心聽著泰山與野生動物一起生活的故事，觀看勇敢的探險家尋找「失落城市」，聆聽大衛・艾登堡（David Attenborough）以舒緩悅耳的語調，描述一隻充滿異國情調的雄鳥試圖讓不為所動的雌鳥瞬間眼花撩亂，然而熱帶森林的偏遠、生物多樣性及其日益加劇的消失速度，雖然令人著迷、

驚嘆，卻與我們所習慣的日常生活脫節。就算我們一直呼籲要保護熱帶森林，多半也只是傾向呼籲「遠離」它們，而非尋找**與它們「共同生活」的方式**。今日熱帶森林的困境固然令人心酸，但人類與它們之間明顯的疏離、隔閡和異國情懷，卻讓我們更傾向忽視它們。

　　本書是一部關於熱帶地區和「叢林」的世界史，從地球上出現並綿延近 4 億年、色彩繽紛的熱帶森林旅程開始寫起（第一章和第二章）。從第一批進入溫暖潮濕世界的樹狀有機生物到可識別的森林，一直到今日居住（或造訪）熱帶地區的人們，我們看到這些樹狀有機生物抵達陸地表面後，如何逐漸形成熱帶森林，形塑了上方的氣候變化及下方板塊構造的擠壓力量，同時也被這些力量所形塑。熱帶森林塑造了地球的大氣、水循環和土壤，並在地球生命演化中發揮重要作用。我們將探索在這些非凡的環境下，地球上最早的開花植物和四足陸生生物如何被孕育出來（第二章）、又如何影響恐龍的演化（第三章），以及影響今日我們在動物園觀看的許多哺乳動物祖先的生存和演化（第四章）。熱帶森林在人類演化中也發揮了重要作用。綠葉繁茂的熱帶森林是人類的「搖籃」，第一批人類出現在非洲，從其他類人猿與我們人類間最近共祖的系譜上分支出來（第五章）。熱帶森林亦是距今約 30 萬至 1.2 萬年前，我們智人 (*Homo sapiens*) 在遷徙拓殖至地球上幾乎所有大陸前，所居住的多樣化環境之一（第六章）。

　　雖然熱帶森林在人類的演化中佔有極顯著的地位，但大家通常認為熱帶森林與人類毫不相干：若不砍伐森林就無法耕種，或認為熱帶森林就像荒涼孤島，在面對城市環境發展時既缺乏吸引力，也脆弱而不堪一擊。不過我想說的是，這些先入為主的觀念往往是歐美關於「農業」或「城市」應當如何認知下的偏執產物。事實上，今日人類依賴的許多作物和動物，最初都是在熱帶地區栽培和馴化的（第七章）。許多不同型態的人類社會持續在熱帶島嶼上努力生活、不但管理當地資源，也從其他地方引入新作物和動物（第八章）。歷史上，熱帶森林也是地球上那些曾經存在、最大也相對最成功的前工業化城市人口聚居地（第九章）。而這點反過來又迫使我們

提出一個新問題：既然不乏過往人類在世界各地熱帶森林環境中居住和管理的各種證據，為何現在大家還認為熱帶森林是「空無一人」且「易受人為干擾」的地方呢？答案可以在過去五百多年的歷史進程裡找到，亦即當時歐洲和熱帶世界間的各種摩擦衝撞。疾病、戰爭和謀殺，蹂躪了原住民居住的城市和村莊（第十章），以利益導向的舉措為了採礦與種植單一作物將森林伐除，致使土壤侵蝕，同時發生在熱帶森林的強行綁架和勞動力運送，更助長了跨大西洋的奴隸貿易（第十一章）。帝國主義和資本主義勢力在熱帶地區擴散，也導致地景改變。歐洲西半部、北美洲北部和熱帶世界間的財富不平衡、種族歧視和暴力問題，對於原住民知識的忽視，以及人為引起的重大氣候變化，都代表我們在 21 世紀可能會面臨重大的生態、社會、政治和經濟挑戰（第十一章和第十二章）。而這些讓許多人得到錯誤的結論，認為熱帶森林棲地再也無法維持下去，也無法支持大量人口。

　　儘管身為讀者的你可能非常關心環境議題與熱帶森林減少的現象，但在某種程度上，你可能仍然覺得自己與這些世界上最古老的陸域環境有一定的距離感。確實如此，惡劣的工作條件、茂密的植被以及艱難的航行（就像維克多和我在亞馬遜探險中遇到的一樣），經常阻礙大家對熱帶森林及其歷史的探索。

　　本書將著眼最新的科學進展，藉由空中的雷射掃描，到實驗室裡的植物遺傳學，帶你穿過樹冠層，展示熱帶森林棲地如何影響人類生活的每個層面，這和你身處世界何處無關。例如你家的櫥櫃一定擺滿「起源」於熱帶森林的各式雜貨。而我們上班通勤，也依賴最初從熱帶樹木提取的乳膠。從家具到美容用品，你的每項消費決定都會改變熱帶環境的特性和範圍大小。當我們在新聞裡聽到生物滅絕、森林砍伐和森林野火時，可能覺得事不關己，但是熱帶森林的消失以及造成今日困境的殖民遺害，不僅影響了世界另一端人們的生活和氣候，也影響我們的天氣、政治、社會和經濟。不論這些影響是從馬尼拉到慕尼黑、從可倫坡到卡地夫、或是從奈洛比到紐約都一樣。這本書試圖讓你相信熱帶森林的歷史也是你的歷史。在人類

繼續超越自己之前，是時候該回顧幾億年前的過往。這是植物尚未出現在陸地表面的時刻，一切看起來與今日非常非常不同。

叢林

進入光明——我們所知世界的起點

Into the light–the beginning of the world as we know it

在全世界自然史博物館進行的校外教學，通常會快步跳過早期植物的化石遺跡區，直接前往重現各種恐龍骨骼或大型藍鯨的展區，因為像藍鯨這類演化史中的「重量級明星」最受學生青睞。像《侏羅紀公園》這樣的小說和電影，已經把古生物學家的工作（也就是在滅絕動物的骨骸中挑挑揀揀，以確定到底哪種古代動物才迷人的工作）完整帶到了大眾眼前。然而對於古代植物的探索者來說，同樣的電影劇情並未出現，造成大眾普遍的冷漠以待。因為在一般人的日常生活中，很少有人會思考人行道上的苔蘚、田野上的青草、花園裡的花朵以及大街兩旁的行道樹，到底是怎麼來的？我們理所當然地認為植物一直存在於地球上，而且也將永遠存在，因而探討植物的出現、演化和保護狀況的知名紀錄片也比較少。傳統上，植物普遍被認為不如其他生命形式那麼地「令人興奮」。例如跟動物相比，植物較難讓人產生共鳴，因為植物沒有帶著情感的眼睛，或是可以讓人察覺是同一動物家族的可愛親子長相。植物也不會發出人耳聽得到的叫聲，除了在風中偶爾發出窸窣聲之外，不太可能在 YouTube 中出現「會說話的 ×× 植物」這類在網路上快速傳播的影片。然而，如果沒有植物，我們今日所知的世界便不可能存在。

事實上，最近有研究證明，我們似乎太快忽略了這些行「光合作用」的朋友們。舉例來說，我們現在知道植物也具有一些可以讓人聯想到「動作」的特徵，像是藉由縮時攝影機記錄到植物不斷生長，並且是朝不同方向「移動」以獲取光線的動作。[1] 還有植物雖然不會感受到傳統定義的疼痛，

但被毛毛蟲啃噬中的植物，也會釋放防禦化學物質，讓毛毛蟲感到厭惡而迅速逃離。[2] 同樣的情況，在東非被長頸鹿啃食嫩葉的樹，也會向空氣中釋放某種警告化合物，告訴附近樹木「長頸鹿來了」，讓大家趕緊分泌苦味來保護自己。[3] 這種類似於「動作」的交流方式，在許多森林都能得到印證，包括相鄰的樹木會利用大量真菌形成的「網路」（真菌是世界上最大的生物體），將養分輸送給受損或生病的鄰近樹木同伴。[4] 而為了盡可能促進生長，樹木有時也會在溫帶的冬季環境中豪賭，選擇讓身上全部的葉子脫落，因為如果長時間消耗養分保留自己的葉子，這些勇敢的樹很可能會遇上致命的霜害而全軍覆沒。[5] 當然到目前為止，植物最令人印象深刻的部分，是它們改造這個世界的方式，讓地球幾乎適合所有其他的生命生存。只有當我們研究「沒有植物的地球」是什麼樣子時，才能真正顯現出這種成就的規模，並且歸功於科學的進展神速，我們已經可以進行這類研究。現在，讓我們回到寒武紀早期（大約在 5.388 億年到 5.09 億年前之間）。[6]

　　一本關於熱帶森林的書從這個時期開始談起，可能真的有點奇怪（寒武紀是以 Cambria 命名，也就是英國威爾斯的拉丁語），不過這個著名的地質時期見證了複雜生命的多樣化，也就是一般所稱的「寒武紀大爆發」，產生出目前存在於地球上所有多細胞動物的演化譜系。如果可以潛入寒武紀早期明顯變暖的海洋裡，我們便能看到各種不同種類的「三葉蟲」（長得像木蝨般、很有特色的化石節肢動物）和其他無脊椎動物正在海裡進行捕食、食腐和濾食的行為，也就是一般所熟悉的各種海洋生態行為。[7] 然而，若是離開富饒的海洋，踏上陸地，迎接我們的會是一個非常荒涼、坦白說就像「世界末日」的景象，整個陸地應該是乾燥的岩石景觀，並由以微生物為主要的生命類型形成的斑駁薄膜所覆蓋。除此之外，陸地上唯一可見的動物跡象，是偶爾出現、長得像蛞蝓的軟體動物，牠們冒險爬出海洋，試圖靠身體刮取微薄養分，在陸地上謀求生存。[8] 也就是說，在寒武紀早期，根本沒有各式各樣的陸地生物，更不可能出現任何會讓人聯想到熱帶森林的植物。不過，依據目前氣候分類系統定義下的熱帶氣候，亦即「月平均溫度約為攝氏 18

度或更高」的定義來看，當時的世界肯定是「熱帶」的。[9]寒武紀時期的全球平均氣溫約為攝氏 19 度，比現在高出驚人的攝氏 5 度。[10]一直到泥盆紀初期（約 4.19 億年前），全球平均氣溫仍然保持在大約攝氏 18 度。[11]正是在這個非常「熱帶」的世界裡，第一批陸生植物終於抵達，用我們夢寐以求、煉金術般的神奇技巧，做出了最偉大的表演。

　　我們在中學時期都學過「光合作用」，這是大多數植物和某些細菌利用太陽的能量，將空氣或海洋中的二氧化碳轉化為糖和氧氣的過程。然而，這個生命過程的基本性質經常被遺忘。在沒有陸地植物、只有一些可以進行光合作用的細菌和水生藻類的情況下，寒武紀早期大氣裡的二氧化碳含量按體積計算，濃度約為百萬分之四千五百，比現在的二氧化碳濃度高了十倍。[12]當時的氧氣含量也只佔地球大氣的 7%，[13]大約只有現在含量的 1/3。[14]因此，如果我們踏在寒武紀時期的地表上，就必須依靠氧氣筒才能呼吸。此外，在陸地上沒有植物的情況下，當然也沒有可以有效分解岩層的植物根系，對大多數食物鏈相當重要的各種營養元素，都被深鎖在堅硬的地殼岩床中。地球的氣溫在寒武紀至泥盆紀間都處於「熱帶」狀態，提供第一批陸生植物與第一批樹木和森林現身的完美「溫室」。雖然這些先驅的有機體最後終結了地球普遍溫暖的情形，造成二氧化碳含量下降、全球變冷，甚至形成極地冰河，但它們也為石炭紀時期（3.593 億年至 2.989 億年前）的地球在赤道僅存的溫暖潮濕地區中第一個複雜陸域生態系統的出現奠定了基礎。這些森林固定了土壤，釋放土壤裡的重要養分，並穩定了地球氣候和大氣成分。它們也為行為越趨複雜的動物提供了理想的家園，這些動物最終演化為今日的兩棲動物、爬蟲類動物和哺乳動物譜系。「熱帶森林徹底改變了世界樣貌」的說法，一點都不誇張。

———————

　　從光合作用的過程以及根系在地表延伸的情況來看，植物從第一次出現開始，就有在地球大氣和地質背景下成為「氣候推動者」的潛力。埃克

塞特大學全球系統研究所所長蒂姆・蘭頓（Tim Lenton）教授對這方面很有
興趣，他研究陸地上的第一批植物如何影響地球的各種「系統」（例如大
氣圈、陸地圈、水圈和生物圈等），以及這些系統如何相互作用以塑造地球氣
候。正如他所說：「我們的海洋、空氣中不同的氣體比例，以及——最重
要的——儲存與搬移太陽能量的地表植被之間，存在著複雜的相互作用。」
像蒂姆這樣的地球系統科學家，依靠強大的電腦來「模擬」大氣中不同的
氣體比例、洋流速度和方向以及不同植被分布的變化，將會如何改變地球
整體狀況，同時也藉此研究地球上的不同區域是否會以不同方式受到上
述變化的影響？如果要形容這項研究結果，最佳的描述應該是把它當成
「Minecraft」（〈當個創世神〉）遊戲的「地球科學家」版本。這種模擬與古
代沉積物或冰芯紀錄中二氧化碳、氧氣濃度、溫度的實體紀錄進行比較後，
便能查看當時的地球氣候運作情況，並藉此解讀地球在特定時間點的整體
系統狀態。

　　這種氣候實驗「沙盒」（〈Sandbox〉，係指 Minecraft 這類的遊戲）的其中一
項主要用途，是預測 21 世紀的溫室氣體排放會如何影響未來幾十年的全球
氣溫。不過，這項實驗也被用來探索植物首次出現時如何改變了地球狀態。
為了研究方向的正確性，這些電腦高手還必須使用更古典的方式，回答探
索古代植物（或者說古植物學）的關鍵問題：第一個真正的陸地植物（有胎植物）
到底在何時出現？一般認為最初的陸生植物是沒有維管束的「低等植物」，
缺乏運送水分的「木質部」細胞，也沒有將養分從根部輸送到植物體其他
部位的「韌皮部」細胞等複雜的運輸網路，沒有。* 這些早期植物是從水生
藻類演化而來，長期以來一直被認為類似於現代的「地錢、角蘚和苔類」
（或統稱苔蘚植物），也就是你可能在後院花園看到，覆蓋著大片地面、岩石
和樹木的一種孢子植物。這些孢子植物以其保水能力聞名，也是某些動物

---

* 　編注：一般而言，韌皮部主要是將養分由葉子運送至植物其他部位（包括根部），而非是將養分
　　由根部輸送到植物體其他部位。

的重要食物來源。其中的地錢，特別被認為是最早演化出來的陸地植物譜系。[15] 不過由於地錢實在太不起眼，因此氣候模型經常會忽略這種最早的陸生植物對地球表面和大氣的影響。[16] 這是因為苔蘚植物缺乏通常只會出現在更複雜陸生維管束植物上的外表特徵，例如「氣孔」（分布在葉子上面可打開和關閉的小孔，幫助植物在光合作用過程中控制二氧化碳的吸收和水分的流失）。因此，苔蘚植物似乎代表了「原始」水藻和「複雜」陸生維管束植物之間一種完美的中間型植物。[17] 然而我們可以想像得到，若要透過實際尋找證據和研究最早的植物來源，以直接測試這項假設的話，即使是對最具熱情的古植物學家而言，恐怕也是一項嚴峻的挑戰。

　　陸地植物出現的最直接證據來自化石，或這些植物遺留在古代沉積物

「地錢」（*Marchantia polymorpha*）。最早的陸生植物被認為類似於「苔蘚植物」如地錢、角蘚和苔類等。苔蘚植物通常被歸納為最古老的陸生植物譜系，當成水生藻類和複雜維管束陸生植物之間的過渡植物種類。然而直到目前為止，最早在這片土地上定居的植物，其確切的性質和生理特徵仍屬未知。（Silvia Pressel）

中用來繁殖的孢子。經過一系列高壓的地質作用，這些植物痕跡最後轉變為化石，保存至今。目前最早的「類」有胚植物孢子來自阿根廷的沉積物，可追溯到大約 4.7 億年前。[18] 當時是另一個跟威爾斯有關的地質時期：奧陶紀（4.869 億至 4.431 億年前，以古老的奧多維奇族命名，該族在現在的北威爾斯被羅馬人征服）。目前被廣泛接受的最早陸地植物，則是來自愛爾蘭的植物結構化石，年齡至少在 4.27 億年前。[19] 然而最近在田納西州道格拉斯大壩建造過程中，科學家在一個凹陷坑內挖掘出包含五個苔蘚植物演化支（譯注：演化支〔clade〕是生物分類學的類別，包含單一共同祖先及其所有後裔，也就是演化樹中的一條完整分支）的印痕化石，可追溯到大約 4.6 億年前，[20] 這要比目前廣泛接受的最古老陸地植物演化譜系還來得更早。儘管如此，如果你曾在花園進行園藝工作或在樹林散步時接觸過這些苔蘚植物，應該就會注意到它們的「脆弱」，通常手一碰就被破壞了，因此就現有的化石發現來看，肯定會低估第一批陸地植物的真實年齡。

現代植物和植物化石的比較，也可以用來估算不同形態或體型的植物出現需要多久的時間。[21] 不過這種估算也無法精確，因為不同物種的演化發生速率可能完全不同。此外，植物化石的紀錄也相當不完整，在這種早期的時間尺度範圍內更是如此。也就是說，在試圖瞭解陸地植物譜系到底何時與如何出現，或是這些早期植物的長相以及它們可能對地球產生的影響時，科學家幾乎沒有什麼可做的事。

有些科學家因而採用不同的方法來探索陸地植物演化史。舉例來說，他們採樣現生苔類、蘚類和其他不同類別陸生植物的遺傳數據，嘗試從中重建出一種「分子鐘」（Molecular clock）。[22] 這種時鐘運作的原理，是利用植物體內的基因或蛋白質序列會以可計算的固定速率發生突變，科學家藉由這點來比較不同現生植物的基因序列，依其數據上的差異，便能提供一些關於不同譜系的形成時間，或譜系彼此時間差距的概念。[23] 這項工作已讓科學家確定「維管束植物」，包括所有樹木、灌木、花卉、蕨類植物等，亦即今日地球上最明顯的綠色植物生命特徵，確實出現在地錢和苔蘚類植

物之後。[24] 更重要的是，科學家也藉由分子鐘，確定了蘚類並非最早的陸生植物，因此對它們作為最早在陸地上定居植物的相關特徵提出質疑。[25]

　　儘管如此，植物最早的演化歷史仍然模糊不清，猜測第一批陸生植物出現的可能時間也相當困難。由於基因突變的複雜性以及群體、物種甚至植物類別之間突變率的差異，若只基於現代遺傳數據來判斷日期，將會相當不可靠，最多只能提供粗略的數字而已。[26] 如果最早一批陸生植物出現的年代及其生物特徵無法確定，想知道它們何時或是否對地球氣候產生影響，顯然會更加困難。

　　幸運的是，在 2018 年，科學家決定整合化石和遺傳學方法的優缺點，為陸地植物出現的時間建出更準確、更全面的模型。目前該團隊由布里斯托爾大學的學者主導，估計植物的遺傳和形態演化的速率，與化石紀錄所提供的「固定參考點」相互結合。正如倫敦自然歷史博物館藻類、真菌和植物部門的負責人，也是這項研究模型的共同開發者西爾維亞・普雷塞爾（Silvia Pressel）博士所說，這項研究可以讓我們「用手上已知的證據來測試並優化這種早期粗略的演化模型」。只要將這種模型重複成千上萬次，研究人員便能計算出它們到底有多接近真實的情況。這些分析整合所得到的結論，說明了第一批陸生植物的實際出現時間，大約在 5 億年前的寒武紀中期，也就是前面說過多細胞動物的物種開始在海底「大爆發」之後。[27] 更重要的是，一個由古植物學家和研究活著植物的植物學家組成的獨立多學科團隊，針對不同植物譜系進行生物分子分析，證明陸生植物的祖先可能比目前為止的各種假設都來得更複雜，其體表可能已經具有根狀細絲和氣孔；[28] 這些特徵讓它們能夠處理比以往認為更多的土壤和二氧化碳。[29]

　　西爾維亞的研究等於為這幅新興的畫面增添了更多深度。你可能聽過植物和真菌如何結合產生密切的「共生」關係（稱為菌根）：真菌與植物的根系互相連結，為植物提供更多的水分和土壤養分，幫助它們分解岩層和土壤，甚至保護它們免受病原體侵害；[30] 植物則藉由光合作用為真菌提供養分，維持其生存。現在知道的大多數陸地植物，都會利用這種「雙贏」

的合作關係——大約 90% 的植物物種都有其真菌助手，而世界各地樹木根部之間真菌和細菌物種的對應關係被稱為「木聯網」（wood wide web），該結構[31]讓營養物質在整個生態系統中流動。[32]這種關係被認為過去就存在，因為在 4 億年前的植物化石細胞中已存在真菌結構，包括被稱為「叢枝吸胞」（arbuscule）的枝狀結構。[33]然而更早一點的苔蘚植物，例如真蘚類，卻少了這種與真菌之間的相互作用。因此，最早的陸地植物是否已經與真菌建立了共生的夥伴關係，目前也仍未找到答案。

透過研究苔蘚植物群裡真菌的多樣性和功能，並對現生菌根真菌的基因組進行測序後，像西爾維亞這樣的研究人員，已經能證實這種「植物和真菌之間的地下合作，可追溯到陸地植物演化的根源」。正如她所說，[34]真菌多樣性可能比過去所認為的更普遍存在。[35]綜上所述，越來越明顯的證據顯示第一批陸生植物出現的時間，可能要更早一些，並且已經與真菌

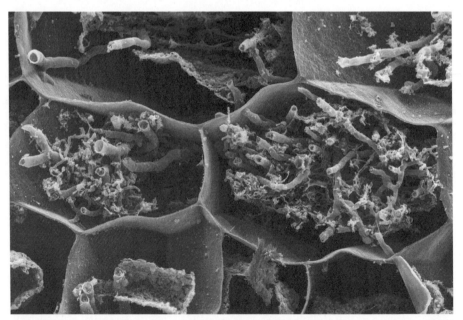

在現代苔蘚植物所看到的真菌結構。這些菌根真菌，協助植物從土壤中吸收水分和養分，它們與植物之間的關係，很可能可以追溯到最早在陸地上生長的植物。（Silvia Pressel）

合作。它們對整個地球所產生的影響，很可能超過以往的推測。

　　讓我們回到 2012 年時的電腦工作室吧。蒂姆團隊所使用的「模擬」方法，對第一批陸生植物提出了兩個重要觀點。首先，他們進行的實驗證明即使根系有限，現代苔蘚也能明顯加速岩石的分解，其程度與結構更複雜的高等維管束植物幾乎相同，因為它們可以將自己組織中的酸釋放到周圍的地表。這種岩石的「風化作用」（譯注：風化作用泛指所有岩石、土壤及其礦物因物理或化學作用與空氣接觸而原地分解的情形，並非僅指風蝕作用而已），除了會捕獲大氣中的二氧化碳到帶離子（碳酸氫根、鈣離子）的酸性溶液中，植物還會透過光合作用，從大氣中吸收更多二氧化碳。這些估算搭配上 2018 年的大氣研究結果，發現了岩石風化明顯增加的情況，這與只有苔蘚植物的情況顯然不同，亦即最早的陸地植物一定已經與真菌建立了合作關係，才能符合地球的二氧化碳濃度和奧陶紀時期的氣溫。

　　雖然這些電腦模型難以避免某種程度的不精確，但假設在 4.75 億至 4.6 億年前，這些非維管束植物植被僅佔地球表面的 15%（目前植被約佔地球表面的 32%）[36]，也已經把大氣中的二氧化碳含量驚人地減半，讓全球降溫至少攝氏 4 到 5 度。[37] 現代環保人士希望把全球暖化限制在攝氏 1.5 度以下，以避免全球各地人類社會出現一系列毀滅性臨界點的這種氣候目標，確實應該改成著眼於「全球變化」[38] 規模的視角。植物出現的時間更早，意味著變化可能開始於約 4.9 億年前的寒武紀晚期。值得注意的是，相應的氣候變化可以在奧陶紀的現有紀錄中清楚識別，[39] 代表這種降溫的過程確實對地球上複雜生命的展開，產生了巨大的影響。

　　首先，地球環境的這種「冷卻」情形，足以在 4.431 億年前的「奧陶紀－志留紀」地質時期分界處引發「冰河期」。「志留紀」是另一個源自威爾斯的命名，儘管這時期開始時的寒冷天氣可能更符合人們對現在流行的「布雷肯比肯斯」（譯注：位於英國威爾斯南部的山脈，目前大部分地區被劃為布雷肯比肯斯國家公園）之旅的想法，這些地質時期之所以如此命名的真正原因，其實是因為許多地質學科的初期工作是由英國人在英國本地所完成。因此，

在這些島嶼上首次確定的地質時期名稱，也就慢慢地傳到世界各地沿用。奧陶紀—志留紀交界時的溫度下降如此之大，以至於它成為地球歷史在過去 5 億年中（比人類存在地球上的時間還長上一千五百多倍！）最冷的時期。[40]

其次，增強的風化作用自以往貧瘠的岩石地表中釋放出重要的養分，特別是對生物生長相當重要的「磷」。然而過多的磷也可能是件壞事，尤其是對水生環境而言，例如目前的磷汙染，刺激了會產生毒素的藻類大量繁殖。而早在奧陶紀，從岩石剛風化出來的磷被沖入海洋，也產生類似的影響。雖然這些「爆發」成長的藻類可以餵食越來越多的海洋生物，但這些生物也必須從水中取得在當時極為有限的氧氣。最終，因窒息而造成海洋生物大滅絕，成為奧陶紀末期的重要事件。雖然 5 億年前第一批植物的早期情況，可能表明上述過程相對「緩慢」，但實際上在寒武紀中期，記錄到了類似的氣溫冷卻和大規模海洋生物滅絕，很可能暗示著新的綠色植物造成了更直接的氣候作用。

無論如何，最新的研究已經清楚表明，即使是最原始的陸生植物，也有辦法大幅度改變地球氣候、大氣成分和地表樣貌。這些植物在自己引發的「冰河時期」（Ice Age）中倖存下來，蜷縮在溫暖的赤道地區。它們在那裡等待擴張，打算以更大的規模來改變整個世界。因此，當海洋開始受到影響時，陸地也正在為前所未有的生命擴張做好準備。

————

雖然第一批植物肯定影響了地球的平衡系統，但只有在最複雜的維管束植物，亦即各種樹木出現後，這些變化才開始根深蒂固。目前發現最早的「高等」維管束植物，以植物形式保留下來的化石，具有木質部、韌皮部和複雜的侵入性根系，相當符合傳統上在學校學過的植物定義。其出現地點在加拿大，大約可追溯到 4.2 億年前，[41] 也就是第一批陸生植物在地球上定居約 8000 萬年後，同時代表我們今日所熟悉的大量複雜綠色植物形式的開始。在不久後的泥盆紀（4.19 億至 3.593 億年前）時期，地球上出現了第

一批樹木。與其他早期植物相比，樹木具有一定的演化優勢，使它們得以迅速取得成功。這些樹木的堅固結構讓它們長得更高，更接近陽光以進行光合作用。更多的光合作用意味身體更大幅地成長，根系可以更深入土壤、更廣泛地尋找養分。而根系造成的岩石風化以及與真菌的合作，增加了「土壤」形成的速度，急速擴大後續植物可以生根的面積。更多的光合作用，也增加了從大氣中吸收的二氧化碳數量。[42] 由於這些二氧化碳大部分被儲存在樹幹木質部內堅固的木質素中，加上樹幹在死亡後比較能抵抗分解，等於是把二氧化碳鎖定在大氣之外，增加了空氣中剩餘氧氣的相對比例。至此，真正的植被覆蓋以及其對地球系統的影響已經到來。

　　直到最近，我們這顆星球上關於樹木的故事，都還被認定是從紐約州奧爾巴尼附近的一座採石廠開始的。1920 年代，在吉爾博阿鎮附近的「河岸採石場」裡，工人為附近的一個大壩項目開採所需的石頭時，發現了幾百個類似原木樹幹的形狀，一個接一個地從他們正鑿削的岩石上直立伸出。紐約州第一位女性古生物學家維尼弗里德・戈德林（Winifred Goldring、1888-1971）教授被召集到現場，而她對這些驚人發現的研究 [43] 影響了近一個世紀以來對古代森林的討論。這些樹幹被鑑定為「始籽羊齒屬」（*Eospermatopteris*），是一種與現代樹蕨非常相似的植物。雖然它們被認為具有類似「樹狀」（古植物學家稱之為「樹狀」）的結構，但缺乏真正的葉子，其光合作用發生在深裂的葉狀體（編注：意指有像棕櫚樹葉子那般深刻的葉片）上。始籽羊齒屬的樹幹可追溯到大約 3.8 億年前，它們的組成並非完全是木頭，而是堅韌的中空木質素結構。西元 2000 年左右對當時發掘的後續工作裡，還在此地發現了一種木質的藤蔓植物（aneurophytalean），帶有苔蘚痕跡，而且顯然攀爬上了始籽羊齒屬樹。雖然始籽羊齒屬經常被視為解剖學定義上的第一棵「樹」，[44] 但實際上這些藤蔓植物被認為才是更好的生物學範例，也就是現在木本的、具有種子的樹木或「前裸子植物」的早期祖先。[45] 不過到了 2019 年，又出現了另一位爭奪最古老「樹」稱號的激烈競爭者。

　　當時在河岸採石場的發現，刺激了對北美東海岸岩層更進一步的古植

物學研究，這些研究最終導向另一個重要的古代化石地點——同樣在紐約州，也同樣在採石場裡（儘管這次是已經廢棄的採石場），科學家發現了該地區不同類型的「古代樹棲生命形式」的驚人紀錄。新發現的「開羅採石場」化石遺址，年代比河岸採石場還要早 200 萬到 300 萬年。跟吉爾博阿鎮一樣，這裡也有相同的空心始籽羊齒屬的樹木，以及相同的木質藤蔓植物。而在這兩者之外，科學家還發現了所謂的「石松類」（lycopsids，目前仍然存在的石松〔clubmosses〕、石松屬〔Lycopodium〕的遠親，通常被稱為「地松」）與蘚類植物。不過最令人驚訝的是，這些泥盆紀沉積物裡還保留了「古蕨屬」成員的根與樹幹的明顯結構。從先前的研究比較得知，開羅採石場的化石紀錄明顯與始籽羊齒屬樹木有所不同，這些古蕨已經擁有相當清楚的種子植物特徵，因此種子植物的出現時間，可能比以往認為的要來得更早。[46]

這些古蕨屬植物包含與現代種子植物難以區分的大型深根系統，樹身大而直立，還有厚實的木本樹幹。從其不同的孢子類型和扁平的綠色葉子來看，確實可以有效捕獲陽光和吸收二氧化碳。[47] 因此，它被認為代表了所有種子植物的「祖先」譜系，亦即今日在地球森林中佔主導地位植物的演化根源。此外，雖然始籽羊齒屬樹木主要出現在氾濫區的低地沼澤棲地中，但古蕨類的根系及其複雜的葉子，可以在乾燥系統中發揮更大的作用，使這些樹木能在地球表面更廣泛擴張，[48] 而且可能回溯到大約 3.88 億至 3.59 億年前。化石紀錄說明古蕨類不僅是北美許多森林的主要成員，[49] 在摩洛哥 [50] 和中國 [51] 等地也是如此。

無論哪一組生物機制最能代表最早出現的樹木，河岸採石場與開羅採石場兩處化石遺址，都提供了世界上第一個森林生態系統的精彩輪廓。新生的綠葉小樹開始進一步重塑地表和大氣層（而且不一定只對自己有利），這些新穎的巨大植物可以說是世界上第一批「地球工程師」，[52] 用它們真實且寬深的根系，將大量岩石轉化為豐富、支持性的土壤。隨著根部逐漸向外延伸，它們繼續與真菌和微生物形成越來越大的結合體，直到現在，這些真菌和微生物仍是森林地面和土壤的主要特徵。[53] 鈣、鎂、鈉、鐵、鋁

和鉀從地殼中被擾動出來後,進入了新的、營養豐厚的、甚至是黏性的土壤生態系統和礦物碳酸鹽中。[54] 然而,這些礦物質並非完全留在陸地上。在奧陶紀末期,它們也滲入海洋中,推展了生命的擴張。[55] 更快速和更廣泛的風化作用,讓植物根系捕獲更多融解在液體中的二氧化碳,進一步減少大氣中的二氧化碳含量,[56] 同時也開展出更廣泛的綠葉系統,完成更有效的光合作用。這種以植物為基礎,對整個行星大氣系統帶來的新衝擊,再次使世界進入急速冷卻階段,甚至比以往更加劇烈,使極地冰河得以直接擴展到低緯度地區。[57]

到了泥盆紀末期,海洋和陸地都發生了大量的滅絕事件。這種氣候冷卻的狀態,還回頭導致許多勇敢地在這個星球上佔有一席之地的第一批森林,同樣大規模地殞落。儘管如此,以樹木為主的創新,在生物學和地質學上獲得開創性的成功地位,意味著整個世界現在必須與某種「森林必然性」競爭。[58] 到了石炭紀時期(約 3.593 億至 2.989 億年前),超級盤古大陸形成、冰冠退縮,現在的歐洲和美洲絕大部分還位於溫暖潮濕的赤道地區周圍時,[59] 森林完好地回歸了。帶著厚厚樹皮的木本樹木,連同它們身上的藤蔓和攀緣植物等,在該緯度潮濕、沼澤般的棲地中大幅擴張。事實上,這個地質時期的名稱,便來自於這些新的、更具抵抗力的樹木死亡後,被困在地下的「碳」而得名。[60]

因為缺乏能夠消化堅硬木質纖維的微生物和真菌,這些廣闊的森林形成了厚厚的泥炭層,深埋在地表下,經過幾百萬年的高溫和高壓後,形成石炭紀煤田,剛好可以讓世界各地的地質學家,藉此辨識出這段與眾不同的地質時期。命運的轉折相當具有諷刺性,因為這些由森林棲地形成的煤田,在過去將地球表面變成更加青翠舒適的環境,卻在 18 和 19 世紀工業革命時,被人類發現而成為重要的燃料來源。人類活動重新將二氧化碳釋放回到大氣中,逆轉了從幾億年前開始的固碳過程。這種做法不僅威脅到這些石炭紀生態系統的森林後代,也威脅到植物和動物(包括我們自己)在地表各處的宜居性。

　　生活在最初的石炭紀森林環境中的各種古老樹木（目前所知為石松屬），最高可長到 40 至 50 公尺，樹身直徑可達 2 公尺。[61] 藤蔓也爬上了這些在現代變得矮小，但在古代卻是巨大樹狀版本的樹身上。而到大約 3 億年前，在此一時期的化石紀錄中明顯可見「木賊屬」（蕨類植物的一屬），為廣闊、潮濕、熱帶沼澤下的「煤林」化石層增加了密度，在被覆蓋的豐富森林裡佔據很大一部分。剩下大約 1/3 的化石內容則是前裸子植物，其中包括會產生種子的樹木，例如現已滅絕的巨型「科達木屬」（可能是後來針葉樹、銀杏和蘇鐵的祖先）；它們脫離濕地，冒險闖入排水良好、乾燥的高地環境中。[62] 真正明確產生種子的植物（種子植物）出現在泥盆紀，正是在這種早期石炭紀的溫暖條件下，它們才有能力跨越緯度而擴張。[63]

　　3.05 億年前就存在的大量根系化石證據 [64] 證明石炭紀森林具有撼動天地的能力，能讓地表擁有充足的土壤，植物因而得以在水平和垂直方向上穩固錨定。在動態與營養方面都相當豐富的土壤裡，充滿了真菌、細菌以及無脊椎動物（主要是昆蟲），它們在分解有機物質方面相當具有成效，即使在 21 世紀的現代熱帶森林地面也能大顯身手。[65] 光合作用持續吸收和捕獲大量的二氧化碳，使得大氣裡的二氧化碳濃度只有前工業化時期的 1/5。在某些情況下，大氣含氧的濃度甚至比現在還高。[66]

　　泥盆紀到石炭紀之間的大氣變化非常明顯，甚至連植物本身可能也必須想辦法適應。雖然我們已看到植物氣孔的起源可追溯到最早出現陸地植物的寒武紀時期，[67] 但隨著泥盆紀時期的經歷，植物上的氣孔覆蓋頻率和表面積似乎都有所增加。[68] 儘管這點仍有爭議，[69] 已有學者認為氣孔的激增以及氣體調節功能的增強，是植物面對此時期二氧化碳和環境條件均下降後，自行產生的適應演化。[70] 無論如何，這個時期的全球氣候、大氣條件與整體氣溫，讓生命擴張的時機趨於成熟。我們將看見陸地生物大幅增加，其中的關鍵催化劑便是當時生長在熱帶緯度的森林。這整個過程持續著，直至近代才開始遭受人為破壞。

　　與前面說過踏上「寒武紀陸地」可能看到的荒涼景象相比，若我們有

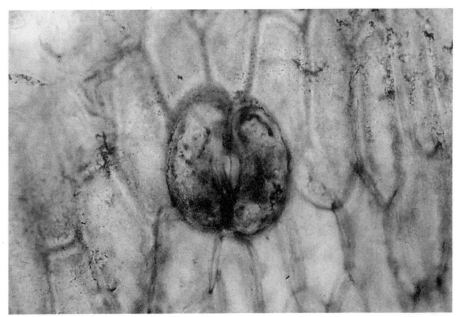

這張 4 億年前的氣孔圖像，來自萊尼燧石層的阿格勞蕨（*Aglaophyton majus*）植物化石。（Paul Kenrick/Natural History Museun London）

機會大步穿過石炭紀時期的新森林，可能會有回到家裡的舒適感。因為此時的地球表面，已經可以看到整體類似於我們今日所能看到的植物、森林生物和生態系統。若把這時期跟亞馬遜熱帶雨林的各種喋喋不休和吱吱聲，甚至是英國「林地」（譯注：森林與林地的差異在於樹冠層，林地的樹冠可以明顯透入陽光）裡的聲音相比，泥盆紀和石炭紀時期的森林出奇地「安靜」。這是因為此時還沒有任何草食性動物，用咀嚼消化的方式「加工」那些開始在地球上繁衍、富含纖維素與木質素的新植物。因此基本上，這個時期的植物可以不受干擾地盡情向上生長和向外擴張。高大的樹木造成土壤快速形成，也為馬陸和蜈蚣提供了潮濕、溫暖的家園。牠們會消化腐爛的植物，或是獵殺其他試圖在這個全新世界生存的微小生物。最早的昆蟲出現在泥盆紀和石炭紀森林，[71] 由於大氣中的氧氣飆升，到石炭紀後期末段，有些昆蟲開始以大約 60 公分寬的翅膀，展翅飛越潮濕的沼澤森林，[72] 掠食性的

蜘蛛和蠍子，也開始把這些茂密的森林當成家園。很可能有各種蠕蟲和蝸牛在地面上爬行，不過由於牠們柔軟的身體組織，難以找到保存良好的化石，所以我們無法百分之百確定。

如果我們可以在石炭紀森林的地面進行挖掘，會發現這些令人毛骨悚然的爬行動物群落，與目前世界各地可以找到的現代群落並沒有太大不同。接著請各位想像從地面抬頭往上看的情景，你將會看到茂密、黑暗的石炭紀森林樹冠層。雖然這些最早期的森林看起來相對安靜，但也開始出現一些以陸生動物群落為主的重要變化。為了清楚觀察到這點，我們最好前往英國伯明罕的漢普斯特區。這裡昔日曾被稱作「密德蘭之珠」，與威爾斯相同，在討論地球熱帶森林生態系統的起源時，似乎是一個相當特別的地點。原因是這些在 18 和 19 世紀吸引工業家到伯明罕的「煤層」，也是觀察石炭紀森林的理想地點。伯明罕在石炭紀地質時期的地理位置，正好位於赤道附近。

2016 年，科學家在瞭解早期四足動物演化的背景下，提出一個重大發現，[73] 這項發現涉及在此地發現的二十塊紅砂岩板；自從它們在 20 世紀初被一位學校老師發現以來，一直不怎麼受重視地放在拉普沃斯地質博物館內。科學家使用最先進的掃描方法，在樣本周圍的各個高度和方向，依據「攝影測量學」（photogrammetry，譯注：利用攝影作為測量技術的科學，用來研究照片上各影像之形狀、大小、體積、方向及距離等）的方法，拍攝了約一百張照片，為這二十塊岩板上的標記建構出 3D 模型。於是在經過一個多世紀之後，科學家重新檢查這些岩板，研究的主要負責人盧克‧米德指出，這項研究成果「打開了一扇通往石炭紀末期伯明罕地區的窗口」。

仔細分析這些 3D 模型後，他們發現在地球歷史上的這個時期裡，就在泥灣、森林覆蓋的氾濫平原上，有許多活躍動物留下的一系列腳印，大多數腳印來自兩棲動物或類似兩棲動物的生物。這些動物是最早從海洋上岸並接管地球的四足動物，牠們早在泥盆紀晚期就以短途旅行的方式登上陸地。石炭紀溫暖潮濕的沼澤森林對地球大氣的調節，讓兩棲動物得以在

陸地上開始分化。牠們成為陸地上的頂級掠食者，有些體型長達數公尺，足以獵食陸地上的爬行動物以及沼澤河流中的魚。然而，就像今天的青蛙和蠑螈一樣，牠們必須返回水中產卵，這點限制了牠們殖民陸地的程度。

從伯明罕石板上的腳印，還可以看到另外兩種已經開始行走、繁殖並形成永久性陸地社群的脊椎動物群體。足跡較稀少的大型盤龍類，看起來有點像「科莫多龍」（譯注：科摩多巨蜥俗稱科摩多龍，是現存體型最大的蜥蜴，分布在印尼的四個島嶼上），代表著最終將會演化出古代哺乳動物譜系的首批成員。[74] 同時，較小的腳印也記錄了蜥腳類爬蟲動物的出現。[75] 起初，牠們的體積很小，就像蜥蜴一樣。牠們所產生的羊膜卵，周圍包覆了液體，幫助卵在陸地上不致變乾，也標示了如恐龍、鱷魚、海龜以及後來的鳥類等各式爬蟲類動物稱霸統治地球時代的開端。因此，當我們思考動物的生命歷程時，最先想到的許多可能性，都是在石炭紀溫暖潮濕的赤道森林中展開。

最早期的熱帶森林徹底重新設計了地球表面，為活躍的陸域生態系統提供養分、庇護所、穩定的土壤和大氣條件等，讓昆蟲和各種動物都能生活在不同的營養位階，探索各自的適應能力。在這些新型環境中，出現了我們今日熟知的所有主要陸生動物群，而牠們在伯明罕岩板上即時地留下足跡。熱帶森林也因此成為地球上第一個複雜的陸域生態系統，而且對地球的大氣成分與氣候產生長遠的影響。植物利用較大的葉片蒸散作用與有效的地下根系輔助，透過規模擴大的「光合作用」生產線，吸收大量二氧化碳，並藉由水分蒸發進入大氣再從地面吸收的「水循環」，對地球上的生命產生重大影響。

從本質上看，熱帶森林開發出一個全新的地球秩序，讓陸地上的生命得以多樣化發展。熱帶森林對這些新陸地生物所吸入的空氣，以及牠們經歷的各種氣候都非常重要。而且，正如我們將在本書第十二章所見，它們對於目前地球上的各種系統運作，依舊佔據著最重要的位置（可惜我們是在熱帶森林正迅速從地表消失時，才開始仔細考量它們帶來的影響）。這些岩板足跡並

不代表動物都只會站著不動,事實上,牠們才剛剛開始登場而已。而且伯明罕砂岩的 3D 掃描裡不只記錄了腳印,也包括落在潮濕石炭紀煤林中的「雨滴」,以及大約 3 億年前在河流盆地越來越普遍的乾旱時期所形成的「泥裂」痕跡。[76]熱帶森林如果想存活下來就必須改變,居住在它們之中的這些生物也同樣必須配合做出改變。它們所做的改變,影響並主宰了地球史上某些最具戲劇性時期的到來。

熱帶世界

A tropical world

熱帶森林在地球上存在的時間比人類長一千多倍，對我們而言它們一直都在，就像是地球永恆的原始守護者。這種超長的壽命經常被保育團體積極利用，將未受改變和無人居住的森林，拿來「對比」21 世紀工業發展下的危險破壞性文明進展。流行文化中所討論與呈現的熱帶森林也排除任何關於熱帶森林「轉變」或「多樣化」的想法：小說家和電影製片人都非常熱衷於描述或拍攝糾纏的藤蔓、茂密的樹叢以及黑暗潮濕的環境，用以代表刻板印象裡的危險「熱帶」環境。而如同我們先前所說，英語中通常用來指稱熱帶森林的名詞「叢林」，簡單來說是指「野外」的蠻荒之地。

如果這些靜態、同質性的描述對於熱帶森林的看法是正確的，那麼現代人類可能還生活在一個覆蓋著苔蘚和蕨類植物的森林中，如同我們在第一章描述的泥盆紀和石炭紀時期的世界。然而，熱帶森林目前是地球上超過一半植物和動物物種的家園，[1] 這並非因為森林都長得一樣，當然也不是因為它們 3 億年來都保持不變。相反地，在熱帶森林的歷史進程中，它們已經證明自己與地球上的其他環境同樣動態、充滿活力，而且在地理上是可變化的。

到底什麼是熱帶森林呢？包含我們在第一章看過的，關於熱帶森林的定義有兩種普遍的看法。一種著重在已知的某些熱帶森林類型生長所需的氣候上，例如年降雨量為 2000 公釐、最低氣溫為攝氏 18 度、沒有明顯旱季的熱帶雨林。[2] 這些定義在探索地球歷史時期的「深時」（deep-time）時非常有用。例如在泥盆紀和石炭紀時期，當時世界上大部分地區在氣候意義

上都是一般認為的「熱帶」，亦即當熱帶森林所依賴的溫暖和潮濕條件出現時，熱帶就延伸並超出赤道範圍。

這種以必要氣候參數為主的定義，可用來觀察最早出現在陸地上的植物和樹木（第一章討論過）的周遭環境，也有助於大家瞭解，現在的時空環境找不到的過往那種森林。舉例來說，我們將在本章使用的「高溫濕熱森林」[3]（mega-thermal moist forests，譯注：「高溫濕熱森林」指地球溫度較高的地質時期，擴張超過赤道範圍的早期森林。本書主題「熱帶森林」，則是指地球降溫後南北回歸線之間的森林。兩者雖有前後延續的關聯性，但兩者定義不同。本書以下所提高溫濕熱森林均以「高溫森林」代稱）等相關術語，探討那些在現在覺得最不可能出現的地區，也可能擁有炎熱、潮濕、無霜的森林生態系統。這種濕熱氣候在今日通常被認為只出現在熱帶地區，然而過去地球表面的運動（以及不同大陸在不同時間點下的「古緯度」）和地球氣候系統的變化，[4]為所謂「熱帶森林」的起源和演化的曲折道路，增添了另一層戲劇性。

第二種「熱帶森林」的定義（也是從現在開始本書會使用的定義）是「位於北回歸線和南回歸線之間的任何森林」。雖然低緯度的熱帶地區通常也是地球上最高溫地區，但只要不著重於前述「特定森林類型」的氣候條件要求，此種定義便能讓我們盡情探索目前與人類共存的各種熱帶森林：從亞馬遜和剛果河流域的紀錄片裡那些我們熟知的「潮濕低地常綠雨林」，一直到中美洲和馬達加斯加等地季節性乾旱和多刺植物的「熱帶森林」，以及隱身在新幾內亞和安第斯山脈等地區白雪山頂下的「山地熱帶森林」天堂等。[5]儘管其中的熱帶雨林因棲息著精彩多樣的昆蟲群落，[6]以及生活在那裡的猿類和大象等動物[7]而受到最多關注，但還有更多的季節性熱帶森林具有一樣稀有且可能較不常見的特殊植物[8]和動物物種，例如狐猴、果蝠和世界上最瀕臨絕種的陸龜等。[9]更重要的是，第二種定義方式讓我們得以研究在不同熱帶緯度下的各種森林生態系統，以及它們如何演變成現存的熱帶森林生態系統。我們可以繪製一條路線，一路從第一章看過的赤道地區石炭紀「煤炭森林」，連到代表生態系起源的第一個「鬱閉冠層」（closed canopy，譯注：「鬱閉冠層」指樹冠緊密相連，陽光照射不到地上的森林）新熱帶雨林等，這種生態系也讓亞馬遜盆地成為全球最有名的熱帶森林分布區域。

　　熱帶森林的長期演化，以及對地球上生命的出現和多樣化的意義，本身就是一個「不斷演變中」的故事。在赤道溫暖潮濕的條件下出現的第一批複雜化熱帶森林，對地球生態系的永久改變，以及石炭紀期間第一批陸地動物的出現，發揮了重要作用，但這絕非故事書裡的最後一句話。要真正瞭解熱帶森林如何以及在多大程度上，影響了過去 5 億年來為地球增添光彩的各種不同生命形式，並真正瞭解它們如何設法擴展根系，進而影響地球大氣、氣候和養分循環，就必須調查它們變化的過程。這部「熱帶森林編年史」不僅是全球氣候持續變化的一份紀錄，也闡明了大陸漂移和板塊構造的碰撞過程。它還是所有植物生命演化的關鍵，也在大氣、地質和氣候變化中佔有一席之地。因此，事不宜遲，讓我們就此展開熱帶森林的演化和活力之旅。儘管泥盆紀和石炭紀代表了樹木蕨類植物的重大生態成就，熱帶森林卻即將一頭栽進災難當中，而且不是最後一次。

————

　　大約 3 億年前，覆蓋赤道大陸的石炭紀「煤炭森林」已算是一次非常成功的演化實驗（第一章裡我們曾在它們的樹冠下遇到了各式各樣的生命）。儘管如此，在大約 3.3 億年前，世界各大陸最終合併為單一的超級大陸「盤古大陸」時，地球開始緩慢轉變為一個更溫暖且更乾燥的星球。這種變化將徹底改變熱帶的植被群落，並大舉超越過去的變化。其劇烈程度，甚至造成了嚴重的「雨林崩潰」（rainforest collapse，譯注：雨林崩潰是指當時地球進入一個短暫、激烈的冰河時期，氣候變冷也變得更乾燥，不利於熱帶雨林和其中大部分生物的生長）事件，因此有人認為它導致了化石紀錄中僅有的兩次植物大規模滅絕事件中的一次 [10]（相較之下，地球上的動物遇過五次大規模滅絕的事件，而且可能很快就會遇到第六次……）[11]。最早佔據古代森林主導地位的樹木和樹狀物種，例如我們在第一章看過的巨型石松屬、木賊屬和巨大的科達木屬，逐漸從

化石紀錄中消失。到二疊紀時期（2.989 億至 2.519 億年前），樹木的種類數量
減少了一半，而且不僅物種發生變化，在三疊紀初期（2.519 億年前），各種
形式的森林幾乎完全從地表消失。令人驚訝的是，從第一棵樹的演化迄今，
只有這段時間的地球表面上幾乎完全看不到森林。[12]

這些森林把自己融入地球系統之中，無可避免地產生了連鎖反應：原
先深植地表的樹木突然消失，導致滋養生命的土壤變薄、土石流失和曾經
可靠的河流改道。除了某些孤立的植被「小島」區塊外，地表又回復黯
淡。[13] 此外，由於整個地球正在變乾，[14] 森林和綠地以及葉子表面水分的蒸
發相對減少，一併加劇了全球乾旱。[15] 進入地表或滲入地底的水分不再被
密集的根系保存，相反地，它們帶著地殼中寶貴的營養物質流入河川，進
入海洋，因而形成繁榮的二疊紀海洋生態系統。

到了二疊紀末期，西伯利亞的火山爆發，排放灰塵和有毒氣體到大氣
中，時間長達數十萬年，扼殺了大量光合作用植物，以及已經開始在森林
內外擴張的四足生物等物種的多樣性，造成一半以上的陸地動物物種滅
絕。[16] 雖然二疊紀末期這些戲劇性的火山噴發，導致大家對這個時期最常
見的描述是：地球上的動物幾乎都消滅了，然而事實上森林才真的遇到了
末日。植物在二疊紀末期和三疊紀初期面臨著更進一步的消滅命運，剩餘
植物物種的數量也一再減少，[17] 對地球綠化的大規模破壞難以挽回。失去
廣泛的森林後，動物生命即使能從火山地獄般的掃蕩下倖存，仍得面臨頻
繁的洪水和相對貧瘠的行星表面。森林在地球上第一次真正的物種多樣化
實驗，看起來是以失敗告終。

然而，正如演化過程經常發生的情況，「逆境」可以導致創新。我們
今天看到的所有植物和森林生命，都起源於這類災難發生的環境中。產生
種子的植物目前分為兩大類：「裸子植物」和「被子植物」。這些物種群
體最早的先驅者，可追溯至我們在第一章提過的「前裸子植物」，它們是
石炭紀「雨林崩潰」下的第一批受益者。

裸子植物的命名來自希臘語「gymnospermos」，意思是裸露的種子，

因為它們繁殖的種子在受精前是裸露出來的。雖然在石炭紀期間，這些前裸子植物已開始主導生態系統，但它們的出現地點是在前面提過的那些早期高大樹木下方的森林地面。後來盤古大陸的乾燥氣候和二氧化碳濃度增加，為各種植物的生存帶來問題。這些早期大型樹木的消失，意味著緊密的樹冠層消失，為裸子植物打開了一扇天空之窗，讓蘇鐵和銀杏（銀杏目以銀杏樹聞名於世，因為銀杏樹是該目植物唯一倖存成員）得以成長並佔據森林頂部。

　　植物透過種子繁殖的優勢在於種子可以處於休眠狀態，熬過乾旱期和各種季節性條件的嚴苛考驗。[18] 三疊紀時期（2.519 億至 2.014 億年前）開始回歸地球的森林，正是由這些能產生種子的裸子植物組成。這次回歸的植物還包括我們熟悉的針葉樹，佔據了熱帶及其他地區的森林高層。[19] 最後產生的結果便是今天以溫帶森林為代表的生態系統，分布範圍從西伯利亞北部到智利和紐西蘭南部都有。[20] 與此同時，攜帶孢子的植物則留在森林地面上，而古老的前裸子植物如古蕨，則成了石炭紀的化石紀錄。

　　由於今日棲地氣候寒冷，你可能認為俄羅斯的北方森林不算是「熱帶」森林，你完全有權這樣說。事實上，當蘇鐵這類裸子植物在熱帶地區廣泛存在的同時，這些以裸子植物為主的森林，也在中生代（三疊紀到白堊紀）的大部分時間裡，努力延伸出熱帶地區。因此，為了尋找 21 世紀熱帶森林類型的真正起源，我們還必須探討另一類植物種子的生產類群，即「被子植物」（或開花植物）的演化史。這方面研究做得最好的，是目前在巴拿馬的史密森熱帶研究所工作的卡洛斯·哈拉米洛（Carlos Jaramillo）博士。他的個人標記是頭戴寬邊帽、手拿地質鎬、腿上穿著沾滿泥土的褲子，因為他身兼古代開花植物專家以及附近熱帶森林的最佳探險家。他和團隊在新熱帶地區進行長期的實地考察和發掘工作，從微小的花粉粒到巨大的化石樹，尋找各種植物化石證據，拼湊出熱帶生態系統的「深時」歷史。雖然他偶爾也無法抗拒巨型海龜化石和鱷魚化石的吸引而分心進行研究（因為這兩種化石經常出現在中美洲和南美洲的化石發掘過程中），不過他告訴我，他的真心其實還是放在迷人且尚未受到重視的熱帶植物演化上。

熱帶森林植被的歷史是一場激烈且引人入勝的變化史：熱帶森林可能很古老，但絕不缺乏衝勁或活力。它們從 2 億年前開始演化以來，如卡洛斯所說：「在 1.2 億年前，整個熱帶地區原先只是單一開花植物的家園，然而今日幾乎完全由世界上某些開花植物多樣性最集中的地方所組成。」事實上，開花植物做為最多樣化的陸生植物群，今日不僅經常插在我們的花瓶與修剪整齊的花園中，主宰各種慶祝和哀悼儀式，還有極大部分被人類拿來作為食物、藥物和纖維。它們的起源、擴張和物種多樣化，也與我們所知的各種熱帶森林棲地的演變和出現密切相關。那麼，這些巨大的生態變化到底如何發生？為了找到答案，我們必須看看被子植物出現時的這齣「行星級歷史劇」。

在侏羅紀時期（2.014 億至 1.431 億年前），因為地底下的地層張力湧入地殼中，釋放出不可抗拒的板塊構造力量，盤古超級大陸開始經歷結構上的分離，先是一分為二，形成北邊的勞亞大陸和南邊的岡瓦納大陸，然後到 1.4 億年前，岡瓦納大陸開始分裂成非洲、南美洲、印度、南極洲和澳洲。正是在這個白堊紀（1.431 億至 6600 萬年前）熾熱的分裂世界中，被子植物進入歷史的眼簾。

經過三疊紀一段有利於針葉樹擴張的較冷時期後，這場重新創造世界的陸地移動過程，經由地殼不斷摩擦，以火山爆發的方式釋放大量二氧化碳到地球大氣中。於是溫度和濕度上升，為第一批被子植物創造了理想的「溫室」，讓它們能夠在這些自由移動的大陸上，進入新世界秩序。根據大多數現有的遺傳和化石證據，[21] 這些開花植物可能在大約 1.4 億至 1.2 億年前，首次出現在熱帶緯度地區。[22] 儘管有些研究人員認為早白堊世（1.431 億至 1.005 億年前 [23]，譯注：白堊紀分為「早白堊世」〔Early Cretaceous〕與「晚白堊世」〔Late Cretaceous〕）的中緯度地區可以提供更合適、更穩定的環境，也有人認為被子植物可能早在侏羅紀之前就已經出現，[24] 無論如何，對古代被子植物譜系的分析，可以明顯看出它們最初屬於溫暖潮濕森林下方、灌木叢裡的一部分，[25] 出現位置就在前面說過的、逐漸失去多樣性的裸子植物樹

冠層下方。與此同時，遺傳證據也顯示大約 1 億年前，因為岡瓦納大陸的分裂和越來越溫暖潮濕的全球氣候，現今熱帶森林中廣泛分布的諸多目的被子植物開始分化。[26]

在 1 億到 7000 萬年前，被子植物遍布熱帶地區，歷經不斷增加的物種多樣性，以及相對其他植物群日益提升的支配地位，在溫暖潮濕的陸地環境中更是成長茁壯。大約 6000 萬年前，最後一次戲劇性增殖後，我們可以看到被子植物廣泛分布於大部分中、低緯度地區。[27] 這種被子植物大增殖現象也與大氣和水循環的改變有關，因為被子植物的葉子裡有更多葉脈，可以更有效地進行水分蒸發（蒸散作用）和光合作用。這種新的多葉脈表面向大氣送回更多水分的情況，也與更潮濕和更少季節性氣候的全球性發展相互關聯。[28]

當我們關注一些今日依舊屹立的真正熱帶雨林巨樹（有些甚至高達 80 至 100 公尺），包括被大量砍伐的主要熱帶木材「龍腦香科」時，被子植物的「地表擴張旅行」規模就變得相當清晰可見。來自化石、現代遺傳學和樹種體型比較的證據，顯示這個科的植物在 1.2 億年前起源於岡瓦納大陸，分布範圍包括非洲、南美洲、南極洲、澳洲和印度次大陸等。然後，這個家族的一部分成員隨著組成印度和斯里蘭卡、屬於岡瓦納大陸板塊頂部的張裂逐漸移動，於是在大約 4500 萬年前，最終撞上勞亞大陸（包括亞洲其他地區的板塊），完成了它們的全球之旅。[29]

除了地質運動的幫助外，也許還在授粉昆蟲的協助下，[30] 被子植物隨著從白堊紀（1.431 億至 6600 萬年前）一直到始新世中期（4810 萬至 3770 萬年前）盛行全球的「溫室」條件開始成長。早在白堊紀晚期（約 1.005 億至 6600 萬年前），這些開花植物已是熱帶森林生態系統的重要成員，在奈及利亞也發現了木本闊葉被子植物和生產果實的攀緣植物化石。[31] 然而，最早的被子植物佔據森林生態系主導地位的清晰化石紀錄，以及我們希望從熱帶森林中獲得的物種和結構（即鬱閉森林內的各種分層與樹冠層）的集合，則只有到了古新世（6600 萬至 5600 萬年前）全球氣溫上升、環境逐漸恢復時才真正出現。

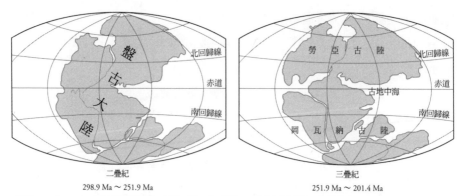

二疊紀
298.9 Ma 〜 251.9 Ma

三疊紀
251.9 Ma 〜 201.4 Ma

（譯注：Ma〔megaannus〕為百萬年的縮寫，亦即 10⁶ 年，為地質學、古生物學等領域常用的時間單位。例如白堊紀〔143.1 Ma 〜 66 Ma〕，即為距今 1.431 億年〜 6600 萬年）

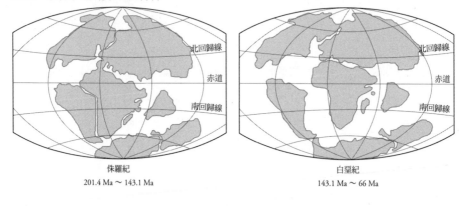

侏羅紀
201.4 Ma 〜 143.1 Ma

白堊紀
143.1 Ma 〜 66 Ma

目前情況

盤古超級大陸隨時間逐漸分裂的過程。地質時期的年代是以格拉斯坦（Felix Gradstein）等人最新的「地質時間序列」作為對照。[32] (adapted from Wikipedia)

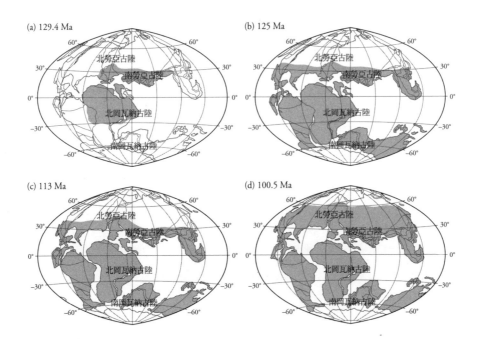

(a) 129.4 Ma　　　　　　　　(b) 125 Ma

(c) 113 Ma　　　　　　　　(d) 100.5 Ma

依據「科羅」（Mario Coiro）等人[33]評估的花粉組合，以及南勞亞大陸白堊紀被子植物花粉的額外證據，繪製出的白堊紀各緯度下被子植物從熱帶與亞熱帶擴張預估圖。請注意，此地圖指的是被子植物首次出現在「花粉紀錄」中的大致情況，而非指它們以生態系統的優勢物種分布（尤其是在高緯度地區）。如先前所述，被子植物成為優勢物種要等到大約 6000 萬年前。(data from Coiro et al., 2019)

而先前來自地球外星體的撞擊和「火山冬天」（volcanic winter，譯注：「火山冬天」是指火山爆發後產生大量火山灰、硫酸等物質釋放到大氣層，將太陽輻射反射到地球外，導致全球氣溫下降）以及恐龍的統治，則劃出了一條戲劇性分界線。要瞭解這些以被子植物為主的「新熱帶森林」到底長什麼樣，以及它們與現在熱帶地區的各種生態系統有何關聯，我們必須跟隨卡洛斯和他的團隊，進入美洲的另一個礦場。

————————

哥倫比亞北部的塞雷洪（Cerrejón）礦場是世界上最大的露天煤礦。其面

積之大，甚至擁有自己的地層實體名稱：「塞雷洪組」地層。正如我們在第一章所見，厚實的煤層對尋找古老熱帶森林的人而言是一種「決定性的證據」，在這裡當然也不例外。對於 6000 萬至 5800 萬年前在熱帶地區形成的植物群落，塞雷洪礦場提供了一個前所未有的研究窗口，亦即在白堊紀與古近紀交界（6600 萬年前）的戲劇性滅絕事件，將非鳥類的「恐龍」從地球上消滅之後發生的事。塞雷洪礦場不只是古老化石燃料公司的寶庫，同時也是古植物學家的寶庫。到目前為止，這裡已發掘出兩千多種植物「巨型化石」，有些化石的大小幾乎有普通人的兩倍大，這些發現包括古老的葉子、花朵、種子和果實等。

當我們想到「新熱帶地區」（亦即美洲熱帶地區）的熱帶森林，尤其是熱帶雨林時，我們會想像（或者應該說就維克多和我自己而言）或體驗到一定程度的植物多樣性、特定被子植物的存在、大量的植食性昆蟲、高溫氣候，以及充足的降雨量等。然而這些特點很難在同一地區的化石紀錄中一起被發現，所以我們難以在別的地方找到 21 世紀這幾個令人回味無窮的「熱帶森林」群落的真實起源。不過塞雷洪煤礦可能是地球上最大的例外之處，它就像卡洛斯這類研究人員的「天堂」。

卡洛斯和他的團隊在塞雷洪礦區發掘的植物，重現了許多目前還在此一地區熱帶雨林中的主要樹種。在顯微鏡下分析化石時，卡洛斯團隊識別出許多具有明顯特徵的植物，包括棕櫚樹、豆科植物，甚至是酪梨的古老近親植物等，證明被子植物確實在這些新的、恐龍之後的森林裡[34]佔據主導地位。多層次的雨林樹冠形式，也為被子植物提供了多樣化和各種實驗的可能性，以至於我們在現代熱帶雨林仍可以看到如此驚人的不同物種呈現舞台。更令人驚訝的是，當他們研究保存在塞雷洪的微觀（例如花粉化石）和宏觀（例如葉子化石）遺體時，竟然可以找到在 21 世紀的現代新熱帶雨林中大約 60％至 80％的主要植物群。

雖然發掘的植物多樣性不算多，但考慮到地質過程（例如發生在 5500 萬到 4000 萬年前的安第斯山脈隆起）和氣候變化（冷熱波動比現在大得多），這座古

老的森林確實與今日中美洲和南美洲的森林非常相似。事實上，我們可以
從塞雷洪煤礦的發掘裡看到一些現代熱帶森林的起源，而且今日仍可在世
界各地看到這些森林。這裡甚至比人類第一個祖先的出現還要早上 5000 萬
年。這些植物群落在蔓延過程中或多或少都發生了細微變化，但在地球的
重大動亂中依然屹立不倒、存活在我們身邊。它們跨越了美洲大部分地區，
當然也包括亞馬遜盆地。經過了不同程度的成功物種實驗，這種新型的熱
帶森林現今在地球上廣泛散布，而且也將繼續存在。

　　然而，卡洛斯和他的團隊並未就此停下研究腳步。保存良好的塞雷洪
組化石，甚至讓他們得以仔細分析這座古老森林裡的葉子結構。這些葉子
的形狀與現生新熱帶雨林中的葉子形狀相似，都是大而平滑的葉緣，表示
周圍環境具有類似的濕熱條件。事實上，與現代葉形相比，當時的年降雨
量超過 2500 公釐，年平均溫度則超過攝氏 29 度，比今天高約 2 度。即使
經過 6000 萬年的漫長歲月，這些葉子依舊如此完整，讓卡洛斯和他的同事
有機會分析以這些熱帶植物為食的「昆蟲咬痕」。從葉片被破壞的情形，
可以看到各種以植物為食的昆蟲在當時的熱帶森林四周忙碌的情況。不過
跟植物一樣，這些昆蟲的多樣性確實不如今日在亞馬遜熱帶雨林樹上和地
面上可以找到的生物群。[35]

　　最後，在現有的化石裡還出現了一個典型的新熱帶動物群落起源，裡
面包括名為「泰坦巨蟒」（Titanoboa）的已滅絕巨蛇遺骸，牠與現代的紅尾
蚺和森蚺有演化上的關聯。這種「怪物」相當適合出現在路易斯・羅薩（Luis
Llosa）90 年代拍的亞馬遜恐怖電影《大蟒蛇：神出鬼沒》（Anaconda）中。蛇
是「變溫」動物，大型蛇類必須依靠周圍環境的高溫來調節身體機能，因
此這條蛇的巨大體型（將近 13 公尺長）就跟植物的大型葉子一樣，說明了塞
雷洪化石當時的森林環境，一定比現代南美洲的熱帶雨林更加溫暖。[36]

　　塞雷洪組並不是當時唯一的熱帶森林。[37] 在古新世與始新世交界時期
（5600 萬年前），當時的熱帶森林除了具有與今日森林類似的植物家族和
分層結構，也開始跨越熱帶向外分布。不僅如此，類似的全新世「高溫」

（megathermal，譯注：一年中每個月的平均溫度為攝氏 18 度或更高）森林，也達到了地球史上最大規模。儘管這些森林物種非常多樣化，而且從我在本章開頭提供的「定義」下，並不能把它們都稱作「熱帶森林」，但無論我們走到北美洲、非洲、南美洲、澳洲、亞洲或歐洲各地，更溫暖的「高溫」森林生態系都已出現。它們進一步融入地球系統，加強了全球氣候走向更暖、更濕潤條件的轉變。當時類似紅樹林的森林點綴著英國現已變得寒冷的海岸，而所謂的「北方熱帶」森林 *（Boreotropical forests，這個森林群落的名稱與現代熱帶地區的森林群落相似）也順利往南北緯延伸，往南到塔斯馬尼亞，往北則到了阿拉斯加。[38] 重要的是，它們與石炭紀時期的森林有所不同：這些在赤道範圍附近的新森林（例如塞雷洪組地層）的植物結構和種類，今日居住或訪問過熱帶地區的人應該會覺得相當熟悉。各種熱帶被子植物的分布和演化持續快速地發展，某些植物種類也透過「陸橋」（land-bridges，「陸橋」理論是指古代各大陸間原有地峽相連，使生物能在各大陸互相移動。[39] 後來海面上升，地峽沉入海底，形成現在的分離大陸）在熱帶大陸間快速移動。然而，整個始新世（5600 萬至 3390 萬年前）正在進行的地質構造分離過程，造成熱帶森林群開始獨立而呈現出各自專屬區域的不同差異。到這個地質時期結束時，南極洲、南美洲和澳大拉西亞終於分離，地球各大陸的位置幾乎底定。以往在移動的地層板塊上任意遨遊的物種被困在分離的大陸上，[40] 結果便是現今在全球不同熱帶地區森林生態系統各自獨立演化的形式。

　　這種大陸分離的過程，以及全球不同地區熱帶森林的孤立分離，也刺激了地球新氣候系統的發展。陸地分離為遍布全球的「海洋環流」系統開闢出新的流動空間，讓冷水可以從北極地區流向大西洋。而由於水分的蒸發減少，北半球逐漸變冷且乾燥，南極洲則與溫暖的赤道水域分離。[41] 從

---

* 編注：boreo forest，學界稱為「北方森林」，係指西伯利亞針葉林那樣的森林。Boreotropical forests 則是指分布到那樣緯度、但形相、組成是熱帶成分的森林。

大約 4700 萬年前開始，許多世界級大山脈逐漸隆起形成，加劇了這項氣候趨勢。它們迫使這些「高溫」森林逐漸退回類似目前熱帶森林分布的情況，亦即退到赤道周圍地帶。[42] 這些森林退縮時，新的「競爭者」則從大約 2000 萬年前開始擴張。這些競爭者早在恐龍時代就已悄悄滲入植被場景中。[43] 在這個動盪的新時期裡，「禾草」以形狀、根系和生理適應的抗旱、抗寒能力，對森林提出一個看似渺小實則威力強大的挑戰。[44] 於是，植物生態的「戰線」在熱帶地區逐漸形成：戰爭的一方是熱帶和亞熱帶森林生態系統，具有大量的被子植物多樣性；另一方則是全新的「草原」生態系統。從這個時期開始，森林與草原兩種生態系統一直處在無止境的小衝突中；兩者在週期性的全球氣候變動面前，彼此消長。

————

到了 1000 萬年前，誕生「現代熱帶森林」所需的基本配備都已完備：具有特定的植物物種、適當的大陸位置，以及今日相關的泛全球氣候條件。但這並不代表這些植物就能有所行動。這些植物對地球所造成的影響，至今仍存在各種激烈的爭論，但雨量、溫度和二氧化碳的全球變化，對後來的熱帶森林分布範圍和組成結構產生了巨大影響。第四紀期間（258 萬年前迄今），這些全球性變化主要是由太陽能量在地球分布的「週期」所驅動，也就是與地球公轉的「軌道變化」與「軌道傾斜角度」有關。[45]

整體而言，在過去的 100 萬年裡，這些「米蘭科維奇循環」（Milankovitch cycles，以發現此循環的塞爾維亞科學家命名）** 導致了冰河時期下的冰期以及極地冰冠的劇烈擴張，其週期大約每 10 萬年循環一次。在冰期條件下，北大西洋的冰山會乘著海洋和空氣中的環流系統前行，進而冷卻熱帶地區。這種「降溫」又反過來導致主要氣候系統的運作減弱，例如影響「熱帶輻合

————

** 譯注：米蘭科維奇計算了過去幾百萬年來地球公轉的離心率、地軸傾角和軌道變化，發現這些與太陽距離遠近相關的各種數據，直接影響了地球氣候。

地帶」[*]和印度夏季風系統,為現在的熱帶地區帶來降雨,同時導致赤道環境更加乾燥。[46]然而這種廣義的「太陽影響地球氣候」模型,並無法完整解釋過去 1000 萬年間地球氣候就極端性和發生頻率方面的所有變化。事實上,特定時間地點的溫度、雨量與二氧化碳含量,仍需取決於熱能和水分在海洋與大氣之間的循環,以及同樣重要的「土地覆蓋物」影響,亦即由植物和森林這些最偉大的「地球系統」工程師所造成的影響。

粗略來看,過去 1000 萬年裡由「大氣」驅動的重大氣候變化發生,讓熱帶森林與競爭對手「草原」有了非常不同的命運。從中新世(2304 萬至533 萬年前)開始,全球暖化和二氧化碳濃度變高,高溫森林再次擴張到非洲和歐亞大陸的大部分地區,並且在大約 2100 萬至 1400 萬年前達到最大規模。[47]然而從大約 1000 萬年前開始,隨著大氣的二氧化碳濃度下降,陸地上的植被發生劇烈變化,禾草演化出一種前所未見的光合作用形式,稱為「C4」(以植物行光合作用產生的糖中的「碳的數目」命名)。這種新的「C4禾草」在吸收二氧化碳和對抗乾燥條件上,可以更有效率地進行光合作用,因而得以我們現在看到的「熱帶莽原」形式,佔據陸地植被的主導地位。[48]新的 C4 草原以更有效率的方式加入原來的 C3 草原,[49]一起對抗溫暖潮濕的高溫森林,使高溫森林逐漸從歐洲和中亞消失。[50]從「始新世」開始的氣溫下降和乾燥一直持續到「上新世」(533 萬至 258 萬年前),那些可以適應較冷溫帶的植被在北半球和南半球不斷擴張,又一次對非熱帶的高溫森林造成緩慢而持久的打擊,於是高溫森林只能退縮到赤道附近重新集結。這是一個新時代的起點,因為熱帶大草原的時代已經展開,其他類型的季節性乾旱熱帶森林(包括會隨季節落葉的「落葉植物」)也開始出現,並在亞熱帶和熱帶地區逐漸多樣化。[51]天氣持續乾燥還導致沙漠出現,形成非洲、南美洲和亞洲最缺水的一些地區,我們如今從北到南穿越全球時,可以清

---

[*] 譯注:也稱貿易風,是指從亞熱帶的高壓帶吹向赤道低壓帶的風。北半球吹的是東北信風,南半球吹的是東南信風,「熱帶輻合地帶」即指兩種風相遇的地帶。

楚看到這種分層堆疊的環境變化。

　　整個地球持續冷卻，上新世開始時的地表年平均溫度約比今天高攝氏2度；到了更新世（258萬至10萬年前），部分地區約比今天低攝氏6度。[52]這便是更新世時期的最大特徵，亦即受到前面說過的「米蘭科維奇」週期的劇烈影響。而在更新世早期（258萬至77萬年前），冰期的發生週期較為頻繁，大約每41000年就會發生一次，但強度較和緩。到了更新世中晚期時，冰期的發生週期約為10萬年發生一次，變動較少但更強烈。

　　在熱帶地區，更新世的冰河循環和熱帶地區的乾燥氣候，一般認為導致了「熱帶莽原廊道」（savannah corridors）的擴張。這些熱帶草原跨越非洲[53]和亞洲[54]的不同地區，甚至可能延伸到兩大洲之間。[55]更新世中、後期的冰河變化加劇，使這些熱帶草原廊道變得更大，為中大型動物提供理想、合適的草原傳送帶。與以往覆蓋在這些地區的茂密熱帶森林相反，這些草原廊道讓動物可以快速穿越廣闊的地區。舉例來說，有些研究認為在東南亞地區，有一條從中國南部向南延伸穿過印尼「華萊士線」（Wallace Line）[**]的草原廊道，在東南亞大陸和島嶼之間形成一座「陸橋」，原因可能是當時地球極地不斷增長的冰冠造成了海面下降。[56]

　　儘管如此，大草原生態系的終結不可避免。雖然此一時期的冰河期更長、氣候也更極端，但並非無限期延續。更溫暖、更濕潤的「間冰期」（interglacial）[***]條件回歸後，草原開始居於劣勢，逐漸被典型的熱帶雨林環境所取代。然而這些熱帶雨林對許多在草原時期遷入的大型「植食性」動物來說並不是合適的生存環境。

　　「末次最大冰期」（LGM，地球最近一次冰期），發生在大約26000年至

[**] 譯注：英國動物地理學者華萊士在印尼群島研究動物時，發現相距僅25公里的峇厘島和龍目島之間，「動物相」竟然有相當明顯的差異，似乎有一條隱形的界線將兩邊的生物分開。目前一般認為是冰河時期過後，海水上升分開了島嶼，各自演化造成的差異。

[***] 譯注：一個可長達千萬年以上的冰河時期，是由較冷、冰冠延伸範圍較大的「冰期」，與較暖、冰冠延伸範圍縮小的「間冰期」，交替反覆出現所構成。間冰期的全球平均氣溫較為溫暖合宜，我們目前所處即為全新世間冰期，約從11400年前的更新世末期開始，一直延續到現在。

21000 年前,大量關於氣候和環境的古代地質、化石紀錄,以及更接近現代的時間點,使我們能夠更詳細確定此一時期對世界各地熱帶森林產生的確切影響。儘管變化程度不像溫帶地區那麼劇烈,但在末次最大冰河期期間,熱帶不同地區的溫度降幅達到令人震驚的攝氏 4 至 8 度(詳見摘要[57])。根據目前全球溫室氣體排放所預測的全球暖化程度,如果我們不採取任何行動,從 1980 年至 1999 年開始,一直到 2080 年至 2099 年,熱帶地區的氣溫將上升攝氏 2 至 7 度,亦即地球上會出現類似末次最大冰期的「極端氣候」,也等於預告了等在人類眼前的會是災難性的變化,將造成生物學上的重大後果。[58]末次最大冰期還會使熱帶地區變得更加乾旱,舉例來說,在末次最大冰期時,南美洲和非洲地區的熱帶森林迅速退縮至現今廣闊的亞馬遜森林和剛果盆地中幾個較小的「避難所」中。[59]

在冰期時,大氣中二氧化碳濃度的降低,也改變了熱帶森林的結構,例如出現更小、更有效率的葉子、稀疏的樹冠層,森林地面生長的植物也會增加,以致出現越來越多的森林、林地和草原等不同植被類型鑲嵌在一起。不論原因為何,在 26000 年至 21000 年前,非洲、東南亞、南亞、新幾內亞、澳洲和南美洲的亞熱帶和熱帶森林都曾退縮。不過這些森林在冰期後再擴張的速度因地而異,並且會受到其他因素影響,例如東南亞的海平面上升就對降雨模式造成影響。[60]

在人類目前地質時期「全新世」(11700 年前開始迄今)的氣候和環境變化裡,我們雖然可以找到更準確的日期和更精細的氣候紀錄(如極地冰芯),但這些紀錄只能告訴我們,在這些時間週期下的熱帶森林結構和範圍有著廣泛的變化,其精確度僅能以「千年」為單位來估算,甚至可以說在面對熱帶森林環境的變化時,這些氣候紀錄就一定會失去精確度。目前氣候系統運行變化的研究以及氣候相關的歷史記載,都能證明在部分熱帶地區在很短的時間內就從寒冷乾燥迅速轉變為溫暖潮濕。舉例來說,太平洋上的風和海面溫度相互作用的變化,導致近期天氣史上經常出現的極端乾旱和洪水現象[61](亦即聖嬰─南方振盪氣候系統的一部分。)[*]。

雖然我們從「地質時間」尺度上看到的地球變化，無疑會影響物種演化的過程，但這些「短期」變化同樣影響了個別物種和群體的經歷。而植被與氣候系統之間的回饋，對這些高強度轉變的演化過程也同樣重要。我們可以舉「綠色撒哈拉」（Green Sahara）這個戲劇性的例子。撒哈拉沙漠東起紅海，西到大西洋，是目前世界上最大的「非極地荒漠」**，涵蓋非洲北部的大部分地區。然而，在 15000 至 5000 年前完全不同的短期氣候條件下，這片巨大的沙丘表面竟然覆蓋著植被和水。氣候模型證明了光靠地球軌道的改變，並不足以對撒哈拉沙漠產生這種影響。事實上，只有當降雨量增加，以及把擴張的森林和各種植物通通加入電腦軟體作為分析變因時，地球科學家才有辦法為撒哈拉沙漠重現這片廣闊的綠洲。當時的植被可能透過葉子的蒸散作用，增加了大氣中的水分。[62] 到全新世時，亞熱帶和熱帶森林增加了地區性的空氣濕度，其根系也能穩定環境而避免土壤流失，並可緩衝洪災；氣候系統對森林本身的影響，同時也化成對環境動態的實際參與。

————

我們稍後將在本書看到所有地球氣候參與者帶來的各種影響；就對環境的影響以及對地球氣候的衝擊而言，「人類」的排名一定大幅領先其他參賽者。正如我們所見，「熱帶森林史」是一段動盪不已的歷史，絕非永恆不變。地球上第一次熱帶森林的試煉由極端的地質變化過程所見證，也就是從大約 3 億年前森林開始減少，到了大約 2.5 億年前完全消失。當時在地球上已經沒有所謂的「森林」。

---

* 譯注：「聖嬰—南方振盪」是指「聖嬰現象」與「南方震盪」兩種氣候現象相互關聯，亦即熱帶太平洋上大氣與海洋間交互作用的變化；不僅改變全球的大氣環流，還會影響各地的氣溫與降水；大約每。五年會發生一次。

** 譯注：英文「desert」的定義是年均降雨量少於 254 公釐，或蒸發量大於降雨量的地區。因此目前世界上最大的荒漠為南極極地荒漠，第二大為北極極地荒漠。撒哈拉沙漠依此定義為第三大的「荒漠」，但一般直接稱為世界上最大的「沙漠」。

　　這場災難為後來的「新森林」鋪平道路，因為終於有一種新形式的先驅開花植物組成了新森林。這些植物在 1.4 億到 6000 萬年前，開始在全球植被佔據主導地位。到大約 6000 萬年前，這些與 21 世紀的現代後裔非常相似的熱帶森林在熱帶地區出現（甚至延伸到更溫暖的地區，成為高溫森林）；從 1000 萬年前開始，它們又被新的 C4 草原對手逼退到目前的赤道地區。然而地球對這些森林的考驗仍未結束。不斷循環的太陽能量供給，加上氣候環流系統的變化，衝擊著這些亞熱帶和熱帶森林，導致它們起伏不定、擴張又萎縮。不過，熱帶森林從來不只是外部變化的受害者，當地質和氣候塑造並撼動它們時，它們也會緩慢而堅定地將綠色觸鬚伸入地球系統中。

　　雖然太陽主導著地球的氣候變化，但森林以這種新的植被覆蓋方式，決定了太陽在地面上的影響程度，不僅能加劇地區溫度和降雨量的變化，也可以用緩衝地表的植被來對抗氣候變化。此外，它們還能控制大氣中二氧化碳的含量，進而提供重要的「陸地碳」儲存區，或者說地球上最重要的「碳匯」（carbon sink）[*]。

　　無論是在演化的改變上，或對氣候系統發揮的作用，森林的活力讓我們在其對地球生命的重要性上有了新的認識。廣義來說，熱帶森林是植物演化過程中某些最重要演化事件的發生地點，像是裸子植物和被子植物的興起，以及物種多樣化等。伴隨著動物王國裡一些知名角色（例如某些已消失的大型昆蟲）的出現、演化和離開地球舞台，熱帶森林也在不斷改變它們的分布和架構。這些改變剛開始會涉及昆蟲和兩棲動物，到了最後，還要加上「人類」這物種的出現。我們的祖先在全球熱帶地區的遷徙，以及人類所形成的各種社會、經濟和政治形式，讓熱帶森林發生了根本上的變化。

　　接下來在本書中，我們將會遇到種類繁多的熱帶森林，從墨西哥和瓜地馬拉的季節性乾旱森林，到新幾內亞經常結霜的森林；從華萊士研究的

---

[*]　譯注：指植物從空氣中清除二氧化碳的過程與機制。例如某處森林吸收大氣中的二氧化碳，並將其固定在植被或土壤中，因而儲存了二氧化碳，減少了大氣中的二氧化碳濃度。

孤島森林到太平洋群島上的島嶼森林，一直到非洲熱帶「森林—稀樹草原鑲嵌地景」（forest-savannah mosaics）等。這是人類遇上的合宜環境，也是充滿活力的「森林演化史」裡的最終產物。然而在討論智人及其靈長類近親之前，我們要先來觀察「走」在地球上的兩種最令人回味無窮的動物群體，因為熱帶森林對牠們演化的重要性清晰可見。接下來兩章，我們將探討從二疊紀到更新世的熱帶森林演變，如何影響了「恐龍」以及緊接其後的繼任者「哺乳動物」，以及這兩者的演化和命運。當你被這些迷人的動物化石吸引時，應該不太有機會把眼光看向其他重點，然而我們必須請各位記住，在當時這些動物的生命旅程中，森林裡的綠色同伴一路伴隨著牠們成長。現在讓我們把鏡頭對準這些新的森林故事。

3 「岡瓦納」森林和恐龍

'Gondwanan' forests and the dinosaurs

　　我永遠記得小時候曾與家人到威爾斯首府加地夫參觀國家博物館。這家博物館與許多重視學術和圍著安全玻璃櫃參觀的「固定」遊憩方式不同，它為參觀者創造了一種「電影體驗」，非常戲劇性地使用聲音和氣氛的視聽效果，完成地球歷史上最生動的一些畫面。例如在一片黑暗中的「大陸板塊展」，讓眼球專注在流動的橘紅色火山熔岩上，伴隨著震耳欲聾的地震聲響傳入耳朵。另一個「最早抵達威爾斯的人類」展覽中，觀眾進入一個天寒地凍下的洞穴，突然遇上移動、大聲咆哮的猛獁象。最令人驚嘆的是在恐龍大廳裡，這些巨大的爬蟲類動物化石從陰影中浮現，在適當光線和齊聲吼叫點亮生命。

　　這幾個展間一直陪伴著我的童年，是我最早（應該也是最可怕的）與地球上「生命演化」相遇的回憶。然而現在回想起來，這些展間都缺少一些重要內容。事實上，此後我參觀過的所有恐龍展覽幾乎都缺少這個環節。當遊客在博物館盯著恐龍的巨大下顎、彩色、如今可能還會加上羽毛或多毛的皮膚，[1] 或是獵食場景裡血淋淋的藝術形象時，似乎都忘記了恐龍存在的最關鍵部分——牠們所處的環境。

　　在大約 2.4 億年前，最早的恐龍是一個以食肉為主的群體，最初是較小型的「恐龍外型」爬蟲類動物。與其他三疊紀生命的成長和混亂不同，牠們的身體直立，這在當時是種非常不同的生活和運動方式。[2] 許多人在談到恐龍時，會想到像棘龍（*Spinosaurus*）和暴龍（*Tyrannosaurus*）這樣龐大的雙足直立肉食性動物。而且自好萊塢在 1990 年代把牠們推上大銀幕以來，這些

恐龍就一直縈繞在我們腦海中。不過這些巨大殺手還是必須吃點東西。侏羅紀（2.0140 億至 1.431 億年前）到白堊紀（1.431 億至 6600 萬年前）之間，恐龍逐漸形成有史以來最大的陸地「食物鏈」。在某些生態系中，植食性恐龍約佔脊椎動物生物總量的 95%，[3] 包括長頸長尾四足的「蜥腳類」恐龍，如阿根廷龍、梁龍，以及恰如其名的「超級龍」（*Supersaurus*）和「巴塔哥巨龍」（*Patagotitan*）等，牠們都是曾在堅實地面上行走的最大生物。

　　這些蜥腳類恐龍最大重量約為 70 噸，即使現存體型最大的非洲象（最重紀錄為 10 噸）[4] 也相形見絀。研究人員估計，最大的蜥腳類恐龍每天消耗約 200 公斤的植物。[5] 作為參考對照，差不多每天吃下 700 罐焗豆（罐頭黃豆）。令人驚訝的是，我們依然很少考慮到「植物」在恐龍生態系統的演化和維持上發揮的關鍵作用。植食性恐龍群必然會對古代植被產生複雜的互動影響，因此植物不能只被描繪成一種方便的隱藏地點或背景而已，它們也是動物生命一種重要組成。

　　若考慮二疊紀（2.989 億至 2.519 億年前）到白堊紀（1.431 億至 6600 萬年前）間發生的壯觀地質活動和環境塑造過程，一切還會更明顯。植被的主要變化伴隨著石炭紀雨林崩潰、針葉樹和蘇鐵裸子植物興起，以及後來開花的被子植物興起等事件。溫暖潮濕的森林有時會覆蓋大部分陸地，有時則受到氣候因素限制而縮小分布範圍。與此同時，地球板塊仍不斷漂移，先是

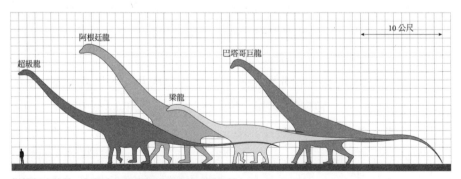

根據保守估計，對特定巨型蜥腳類恐龍的體型比較。（adapted from Wikipedia/KoprX）

盤古大陸，後是岡瓦納大陸，逐漸形成目前的「熱帶大陸」佈局。整個過程中，新形式的植物在熱帶地區以全新而逐漸孤立的生態系統方式出現、散布和演化。

目前我們已接受氣候和環境變化會造成地理和生物的變化，對動物的生存亦產生巨大影響（本章也將帶各位瞭解我們之所以肯定這種想法的科學事實）。雖然植物經常作為戲劇效果出現在恐龍電影中，但不論恐龍的崛起、多樣化、滅絕大災難，以及鳥類形式持續存在至今的事實如何，植物的功勞都經常從恐龍的演化故事中被剔除。這是因為植物化石的保存不善嗎？或只是因為植物缺乏像爬蟲類動物的「媒體吸引力」？無論原因為何，現在該是把植物寫入這部「大型恐怖蜥蜴史」的時候了。目前一些頂尖研究人員正使用最先進技術，調查爬蟲類動物（包括恐龍在內）的化石、花粉化石以及過去環境的木材紀錄。其中，甚至有針對令人難以置信、被幸運保存下來的特定恐龍胃裡的「最後一餐」所進行的精確分析。

————

大約 2.4 億至 2.3 億年前，出現在三疊紀中期至晚期，經由頭骨、股骨和四肢化石等一系列特徵所定義的第一批「真正」恐龍並「沒有」立刻統治地球，這可能出乎大家意料之外。最早的恐龍與大型兩棲動物、其他多樣化的爬蟲類動物，以及哺乳動物微小原始的祖先們一起在陸地上奔跑，充其量只能算是在經歷極端變化的地球表面上努力求生的眾多生物之一。在石炭紀末的大規模「植物滅絕事件」以及二疊紀末期火山引起的「動物滅絕事件」後，雖然陸地動物的生命看起來前途黯淡，但包括艾瑪・鄧恩博士（Dr Emma Dunne）在內的許多研究人員卻認為，正是在這些災難性的變化裡，恐龍抓住了登上動物王國峰頂的機會。

大約 3.1 億年前，石炭紀熱帶雨林的樹冠幾乎覆蓋了所有裸露的赤道土地。隨著石炭紀雨林崩潰，地表變化逐漸產生根本改變的演化過程。隨著時間向前，這些變化將為我們今天所知的各種主要陸生動物群體鋪平道

路。然而，第一個主要受益者是爬蟲類動物，更具體一點地說，就是恐龍。

　　伯明罕大學的脊椎動物古生物學家艾瑪（Emma Dunne），從她懂事伊始就對化石感興趣，不過她看待化石的方式與一般人不同。大家通常著迷於動物個體的化石，希望找到特別的動物或特定體型的「第一個」個體類型，但如果只把這些明顯的生命痕跡當作單一物體來看，很可能會錯過許多訊息，因此艾瑪把這些個體化石視為一個活生生、會呼吸的「生態系」的一部分。以這種方式觀察時，不僅可以嘗試重建動物外觀，還可以重建這些動物可能生活的「環境」類型。如果我們把注意力從靜態的骨骼化石，轉移到「這些動物可能吃什麼？當時氣候如何？圍繞牠們的環境條件如何？牠們可能對周遭世界產生什麼影響？」等等問題上，這種觀察是絕對必要的。

　　艾瑪對石炭紀和中生代早期（包括三疊紀、侏羅紀和白堊紀時期）之間，陸地動物群落如何「變化」特別感興趣，也剛好把我們帶到恐龍興起的時刻。為了觀察這種變化，她和同事試圖找到方法，正確測量在特定時間，生活在世界不同地區、不同類型（或說是「多樣性」）的動物在整個世界的「整體數量」。這種作法反過來說，讓他們得以調查某種生物多樣性如何隨空間和時間發生不同變化。然而，這種調查並不像聽起來這麼容易，因為這種時期的化石紀錄存在巨大的樣本偏差。大部分的化石紀錄，就像前面說過的古代森林一樣，都是來自特定地點，而且主要來自北美洲和歐洲。這是歐美社會長期研究地質學和古生物學的產物，也是不同社會、政治和經濟情況為此類企業提供資金的結果。正如我們將在第十章和第十一章裡所見的，通常與歷史上「全球財富分配不均」的結果有關。

　　為了解決這問題，艾瑪和她的團隊使用了每個人都可以使用的絕佳工具——「古生物學資料庫」[6]（Paleobiology Database）。這個資料庫是個可「免費使用」的全世界化石發現紀錄，範圍從元古代（25億到5.388億年前）一直到全新世。我可以向各位保證，如果你願意嘗試一下，這套有精美軟體和容易造訪的資料庫，絕對會讓你開心玩上好幾個小時，尋找那些早已滅絕

的生物以及牠們的發現地點。

我經常把玩這些功能，花一整晚時間，搜尋那些經常從古生物學家聽到一些最具代表性的生物發現地點，包括大型的巨齒鯊和三角龍等。然而最重要的是，這個資料庫代表了不斷推動科學數據「免費取得」或「開放取用」的努力，讓科學數據被善加利用或組合，以便有機會解答範圍更大、更具全球規模的問題。在這種情況下，隨著古生物學家持續更新資料庫，加入來自世界各地所有化石的發現位置和年代，便可逐漸克服明顯的歐美「地理偏見」。而且，這不光是簡單記錄發現化石的物種而已，如此龐大詳盡的資料庫還用上最新統計方法，幫助後來的研究者更完整瞭解動物化石紀錄史，甚至涵蓋最早的四足動物（四足陸生動物），以及稍後出現的第一批恐龍，加上後來更多更多的恐龍。

艾瑪和團隊的研究結果令人驚艷。[7] 他們證明石炭紀「煤林」（也就是高溫森林）的消失，對陸地動物的多樣性產生了巨大影響。受到影響最大的是足跡被保存在大約 3.1 億年前伯明罕熱帶雨林中大型多樣的兩棲動物群落。早期黑暗、潮濕和溫暖的森林生態系為需要在水中產卵的動物提供避風港，但由於氣候變乾燥，導致這些棲地急劇減少，接下來發生的事情成為演化史上的關鍵事件。在石炭紀伯明罕地區，原先只佔極少數的小型爬蟲類動物的腳印突然激增，而且變得越來越大。那些在雨林消失災難中倖存的四足動物，在地球上更自由地散布，在許多新環境定居，並且搬離熱帶地區。隨著二疊紀和三疊紀時期森林的持續衰退，在產卵形式可抵禦乾燥的情況下，這些動物變得極具擴張潛力，比兩棲動物更具優勢。

總而言之，「爬蟲類」動物的崛起，以及後來恐龍的興盛，起初顯然是因為熱帶森林的消失，但由於生態系的變化，不同動物群體的興衰情況徹底改變，因而開闢了一個全新的生態競爭領域。

恐龍經常被描繪成「熱帶」動物，生活在從三疊紀到白堊紀的穩定溫暖氣候框架內。然而從前面說過的情況來看，牠們會受到氣候和環境不穩定的影響，也從這樣的環境中獲益。當我們觀察 2.3 億年前第一批「真正的」

恐龍早期演化和擴張的情況時，這樣的描述更顯正確。儘管恐龍迅速演化為三個不同的成功譜系（獸腳亞目、蜥腳亞目和鳥龍目），並在 2.06 億年前實現了相當成功的全球性分布，但為什麼從牠們第一次出現開始，竟花了將近 3000 萬年才進入熱帶並征服全球地表？這仍是個謎。此外，即使恐龍完成了征服地球生物的成就，也是以「試探性」而非全面性的方式完成。[8] 早期的獸腳亞目恐龍（包括後來臭名昭著的迅猛龍）在三疊紀晚期抵達熱帶和亞熱帶，這個「演化支」（來自共同祖先的一整群後代生物）的特徵是具有「空心骨骼」和「三趾」的四肢，以現代鳥類的形式存活下來。牠們最初以「掠食動物」為主的方式，捕食在地上亂跑的小動物。

　　相較之下，另外兩個主要的恐龍演化支則演變成越來越大的植食性蜥腳類恐龍和鳥龍目。不過直到侏羅紀時期（2.014 億年前）來臨前，由於某種不明原因，牠們一直「遠離」熱帶地區，只出現在高緯度地區。有人解釋這是因為三疊紀時期熱帶地區濕度高，導致化石不易保存；或是棲息在赤道地區、類似鱷魚的爬蟲類動物，與恐龍「競爭棲地」所致。不過現有越

藝術家筆下重建的恐龍起源背景：有季節性乾旱的三疊紀植被景觀。可以看到後方穩定成長的針葉樹（裸子植物）樹冠層。（Bob Nicholls）

來越多的化石收藏分析，加上利用緯度劃分恐龍類型的創意方式，指向一種更深層的潛在「地理趨勢」發揮了作用。[9]

　　為解開這謎題，一些對過去氣候感興趣的研究人員，研究了新墨西哥州保存下來的木炭、花粉殘骸和河流沉積物的化學成分，這些沉積物也保存了許多早期恐龍的化石。[10] 研究結果顯示，在三疊紀晚期，地球普遍溫暖乾燥，然而大氣裡二氧化碳頻繁、快速和極端變化影響，地球溫度突然飆升，降雨量波動增加。但更重要的是，持續產生的野火燒毀了大片地區的地表。加上我們在第二章提過熱帶氣候變化的「不可預測性」，可能也為生活在赤道的動物群落帶來強大的生存壓力。儘管如此，這些仍處在其他巨型爬蟲類動物（與鱷魚和短吻鱷更類似的「偽鱷類主龍群落」）統治下的地區，還是擠進了一些獸腳亞目恐龍，並在抵達後開始捕捉獵物、捕魚或覓食植物。與此同時，一些生長迅速、體型越來越大的蜥腳類植食性動物也需要更可靠的食物來源，但在各種相關條件更為穩定的侏羅紀時期來臨之前，牠們無法進入低緯度地區。最早出現和演化的凶猛恐龍，便是在熱帶環境的狀態下塑造出來；這些棲地曾經一度封鎖了更新、更具實驗性的演化形式，同時也為一些最早期的肉食性恐龍類型，提供一個極具成效的演化家園。這些恐龍在三疊紀的蒼涼世界中，選擇了自己的前進方向。

————————

　　2009 年，伊莎貝爾・瓦爾迪維亞・貝瑞（Isabel Valdivia Berry）和她的丈夫埃里科・奧蒂利奧・貝瑞（Erico Otilio Berry），在阿根廷境內烏肯省的「洛斯莫耶斯」（Los Molles）山區進行探索。許多遊客來到洛斯莫耶斯是為了欣賞壯觀的山景、遠足和體驗溫泉。這裡同時也被跨國公司開發為南美洲最大的頁岩和天然氣儲藏區。然而，伊莎貝爾對周圍岩石所提供的其他「寶藏」更感興趣；對那些知道去哪裡尋寶的人而言，這裡真的是藏寶之地。

　　洛斯莫耶斯地層可追溯到早侏羅世至中侏羅世（2.014 億至 1.615 億年前）。這裡的岩層露頭，為岡瓦納大陸時期形成的熱帶海岸下的海洋與河口三角

洲生態系，提供了栩栩如生的畫面；其中有相當大的範圍，包括南美洲的
大部分地區，當時主要位於熱帶地區。貌似海豚和鱷魚混合體的「魚龍類」
（Ichthyosaur），其命名原意即為「魚蜥蜴」，統治著侏羅紀早期的海域，並
在洛斯莫耶斯大量出土。然而，當貝瑞夫婦在冬季遠征該地進行研究時，
偶然發現一種截然不同的化石。這具從岩壁中探出的骨骼化石，是個近乎
完整的頭骨和恐龍身體的重要部分。如同他們在發現時所認為的，這的確
是從未有人發現或描述過的恐龍化石。

　　在伊莎貝爾把這項驚人發現帶到薩帕拉的奧爾薩切爾（Juan A. Olsacher）
教授博物館後，一支由里奧內格羅地區國立大學的李奧納多・薩爾加多
（Leonardo Salgado）博士領隊的古生物學家團隊，開始在發現地點進行詳細挖
掘，以期發現更多化石殘骸。經過多年研究，貝瑞團隊終於在 2017 年發表
此一發現：伊莎貝瑞龍屬（*Isaberrysaura mollensis*）。[11] 根據最近研究，這種恐龍
被認為是最早的劍龍之一，[12] 也就是一種體型龐大、身體結構沉重的植食
性動物，身上覆蓋著成排板甲，尾巴帶有尖刺。除了演化地位之外，伊莎
貝瑞龍的重要性來自兩個主要原因。

　　第一個重要性是對傑出女性遲來的認可。從 19 世紀著名的古生物學家
瑪麗安寧（Mary Anning，譯注：19 世紀英國女性化石收集者與古生物學家，她最早發
現魚龍、蛇頸龍與翼龍完整化石）開始，女性對古生物學做出各種重要貢獻，「伊
莎貝瑞龍屬」將這發現的命名獻給伊莎貝爾本人。其次，當古生物學家分
析伊莎貝瑞龍標本時，終於有機會瞭解從恐龍化石瞭解「胃」的可能位置。
令人驚訝的是，這隻伊莎貝瑞龍保存了大量的食物化石。正如薩爾加多博
士所說：「我們在研究時經常疑惑恐龍到底吃什麼？通常也只能依賴基於
恐龍牙齒形狀的假設。然而這一次，我們終於有機會得到更好的答案。」
研究小組的這些發現，為侏羅紀熱帶地區體型越來越大的恐龍以及日益綠
化的環境，提供了一幅嶄新而彼此更緊密相關的畫面。在伊莎貝瑞龍的腸
道中，科學家發現兩種類型的種子：較小的一組種子無法識別出屬於何種
植物，但較大的種子很明顯是蘇鐵植物類。這些種子幾乎完好無損，代表

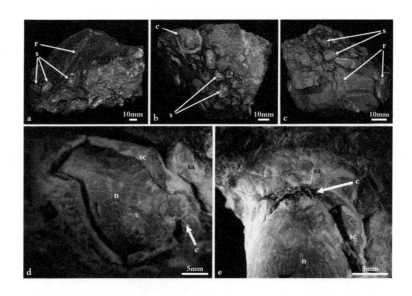

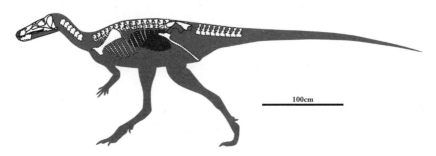

發現於阿根廷早侏羅世洛斯莫耶斯組岩層的伊莎貝瑞龍腸道內容物圖像。圖 a 到 c 顯示恐龍的肋骨 (r) 與蘇鐵種子 (c) 和其他植物的種子 (s) 。圖 d 和 e 則顯示蘇鐵種子的細節訊息：肉質種皮 (sa)、硬質種皮 (sc)、花冠 (c)、珠心 (n)。最後這張圖顯示在伊莎貝瑞龍重建骨骼中，被發現的腸道內容物所在的相關位置。(Salgado et al., 2017)

它們是被吞食下去，就像現代爬蟲類動物吃下這些食物時，而不是用咀嚼的方式攝食。

　　除此之外，由於蘇鐵對大多數動物而言是有毒的，如果伊莎貝瑞龍在這種「體驗食物」的過程中倖存，那麼牠胃裡的微生物必定適應了消化這些植物。這種機率只有百萬分之一的化石發掘，相當於提供關於「恐龍飲

食行為」的單餐精緻菜單，讓我們對晚三疊紀和早侏羅紀時，多樣化的恐龍與新出現植物間的密切關係，有了全新認識。研究者認為，事情不僅是植食性動物食用了裸子植物（地球上新出現的綠色植物）這麼簡單，這些植物種子在本身日益成功的地球分布過程中也發揮了重要作用。如我們所見，留在恐龍胃裡的種子幾乎是完整的，顯示伊莎貝瑞龍將它們排出體外後，它們還可藉著被排出的肥料繼續生長。這些早期的劍龍可能是最早、最廣泛的「種子傳播者」，為這些快速擴張的裸子植物群落帶來很大的幫助。

在 2.014 億年前的三疊紀末期，陸地上又發生一次大規模滅絕事件。全球乾旱、變動加劇並趨向季節性的氣候，加上致命的火山爆發，殺死許多大型兩棲動物以及幾乎所有的爬蟲類動物，只剩下恐龍以及那些存活至今的爬蟲類祖先，包括鱷魚、海龜和蜥蜴等。這些環境變化也導致以種子繁殖的植物大量更迭。[13] 然而，隨著侏羅紀來臨，地球氣候逐漸穩定，先前三疊紀的乾旱條件被更潮濕、更溫暖（比今日高約攝氏 3.5 度）的氣候條件所取代。這些氣候條件促進包括熱帶森林在內、地球茂密植被區域的擴張。雖然如同中至晚三疊世時期的情形，針葉樹持續佔據地球植被的主導地位，不過新的環境條件，讓裸子植物開始多樣化發展。在保存伊莎貝瑞龍的同一地質構造中一併發現了花粉化石，透過顯微鏡觀察顯示為針葉樹（例如今日分布整個地球的南洋杉科）、蘇鐵和非種子的蕨類等組合。這些植物共同為日益多樣化的恐龍提供豐富開放的森林環境，而且不光是在熱帶地區，在其他地區也一樣；[14] 銀杏樹逐步佔據溫暖的溫帶地區，以松樹為主的北方森林也延伸到較冷的環境。

三疊紀末期至侏羅紀，趨於「穩定」但整體仍偏高的大氣二氧化碳含量，[15] 也導致區域性高溫事件頻繁發生以及降雨量的變化。[16] 然而由於環境趨於穩定，茂盛的裸子植物為不斷成長的植食性恐龍提供穩定的食物來源，恐龍因而迅速填滿了每個生態系和生態棲位。這些日益混合的景觀裡，遍布著充滿活力的綠色植物；侏羅紀時期除了恐龍，還有作為牠們食物來源的裸子植物，一起征服了地球。

　　恐龍和裸子植物間的關係如此緊密，甚至可以拿來作為動植物共同演化的範例。這些擁有長脖子、長尾巴和體型巨大化的蜥腳類恐龍在侏羅紀末期蓬勃發展。針對蜥腳類恐龍牙齒形狀和體型大小的研究，以及牠們下頜運動和顱骨尺寸的重建，證明牠們是植食性動物。[17]而與已知的現代大型植食性動物相比，牠們的巨大體型和生長速度說明牠們屬於「大塊攝食者」（bulk feeder，譯注：直接吞食而不咀嚼的動物，例如現代蟒蛇）。牠們利用腸道細菌的發酵作用消化大量葉片食物，[18]亦即與大型劍龍（伊莎貝瑞龍後來的親戚）相同，牠們也不咀嚼食物，而是把食物整個吞下去。[19]因此，在研究與蜥腳類動物相同環境中發現的植物化石後，便可為可能出現在這些巨型素食者菜單上的植物種類增添一些訊息。[20]而把所有訊息整合起來看，答案就很清楚了——這些拚命成長的長頸恐龍，從潮濕的森林邊緣到更開闊的地區等各種不同環境裡，大量進食裸子植物，其中包括南洋杉和銀杏等針葉樹，以及各種蕨類植物。[21]牙齒形狀的細微差異也可證明牠們是多樣化的物種：有些恐龍專吃樹梢上的葉子，有些則掃動靈活的脖子在地面覓食。[22]

　　恐龍的這種發展方向並非只是單行道。如同現代熱帶地區的大型植食性動物，[23]這些蜥腳類恐龍也會回饋牠們所處的生態環境：蜥腳類恐龍大範圍、碾壓一切的運動方式，對裸子植物的分布相當有幫助。由於發現恐龍胃中的植物種子並未受損，加上像蘇鐵這類植物會用鮮豔種子吸引能分辨顏色的恐龍，[24]因此甚至有人認為針葉樹上的毬果，尤其是所謂的「猴子謎題樹」（monkey puzzle，智利南洋杉，編注：最初指讓猴子都困惑、不知道該如何爬上去的樹），便是受益於植食性恐龍的行為而演化出的形式。[25]

　　儘管科學界對兩者關係的密切與否仍存在不同看法，裸子植物的成功與恐龍繁盛發展之間也不太可能出現確切的化石證明，[26]然而不可否認地，侏羅紀種類繁多的巨大植食性恐龍以及捕食牠們的肉食性恐龍，都受益於茂密的裸子植物擴張以及植物的多樣化。同樣有趣的是，在早白堊紀裸子植物衰退時期（1.431 億至 1 億年前），至少北美洲地區的蜥腳類恐龍多樣性

突然下降，劍龍類也幾乎消失。事實上，有人提出大約就在這個時期，恐龍的「綠手指」（green fingers，譯注：指善於園藝的人，此處指恐龍幫助了植物的繁茂成長）與植物演化之間有了更明確的聯繫，而且這次的地點就在熱帶地區。

———————

　　保羅・巴雷特（Paul Barrett）教授的工作，是許多人從小就夢想的工作（面對現實吧，你可能到現在都還想要這種工作）。他位於倫敦自然歷史博物館的辦公室，就在收藏世界上最大、最著名的恐龍的大廳下方。更棒的是，他每天的工作就是遊走在大廳研究這些恐龍的骨骼化石，而且竟然還有人付錢給他。這些著名的恐龍化石，包括目前科學界已知的第一塊禽龍骨骼（亦即學術界首次把恐龍描述為一個獨特生物類別所依據的那塊骨頭），以及人類有史以來第一次發現的霸王龍化石的一部分。儘管如此幸運，保羅卻跟本書其他的研究人員一樣，不只因為興趣而研究恐龍，他還想知道恐龍如何影響地球上的其他生命，以及牠們如何成為塑造地球環境和演化大歷史過程的一部分，並把影響力延續至今。大部分的人只把恐龍視為一組骨骼化石，難以想像牠們是栩栩如生的活躍生物（更何況我們還認為恐龍是被一顆墜入地球的小行星給擊垮，最後通通變成了靜態化石呢）。此外，在博物館還收藏著有彎刀狀牙齒的凶猛恐龍的情況下，那些溫和的植食性恐龍通常不會是博物館展區的主角。然而保羅過去 20 年的工作，便是探討一些非常有趣的假設，例如植食性恐龍如何影響植物演化，以及恐龍如何受到氣候、環境和植物群落變化的影響。

　　1970 年代，美國古生物學家羅伯特・巴克（Robert Bakker）在世界頂尖的科學期刊《自然》上提出一個有趣的想法：「恐龍發明了花。」[27] 從大量化石紀錄的變化趨勢來看，他注意到在白堊紀時期（1.431 億至 6600 萬年前），在裸子植物犧牲主導地位的代價下，恐龍攝食行為的改變以及會開花的被子植物的起源和傳播上的顯著關聯。

　　侏羅紀時期，能在樹冠高處覓食的長頸蜥腳類恐龍佔據森林的主導地位，生長緩慢的裸子植物因而有機會從地面往上成長。到了白堊紀早期，鳥龍目肉食性動物喜歡在較低處梭巡覓食，包括尾巴有破壞球、像台坦克的「甲龍」，以及歐洲數量最多的恐龍「禽龍」，兩者都對生長在地表的植被群落造成生存壓力。這對裸子植物而言，是一個巨大的難題，而生長快速的被子植物因而有機會從熱帶向外擴張，接管植物世界，佔居主導地位。無論是否是因為覓食行為改變，許多植食性恐龍演化出複雜的新下顎，以便食用被子植物，[28] 或是主導白堊紀的恐龍群落（亦即體重超過 1 噸的動物）所造成的大規模擾動，這些都讓全球被子植物和其花朵得以從赤道往兩極方向大規模地傳播。這樣看來，被子植物的興起似乎真的可以歸功於恐龍。

　　「雖然這是一個絕妙的想法，但不幸的是，我必須讓讀者的想像停留在這裡。」保羅接著告訴我，當我們仔細回顧化石、恐龍進食行為和植物演化時，可以明顯知道恐龍並沒有「發明」被子植物。而被子植物的全球性擴張，也不能完全歸功於恐龍。[29] 首先，我們必須考慮到恐龍化石紀錄在保存地點與地質環境上經常遇到不同的學術偏差，我們也缺乏對各種恐龍化石間有多少「關聯」的理解。最明顯的事實就是蜥腳類恐龍並未在白堊紀時期從各地衰退。事實上，牠們甚至在熱帶岡瓦納等地區大肆繁衍。稍後，體重重達 60 噸、長頸長尾的巨型「巴塔哥巨龍」也在阿根廷的森林中漫遊。鳥龍目動物這種有「低頭覓食」傾向的恐龍，則並未在世界各地都取得成功，牠們甚至不曾出現在岡瓦納大陸和勞亞大陸的東南亞地區。

　　其次，在侏羅紀和早白堊紀時期，幾乎看不出主要植食性動物類型的分布空間有任何差異。第三，如前所述，並非所有蜥腳類恐龍的覓食點都在樹冠層，除了劍龍類和其他植食性動物之外，許多侏羅紀時期的長頸巨獸，同樣會對 1 公尺以下的植被造成巨大壓力（而且是早在被子植物出現之前）。最後，恐龍物種的大規模擴張，例如出現具有特殊頜骨的禽龍等，也都是在開花植物起源之後很長一段時間才出現。[30]

　　儘管如此，在尋找恐龍作為植物「園丁」的過程中，科學家並非一無

所獲。確實有些跡象可以說明，正如保羅所言，可能存在一種更為鬆散的動植物共同演化。例如從侏羅紀早期開始，越來越大的恐龍生態系對地面植被的干擾，或說「恐龍踐踏干擾」（dinoturbation），在美洲、非洲和亞洲明顯增加，而在白堊紀時期達到最大值。[31] 這點當然能為生長快速的被子植物提供幫助，可能也在晚白堊紀推動被子植物的多樣化。但一切也可能是「鴨嘴龍」這類主要恐龍群的興起和迅速擴張之故。這群恐龍起源於白堊紀早期，並在白堊紀晚期數量激增。

上述兩種情況都有助於讓牠們所依賴的被子植物在地球上拓展殖民地。[32] 最特別的是，有人提出鴨嘴龍牙齒的創新演化，讓牠們與其他爬蟲類動物有明顯差異。由於牙齒的複雜構造，鴨嘴龍能吃下各式各樣的食物，完全可媲美現代的植食性哺乳動物。[33] 要找到恐龍和被子植物之間的直接關聯，最明顯的例子或許是「盾龍」（*Kunbarrasaurus*）。這種來自澳洲早白堊紀時期的甲龍，牠胃裡的「最後一餐」化石裡包含各種被子植物果實，[34] 由此可知恐龍確實吃過這些植物。也有人提出，這些最早期的被子植物缺乏針對植食性動物的防禦構造（例如棘刺或尖刺），顯示這些植物可能很願意被恐龍大口吞下，以幫助自己散布。

我們對恐龍化石和被子植物起源與多樣化的紀錄並不完整，不足以釐清恐龍與被子植物之間的密切關係，不過這種新植物的起源和擴張，肯定受益於白堊紀二氧化碳濃度的增加，以及昆蟲授粉者的大幅成長；如果恐龍在這個過程中也有一份功勞，那也不足為奇。現在也有證據顯示，在熱帶及其他地區，大型動物對種子傳播和棲地變化發揮著重要作用；[35] 恐龍似乎同樣受益於白堊紀末期即將由被子植物主導的各種生態系。被子植物從熱帶森林擴散，與恐龍一起遍布整個地球，不僅進入更加乾旱的河流生態環境，甚至遠至俄羅斯的北極圈，[36] 為恐龍提供更多樣化的生態系，讓牠們可以在其中產卵、繁殖和覓食。[37] 到了白堊紀末期，從支持大型肉食性「霸王龍」的龐大食物鏈裡可以看出，被子植物的興起與裸子植物優勢地位的喪失，並未阻礙當時主導陸地的動物，而是幫助牠們往體型更大、

鴨嘴龍科發展出高度複雜的頜骨和牙齒型態,可以吃下多種植物,包括分布範圍不斷擴大的被子植物。(De Agostini via Getty)

分布更廣的成功方向演化。

　　在一般的圖像描繪中或是較保守的博物館展覽裡,通常恐龍與古老的岡瓦納蘇鐵和針葉樹會一起出現。然而當時的情況是,被子植物在白堊紀的高溫森林中已迅速變得多樣化,持續領先並主導著大多數的植被環境直至現代,與恐龍一起成長並維持著良好關係。後來在 6600 萬年前,一顆小行星穿過大氣層,撞擊墨西哥地區,終結恐龍與被子植物之間的綠色關聯。不過恐龍真的滅絕了嗎?

────────

　　對於恐龍「戲劇性滅絕」的描述,使大家經常把恐龍的興盛與衰敗連結在一起。這種看法忽略了一個事實:這些存在於 2.3 億至 6600 萬年前的動物,是有史以來在地球上漫遊的生物裡「最成功」的動物群體(比人類的演化支「人屬」的歷史長了約 23 倍,也比我們的物種「智人」的演化史長約 547 倍)。

不過，我們通常也忽略了一個明顯事實，那就是「恐龍仍然活著」。或者更確切地說，正在我們四周飛行著。之所以說鳥類源自於恐龍，是因為鳥類與現在所知最親近的「遠古親戚」獸腳亞目恐龍，擁有大量明顯、獨特的相同解剖學特徵。

我們從恐龍化石裡可以看出，那些長著羽毛（至少是羽毛狀結構）的恐龍，亦即現代鳥類的恐龍祖先，「飛離」而逃過小行星撞擊下的白堊紀世界末日。[38] 鳥類也是地球上分布最成功的脊椎動物；跟據估計，約有 18000 種鳥類分布於全球。[39] 鳥類依舊與熱帶地區生產種子的植物保持極密切的關係，而熱帶森林也是眾多鳥類的家園：從澳洲和巴布亞新幾內亞奇特的「緞藍亭鳥」（園丁鳥，會在森林裡搭一個艷麗的舞台，為潛在的另一半跳求偶舞），到亞馬遜盆地的「角鵰」（世界上最大的老鷹，威脅著生活在樹冠層的猴子）。世界各地的熱帶森林，包括裸子植物和被子植物，持續為這些多樣化的「現代恐龍」提供綠色庇護所。

不論侏羅紀或白堊紀時期的恐龍是否與裸子植物或被子植物共同演化，在維持開花植物生命的活躍及其在世界各地的廣泛散布這兩者上，鳥類都扮演了重要角色。利用鳥類的顏色視覺，植物生產鮮豔的果實以吸引這些分布範圍極廣的飛行者來進食，並協助傳播它們的後代到新的地點。鳥類對於植物種子的傳播相當重要，因此熱帶地區絕不能缺少鳥類，否則森林生態系將無法保持健全。生物學家也一再地發現鳥類確保了樹木種群繁殖和遺傳多樣性的證據，無論從安第斯山脈的熱帶山地森林[40] 到亞馬遜盆地的低地常綠雨林，[41] 或是從印度的乾燥常綠森林[42] 一直到島嶼熱帶森林[43]，情況都是如此。鳥類也被證實是「復原」人為干擾森林的重要關鍵。然而現代農業、牧場和基礎建設不僅導致森林被大量砍伐，也擾亂鳥類棲地而威脅到森林回復的希望。[44]

綜觀上述，在當時還不是鳥類的恐龍與森林群落之間已經有了極為重要的關聯。這些植物群落在越來越不穩定的熱帶岡瓦納地表上不斷適應，努力演化，它們的後代也確實辦到了，因此開花植物在今日依然如此興盛。

雖然恐龍是當時森林背景前最壯麗的景觀，但牠們並非唯一一種既被森林打擊又被森林哺育的主要動物。我們即將把討論轉向與熱帶森林有長久「共生關係」的另一種關鍵動物——一種可能離你家更近的物種。

叢林

首批哺乳動物的「樹屋」
'Tree-houses' for the first mammals

　　哺乳動物無所不在。牠們會出現在超市的肉類和奶製品區，在我們的房子裡吠叫、喵喵叫或吱吱叫。牠們可以馱你跋涉穿越崎嶇風景，或在海灘上與你共度一天。牠們也是各種標幟最常用的符號，例如足球徽章（A.S.羅馬隊徽上的狼）和麥片盒（家樂氏麥片的東尼虎）上的圖案。牠們還主導紀錄片中一些我們最愛看的典型生態影片，而這些畫面經常在動物園重現，以「吹著喇叭的非洲象」或「體型龐大的藍鯨」這類形式，讓我們知道目前陸地和海洋中最大的動物是哺乳動物。牠們存在於地球上每個陸地環境中。當然，牠們也包括「我們」，亦即目前全球仍在成長、總數約 78 億的人口。

　　然而在這個熙熙攘攘的哺乳動物時代裡，[1] 很少人會停下來問一句：「哺乳類如何演化成現在的樣子？」雖然我們認為目前哺乳動物的成功理所當然，但事實上在 2.1 億至 6600 萬年前間，地球曾出現的哺乳動物中，約 2/3 的體型比獾還小，[2] 而且是躲在巨大的恐龍底下悄悄奔走。更令人難以置信的是，所有現代哺乳動物，從體重約 2 到 3 公克 [3] 的伊特拉斯坎「非洲小香鼠」到 190 噸重的藍鯨，[4] 都與爬蟲類動物統治地球的時代裡那些躲躲藏藏、平凡微小的哺乳動物祖先有關。

　　大約 6600 萬年前，一顆巨大的小行星撞擊墨西哥猶加敦海岸，留下一個直徑 180 公里的隕石坑，其中心點位於現代希克蘇魯伯鎮正下方。這個巨大的外星物體不光在地球上留下了地質痕跡，還燒毀北美大部分地區，讓煙塵和火山灰逸入大氣中，也許還連鎖引發了印度德干高原上大規模火山爆發，導致全球瞬間進入陽光被大幅遮蔽的寒冬中。[5] 陽光照度減少到大

約只有以前的一半，加上釋放的火山氣體與空氣中的水滴混合產生酸雨，
讓地表生命陷入混亂。當時地球上 75% 以上的物種滅絕，包含許多植物、
鳥類、昆蟲、海洋生物，其中最重要的是**所有**「非鳥類恐龍」都滅絕了。[6]

　　儘管許多哺乳動物物種也因「末日」事件而滅絕，但白堊紀末期的火
災與硫磺反而是哺乳動物演化的機會之窗。[7] 因為沒了恐龍的威脅，哺乳類
便有機會填補因災難而空出的地區，選擇剩下的食物，並在看似不可避免
的演化過程中逐漸擴展和多樣化，一路演化到今日的盛況。這種敘述聽起
來雖簡單，但它肯定無法包含整個故事。

　　幸好現今發現的各種奇特化石，向我們闡明了哺乳動物以及牠們最親
近但現已滅絕的「哺乳型類」（Mammaliaformes、原意是哺乳動物型態）親戚，
在恐龍滅絕**之前**，已進行過各項演化實驗和擴張。這些體型小但種類繁多
的小動物，不僅在可怕的爬蟲類動物底下匆忙奔走，有些還爬到樹上，甚
至在恐龍周圍飛來飛去。牠們原先生活在侏羅紀以裸子植物為主的森林中，
後來活躍在被越來越多開花植物入侵的白堊紀森林中。此外，在「白堊紀
—古近紀」（通常稱為 K-Pg）交界由小行星撞擊所引起的大規模滅絕，對哺
乳動物而言，反而是我們與氣候和環境變化發生關聯的開始。

　　在隨後的古新世（6600 萬至 5600 萬年前）時期，哺乳動物隨被子植物主
導高溫森林而崛起。古新世結束時，哺乳動物已在這個瀕臨破碎的星球地
表上擴張勢力。北極地區的古代氣候紀錄顯示，古新世到始新世交界時
期（5600 萬年前）的平均氣溫，從攝氏 16 度至 18 度上升到溫和的攝氏 25
度。[8] 正如我們在第二章所見，地殼構造持續的變化，將世界各大洲重新排
列成目前的樣子。尤其在始新世中期，澳洲和南極洲徹底分開，極地冷水
得以流向赤道，成為一條影響氣候甚鉅的深水通道。[9] 這種海洋環流的新
模式與大氣的關係，導致始新世（5600 萬至 3390 萬年前）和漸新世（3390 萬至
2304 萬年前）在冷、暖狀態之間頻頻波動。[10] 這些環流也導致地球在中新世
（2304 萬至 533 萬年前）時期普遍變得更冷、更乾燥且季節性更強，進而造成
草原地區的擴張以及高溫森林的退縮。[11]

最新的科學研究顯示，在這大約 4500 萬年的時間當中，地質和氣候引起的熱帶森林生長情形，在哺乳動物的分布、多樣性和演化方面發揮了重要的塑造作用，而形成如今讓我們敬畏地凝視著的現代生態系。不僅如此，若沒有侏羅紀時期熱帶地區的森林生長，所謂的「哺乳動物時代」可能永遠不會降臨。

————————

中國東北部的遼寧省、內蒙古自治區以及湖北省，是對古生物學家來說想探索地球的生命從恐龍主導的世界，轉變為人類（也就是哺乳動物）統治的變化過程中最重要的地區之一。在這裡可以看到過去的火山活動和洪水如何在幾百萬年的時間裡，用細小的灰燼顆粒和水生泥沙保存了恐龍柔軟的身體部位和完整骨骼，[12] 成為世界上最著名、保存最完好的化石地貌。在中國東北這個地區，發掘了有史以來第一批羽毛完整的恐龍，其完整程度甚至足以讓古生物學家辨識出類似今日鳥類羽毛的顏色細胞。[13] 雖然這並不是最終演化成現代鳥類的譜系，但「中華龍鳥」（*Sinosauropteryx*）這樣的化石，仍然凸顯白堊紀的鳥類恐龍在生物演化方面的創新，讓牠們能在 K-Pg 交界時期的災難中倖存。[14]

更重要的是，這個地區還保存了演化史上最重要的化石之一，這個早期類群即將取代恐龍，成為動物王國最新的重量級角色——由芝加哥大學的羅哲西教授和他的同事，在 2011 年發現的一種名為「中華侏羅獸」（*Juramaia sinensis*）的化石遺骸。他們使用放射性定年法，測定其年代約在 1.65 億至 1.6 億年前，亦即侏羅紀中期至晚期。[15] 這個地區在當時剛好位於熱帶邊界。[16]「放射性定年法」利用天然豐富的放射性同位素（本例為鈾 235 或鈾 238）數量，與已知它們衰變後形成的元素（鉛 207 和鉛 206）含量做比較；而通常被用來進行測量的是化石層中的鋯石礦物。[17] 藉由計算元素的衰變率並對照測量值，便可估算化石被掩埋的時間。根據中華侏羅獸的年齡和化石骨骼特徵，研究團隊為牠取了暱稱「侏羅紀母親」（Jurassic mother），

藝術家繪製的「中華侏羅獸」，是所有胎盤哺乳動物的「侏羅紀母親」。（Carnegie Museum of Natural History/M. A. Klinger）

用來說明牠是所有胎盤哺乳動物的真正起源。[18] 羅哲西教授說：「儘管牠身材矮小，但所有的哺乳動物起源於牠，並逐漸形成如今的多樣性。」

「哺乳動物」一詞在拉丁語中是「乳房」的意思，也是將哺乳動物與恐龍霸主分開的新生物學特徵。除了單孔類哺乳動物（如鴨嘴獸）以產卵孵化的方式在巢中飼養幼兒，大多數哺乳動物都基於這個事實：直接生下體外存活的後代，並以乳汁餵食。在侏羅紀和白堊紀時期，這種特徵代表一種重大的演化適應，意味著哺乳動物能在安全的洞穴中舒適地養育後代。早期的哺乳動物與牠們的現代親戚一樣是溫血動物，也有毛皮，讓牠們能在溫度較低且大多數掠食者都在睡覺的夜晚來臨後才外出覓食。[19] 不過我們很難在化石紀錄中發現這些首次出現的特徵，因為軟組織實在很難在如此長的時間尺度中保存下來；科學家必須尋找更堅固、更耐用的頭骨來追尋線索。對比這些化石與現代哺乳動物，可看出最早的哺乳動物與爬蟲類動物的差異：新結合的頜骨與耳骨分離並往後移，因而有更穩定的下巴可以支撐牙齒，讓牙齒像拼圖一樣互相嵌合，用以切割食物。

爬蟲類傾向吞下整個食物，牙齒只用來簡單咬住和撕開獵物，但哺乳動物這種新的牙齒適應方式，可在食物抵達胃部之前進行預處理，讓食物釋出更多養分。[20] 而分離的耳骨遠離下巴後，也能加強聽力（這是夜間活動不可或缺的能力），並為大腦騰出向外和向後生長的空間。[21] 最早在化石裡出現這些特徵的哺乳動物（或哺乳型類），是種被稱為「摩根齒獸」（morganucodonts）的哺乳類動物。從歐洲、非洲、美洲和亞洲發現的晚三疊世化石裡可以看出，大約在第一批恐龍到來之後，這個群體也開始活躍。[22]

在整個侏羅紀和白堊紀時期，新的、多樣化的哺乳動物形式生物陸續出現。古生物學家瘋狂地尋找這些類似哺乳動物的生物，到底在何時成為目前大多數哺乳動物的「真正」祖先。哲西認為，中華侏羅獸就是這個祖先，因為侏羅獸的體型很小，大約只有 7 到 10 公分，在岩石上留下的痕跡中還可以看到包括毛髮在內的軟組織。更重要的是，詳細比較侏羅獸與其他已滅絕及現存哺乳動物的爪骨和牙齒，可看出在胎盤哺乳動物（在子宮內使用胎盤保護，出生後餵養幼兒直到完全發育的哺乳動物）和有袋類哺乳動物（像袋鼠這樣的哺乳動物，會提早釋放胚胎並在育兒袋中發育）的演化分支後不久，牠便已經存在。侏羅獸和我們一樣是胎盤動物的一支，而這種分支一定發生在大約 1.7 億年前。這與「分子鐘」（molecular clock）的估計一致，亦即與比較現代哺乳動物的遺傳多樣性及突變率所估算的最後一個共同祖先的年齡相同。[23] 不過，依據這個團隊最近的發現，可能可以把分支的時間點往前推。[24] 有更多同樣來自中國東北、令人讚嘆不已的新化石，顯示胎盤哺乳動物和有袋哺乳動物的分離，大約在白堊紀早期便已完成。其中包括最早的有袋哺乳動物、有著微小尖鼻的「中國袋獸」（Sinodelphys），[25] 一直上溯到侏羅獸。而最早的胎盤哺乳動物「始祖獸」（Eomaia）的歷史，也可追溯到 1.25 億年前。[26] 因此，來自侏羅獸和中國東北部的化石發現，可以作為探尋地球哺乳動物演化史的參考基石。

更重要的是，中國東北豐富的化石層不僅幫助我們瞭解最早的哺乳動物祖先與血緣最近的「哺乳型類」親屬之間的關聯，還可以協助我們分析

不同的亞熱帶和熱帶森林生態。科學家直到最近仍推測最早的哺乳動物皆為小型、底棲、夜行性的生物，一直到大多數恐龍被小行星撞擊消滅**之後**，哺乳動物的體型才開始變異。[27] 然而研究侏羅紀和白堊紀時期的植物化石，以及分析哺乳動物手臂和腿部的形狀大小後，從它們承受壓力的方向與用途研判，可以看出早期哺乳動物和哺乳型類動物在恐龍大滅絕**之前**，亦即在 K-Pg 交界時期，歷經兩種主要的生態發展形式，一次是在侏羅紀，另一次則在白堊紀。[28]

在侏羅紀時期（2.014 億到 1.431 億年前），侏羅獸的體重約 15 至 17 公克（只比 AAA 電池重一點），在當時不會特別顯眼。從牙齒可以看出牠們的主食是昆蟲，[29] 強壯的前臂則可證明牠們並非在森林地面恐懼地躲藏，而是爬到樹上謀生。[30] 事實上已有證據顯示，在預期壽命和免受地面威脅方面，哺乳動物在樹上生活都有明顯優勢。[31] 而離侏羅獸較遠的侏羅紀哺乳動物化石，則顯示牠們正在練習包括樹棲、[32] 地面、穴居甚至水上移動 [33] 等生活形式。

另一個來自中國東北的侏羅紀化石顯示大約在 1.6 億年前的侏羅紀時代，存在著可以滑翔的哺乳動物。[34] 科學家在保存良好的化石裡，觀察到

以小鸚嘴龍為食的「爬獸」假想圖。（Wikipedia/Nobu Tamura）

這些動物身上有可以在樹間滑翔的翼狀膜。不僅如此，在詳細分析牠們的牙齒形狀後，羅和他的團隊認為與植食性（有些會吃昆蟲）的現代飛鼠相比，這些侏羅紀哺乳動物已發展出一種新的飲食適應。[35] 這種適應牽涉到食用幼葉、毬果和種子蕨的軟嫩組織，以及主導侏羅紀景觀、各種茂密的裸子植物森林植被等。[36] 正如羅所說：「侏羅紀森林提供完美的『樹屋』給最早的哺乳動物使用，不僅可以用來保護自己，也為日益多樣化的哺乳動物生態提供食物。」這種多樣性的發展一直持續到了白堊紀。在中國東北部還發現在早白堊紀時期，大約 1.25 億至 1.23 億年前的獾狀「爬獸」（Repenomamus）化石，推翻了關於早期哺乳動物生活型態的想法。這種哺乳動物的牙齒不僅適合吃肉，胃裡還發現了一隻小恐龍！[37] 由此，在晚白堊紀我們看到哺乳動物和哺乳型類的多樣性更進一步的發展，亦即出現了第二種主要生活型態的演化。

　　一些早期哺乳動物群體在大約 1.25 億到 8000 萬年前滅絕，倖存下來的主要是已經適應吃昆蟲的小型動物。[38] 然而從大約 8000 萬年前開始，牠們在牙齒、頜骨和身體大小方面發生了明顯的變化：胎盤哺乳動物的真獸類（eutherian）祖先、有袋類動物的後獸類（metatherian）祖先以及其近親動物，發展出適應不同飲食的「特化」。[39] 晚白堊紀哺乳動物的多樣性發展之豐富，以至於可以發現牠們與目前生活在熱帶森林中的小型哺乳動物群落有著極類似的物種多樣性。[40]

　　這種哺乳動物的生態輻射種化似乎同樣與當時的熱帶森林有關，不過這次的地點是在被越來越多開花的被子植物所佔據的森林「地面」。它們的果實多肉，並有營養豐富的葉子、種子和塊莖。事實上，最早的被子植物家族化石（Archaefructaceae，稱為「古果科」或「古代水果」），也來自我們在本章提過的中國東北同個地區。[41] 一些白堊紀哺乳動物，例如囓齒類動物的「多瘤齒獸目」（multi-tuberculates，因其牙齒上有許多結節與尖突而得名），似乎具有更鋒利的刀片狀牙齒，亦即牠們已對複雜被子植物產生特殊的適應能力。[42] 與此同時，其他哺乳動物的牙齒，包括我們的胎盤哺乳動物祖先

在內，也適應了食用昆蟲，而這些昆蟲也成為新的花粉傳播者。[43]

　　儘管哺乳動物在白堊紀初期的起源時間，及其對這些新型植物擴張的重要性仍存有爭議，但與這些創新植物群落建立親密關係，應該是這群哺乳動物做過的最佳適應；此舉一方面為自己爭取到堅強的庇蔭伙伴，因而得以安然度過地球上最嚴重的滅絕事件，一方面，植物也伴隨這些哺乳動物，進入一個統治全球的新時代。

————

　　在侏羅紀和白堊紀地層發現的驚人化石，顯示各式各樣的哺乳動物先驅在恐龍頭上飛來飛去，在牠們腳間匆忙奔跑，在河流中游泳，有些甚至改變了傳統的「掠食者與獵物」關係。在原先以裸子植物為主的侏羅紀森林，以及後來被子植物群落崛起的白堊紀森林裡，不斷多樣化的哺乳動物及其相近的親屬動物都充滿活力地成長著。雖然這些最早的哺乳動物先行者肯定比我們認為的更有活力，但牠們在演化上的主要突破很顯然是因為恐龍的滅絕。若想瞭解哺乳動物如何成為歷史舞台上的主角，我們必須暫時離開中國，前往北美洲。

　　科羅拉多州丹佛盆地的圍欄斷崖（Corral Bluffs）自然保護區，是世界上少數幾個可以找到擁有 K-Pg 時期，亦即最接近撞擊災難年代的化石地區。這片綿延 94 號公路兩側共 27 平方公里的地區是一整個單一、連續裸露的開放露頭，平日有成千上萬的駕駛者快速通過北美西部這片狂風肆虐的平原，卻渾然不知其重要性。但在 6600 萬年前，這片地區處在小行星撞擊事件所發出的熱脈衝火線上，而從各地發現的化石中可以看出，在白堊紀最後的 10 萬年裡，地球上各種生態系都不知不覺地陷入災難。圍欄斷崖地區最重要的發現，便是在新的「綠色古新世」誕生前 100 萬年災難時期的化石。

　　丹佛自然科學博物館的古生物學家泰勒‧萊森博士（Dr Tyler Lyson）說：「從圍欄斷崖發掘的化石富礦帶，使其成為研究小行星碰撞後地球上『生

命回歸』之旅的最佳地點。」這些古化石偵探原先是在沉積物裡發掘化石，但這次他們透過一塊塊不起眼的「結核」（concretion，譯注：「結核」指的是帶有不同沉積物成分，像石頭一樣的礦物質團塊）找到寶藏。對於未受過訓練的人而言，這些結核看起來與一般堅固岩石沒什麼兩樣。然而當研究小組在實驗室裡劈開這些結核時，便能發現其中的生物學奧祕。具體來說，他們發現了保存完好的海龜、鱷魚以及植物遺骸，其中最重要的是哺乳動物型態的快速演替（以地質時間為背景來看），充分顯示這些動物如何飛快地爬上古新世的主導地位。[44]

從滅絕事件存活的最大型哺乳動物，其體重不超過半公斤，但只經過 10 萬年的時間，牠們後代的體重就達到 6 公斤；經過 20 萬年，哺乳動物的體重甚至達到 20 公斤，比起任何 K-Pg 時期前的哺乳動物都還來得重；到了災難發生後 70 萬年時，哺乳動物的體重已超過 45 公斤，[45] 比現代的成年鬣狗和黑猩猩還重。在這場白堊紀末全球大災難發生後不久，大型哺乳動物「突然出現」的原因，傳統上歸因於恐龍的消失。誠然，一旦可怕的大蜥蜴消失，我們的哺乳動物祖先就不必躲在陰暗處。然而，若我們接受這種簡單的解釋，便是忽略了這些活躍的早期哺乳動物以及使其充滿活力的綠葉同伴。

小行星撞擊以及隨之而來的太陽光照減少，無疑造成生態破壞以及部分植被多樣性喪失。[46] 然而今日發現的許多白堊紀植物化石，似乎都有適應氣候變化的特殊能力[47]——被子植物存活，而且並未停止擴張。布拉夫斯地區的花粉化石紀錄也顯示，哺乳動物體型增加的原因不光仰賴植物的多樣化適應，還要加上氣候條件：熱帶氣候普遍出現在地球上大部分地區，造成世界變暖而帶來更多養分。[48] 雖然從北美的灰燼中最早出現的是蕨類植物，然而在氣候變暖的古新世條件下，包括棕櫚樹在內的被子植物長得比以往任何時候都更高大，養分也更充足，因此被子植物很快便主宰了地表景觀。

在小行星撞擊後 30 萬年時，目前發現的最大型哺乳動物「卡西普獸」

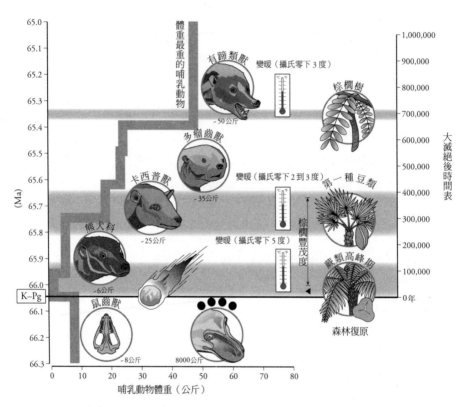

美國科羅拉多州科拉爾布拉夫斯地區「哺乳動物體型發育」示意圖，以及牠們與被子植物和氣溫間的關係。左邊的時間刻度單位「Ma」代表多少百萬年前，右側的時間刻度是指 K-Pg 邊界時期撞擊事件之後的年數。（Tyler Lyson and adapted from Lyson et al., 2019）

（*Carsioptychus*），是所有現代有蹄哺乳動物（或有蹄類動物）的祖先。[49] 這種動物有大而扁平的前臼齒，上面有奇異的褶皺形狀，非常適合咀嚼堅硬的食物，例如同時出現在植物化石紀錄中的核桃科樹木的堅硬堅果。而在 40 萬年後，布拉夫斯地區化石紀錄中最大型的哺乳動物，更是出現在植物化石紀錄中豆類植物大量進入北美和南美洲的時期。[50]

這些充滿能量的葉子以及富含蛋白質的種莢，可以為哺乳動物提供理想的養分。隨著當時「素食主義」趨勢興起，在布拉夫斯化石紀錄中，哺乳動物體型漸增，與熱帶被子植物之間的密切關係也越趨明顯。而在科羅拉多州看到的哺乳動物和熱帶植物之間的密切聯繫，同樣可以在古新世溫暖茂密森林的全球化石紀錄裡發現。

哺乳動物與被子植物夥伴的成長趨勢在 5600 萬年前的始新世（Eocene、其字面意思為「新黎明」）爆發。古新世晚期短暫出現過涼爽氣候後，地球在板塊運動的推擠下迅速變暖，使得高溫森林不斷向極地地區擴張。[51] 更多的森林意味著植被和哺乳動物有更多發展機會。現代的「有蹄類」哺乳動物，包括現存的多數大型陸地哺乳動物持續拓展。其中一組包括馬、貘和犀牛祖先在內的奇蹄類動物（perissodactyls、用五根腳趾中的一根承受重量）特別成功；透過特殊的腸道發酵系統，牠們能處理茂密森林裡的葉子纖維。[52] 偶蹄類動物（以五根腳趾中的兩根承受重量）也已出現，包括非洲的豬、山羊、河馬、牛以及北美駱駝的祖先。[53] 始新世中後期時，牠們中的大部分仍留在森林邊緣，但有些已去到海上冒險——在巴基斯坦發現的大約 5000 萬年前類似河馬的偶蹄動物，被視為現代鯨豚可能源自早期陸棲偶蹄動物的證據；牠們在始新世期間逐漸適應海洋生活。[54]

在南美洲，有袋動物、犰狳和現已滅絕的有蹄類動物的發展型態則相當多樣化。早期形式的有掌肉食性動物、有爪囓齒類動物、與大象近緣的長鼻動物、蝙蝠，以及樹棲且貌似狐猴的靈長類動物等等，在始新世中期都已出現在地球上，完成現生多數哺乳動物類群席捲各生態系、與現代世界非常類似的情況。事實上，牠們與今天這些後代的主要區別在於體型；

許多早期形式的哺乳動物，看起來就像是牠們在 21 世紀這些親戚的微型版本。而體型小的好處是可作為抵禦高溫和茂密森林的應對機制，因為這些高溫森林一直盛行到始新世中期。

位於德國美因河畔法蘭克福東南部的「梅塞爾坑」（Messel Pit），原先是一座開採油頁岩的廢棄採石場，現在則為那些繁榮發展、相當國際化的中始新世哺乳動物生態系提供非常生動的參考畫面。[55] 這裡位在現代的歐洲中部，離熱帶地區還有一段距離。古生物學家在此發現了一個潮濕、溫暖的森林生態系，裡面的哺乳動物包括早期囓齒動物、刺蝟、有袋動物，甚至威脅牠們的早期鬣狗近親，還有一種半水生的水獺狀哺乳動物悠遊於沼澤濕地中。同樣在此地，馬的早期親屬和犀牛祖先取得了更多進展。早期的靈長類動物在樹上吃水果，而像貓一樣的小型肉食性動物「細齒獸」（Paroodectes）則沿著當時覆蓋德國中部的橄欖樹、腰果樹和肉荳蔻等熱帶樹木的枝條，來去自如。[56] 離開地面，也可以看到早期蝙蝠在這些繁盛的哺乳動物頭上飛來飛去。

梅塞爾坑的小型哺乳動物研究中，證明了今日由被子植物果實和種子維持的多層熱帶雨林的樹冠中，存在一個豐富的林間社區。毫無疑問地，在當時主要大陸發現的這種早期哺乳動物「聚寶盆」群落，很大程度受到幾乎遍布全球各個角落的被子植物的鼓勵和支持。但這並不是個只關於新生、日益多樣化的哺乳動物不斷接受森林幫助的故事，牠們的綠色夥伴也同樣獲得了好處。

事實上，在白堊紀和始新世中期之間，不僅哺乳動物在形狀和多樣性方面有重大改變，被子植物本身也發生了重大變化。在這些變化中，首先也最重要的便是果實的發育。許多現代植物會利用果實吸引靈長類動物、蝙蝠和鳥類等，幫忙它們傳播種子，將自己的後代帶到新的區域，並且通常是帶到幾公里以外的地方。熱帶森林中約有 70% 至 94% 的木本物種會生產富有果肉的果實，顯示這種策略在熱帶森林中尤其重要。[57] 在白堊紀晚期的被子植物化石紀錄中，已有果實保存下來。值得注意的是，被子植物

在種子大小和果實類型方面的創造力逐漸增加,並在始新世早期(5600萬至4810萬年前)達到高峰,與多數現代哺乳動物目登場同步。[58] 有些樹木,例如在布拉夫斯地區提過的胡桃科植物,甚至把種子從適合飛行的有翼種子,轉變為更強硬的種子,以更好的「包裝」方便動物運送。[59]

雖然早期哺乳動物是否真的密切參與被子植物的進化和傳播猶有爭議,但至少有一些最早的哺乳動物及其近親,例如多瘤齒獸,極可能與植物之間有合作關係,因而協助哺乳動物維持不斷增加的優勢。

————

從始新世晚期(3770萬至3390萬年前)、漸新世(3390萬年至2304萬年前)一直到中新世(2304萬至533萬年前)期間,全球陸地氣候在寒冷乾燥與溫暖潮濕之間出現明顯波動;在世界海洋和兩半球間越來越活躍的洋流也逐漸去到它們今日的位置。[60] 始新世晚期也見證了地球季節性氣候條件的曙光,溫暖潮濕的森林也逐漸退回目前的熱帶位置。

某種程度上,這些環境變化對熱帶以外的哺乳動物演化的影響正逐漸下降。然而,植被的大幅變化迫使在高溫森林中繁衍生息的哺乳動物必須隨之改變;而這個過程為我們留下目前在熱帶和溫帶地區裡某些最具代表性的哺乳動物。讓我們來看第一個例子。馬不僅在運輸和文化意義(從歐美電到賽馬場比賽)上有其重要性,牠們還提供非常清晰的視角,幫助我們瞭解在過去的3500萬年裡,高溫森林改變哺乳動物的演化過程。正如麻薩諸塞州灣徑大學的古生態學家吉娜‧森普雷邦教授(Professor Gina Semprebon)同時是馬的早期演化專家所說:「我們今天也許認不得,但從始新世在北美出現到現在,我們的有蹄類朋友在身體形狀、大小和偏好的飲食方面發生了根本的變化,而這種變化可追溯到地球上大部分地區的『全球環境變化』上。」

從動物的牙齒(包括我們的牙齒)可以看出其生活方式和生活環境。對植食性動物來說,專門吃草的動物有較高的「脊狀」高冠齒,這些牙齒會延

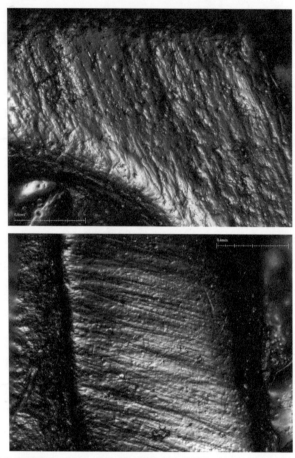

已滅絕的早期馬齒磨損圖像。上圖：漸新世早期馬「古馬屬」（*Archaeohippus*）的牙齒齒面圖像。牙齒表面的「凹坑」增加，表示在森林裡可以吃到柔軟的水果。下圖：「隱馬屬」（*Acritohippus*）是大型的中新世馬，其牙齒表面「划痕」數量增加，顯示牠們相當依賴牧草形式的食物。（Gina Semprebon）

伸到牙齦外側，以便適應牧草這類充滿粗纖維的食物。與此同時，野生山羊和鹿等草食性動物的牙齒往往更扁平，牙冠更低、更短，更方便用來壓碎和研磨食物。不僅如此，牠們所吃的食物類型還會在牙齒表面留下特徵性的刮痕或「微磨損」，可以透過顯微鏡觀察出來。[61] 吉娜便是一位專門使用這些方法來研究馬的生態如何隨時間而變化的專家。

最早的馬，以短臉的「始新馬」（*Hyracotherium*）及後來的始祖馬（*Eohippus* 或 dawn horse）為代表，牠們的體型不會大過拉布拉多這類大型犬，與我們今日所欣賞的長腿、優雅奔馳的動物相去甚遠。馬通常被認為是草食性動物，不過這些早期馬的牙齒只顯示出微弱的脊狀痕跡，這些痕跡在馬的演化後期相當重要，因為這些早期牙齒通常又低又平，有圓形的咀嚼面，顯然非常適合吃柔軟繁茂的葉子、水果、堅果和植物嫩芽等。我們確實很難想像第一批馬是生活在早至中始新世的茂密高溫森林中。牠們的體型很小，專注於採摘一些營養豐富的被子植物，充分利用從北美到歐洲不斷擴大的森林地面。

始新世晚期和漸新世早期（3390 萬至 2304 萬年前），氣候變得乾燥，沙質草原更廣泛地擴張。新類型的馬，或者說「馬科」（equids）動物也隨之發生變化。4000 萬年前，「漸新馬屬」（*Mesohippus,* 或稱 middle horse，中馬）開始在北美出現。既然已無法依靠森林來躲避日益增多的掠食者威脅，那就需要演化出更長的腿及更強壯的身體，以便在不斷擴張的開闊地區跑得更快更遠。中馬的體型與現代馬比起來相對較小（肩高僅 60 公分），具有磨碎食物用的頰齒和鋒利的齒冠，讓牠們有辦法分解當時出現的早期堅韌禾草，這點在吉娜提供的微磨損齒面圖中也可以看見。[62] 至此，現代馬亮相的舞台已經準備就緒。

從中新世到更新世現代馬屬的出現，可以看出牠們變得更高大了，[63] 腳掌也越來越傾向於現代馬的單趾構造，牙齒更傾向於脊狀的高冠型頰齒，非常適合處理該時期已不斷擴張的新 C4 草原（前面提過使用新光合作用方式的草）。

雖然在更新世之前的馬，很明顯可以在吃樹葉和吃草之間切換，並且在現代中亞草原上仍舊如此，但整體而言，這些動物的嘴型已趨向於短跑衝刺與適應草原。大陸間的陸橋在這場馬的「大轉型」中也發揮了重要作用，[64] 讓這些新類型的馬能在美洲與歐洲，以及後來的亞洲之間來回穿梭，充分利用不斷擴大的草原。

時期	～多少年前		
始新世	5000 萬年前	始祖馬 	
漸新世	2800 萬年前	中馬（漸新馬） 	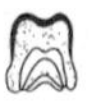
中新世	2000 萬年前	中新馬（草原古馬） 	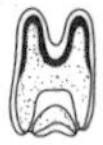
上新世	500 萬年前	上新馬（鮮新馬） 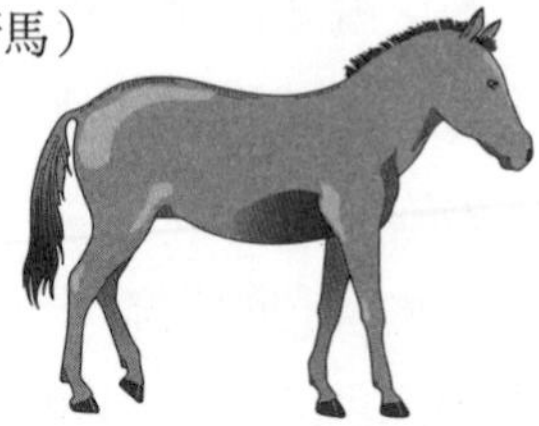	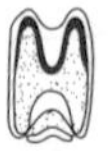
更新世	180 萬年前	馬屬（現代馬） 	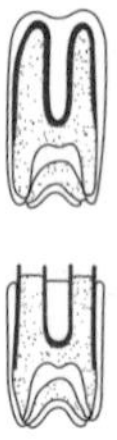

從始新世到更新世，馬的體型和牙齒尺寸的演變。如圖可見，小型的始祖馬具有低而扁平的牙齒和圓形的咀嚼方式，適合在森林環境中食用水果。到了長腿的現代馬屬，則具有適合牧草的鋒利脊狀高齒，可以看出明顯的轉變過程。（Private collection）

　　這種變化不只影響熱帶地區以外的哺乳動物群落，也影響了如今吸引世界各地許多人湧向動物園參觀、形狀奇特的長頸鹿。長頸鹿出現在中新世，漫遊於非洲和歐亞大陸之間，大約在 1400 萬到 1000 萬年前，包含印度的小型長頸鹿在內，出現了相當快速的「長頸」演化趨勢。[65] 大陸之間的陸橋提供了理想的距離範圍，就像一張保護良好的安全網；如果某個地區的食物短缺，牠們可以立刻轉往新的地區。現代的長頸鹿屬似乎在大約 700 萬年前，亦即在牠們進入非洲之前，待在東亞和南亞的某處完成了演化。儘管持續的氣候變化導致長頸鹿在亞洲滅絕，但牠們在非洲的亞熱帶和熱帶地區找到了自己的長期家園──在大約 100 萬年前，現代長頸鹿在非洲出現。

　　我們目前所瞭解並喜愛的長頸鹿的長頸特徵，背後的主要演化動力被認為是高溫森林又一次的撤退促成，亦即在大約 1200 萬年前，印度和非洲適應乾旱的 C4 草原擴張後，在很短的期間裡迅速發生的演化。[66] 與其他先前適應森林的動物（例如轉向以吃草為主的馬）不同的是，長頸鹿頑固而堅持地找遍殘餘的小塊孤島狀林地，於是牠們像蜥腳類恐龍長出了長脖子，能在熱帶乾燥落葉林地和草原生態系中，食用營養豐富的常綠葉，並演化出適應堅硬葉子和有毒樹木的牙齒與消化系統。作為現代席捲東非熱帶大草原生態系統的最重要成員，長頸鹿便是在高溫森林向目前的熱帶地區退縮時的混亂中演化而成。

　　另一個例子是蝙蝠。蝙蝠的物種佔現存所有哺乳動物物種的 1/5，是世界上最多樣化的哺乳動物分支。古新世和始新世的早期蝙蝠演化出飛行能力和驚人的回聲定位感官，能在一個以花卉為主的溫暖世界中捕獵豐富的昆蟲。然而就在始新世晚期到中新世之間，包括遍布天空並常聚集在美味熱帶果樹周圍的「巨型蝙蝠」群在內，一些蝙蝠開始沿著專門食用水果的演化道路前進。蝙蝠的頭骨、牙齒和下巴的變化，發生在各種越來越專業化的不同蝙蝠譜系中；牠們先是吃軟的水果，接下來演化成可以吃更硬、纖維含量更高的水果。[67]

　　這種轉變的發生，也是在高溫森林退縮、只留下小塊孤島狀林地的時候。對於當時這種大型食果哺乳動物來說，食物來源變得越來越不可靠。然而，鳥類和蝙蝠等飛行生物的消化道恰巧是連接這些小區塊林地的理想場所，[68] 而被子植物似乎已認知到這點；有許多樹在中漸新世演化出較小的種子和果實，可能就是與這些體型較小但移動性更強的消費者互動演化而來。時至今日，這些適應演化讓過去的巨型果蝠或現代果蝠，成為許多熱帶森林中傳播種子的關鍵參與者。[69]

────────

　　當你看見乳牛在牧場上吃草，牛羚在大草原上遷徙，鯨魚在湛藍的海中潛水時，實在很難想像最早的哺乳動物祖先，主要是在茂密、溫暖、潮濕的森林環境中生活和繁衍的。自哺乳動物在恐龍間閃躲的第一次演化實驗，一直到 K-Pg 全球災難後的崛起與主宰地球的觀點來看，哺乳動物是一種熱帶生物，生活在樹上，會在樹枝間滑翔，主食是昆蟲或越來越茂密的植被的動物。而哺乳動物與不斷擴張的被子植物間的密切關係，似乎就是牠們成功在地球上生存、傳播和多樣化的關鍵。甚至也或許是哺乳動物反過來幫助了這些新的、創新的、又營養豐富的植物取得成功。

　　從始新世中期的溫暖高峰開始，儘管高溫森林曾經短暫地向外繁榮拓展，高溫森林確實處於退縮狀態，在乾燥與季節性氣候均能適應的草原威脅下，森林開始朝赤道分階段撤退。在始新世和中新世之間的全球環境變化中，馬、長頸鹿和蝙蝠只是眾多受影響的哺乳動物群體的三個案例，可以展示溫暖潮濕森林的活力，以及最終朝向現代熱帶的退縮過程。這種森林到底如何影響今日大家喜愛的一些更具特色的哺乳動物譜系呢？例如它們如何影響我們（也就是靈長類動物）的譜系？

　　化石紀錄中最早出現的真正靈長類動物是「原猴」（Strepsirrhini），是一種「濕鼻」類動物，包括現代的狐猴和懶猴。在古新世和始新世早期，這些小型的樹棲哺乳動物把茂密的熱帶被子植物當成自己的家。猴子和猿持

續進行物種多樣化，包括眼鏡猴（約 5800 萬至 5500 萬年前）和猿類（約 4000 萬年前）。[70] 正如我們在其他哺乳動物的情況中所見，在古新世和始新世茂盛的熱帶被子植物植被中，靈長類動物得到了保護和發展的機會。與其他哺乳動物相同，早期靈長類動物演化過程的特點也著重在牙齒和體型，以利用這些新植物富含營養的果實和種子。[71] 而牠們接下來的命運也與其他哺乳動物相同，從始新世晚期開始被迫在高溫森林的退縮下掙扎。

　　猿類最早出現在亞洲，而後在 3500 萬年前遷移到非洲。牠們在那裡變得更聰明、體型更大、更具攻擊性，原因可能是為了應對中新世波動的森林棲地中資源的變化與各種威脅。靈長類動物可用來說明，早期哺乳動物的演化與熱帶森林的命運以及分隔大陸之間的陸橋環環相扣。然而，中新世只是一個起點，靈長類動物與赤道內外森林與林地持續且變化不斷的互動，將使得這個群體走上全新的演化路線，成為有史以來最成功的哺乳動物，也就是「我們」。

5 綠意盎然的搖籃

Chapter

The leafy cradles of our ancestors

　　一般談到當前熱帶森林的危機時，環保機構通常會強調森林砍伐對黑猩猩、巴諾布猿（倭黑猩猩）、大猩猩和紅毛猩猩的危害，希望大家關注這些與人類血緣最接近的近親，並重視牠們所處的森林環境。這些「類人猿」*有複雜的社交生活，會使用工具、表達情感、照顧死者，甚至使用手語。[1] 這些能力也容易引起人類對牠們的同情，看到牠們被關在籠子裡，或是觀賞猩猩捍衛自己地位的 BBC 動物紀錄片「王朝」時，讓我們迅速與這些動物建立某種情感聯繫。特別是黑猩猩，人類還與牠們 99% 的 DNA 是相同的。[2]

　　透過《決戰猩球》（*Planet of the Apes*）這類電影的各種不同時代版本，還讓我們認為人類若稍有不慎，黑猩猩便會成為「地球繼承者」。更奇怪的是，人們普遍認為猿類代表我們**過去**的樣子，意思是這些猩猩的外表和行為與以前的人類相同，只是牠們不知何故被困在過去的時間裡，成了時代的活標本。牠們的熱帶森林家園也是如此，那裡對我們來說十分陌生，因為我們在演化之旅的早期便已放棄那種環境……

　　一般認為大約在 1300 萬到 700 萬年前的某個時刻，一種新型大猿（great ape、人科）——古人類（hominins、人科）在非洲出現，這些新穎的「類人猿」

---

* 譯注：本書所說的猿類動物與人類一樣，都由 2000 萬年前的人猿總科演化分支而來，一般以「類人猿」，亦即「類似人的猿類」來稱呼這些同為「人族」，但非現代「人屬」的猿類或猩猩。我們平時提到的猿類、猩猩以及各種直立行走的古人類都是廣義的「類人猿」，一直到人屬的智人才被稱為人類。

便是我們的曾曾曾祖先。自達爾文寫下「人類起源」的演化理論，[3]我們便將古人類的演化，與離開熱帶森林以及其他類人猿物種聯繫起來。基於這種看法，我們的祖先大步邁向草原，開始專精於直立行走，想辦法讓長距離移動更有效率，以便在非洲大草原上追捕體型越來越大的動物。同時，因直立而解放雙手後，古人類開始製作工具和生火煮肉，為不斷增長的大腦提供能源。他們的犬齒也越來越小，逐漸成為我們現在的牙齒。人類化石四肢的測量、人類牙齒的「地質化學」研究（geochemistry，譯注：融合地質學和化學的研究），以及與人類一起發現的動植物化石等，被用以支持這種所謂的「稀樹草原假說」。[4]從大約 700 萬年前到 300 萬至 200 萬年前，對於我們自己的起源，亦即我們對人類譜系內的人屬（Homo）起源的描述，通常是「減少攀爬、減少食用森林植物、增加雙足步行和狩獵食草性動物」。這種想法深植於學術思想中，甚至連人類在約 200 萬年前首次「遠離非洲」，也被認為是地球氣候變化導致草原從非洲快速延伸到歐亞大陸東部所促成。[5]在中新世到更新世的環境變化裡，亦即 C4 草原急劇擴張、熱帶森林減少的宏觀背景下，上述觀點似乎說得通。然而古人類學、考古學和環境科學的最新研究一再說明，熱帶森林在我們早期祖先的出現和演化過程能發揮了比一般認為的情況更積極和持續的作用。雖然這些森林正迅速變化，但古人類的起源似乎**發生在熱帶森林中**。

從最早的古人類到直立行走的「露西」，再到後來分布範圍從西方的英國一直到東方印尼的「直立人」（在我們「智人」之前地理分布範圍最廣的人類），我們被眾星拱月的祖先出生在一個氣候和環境變化多端的世界。儘管人類家譜中這些不同的成員似乎越來越熟悉稀樹草原，但他們仍明顯保留著與早期森林起源的聯繫；這種聯繫在他們的手、腳、四肢，甚至在組成身體的化學物質中留下各種痕跡。在他們與四周豐富而波動環境的互動中，可以看到「行為靈活性」的最初跡象。而隨著現代人類在非洲和整個世界的發展和擴張，這種行為上的靈活性達到了全新水準。

———————

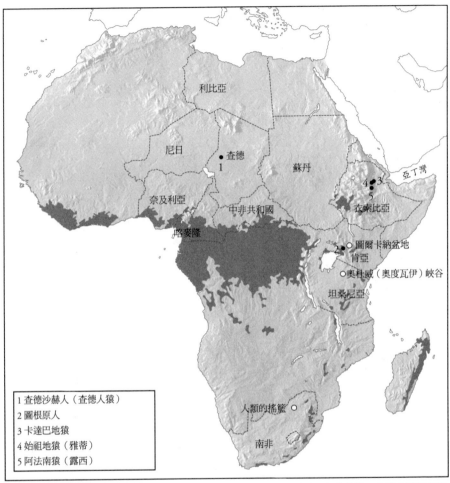

非洲主要的中新世和上新世古人類化石分布，以及熱帶森林的位置。在本書第五章將有更詳細的介紹。[6]（Private collection）

　　在中新世早期，大約 2304 萬到 1599 萬年前，地球確實可以被稱作「人猿星球」（*Planet of the Apes*，譯注：1968 年出品的「浩劫餘生」系列電影片名）。當時全球的溫暖氣候短暫促成了森林的擴張，在溫暖潮濕的森林環境擴散至非洲和歐亞大陸的大部分地區時，溫帶森林也出現在格陵蘭島。[7] 靈長類動物藉此機會成長，包括相對較新的猿類，以及漸新世猿類的「類人猿」

分支。所有的大猿以及又被稱作「小猿」（lesser apes）的長臂猿，在中新世早期不斷壯大。大約 3100 萬到 2300 萬年前，肯亞首次出現「類人猿屬」（Proconsul）。到了 1400 萬年前，可能有超過 100 種猿類生活在非洲和歐亞大陸，牠們充分利用溫暖的地球環境以及繁茂的被子植物果實、樹葉和塊莖來維持生長。[8]

　　到了約 1000 萬年前的中新世中期至晚期，氣溫下降，氣候更為乾燥，迫使高溫森林退縮，而猿類隨之滅絕。類人猿（或說「原始人」）遭逢致命災難，僅在那之後 200 萬年，大多數類人猿都已在或漸漸在非洲以外的地區消失，一些指標性物種滅絕，例如來自巴基斯坦的「西瓦古猿」（Sivapithecus）。[9]紅毛猩猩則是亞洲碩果僅存的兩種類人猿代表之一，存活至今。

　　在越來越受限的非洲亞熱帶和熱帶森林裡，大猩猩的祖先以及黑猩猩和巴諾布猿的共同祖先出現，逐漸演化。也正是在這個由熱帶森林、乾燥

畫家對於「印度西瓦古猿」（Sivapithecus indicus）的重建繪圖。這是在南亞中新世化石紀錄中發現的一種人（猿）科動物。中新世高溫森林退縮時，這種棲息在樹冠上的分支種群似乎也跟著滅絕。（Dan Wright via Getty）

林地和草原共同組成日益複雜的鑲嵌地景世界中，第一批「古人類」和我們的祖先譜系脫離了其他人猿分支，開始走出全新的開創性形式。

　　古人類學家通常根據牙齒和頭骨化石的形狀與我們現生人類的相似程度來辨別「古人類」，這是因為雖然經過時間的摧殘，但這些骨骼通常能完好保存。類人猿用來威脅、虛張聲勢和社交展示的犬齒，持續演化到人科動物後尺寸變小，而雙足步行（bipedalism、或稱直立兩足行走）的演化適應則被視為人類譜系起源的特徵之一，同時顯示當時環境在不斷變化。然而因為化石的保存狀態不佳，科學家在研究時必須綜合檢查化石的各種特徵，以判斷究竟誰能贏得「最早人類」的稱號。這些不同的古人類物種到底位在何處以及如何移動，也經常引起激烈的爭論。[10]

　　1994 年，一組研究人員抵達衣索比亞阿瓦什河盆地，在荒涼、乾旱的環境中跋涉前行，結果遇到了「最早人類」獎項的最重要被提名者之一。當時還是克利夫蘭自然歷史博物館研究生的約翰尼斯・海爾・塞拉西（Yohannes Haile-Selassie）博士，看到從古老的淤泥中露出一塊手骨，而後與團隊其他成員，包括在非洲發現人類化石的資深老手、加州大學柏克萊分校的蒂姆・懷特（Tim White）教授，繼續挖掘出包含頭骨、牙齒、骨盆、手和腳等部位的女性骨骼。這具類似人類的骨骼可追溯到 440 萬年前，[11] 後來被命名為「始祖地猿」（*Ardipithecus ramidus*，或簡稱為「雅蒂」〔Ardi〕），是當時已發現化石中最完整的「前人類」骨骼之一。在當地阿法爾語中，「雅蒂」的學名字面意思是「底層」和「根」，也許剛好就是她的真實身分。[12]

　　2001 年，約翰尼斯在同一地區發現並命名了比雅蒂更早的祖先「卡達巴地猿」（*Ardipithecus kadabba*），年代為 580 萬至 550 萬年前。[13] 這表示雅蒂的譜系還可以往前推到接近人類譜系最前端的分支處，接近多數遺傳學所推算的人類譜系與黑猩猩分化的 700 萬年前，[14] 這些證據讓雅蒂位於「非洲人類實驗」的濫觴。然而，正如約翰尼斯告訴我的：「雖然雅蒂為人類群體最先出現的物種提供了證據，但這並不表示她已經完全在地面上生活。」雅蒂的大腦很小，只有現代人類的 1/5，甚至比黑猩猩還小，然而骨

盆和腳的形狀顯示她比黑猩猩更擅於雙足步行。[15] 從雅蒂的牙齒和頭骨形狀來看，她與後來各種人類以及智人的發展方向之間只有極微弱的關聯。然而如同蒂姆‧懷特所說，這些特徵不一定是從雅蒂而來的發現中最重要的部分，「她周圍的環境，才真正顛覆了現有的人類演化理論」。

在雅蒂的出土處附近埋藏著的動物骨骼，顯示她生活在熱帶森林，甚至封閉區域中的泉水森林裡，然而這裡如今只是一片荒漠。[16] 由於雅蒂是少有的完整骨骼化石，因此我們能看到她具有開叉的腳趾和修長的手指，非常適合在樹林間緩慢攀爬。換句話說，雅蒂與大眾和學術界的普遍信念相反：雙足步行可能起源於熱帶森林，而非一般所認為的大草原。後續針對在雅蒂周圍發現的動物化石以及其他地猿化石成員的更詳盡分析，加上對雅蒂牙齒的地質化學分析，[17] 顯示她可能住在「森林—林地—草地」的混合環境中，[18] 與普遍認為的人類起源草原假說相去甚遠。不過，雅蒂當然不是「最早人類」頭銜的唯一競爭者，正如古人類學研究中經常發生的情況，有人甚至懷疑她是否與現代人類有直接關聯。

第二位出場角逐的人選是「查德沙赫人」（*Sahelanthropus tchadensis*），該物種是以米歇爾‧布魯內（Michel Brunet）領導的法國團隊在查德北部發現的一系列頜骨為代表，可追溯至大約 700 萬年前。與雅蒂相同，他的牙齒和頭骨形狀表現出「類人類」與「類猿類」的混合特徵，顯示他生活在混合森林、林地和湖畔草原的環境裡。[19]

另一位競爭對手是「圖根原人」（*Orrorin tugenensis*），是由碧姬‧賽努特（Brigitte Senut）和馬丁‧皮克福德（Martin Pickford）的法英合作團隊在肯亞的圖根山所發現，可追溯到 610 萬至 570 萬年前。圖根原人的股骨（即大腿骨）形狀與後續「人族」（包括我們自己的「人」屬）相似，說明他是正常的雙足步行者。儘管如此，他的手臂骨骼和手指形狀也非常適合在樹枝間攀爬。[20] 而從牙齒形狀以及附近發現的其他動物骨骼形狀來看，可以看出他的食物包括樹葉、水果、種子，以及以乾燥熱帶森林為主的區域可找到的植物根部、堅果和昆蟲等。令人驚訝的是，儘管角逐「最早人類」的這三位挑戰

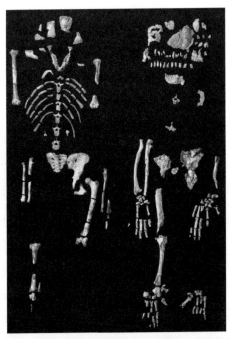

始祖地猿「雅蒂」的化石骨架，顯示她具有修長的手指和腳趾，非常適合在樹間緩慢攀爬。該化石收藏在位於阿迪斯阿貝巴的衣索比亞國家博物館中。（Tim White）

者都是在現代沙漠或乾旱草原中發現，但從化石角度來看，他們證實熱帶森林在我們祖先演化的早期階段扮演了極重要的角色——既是保護他們遠離掠食者的避風港，可能也是食物來源的主要提供者。

由於距今 700 萬到 500 萬年前的最早古人類化石碎片僅在少數幾個地方被發現，顯示想正確重建早期人類在非洲的演化譜系是件相當困難的事。比較清楚的事實是，中新世晚期的早期人類仍在熱帶地區爬樹和使用森林或林地區塊的同時，也發展出雙足步行的能力。

若我們瞭解對現代非人類「大猿」在運動方面的長期研究，也許就不會對「雙足步行起源自森林」的說法感到驚訝。比較令人震驚的是在這些人類的近親中，最常使用雙足步行的猿類，並不是住在地面上、會狩獵其他動物的黑猩猩，而是紅毛猩猩。牠們在森林環境中舒適地步行，尋找嫩

枝並撿拾果實。[21]

　　不僅如此，非洲的非人類大猿在大約 700 萬年前，才從我們與黑猩猩的共同譜系上分支出去。如果整合靠近這個譜系分叉點的所有化石紀錄，便可以看到黑猩猩沒有被留在原地，而是獨自演化、改變並生存下來，[22]最後偏愛生活在熱帶森林中。然而這樣特別的演化卻將牠們帶到滅絕的邊緣，因為牠們的近親智人，正在摧毀這些熱帶森林棲地。[23]上述確實是非常不同的演化觀點，因為黑猩猩是我們想像的早期人類形象代表，而我們與黑猩猩的相異之處，不就是傳統所謂的「人類走向草原」嗎？

————

　　雅蒂並不是唯一的、甚至不是第一個從衣索比亞或阿瓦什河流域被發掘出的化石界明星。1974 年，由莫里斯‧塔伊布（Maurice Taieb）率領的另一支古人類學家團隊，正在探索同一山谷中較乾燥的區域。探險隊的兩名成員唐納德‧約翰遜（Donald Johanson）和他的學生湯姆‧格雷（Tom Gray），花了兩個多小時在危險的高溫下四處遊蕩。就在他們打算離開，去尋找遮蔭處時，約翰遜注意到一條手臂骨頭從乾涸的河溝邊凸出來。而後越來越多骨頭的出現，直到挖掘出接近半個人的完整骨架後，他們兩人才意識到這次發現具有重大意義。

　　當天晚上，這些人在營地裡疲憊而歡欣鼓舞地舉辦了慶祝活動。當時播放著披頭四樂團的一首〈露西在綴滿鑽石的天空中〉，為這次發現帶來一個具個人色彩的名字：「露西」（Lucy），現在也稱為「南方古猿阿法種」或簡稱「阿法南猿」。在這之前，她的名稱是 AL288-1。那具現在以[24]露西聞名的骨骸，證明人類的祖先在 320 萬年前確實昂首闊步於東非地區。她的骨骼化石非常完整，仔細研究臀部、膝蓋和大腿骨的形狀和尺寸後，我們得知在人類歷史的這一刻，人類在日益開闊的熱帶地景中已幾乎完全直立行走。[25]

　　事實上，露西是從上新世（533 萬至 258 萬年前）到更新世早期（258 萬至

78萬年前）的各種直立兩足類人猿類動物中，在演化序列上相當清晰經典的一個環節。在她之前是衣索比亞以及肯亞的「湖畔南方古猿」，一種雖然四肢骨骼化石有限、但仍可能頻繁地以雙足步行的祖先。在露西之後的則是查德長相精緻的「羚羊河南方古猿」、南非的「非洲南猿」與「粗壯南猿」，以及東非的厚顎「鮑氏南猿」（或暱稱「胡桃鉗人」）等。這些化石記錄了演化序列上直立人族在非洲大陸的分布。[26] 我們的人屬，則出現在這個演化序列的末端，在大約280萬年前以節能的行走方式出現。

　　這條人屬分支的演化軌跡裡，首先是「巧人」，然後是「直立人」，後者的名字直接闡明直立走路的特徵。這種演化也包括不斷增加的大腦尺寸。露西的腦容量大約只有300至500立方公分，到直立人已大幅增加為1000立方公分。[27] 大約330萬年前，除了可以舒適地行走、需要餵養體積增加的身體和大腦之外，古人類也開始將石頭製成工具，以取得其他動物的肉和骨髓。[28] 這種漸進而堅定的演化趨勢，從直立雙足行走、增長大腦、追求技術，到更大的社會群體的發展，被認為是對高溫氣候、開放環境和更大型動物（包括獵物與掠食者）的適應。相同的環境在現今開放、乾旱的大草原中可以找到；事實上，這些化石也幾乎都是在這種環境中找到的。然而，環境的現代樣貌並不總是能作為某個區域過去樣貌的參考，反而是與人類化石相同地質層中發現的動物化石，提供了一些食物偏好的直接線索，而且通常越靠近更新世，會發現他們偏好的食物類型越傾向存在於更開放棲地的生物。儘管難以確定哪個特定人類物種吃了多少特定類型的食物，但我可以靠自己的方法論領域，亦即穩定同位素分析來加強判別。

　　穩定同位素分析是指，包括碳在內的某些大量元素具有不同形式的同位素，這些同位素（這裡指的是碳十三和碳十二，譯注：考古一般使用碳十四「放射性」同位素定年法）具有不同質量，導致它們在光合作用這類重要生物過程裡產生不同反應。當主導亞熱帶和熱帶疏林草原的C4禾草，以及主導亞熱帶和熱帶森林的C3禾草、灌木和樹木，分別使用二氧化碳進行不同類型的光合作用時，我們可觀察質量較重的同位素碳十三含量的增減，並在由此

形成的植物組織中看出同位素比例的明顯差異。這種測量結果除了可以從植物本身得到，也可以從食用它們的動物（包括古人類）保存完好的牙齒中分析出來。[29] 最早對古人類化石進行這種分析的研究，由我的老師茱莉亞‧李—索普（Julia Lee-Thorp）教授在 1980 至 1990 年代於南非進行，研究涵蓋從雅蒂到智人的時間範圍，並產生一系列至今仍然相當重要的數據資料，說明了隨時間過去，古人類從依賴森林或樹木繁茂的棲地，到依賴大草原的明顯轉變。[30]

　　雖然這項革命性的工作，無法判斷人類是吃以 C4 植物為食的動物，或吃 C4 植物本身，但只要加上人類骨骼化石的形狀、動物化石和各種石器證據，可以證實在 400 萬到 200 萬年前疏林草原對人類演化的影響。不過，在我們打算從人類旅程裡「排除」熱帶森林之前，還有很多跡象可以證明人類與祖先的家園仍保持聯繫。

　　包括露西在內的許多人類肢體骨骼化石的手臂和手掌上，有他們曾經大量攀爬的證據。[31] 就連人屬第一個經過充分研究的成員「巧人」（*Homo habilis*），也具有強壯的腕骨和踝骨，說明巧人與樹木之間有長久的緊密關聯。[32] 此外，在利用更多 C4 食物的趨勢中，古人類化石的穩定同位素數據也顯示出明顯的變化。例如南方古猿的數據說明他生活在「森林—林地—草地」的混合環境；對其牙齒磨損的研究，可以看出牠的飲食與現代大猩猩極為相似。而來自露西物種個體的同位素數據，可以看出雖然有些個體的主食來自熱帶草原，但其他個體則幾乎完全生活在森林或樹木繁茂的棲地中。還有一些古人類，如非洲南方古猿和鮑氏南猿，在特定年代裡的「森林—草原」食物同位素檢測上出現極大差異。[33] 事實上，人類確實打破走向大草原尋找食物的趨勢，表現出比同時代的大草原專家「巴蘭猿人」（*Paranthropus*）更混合的飲食型態。顯然，即使他們周圍的世界發生了如此廣泛的變化，從以森林為主的世界走向以開闊的草原為主的世界，但許多人類物種和個體在條件許可時，仍選擇利用各種不同的環境維生。正如我們將在第六章看見：在智人出現之前，人類演化支可能從未完全離開熱帶

森林。

　　古氣候學家觀察 1200 萬年前非洲大陸草原的變化，也揭示古人類演化環境背景的複雜性。南加州大學的莎拉・費金斯（Sarah Feakins）教授開發了一種研究「植物蠟」這種高抗性生物分子的全新方法，亦即花粉化石上的「蠟」所含有的碳同位素比例。[34] 這些花粉隨風從非洲東部吹進海洋，被保存在亞丁灣下方層次分明的離岸海洋岩芯地層中，這裡不受化石發現位置偏差的影響，也沒有土地侵蝕破壞。莎拉和她的同事觀察這些來自非洲大陸的植被軌跡，結果再次挑戰了「人類來自稀樹草原」假說。首先，對在花粉裡的植物蠟同位素進行觀察後，他們發現 1200 萬年前 C3 禾草已遍布整個地區。接著從大約 1000 萬年前開始的 C4 草原後來居上，取代原先的草原生態系統和森林棲地。莎拉說：「這兩個過程都清楚發生在我們看到的人類化石紀錄中，而且是出現在雙足步行**之前**。」其次，C4 草原的抵達與擴張並不是單線、定向地進行──[35] 從海洋紀錄中可以清楚看到，在過去 500 萬年中，氣候一直在「乾、濕」間變動，導致了不同比例的草原生態系。[36] 莎拉總結說：「總之，當我們把海洋岩芯提供的這幅大陸環境圖縮小來觀看全貌時，便可明顯看出非洲的古人類演化始終伴隨著複雜的環境變化。從700 萬年前的第一批古人類出現，到300 萬年前我們的『人屬』出現為止，都是如此。」

　　且讓我們從海洋回到陸地。使用莎拉的方法以及穩定同位素等分析土壤及草食性動物牙齒化石中保存的碳酸鹽結核塊後，科學家在不同區域規模和地點尺度上發現類似的鑲嵌圖像。[37] 非洲的地理構造，如陡峭的裂谷，顯然會導致更潮濕的氣候條件，並在某些山谷和盆地區域形成湖泊，但非洲大陸東部整體上卻變得更加乾旱，[38] 沿途也出現樹木廊道或旱地生態系統中的河流和湖泊，甚至還有森林覆蓋的山脈。這種「區域性」氣候變化，意味 C4 草原生態系統在不同的時間點出現並佔據主導地位，具體的發生地點則取決於在非洲東部的實際位置。[39] 科學家在更具體的地點基礎上，利用衣索比亞阿薩—伊西地區動物化石以及與阿法南方古猿化石相關的古代

土壤和同位素分析，重建出過去的環境。結果顯示，至少在某些地區，這些古人類仍然生活在和雅蒂相同類型的森林棲地中。[40] 哺乳動物和古代植物的化石分析也顯示，大約 380 萬年前的上新世人類頭骨與森林、濕地、草原和灌木叢的複雜環境具關連性。[41] 科學家也在一些最重要的上新世和更新世化石與石器遺址中發現，在古人類居住期間，環繞四周的是熱帶森林而非草原。[42]

最後，正如莎拉提醒我們的：「最重要的是必須記住，所謂的『稀樹草原』，事實上指的是一系列複雜的植被類型。」意思是，在一定的降雨量和地質條件下，大草原上會長出樹木，甚至形成森林區塊，這當然也符合當時的情況。[43] 人屬的演化動力也許就來自逐漸開放、乾燥的環境，但也受到「熱帶森林—林地」等複雜環境的持續影響。越是能提早適應這種環境變化，對人類的早期成員就越有利，同時也有助於繼續尋找更完美的更新世地景。

————————

在西班牙深邃黑暗的阿塔普厄卡洞穴，[44] 以及在喬治亞的德馬尼西鎮涼爽溫帶氣候下 [45] 發現的 180 萬年前的化石，還有英國諾福克多雨地區發現的石器 [46] 等化石，一再說明某些昂首闊步、懂得製造工具以及擁有大腦袋的早期人類成員已遠離非洲，前往歐亞大陸北部和西北部尋找新的棲地。

製作美麗的「阿舍利文化」（Acheulean、以首次在法國被發現的地點命名）梨形手斧的人屬，在 170 萬年前離開非洲，150 萬年前出現在南亞和黎凡特（Levant，譯注：16 世紀法國旅行者與外交官常用「黎凡特」指稱東地中海地區，更精確來說指當時代表東方的鄂圖曼帝國），100 萬年前抵達歐洲。[47] 這些美麗非凡的石製工具，由這群早期人類冒險家中最多產的人屬「直立人」留下。當時早期人類之所以擴張到非洲腹地以外的地區，一般認為與中東、歐洲和南亞的草原擴張有關，這些擴張的草原為那些在人類飲食裡逐漸佔據重要地位的中大型哺乳動物，提供全新的寬闊環境。[48] 而對上述論點的主要

質疑，來自東南亞地區發現的化石，因為這代表直立人在 150 萬年前便已抵達位於亞洲熱帶地區的印尼爪哇島，[49] 也表示這些新開拓者不只喜歡草原，也比以往科學家所認為的要更喜歡森林一些。

　　澳洲麥考瑞大學的琪拉・韋斯特威（Kira Westaway）博士是研究人類遷徙到東南亞熱帶地區的權威學者。她曾擔任潛水教練，對於在令人窒息的潮濕環境、充滿蝙蝠的裂縫，以及在漫長、黑暗、看似無窮無盡的洞穴環境中工作並不陌生。[50] 她的研究內容是調查在更新世時期，已知漫遊於此一地區的各種早期人類生活的環境和年代。雖然大家對於作為人類演化中心的非洲較為關注，但經過 20 年努力發掘後，東南亞地區不甘示弱地在人類演化領域上取得重大進展。更重要的是，東南亞相當於提供了一種測試案

發掘自法國西南部多爾多涅地區的阿舍利手斧，距今有 50 萬至 20 萬年的歷史。一般認為這些工具屬於直立人，也是第一支走出非洲的人類。（Private collection）

例，幫助我們判斷人類早期成員如何適應或離開熱帶森林環境。

　　針對這些少量且珍貴的人類化石，琪拉團隊細心地應用穩定同位素加以判別，因為與非洲相比，此地缺乏相關的長期陸地氣候紀錄，而且很少有與人類化石一起保留下來的動物化石，導致研究困難。應對方法之一是觀察人類如何適應更新世期間、東南亞地區更廣泛的動植物變化模式；於是，琪拉團隊的注意力集中在一個相當特別的更新世巨人的命運上：「巨猿」（*Gigantopithecus*）──這種有史以來最大的猿類。

　　正如琪拉所說，200 萬年前開始出現的巨猿，陸續在中國各地發現（可能也包括東南亞的部分地區）。這些巨猿的食物是熱帶森林的種子、水果和竹子，體重最重可達 300 公斤（約是現代大猩猩的兩倍[51]），擁有柔軟的身體。牠們在約 40 萬到 30 萬年前最後一次出現在東亞地區。[52] 琪拉說：「在大約 70 萬年前，這些溫和巨人遇到了一些麻煩；牠們的生活範圍被推回中國南部一小區的範圍裡。」巨猿的分布範圍和種群規模逐漸縮小，其他喜歡茂密熱帶森林棲地的更新世早期動物的情況也是如此，包括大熊貓的早期親屬（武陵山貓熊，*Ailuropoda wulingshanensis*）。[53] 這種情況似乎是由於海平面和大氣中的二氧化碳變化，導致乾燥草原和林地擴張（約 100 萬到 70 萬年前）所致。

　　在當時氣候下露出水面的「巽他陸棚」連結了婆羅洲等現代島嶼與亞洲大陸，包括古老劍齒象在內的全新種類哺乳動物因而得以遍布整個地區。這些變化最終對巨猿造成影響，然而一種猿的不幸卻是另一種猿的機會；科學家認為這些新的草原通道以及多肉營養的草食動物，吸引人類到亞洲熱帶地區的中心，這也符合人類日益偏愛的草原棲地資源的觀點。

　　然而如我們所見，上新世到更新世人類棲地的偏好，絕對比這些模型所能說明的範圍來得更複雜。科學家在東南亞直立人化石旁邊，發現了植物和動物化石，包括侏儒河馬、海龜、鹿、野豬和不同類型的劍齒象等。這些動物說明當時人類生活在環境更複雜的湖邊沼澤、草原和林地，也許還帶有一些小區塊的熱帶森林。[54] 就在如此複雜的鑲嵌地景環境下，出現

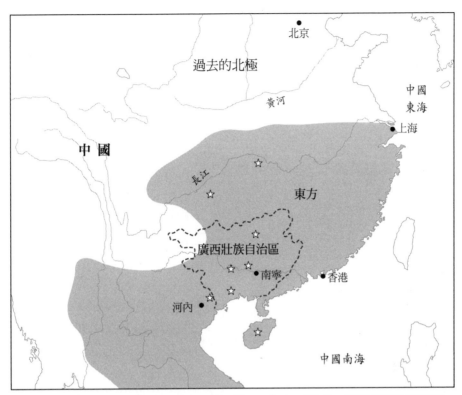

中國南部和東南亞已知的巨猿化石歷史，可追溯至約 200 萬至 30 萬年前。星號為巨猿的發現地點，熱帶森林的範圍則以灰色表示。（Kira Westaway）

不同原始人類（猿類）的大小比較，從左到右：智人、巨猿、紅毛猩猩、大猩猩、黑猩猩。（Kira Westaway）

了更新世時期、東南亞地區的另一個明星人類「哈比人」（Hobbit，譯注：夏爾的哈比人最早出現在托爾金的奇幻小說《哈比人歷險記》中，後來也出現在《魔戒》一書及改編的電影中）。哈比人在 2003 年於梁布亞洞穴發現，琪拉也是發現隊伍的其中一員。這些來自印尼弗洛雷斯島的小型古人類，很快就變得比他們在夏爾小說的同名人物更為出名。

這些矮小的古人類約生存於 19 萬至 6 萬年前，[55] 身高最高約 1 公尺，似乎是 70 萬年前抵達該島的一小群古人類後代，且與直立人有關。[56] 他們可能存在該地區直到智人到達後才消失。哈比人被認為是相當獨特的古人類，不僅因為他們很可能有與當時的智人有互動，也因為特殊的島嶼生存環境，這些人矮小的身材被認為與茂密的熱帶雨林棲地有關。琪拉和她的團隊發現梁布阿地區的哈比人，在氣候潮濕、森林較多的時期人數最密集。[57] 不過，也可能是這些古人類在此地躲雨的關係。

事實上，人類這些矮小親戚在覓食和狩獵後留下的動植物化石（包括小劍齒象、科摩多龍和大老鼠等），再次證明他們更喜歡在乾燥、熱帶林地和草原混合的棲地覓食。[59] 他們的身高出現變化，似乎可歸結於更普遍且有據可查的「島嶼侏儒化」影響，與人口範圍被嚴格限制在孤立地點有關，[60] 而不是與雨林環境的特化有關。他們的覓食環境肯定比大草原複雜，但以熱帶雨林為代價，更開闊的環境以及乾燥林地和草原棲地逐漸增加，的確協助早期人類擴張和多樣化發展，而得以抵達東南亞大陸，甚至越過華萊士線進入島嶼環境——即使在海平面較低的時期，菲律賓、弗洛雷斯和蘇拉威西島這些地區也沒有能與東南亞大陸聯繫的陸橋。可以說，這些早期人類的最終命運讓我們看見環境複雜度的真正重要性：琪拉與同事們的研究證實直立人存在於該地區至 10 萬年前，[61] 而哈比人在弗洛雷斯島一直存在至約 6 萬年前。[62]

約 10 萬至 8 萬年前，熱帶雨林植物和動物群落在東南亞的潮濕天氣下崛起。這片森林實際上就是今日位於該地區潮濕、原始而未受干擾的森林，其中伴隨著貘、紅毛猩猩、長臂猿和馬來熊等動物。2020 年，我和同事朱

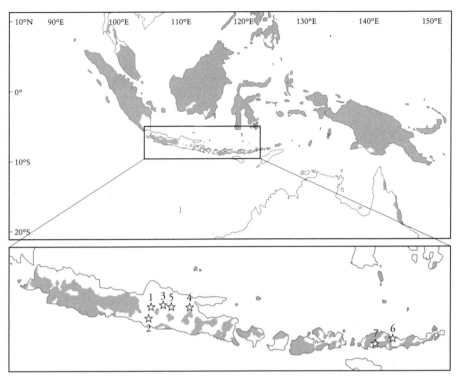

本章裡討論的東南亞島嶼主要更新世古人類遺址地圖，與熱帶森林分布區的對照。[58]（Private collection）1. 桑吉蘭，2. 昂東，3. 巴邦和特里尼爾，4. 莫喬克托，5. 克東布魯斯，6. 瑪塔門格，7. 梁布阿。

利安・路易斯（Julien Louys）在《自然》期刊上，彙編了東南亞更新世哺乳動物化石的所有可用穩定同位素數據。透過這些數據，我們認為在更新世晚期，熱帶森林生態系在島嶼和東南亞大陸上的積極擴張，顯然壓垮了我們廣適的人類近親，以及與他們並肩同行的林地動物與草原動物；[63] 事實上，雖然這張「東南亞更新世人類近親名單」在每年的研究下不斷增長，也持續有重要發現，但在氣候和環境轉向以廣闊熱帶樹冠為主的情況下，只有哈比人倖存下來。

★

　　從維多利亞時代以來，熱帶草原一直是人類演化故事大架構下的重要背景，熱帶森林則彷彿一灘過時死水，對越來越直立、創新、善於狩獵的古人類沒什麼吸引力，只能與非人類的類人猿聯繫在一起的印象。然而新的研究已經證明，熱帶森林為最早的類人猿以及最早的人類提供了充滿活力的搖籃，讓他們得以在中新世晚期到更新世加劇變動的環境中進行各種演化的實驗。

　　古人類的雙足步行演化可能發生在樹上或樹下，而非在暴露、悶熱的草原上。乾燥和開放的景觀固然刺激人類多樣性發展、更加擅長以雙足步行以及製造工具，最後在更新世中期從非洲擴展至歐洲、中東和亞洲的大部分地區，但人類的演化並不是一條單行道，在他們的骨骼和化學成分中，保留了許多紀念人類起源於森林的痕跡，像是營養豐富的森林或複雜稀樹草原中林地區塊的成分，而非僅是我們在電視上看到的那種單調、廣闊的平原。同樣地，當人屬的一些早期成員冒險進入亞洲熱帶地區，那裡由森林、乾燥林地和潮濕湖邊草原組成的複合環境支撐了他們大大小小的種群；如同避開茂密、濕悶的熱帶低地雨林，這些人口很可能也會避開單調的草原，同時讓樹木能持續為他們提供食物和避難所。

　　事實上，氣候和環境的**變化**加速了人類祖先的演化和多樣化：[64] 高效的雙足步行、大腦尺寸和社會群體增加、石器工具的發展等，都是對快速**變動**的世界所做的重要適應，而非無意義的產物。在第二章討論過的強大米蘭科維奇循環推動下，中新世到更新世時期不僅草原擴張，全球氣候狀態也發生越趨劇烈的波動。我們的祖先獲得乾燥大草原提供的大量肉類資源，而得以適應不可預測的氣候變化。但他們的目光也一再投向有利可圖的森林棲地和林地邊緣，以平衡生存賭注。只是這種靈活性也有其局限。在更新世中晚期到晚期，地球氣候與環境的快速變化都更極端。在更新世晚期，東南亞地區茂密熱帶雨林的擴張，意味著居於此地的古人類必須面

對厚實且不斷擴大並難以克服的「綠牆」。而在此之前，一個新的人類出現在不斷變化的非洲美麗新世界中，並繼續進軍地球上所有已成形的大陸。這個新人類，指的是我們自己的物種「智人」。

人類物種的熱帶起源

On the tropical origins of our species

　　社群媒體鋪天蓋地、手機普及、對名人和真人秀的盲目追崇，以及忙碌的工作和社交生活……，我們顯然正處於一個非常以人為本的世界中。人類廣泛的地理分布範圍，遠從冰天雪地的格陵蘭到喜馬拉雅山脈，從繁華的北京到沙漠環繞的杜拜，足以讓我們簡單地假設智人是所有在地球上行走的物種中最成功的物種。不僅如此，龐大的全球人口、廣闊的城市和對自然世界的主導與影響，似乎賦予我們地球主宰的地位。然而，與長達3億年的熱帶森林之旅相比，我們只能算是地球生命的新鮮人。

　　第一個具有明顯「人類」（在本書中「人類」一詞僅用於我們自己的物種，即智人）特徵的骨骼化石，包括更短更平坦的臉、圓形頭骨，以及較大的大腦（比露西大三倍以上），大約出現在30萬到20萬年前的非洲，[1] 符合分子鐘的估計，類似第一章和第四章裡分別使用在植物和哺乳動物身上的那種透過現代與古代人類DNA進行的估算。[2] 這說明我們是演化背景下實質的年輕「新生」；事實上，被我們認為失敗的兩種已滅絕人類直立人和尼安德塔人在滅絕之前，他們在地球上生存的時間都比現代人類來得更長。

　　智人被古人類學家和考古學家視為人族和人屬的長期演化軌跡中一種最新的演化成果：奔向開闊的熱帶草原環境，遠離一般所認為缺乏蛋白質的熱帶森林。與本書的熱帶森林觀點不同，他們認為熱帶森林是更新世人類生存的阻礙，因此這種說法並不讓人意外。[3] 缺乏蛋白質且難以捕捉到小型獵物、充滿有毒植物、缺乏密集的碳水化合物資源、會讓熱帶疾病猖獗的濕度，以及高水流量和酸性土壤導致考古遺址保存不善……等等難題，

導致所謂的熱帶森林「綠色地獄」[4]在人類傳播的起源故事中經常被忽視。

30萬到6萬年前的考古紀錄開始出現一些人類獨具的能力：新的技術（弓箭[5]）、為維持社群交流而製作的交換物品，[6]以及包括雕刻和貝殼珠項鍊在內的個人裝飾和藝術品，[7]都被認為是人類獨具的能力。這些創新可能與效果更好的投射式（projectile）狩獵需求，以及維持開闊草原環境中群體間的有效互動，有一定程度的關聯性，因為在冰期和間冰期間越來越劇烈的環境波動，以及更新世晚期氣候系統的短期波動中（第二章），[8]草原變得更加乾燥。還有一種觀點是，這些新技術與各種物品可能是由沿海仰賴可靠海洋資源而不斷增長的人口所創造的。[9]

與直立人相同，智人擴散到中東、歐亞大陸和整個東南亞的原因可能與氣候有關，因為伴隨氣候變遷，不宜人居的環境消退（例如沙漠或熱帶森林縮減），富饒的大草原狩獵場擴大。[10]不過也有人認為因為65000年前到45000年前，人類追求海洋豐富的高蛋白資源，從東非到印度洋邊緣，[11]再到澳洲，[12]然後在大約30000年前到25000年前抵達美洲，[13]而成為智人歷史上沿海通路擴展的一部分。[14]

雖然智人毫無疑問是新的物種，然而如同我們在第五章裡看過的，傳統上認為智人依賴於特定的「非森林」環境，與其祖先和同時代的其他類人猿一樣，這種敘述實在太過仰賴單一、同質性的人類起源，以及人類對草原或海洋渴望的單一想法。其中有件事一直吸引我研究人類的物種起源：雖然我們是相對較晚近演化出來的，但我們也是唯一拓殖地球上**所有**大陸，並使用**所有**陸上環境的動物。

――――――

由於前面說的這些環境變化發生得很快，且多半發生在更新世晚期（12.5萬至1.17萬年前），因此人類是否真的堅持著如此單一、簡單或令人熟悉的路線假設，自然也引起學者質疑。在本章，我們將會看到考古學、古人類學、遺傳學和環境科學方面的最新研究，交織建構出一幅更複雜的「智

人進入世界舞台」圖。該圖的背景涵蓋非洲許多地區，包括西非、中非和東非的熱帶森林。不僅如此，我們也會看到勇敢的考古學家和古人類學家開始探索「地圖上的空白處」，亦即那些被忽視的熱帶地區。

　　這些研究工作可以證明智人離開非洲後，持續而反覆佔據了地球上某些極端環境。如同我們在第五章所見，我們的物種是人族長期適應更新世環境變化的演化延續。而正是在熱帶森林環境而非大草原或一成不變的海岸邊，人類才得以成為善於使用新的文化、技術和社會技能，迄今為止最靈活的人族；並成為足以應對所有氣候波動，適應更新世晚期酷寒與溫暖、乾燥與潮濕反覆交替世界的人種；最終成為存續至今的一種大無畏的全球性力量。

―――――――

　　關於人類起源的傳統觀點是：人類在非洲的某個時期、某個地點，從某一群人當中演化出來。1980 年代，利用現代人類粒線體（人體細胞內只能透過母系遺傳的胞器）的遺傳變異，重建出人類各種群之間的家譜，把所有現存人類追溯回單一種群，甚至追溯到最早的一位女性祖先――生活在 20 萬至 14 萬年前非洲、我們的「粒線體夏娃」。[15] 最近研究使用更強大的現代統計數據和基因測序儀，分析整個人類基因組的遺傳變異以便產生更複雜的模型，不過它們仍保留相同的基本原則。意思是，現代人類 DNA 的變異性可插入一個簡單的樹狀圖中，而這張圖可追溯到時間與空間上的某個點，亦即我們這個物種出現並開始變得多樣化，隨後分布到非洲和周圍世界的時空點上。

　　在最近的某些案例中，研究傾向將注意力集中在南非的「柯伊桑人」（KhoeSan）族群，他們擁有目前地球上最多樣化的人類基因組，同時也表示最早的智人種群在約 30 萬至 15 萬年前，出現在非洲大陸的南部並開始變得多樣化。[16] 不過近幾年的研究發現，我們的物種起源的遺傳模型實際上更為複雜。我們現在知道智人與尼安德塔人，與稱為丹尼索瓦人的第二種

人類種群 [17]（Denisovans，譯注：以他們在西伯利亞被發現的洞穴命名，而該洞穴因曾居住期中的隱士「丹尼斯」而得名。研究顯示藏人和雪巴人的高海拔基因，可能源自丹尼索瓦人），甚至第三種人類 [18] 混血。不僅如此，他們也產下可生育的後代，使得「物種」的傳統定義變得更為複雜，[19] 同時也在現存人類基因上留下混血後的基因印記。

　　然而，由於炎熱的氣候會分解掉古代有機分子，目前只有一個非洲的更新世化石個體產出可信的古 DNA，[20] 同時為了保護化石，博物館館長、考古學家和古人類學家傾向不使用破壞性的分析方式，而是更謹慎地看待相關的 DNA 研究。[21] 由於現代 DNA 樣本無法提供可靠的古人類地理資訊，鑑於人類悠久的遷移歷史，以及不同人種間的密切交流情形，若沒有古代 DNA，我們幾乎不可能使用現代 DNA 回讀過去的確切地理位置，或是人類物種起源的準確時間。為了更精確地標記人類出來的日期與地點，古人類學家和考古學家試圖找到比 DNA 更具體的東西，也就是「回歸化石本身」。

　　與 DNA 分析的故事一樣，人們痴迷於找到某事物的最古老證明，以便把某個發現地點標示為在人類起源故事中最早的起源地。長期以來，公認最古老並具有明顯人類特徵的化石，是在衣索比亞旱地發現的化石，例如雅蒂和露西。不過現在要討論的，是在奧莫基比許（Omo Kibish）與赫托（Herto）遺址所發現的化石，[22] 年代分別為 19.5 萬年和 16 萬年前。這些骨骼的各方面確實看起來很像人類，且根據同一地點發現、具有已知生態習性、氣候紀錄和地質研究的動物骨骼化石推估，這些早期人類生活在乾燥的草原環境，似乎也是人類起源於東非大草原的明顯證據。[23] 然而相對完整的人類化石很稀有，且散落在整個非洲大陸，顯示它們是因為某種機運（例如遺骸化石掉入隱蔽的洞穴中）或特定條件（例如火山爆發或洪水產生的地層）才有機會免於時間的摧殘。因此有些考古學家提議尋找可以普遍保存的材料，例如藝術、符號或複雜的石器，以便確定這些人類的行為樣貌。就如本章前面所述，這類證據往往來自約 10 萬至 7 萬年前的非洲北部和南部沿

長者智人（*Homo sapiens idaltu*）化石（BOU-VP-16/1），發現於衣索比亞的赫托‧布里地區，現藏於衣索比亞阿迪斯阿貝巴國家博物館。（Tim White）

海地區，[24] 凸顯了海洋沿岸生活。然而最近在肯亞的一些發掘工作，暗示人類複雜的交流模式與技術可能出現在 30 萬年前的乾燥草原環境中。[25]

　　不論是哪種情況下的研究，都專注於找到人類祖先留下的第一批骨骼或新工具遺骸（例如特別的石器製品、拋射工具、象徵性的珠子或顏料的使用等[26]），尋找過程也多半把目標集中在長條形熱帶疏林草原或海岸線上，例如被海浪侵蝕成懸崖面的洞穴就提供非常完美的微氣候（譯注：在一個特定小範圍內的氣候，與周邊大環境氣候有所差異的現象），減少外在自然因素的影響，因而保留了過去的痕跡。一直要等到 2018 年，埃莉諾‧塞里（Eleanor Scerri）博士和她的同事在學界領先的科學期刊《生態與演化趨勢》上發表一篇革命性的論文後，情況才開始改觀。雖然很多科學家已反對主流觀點，[27] 但這篇論文挑戰的是簡單的傳統觀點：智人在單一時間點出現在單一地點的想法。[28]

　　埃莉諾是我在耶拿研究所「泛非洲演化小組」的負責人，她做的研究完全符合她的說法：「我們相信，在 50 萬到 20 萬年前，亦即人類物種出現的關鍵時期，我們的祖先存活在非洲不同地區但相互連結的人群中。」換言之，人類並不是出現在單一時間點或單一群體中，而是藉由群體之間幾千年來不間斷地局部接觸，才出現豐富的人類多樣性。而群體的動態混合，最終誕生了人類物種。埃莉諾還說：「為了正確研究這件事情，我們必須把眼光看向整個非洲，而非只把它當成一個神話似的人類起點。」

　　事實上，如果把搜尋的眼光放得更寬廣，會開始看到一些人族的化石，和衣索比亞奧莫和赫托等地的化石一樣，帶有清楚的智人（例如扁平的臉和圓形頭骨）和更多古老人類（例如較厚的眉脊）的混合特徵，再加上來自北非摩洛哥的「傑貝爾·伊胡德」（Jebel Irhoud，約 30 萬年前）和來自南非的「弗洛里斯巴德」（Florisbad，約 26 萬年前）等化石特徵。也就是說，我們通常用來辨認智人的全套特徵，實際上是在 10 萬到 4 萬年前才真正形成（不過，當然也可能是由於缺乏此時期和前一時期的化石證據）[29]。值得注意的是，西非熱帶地區的已知最早人類化石，只可追溯到 1.6 萬至 1.2 萬年前的奈及利亞「伊窩艾勒魯」（Iwo Eleru）化石，顯示非洲大陸上不同地區的不同智人群體之間保有相當長時間的形態多樣性。[30]

　　重新審視現有遺傳證據，加上不同的人族譜系之間也可能發生遺傳交換，以及現代 DNA 對過去地理格局能貢獻的答案很少等事實，[31] 似乎都在支持埃莉諾和她的同事為智人的演化提出的新建議，亦即人類起源的「非洲多區域主張」——人類並非一棵簡單的單一分枝線性樹，我們的非洲根源其實是破碎的，這是他們研究更新世中晚期非洲各地智人群體留下的文化材料並加以拼貼時所出現的多區域現象。石器工具得益於材質，可以留在相當漫長的時間，考古學家藉由查看這些工具的形狀，推斷它們如何被用在某種行為或技術上。他們認為，人類物種的出現讓新形式的石器快速增加。有些石器可以插入複雜的彈射裝置，因此需要更複雜、深思熟慮的製程。這些「中石器時代」工具包，在傑貝爾·伊胡德和弗洛里斯巴德以

及肯亞的奧洛格賽里等地，與類似人類的化石一同被發掘，更重要的是，它們還會因地制宜。[32] 在北非，濕潤氣候促使草原快速擴張，約 12 萬到 8 萬年前智人人口不斷增加，並出現大量獨特、複雜的箭形（或「帶刺的」）石器工具、骨頭工具和貝殼珠等，顯示當時的人類群體已有複雜的文化行為。相較之下，30 萬年前至 6 萬年前，東非的中石器時代石器形式則有巨大的變化和連續性。而在 8 萬至 4 萬年前，中石器時代的石器演變成小型「微石器」工具，其發展原因與發達的弓箭技術和狩獵效率有關。在非洲許多不同地區的石器工具，都以高度多樣化的方式出現，[33] 有時是完全、快速的替換，有時則是漸進性的變化。

藝術作品和社交展示等人類作品的出現和消失同樣具有地域性，而且經常來去於更新世的考古紀錄中，直到全新世（11700 年前至今）為止。與人類出現在地球的傳統故事相比，我們看不到智人在特定地點或時間留下戲劇性或一致性的化石，或有任何工具表明智人是轟轟烈烈地突然出現，當然也看不到一致的、線性地朝向行為複雜發展的跡象。

而埃莉諾和她的團隊的觀點——人類群體的發展並非在單一時間地點獨立進行，而是動態分離和融合的過程——讓事情變得更加有趣。因為這些群體的最後成果就是我們，無論你身處世界的哪個角落。早期智人留下的化石、石器和不同材質的手工藝品之特徵和年代順序，證明在非洲各地不同群體的相互交流下，我們的物種終於出現。埃莉諾和同事們認為更新世時期氣候造成非洲各個相異的環境變化，形成大草原與海岸以外的環境，因而在不同時間點將人類種群分開或聚集。一旦我們擺脫過去那種一致的、單一起源以及與環境關聯的「局限性假設」，熱帶森林便能在這個較早期、也較複雜的演化模型中，扮演更重要的角色。

除了上述提到形態多樣的伊窩艾勒魯化石證據外，還有一些最獨特的中石器時代區域多樣性，來自現代非洲西部和中部的熱帶森林，其中包括大型重型鎬狀形式、巨大刮刀和尖銳的長矛狀矛尖等工具，可能與挖掘富含碳水化合物的熱帶塊莖植物（如山藥）以及狩獵熱帶森林動物的行為有不

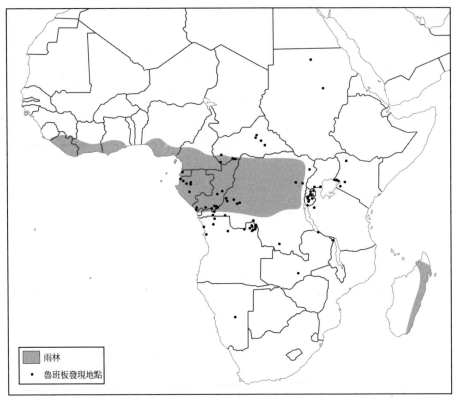

泰勒[34] 在 2016 年統計的所有已知「魯班板」（Lupenban、工藝較先進的矛尖）發現地點的分布情形，與現代非洲中部熱帶雨林生態系統範圍相互對照。（adapted from Nicholas Taylor. Data from Taylor, 2016）

同程度的關聯性。[35] 這些工具的使用地點，有些可追溯至 30 萬到 4 萬年前、如今被茂密的熱帶常綠雨林或較乾燥的熱帶森林和林地包圍的地區；而從非洲西部海岸附近海洋岩芯的紀錄以及古代植物沉積物的紀錄來看，這些地點過去同樣也被熱帶森林覆蓋。[36] 然而科學家還需要做更多工作，以便確認製造這些工具的人類種群的生活型態及其賴以維生的動植物的情形。[37]

　　雖然茂密的熱帶雨林在非洲早期智人演化中的作用尚待更多詳細考證，但有越來越多證據證明，熱帶森林的擴張和收縮很可能塑造了過去人類的遺傳和文化多樣性。當我們研究非洲中部熱帶森林的各個「現代」狩

獵採集者 DNA，並將其與鄰近種群進行比較後，發現他們至少在 7 萬年前就彼此分離。[38] 不僅如此，不同森林狩獵採集者群體之間也有遺傳上的差異，這意味著由於森林棲地的增減，造成他們各自不同的演化。[39]

我曾有幸在肯亞熱帶海岸的潘加亞賽迪（Panga ya Saidi）洞穴遺址，研究出土的考古動物材料。我們在此地發現證據，證明由潮濕熱帶森林、林地和草原構成的混合環境，可以協助人類抵抗乾燥草原的重大氣候變化，並使其得以試驗各種石器技術和各種象徵性的物質文化。[40] 此地距離現在的海岸線只有 15 公里，但現場沒有明顯證據證明他們在更新世期間曾利用沿海資源維持生計。非洲其他地方也有類似的複合環境，促進了非洲亞熱帶及其周圍地區持續增長的人口的流動。[41] 熱帶森林不是唯一扮演這種作用的環境角色，但無疑是形成人類本身複雜的「泛非洲式」骨骼、遺傳和行為外觀的最關鍵地點。

————

「快點，帕特，快下雨了！」我以前的博士生，賈耶瓦德納普拉大學的奧山衛舉（Oshan Wedage）博士對我喊著。我跟在他身後，蹣跚穿過斯里蘭卡西南部茂密的低地常綠雨林。我渾身是汗，身上還吸附著特別狡猾的水蛭，當牠們感覺到你走過的振動時，便會偷偷從樹梢上落到你身上，即使我試圖加快步伐，還是沒有牠們的動作快。此時天空已經打開閘門倒水，我們因此必須艱難地穿過泥濘、灌木叢和湍急溪流往山上走。其他動物都很聰明，知道在這種天氣不能出門，於是這個充滿挑戰的棲地看起來更貧瘠，毫無生氣可言。在這個時刻，我深深體會那些領頭的考古學家和人類學家甚至普羅大眾，為何認為第一批離開非洲的人類一定會主動避開熱帶森林。事實上直到 21 世紀初期，證明人類曾定居熱帶雨林的最早證據，普遍被認為僅限於更新世末期（約 18000 年至 11700 年前）或全新世早期（11700 至 8200 年前），因為那時食物加工技術上的創新（例如風乾醃製），才使人類有機會對付如此具挑戰性的生存條件，並讓食物變得更為可口。[42] 不久之

後，奧山在前面大喊「我們到了！」在霧氣和水坑中，乍現了一個全然不同的世界。這個地區一連串的洞穴和岩石庇護所，現身挑戰了過去對熱帶森林的既有偏見。

斯里蘭卡是南亞南端的一個島嶼，位於印度次大陸之下、赤道之上、印度洋中間，位置剛好是更新世晚期人類從非洲到澳洲的快速南行路線的關鍵位置。這條人類擴展的高速公路，一般認為是由豐富的沿海資源所驅動，即人類完全不需要進入內陸地區，面對週期性的草原擴張所導致的更具挑戰性的環境。然而，自從像奧山和他以前的老師西蘭·德拉尼亞加拉（Siran Deraniyagala）這樣的斯里蘭卡考古學家徹底改變島上的更新世考古學後，這些快速擴展模型的問題立刻浮現。

我們結束跋涉的地點是巴塔東巴蓮娜（Batadomba-lena），它與附近的法顯蓮娜（Fa-Hien Lena）和基圖加拉貝里蓮娜（Kitulgala Beli-lena）洞穴遺址，一起保存了南亞最古老的人類化石和一些最古老的物質文化，與該地區我們的物種相關聯，並可追溯至 4.5 萬年前。[43]

如奧山所說：「雖然人們經常忽視這座『金碧輝煌的島嶼』，但它在智人的適應變化方面發揮了重要作用，而且成就超越非洲。」更令人驚訝的是，這座島上最早發現、最清楚的人類遺址，其地點並不是在海岸或草原地區，而是在內陸潮濕的熱帶雨林。當然你可能會想，這些熱帶雨林過去不一定存在，而且這是一座島嶼，人類也許只是經常來回、短暫造訪這座森林？在我攻讀博士學位期間首度來到斯里蘭卡，目的就是釐清這些問題。不過我立刻愛上這個國家和她的人民，此後我很少離開此地超過一年以上。而且早在 2015 年，我們便與奧山等考古學家密切合作，首次將我在第五章裡介紹過的穩定同位素法，應用於從雨林洞穴和岩石庇護所發掘出的人類牙齒化石紀錄上。將我們的測量結果，與和人類化石一起發現的動物牙齒測量結果進行比較，可以判斷出這裡的人類與非洲古人類的差異。從 3.6 萬年前到 3000 年前，幾乎所有生活在這些地點的個體的同位素值，與已知棲息在茂密樹冠雨林中的動物的同位素值重疊，這表明它們都完全

依賴熱帶雨林資源，並持續到地球主要氣候變化的時期，例如最後一次大冰期；甚至持續到 3000 年前，即這一地區出現農業之後。

我們的研究工作也證明早期擴張的人口完全**可以**生活在熱帶雨林中。[44] 不僅如此，他們是自己選擇了熱帶雨林，而未選擇附近的草原和沿海環境。[45] 這種特殊的適應非常具彈性，因而得以持續 3 萬多年，甚至更長的時間。這裡正徹底改變我們對於人類如何在世界上迅速傳播的理解，因為他們與其他古人類不同，並非尋求更開放的草原環境，也不一定總是用最簡單的方式去做每件事。這也引導致接下來的問題：人類在這裡到底要吃什麼？他們如何取得食物？幸運的是，與世界上許多熱帶地區不同，斯里蘭卡總有更多禮物送給全球考古學家——由於洞穴內的涼爽條件，這裡發掘出相當豐富的有機遺骸長期紀錄。

奧山最近與許多國際夥伴合作，研究從這些考古遺址發現的各種工具技術、植物和動物，以及這地區關於人類特殊祖先的相關證據。4.5 萬年前首次抵達這裡的熱帶雨林後，人類便開始捕獵小型且行動敏捷的熱帶雨林動物。令人驚訝的是，4.5 萬到 3000 年前，在這些地點發現的所有哺乳動物中約有 70% 是猴子和大型松鼠的骨骸，而且都有切割和燃燒的痕跡。[46] 他們也食用大量來自橄欖樹堅果的澱粉碳水化合物，可能也食用野生香蕉和麵包果。附近溪流中也有養分充足的螺類，可補充他們的飲食內容。奧山認為這些證據說明，「掌握正確知識並以正確方式利用的話，熱帶森林的食物和乾燥的草原環境一樣豐盛，甚至還更豐盛。」在英國殖民時期前，斯里蘭卡的一些維達人（Wanniya-laeto）原住民群體，仍以狩獵野味、捕魚維生。他們以爬山採蜜的方式，在斯里蘭卡的半乾濕熱帶森林中獲取豐富的含糖資源。因此這裡絕對算得上豐盛的森林，[47] 而非貧瘠的綠色沙漠；這些適應性極強的人類，便將此地作為自己的家園。

斯里蘭卡早期人類群體留下的工具，也為與智人相關的一些關鍵技術和創新提供新的環境視角，例如常見的弓箭和更高效的石器工具經常與非洲草原或歐洲苔原聯想在一起。在斯里蘭卡，人類會回收猴骨製作箭尖，

也可能把微小的細石器附著於投射工具。此外，服裝通常被認為是人類對抗北歐或西伯利亞寒冷氣溫的一種巧妙適應，然而 4.5 萬年前在潮濕的斯里蘭卡島上，也有證據證明人類穿上了動物皮革，或許是為了防止蚊子和水蛭的騷擾！[48] 還有赭石珠和貝殼珠，以及與某些定居海岸的人群進行遠距離交流的證據，顯示在這個南亞島嶼的叢林深處存在非常人性化的社會聯繫。在斯里蘭卡熱帶森林中的驚人發現，激起更多對更新世晚期人類傳播的探索。這裡證明我們不能再堅持在海岸或溫帶和亞熱帶草原上進行搜索；相反地，如同在非洲，將注意力轉向很少人調查的極端地區，更有機會瞭解現代人類如何形成的真實情況。

————————

　　離開斯里蘭卡，考古和人類學在過去 10 年的研究開始顯現，在更新世晚期的東亞和東南亞、近大洋洲和南美洲等地，熱帶森林被極具開拓性的人類群體開發和佔領。中國南方目前是非洲以外最可能發掘出最早人類化石的潛在熱點。儘管真實年代仍有爭議，但在距今大約 13 萬至 10 萬年前，從兩個人類牙齒化石發掘地點周邊所發現、距今 13 萬至 10 萬年前的動物化石中，可以看出有雨林、混合林地、竹林和草地棲地混合的情況。[49] 再轉向南和向東，爪哇島和蘇門答臘島約 10 萬至 7 萬年前的一些早期人類牙齒，亦與該地區在晚更新世熱帶雨林的擴張有關。不過這些牙齒的年代測定是否與同一洞穴發現的動物確實相關，目前仍有爭議。原因在於這裡並非人類生活的考古遺址，而是過去洪水沖刷下的化石集合處，亦即這些化石是在死後被洪水一起沖刷到當地。[50]

　　更新世人類適應熱帶森林的真正寶藏地點之一，其實是婆羅洲的尼亞洞穴（Niah Caves）。地質年代約在 5 萬至 4.5 萬年前，這裡的人類化石顯然與狩獵野豬和靈長類動物，以及處理有毒植物作為食物有關，且這些動植物的相關證據來自居住在東南亞「熱帶雨林、沼澤森林和草原區塊」混合地帶的人類之手。[51] 這裡與斯里蘭卡不同之處，在於東南亞大陸和島嶼的

許多早期人類遺址，都與不斷增長的常綠雨林和較乾燥的林地棲地混合型
態有關。而離開海岸進入太平洋、越過著名的華萊士線後，情況則變得更
加複雜。澳洲國立大學極具開創性的考古學家蘇・奧康納（Sue O'Connor）教
授與印尼的合作夥伴，在婆羅洲一起進行了 20 多年的挖掘工作。這些島嶼
通常被認為動物資源較少，因為它們並未與東南亞大陸相連。更新世晚期，
這裡的大多數島嶼沒有比狗更大型的動物，因而提供人類一個全新的熱帶
環境。事實上，蘇在帝汶和亞羅等小型孤立島嶼上的研究，證明最早抵達
的人類群體曾進行相當複雜的海島生活適應行為。蘇說：「在帝汶的阿西
陶・庫魯遺址（Asitau Kuru，以前稱為 Jerimalai），我們發現世界上最早的魚鉤，
其歷史可以追溯至大約 2 萬年前。我們也在同一地點找到證據證明這裡的
開放海域能捕獲鮪魚，甚至可追溯到大約 4.5 萬年前，這表示我們有機會

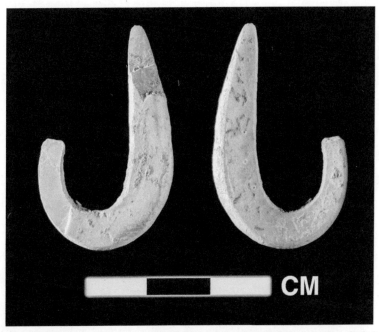

收藏在東帝汶的蓮那哈拉（Lene Hara）更新世遺址，由海生貝類的殼製成的魚鉤。研究人員相信
人類早期遷移至此地時，使用了這些技術來捕獲深海鮪魚。（Sue O'Connor）

找到更古老的魚鉤。」對海洋的依賴也許促使一些最早的人類群體越過太平洋，[52] 並在 6.5 萬到 4 萬年前的某個時刻抵達了澳洲。

蘇和我一起對來自華萊士遺址的人類牙齒進行同樣的穩定同位素分析，這也是第一次在東南亞對更新世人類牙齒化石使用這種測定法，最後的結果也證實她的預期。我們測定的早期人類牙齒化石可追溯至 4.5 萬到 3.9 萬年前，也顯示出與食用海洋魚類和軟體動物的人類相同的同位素數值。[53]

然而從這裡開始，事情變得更複雜。我們在第二章探討在末次冰盛期（譯注：最後一次冰期裡最冷的一段稱為末次冰盛期，距今大約 2.65 萬至 1.9 萬年）的乾燥條件下，熱帶雨林與更開闊、乾燥的森林和草原對抗，逐漸縮小範圍；更新世末期和全新世恢復濕潤後，它們又迅速擴張。正是在這個時刻，不斷增長的人口群體似乎已把注意力轉移到內陸地區；約 2 萬年前開始，穩定同位素的數據證明，人類越來越依賴這些過往所謂貧瘠的森林環境。[54] 他們到底吃什麼呢？大型老鼠似乎是答案。這些囓齒動物重約 5 公斤，與普通家貓的體重差不多。對我們來說這些老鼠不太可口，但確實可以作為高營養價值的蛋白質來源。化石保存條件不佳，表示我們可能缺少大量軟質水果和富含澱粉的塊莖（例如甘藷之類的植物地下儲藏器官）證據；這些植物是海洋來源以外，人類在覓食時必會尋找的重要營養。智人可能再次找到了適應這個最具挑戰性和最孤立的熱帶森林環境的方法。

這種適應模式一直延續到海拔超過 2000 公尺的新幾內亞的寒冷山區，人類在此遇到了冬天會下雪的山地熱帶森林。這種地區的主要專家克里斯・戈斯登（Chris Gosden）曾表示，在末次冰盛期的時期裡，由於氣溫下降了攝氏 5 度之多，一定會讓人類覺得「寒冷、困難和沒有希望」。[55] 儘管如此，5 萬到 4.5 萬年前的許多人類遺址，特別是巴布亞新幾內亞伊凡谷內的遺址，都證明早期人類群體曾經定居該地。格倫・薩默海斯（Glenn Summerhayes）和他的團隊冒生命危險，搭小型飛機深入新幾內亞中心，試圖尋找人類遺跡，研究他們發現的更新世人類群體如何在艱難的條件下生存。在使用顯微鏡

探索考古遺址留下的土壤後，他們發現富含碳水化合物的山藥遺留下的澱粉粒化石。[56] 同時也發現燒焦的、富含蛋白質的露兜樹（pandanus）堅果，顯然經過火上烹煮。而在新幾內亞高地一帶發現的特別石斧，甚至與人類刻意改造森林有關。除了在更開放的環境中追逐有袋動物，人類也已經能夠改進他們在這些高山環境中的生存策略。木炭發現頻率的增加與人類抵達及景觀燃燒痕跡之間關係的初步判斷，加上洞穴遺址等考古證據，都顯示人類在約 4.5 萬到 3.5 萬年前，便已抵達以乾濕硬葉植物（具有堅硬、密集葉子的植被，包括桉樹等）為主的澳洲東北部亞熱帶和熱帶森林。[57] 不過該地區的潮濕熱帶雨林，反倒像是約 8000 年前開始才有人類密集居住。[58]

　　離開澳洲，來到中美洲和南美洲的熱帶地區，這裡是人類在更新世期間最後一個散布地區。人類大約在 3 萬至 2 萬年前到達美洲，[59] 而在 1.8 萬到 1.4 萬年前才開始在這些地區迅速分布，正好符合這個地區的大環境。更新世末期中美洲的人類群體顯然集中在低地、季節性熱帶森林和乾燥、涼爽的高地森林中；智利著名的維德山（Monte Verde）遺址裡的人類，利用巴塔哥尼亞多樣化的茂密、溫帶雨林和開闊、乾燥的森林。[60] 而在大約 1.3 萬年前，智人來到亞馬遜盆地多雨、潮濕的常綠雨林中。[61] 最後，人類在 1.15 萬年前抵達高海拔的安第斯山脈，亦即今日一般認為相當荒涼的山地森林，並且適應了海拔 4500 公尺以上的祕魯山地森林和低氧環境，[62] 並在今日當地人口的遺傳基因上留下印記。可以說，美洲及更新世各地的熱帶森林提供一個清晰的觀察窗口，幫助我們瞭解早期人類品味的多樣性，而不只是單調、簡單的環境適應而已。

―――――――

　　當然，熱帶森林並非人類唯一的走秀舞台。考古學家經常在一些世界上最極端的環境中工作，諸如沙漠、高海拔或北極圈附近的棲地，這些地點一再豐富了我們對於更新世晚期人類強大靈活的適應力的理解。例如在撒哈拉沙漠、阿拉伯半島和印度北部，人類也進入這些「現代沙漠」地區，

而原因似乎與 10 萬至 7 萬年前氣候變得濕潤有關。在非洲南部的喀拉哈里沙漠和納米布沙漠以及澳洲中部沙漠，也發現了更新世的人類，他們似乎能在水資源有限的乾燥條件下繁衍生息；[63] 到 8 萬年前，人類已適應如非洲「山地王國」賴索托，以及衣索比亞高地[64] 等寒冷、斑駁的環境；而在 4 萬到 3 萬年前抵達冰冷的青藏高原，[65] 甚至在北緯 72 度的地區也出現帶有切割標記的骨頭，顯示人類在 4.5 萬年前便已走進北極圈。[66] 當然，智人一定也使用了熱帶草原和沿海環境；若不這樣做，他們就太愚蠢了。

　　上述所有證據，如同我們看到的各種熱帶森林例子，都表示我們的物種不光會耍草原把戲；人類在更新世末期幾乎已幾乎遍布全球。考慮到這點，一般被認為是人類專長的事物，無論是新技術、新社交能力、新裝飾品、新文化材料、新交流系統和傳播知識的新方式等，應該視為人類對應

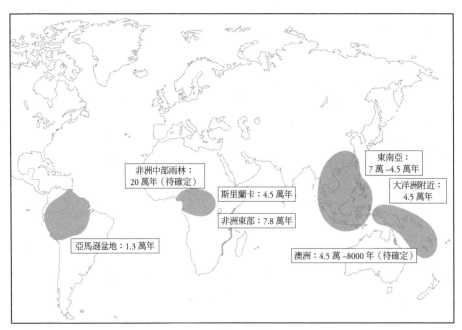

這張地圖標示了智人在熱帶不同地區，遷移至熱帶森林中的最早已知日期。（adapted from Roberts and Stewart, 2018）

各式環境的能力目錄，而非單一棲地的萬能工具。這種優勢非常明顯：各種不斷成長的群體各自專注於迥異的環境，意味著更新世晚期的氣候波動已幾乎不可能在物種層面上影響智人。[67] 至於那些較為古老的其他人類祖先，則受智人影響而幾乎消失（或滅絕）。舉例來說，在黎凡特地區（Levant，譯注：相當於東地中海地區，是中世紀東西方傳統貿易路線必經之地），所有古人類在 20 萬至 10 萬年前從非洲來到的早期相關證據，明顯在約 4.3 萬年前消失。[68] 與尼安德塔人、丹尼索瓦人、哈比人和直立人等人屬之下各人種的情況有所不同，人類整體總數量持續增加。意思是當自然環境開始展露敵意時，某些環境中的群體沒有受到那麼大的壓力；他們使用個人飾品和社交網路，與居住於迥異環境的人群進行交流，而成為環境壓力時期的關鍵退路。

　　就這樣，我們的物種活了下來，且仍持續擴張。隨著地球各個地區的人口數量越來越多，人類開始與自然世界進行更密切的互動，尋找新的、更可控的方式來養活自己，以便在難以預料的更新世世界生存；更新世帷幕落下之時，人類已適應世界上所有的陸地環境。不過，我們接下來的所作所為，將永遠改變整個世界。

叢林

7
Chapter

被耕種的森林
Farmed forests

　　在更新世晚期，人類抵達世界各地後，開始對自然環境進行越來越密集的干預，以養活不斷增長的人口和複雜的社交網絡。包括用火改造棲地環境，移植含有豐富營養的植物，飼養野生動物以取得更方便的蛋白質來源；人類重新配置特定物種，甚至重新配置了整個生態系的分布情形。[1] 在更新世末期過渡到全新世（約 1.2 萬至 8000 年前）期間，又或許從更早的時期開始，人類的干預行為變得更具侵入性。人類選擇溫馴的群居動物飼養，或選擇富含碳水化合物的叢生植物種植，最後導致某些物種的形態與遺傳學上的變化——物種被正式馴化，成為所謂農業起源的一部分。[2]

　　西方對「農業」的傳統看法是廣闊的麥田（小麥或大麥），以及密密麻麻的牛、綿羊和山羊群。這意味著大量針對人類農業起源的考古學、植物考古學（研究在遺址中保存的植物化石）和動物考古學（研究在遺址中保存的動物化石）的研究目光，會集中於中東肥沃月彎（Fertile Crescent，譯注：指兩河流域有肥沃沖積土壤與豐沛高山融雪的地區，自古即重要的灌溉農業地帶）的乾涸河谷。原因在於新石器時代（約 9000 至 4000 年前），我們熟悉的馴化動物率先在此地出現，然後才傳播至歐洲。[3] 相較之下，熱帶森林則經常在農業相關的討論中被擱在一旁。畢竟熱帶森林環境裡茂密的樹林和貧瘠的酸性土壤，如何提供人類日常所需的麵包、牛奶和乳酪，以及酒吧裡的「照舊！」飲料？因此，熱帶森林怎麼可能留有我們用來追蹤早期農業植物和動物的痕跡？而人類是否必須避開森林或者必須先移除森林，才能使農業活動取得成功？問題就出在這裡：我們深陷歐美對於傳統農業應該長什麼樣的世界

觀——穩定的經濟體完全依賴馴化的植物和動物、整理過的大片土地和單調的田間灌溉系統。這種看法導致我們錯過其他同樣巧妙且具影響力的食物生產方法。

只要我們不把眼光局限在馴化一切的耕作方式上，便能獲得一系列全新的可能性。[4] 重新檢視對早期人類食物生產方法的定義，例如將「耕作」視為促進某些植物生存、繁殖和生長的行為；將「放牧」視為塑造某些動物流動性、數量和解剖學的行為，就能提供我們更廣泛的視角，瞭解人類如何融入自然世界。[5] 唯有不局限於狹隘的農業定義，真正去觀察糧食生產的經驗和過程，我們才能獲得正確瞭解人類歷史上最重要農業時期的全球視野。在這樣的新視野裡，當然要把目標鎖定在具有地球上最豐富生物多樣性的環境——熱帶森林——上。

早在 4.5 萬年前，熱帶森林裡已出現人類為保障糧食安全而對動植物進行的多種操縱行為，且不只是表面功夫。這裡的人類棲地複雜多樣，包括光線充足、土壤肥沃、便於燃燒東西的山地及季節性乾旱森林，[6] 以及充滿水分的熱帶雨林。

早期人類可能在更新世和全新世交界時期，進行了最早的刻意種植行為：改變景觀，並在某些通常無法生長植物的地方，種下富含糖分果實的果樹與塊莖植物。植物考古學家和動物學家已證實，在這些栽培和放牧行為裡誕生了目前世界上最常見的馴化動物。事實上，你可能完全沒有意識到自己的每週購物清單裡，許多項目來自於熱帶森林：雞蛋、玉米片、玉米餅、方糖、巧克力棒、火腿和鳳梨披薩、胡椒、香菸以及含有棕櫚油的食品抹醬或化妝品等，都屬於源自叢林的多樣化產品。

————

在某些情況下，這些熱帶農業行為確實採取了農業的形式，例如為挖掘田地而砍伐史前森林，導致重大生態變化，彷彿是對今日人類嚴厲的事先警告。不過在其他情況下，馴化資源確實是在已有的、可永續經營的狩

獵採集和漁業經濟之外另闢蹊徑——原先認為難以發展農業的熱帶森林環境，在過去1萬年間被人類社會改造其中的植物、動物和整體景觀，而產出許多今日我們認為理所當然的超市商品。

————

　　工業化之前，熱帶森林以最原始的環境聞名。但事實上，熱帶森林擁有最長的人類改造史（即使不是最長，也一定是前幾名）。早在4.5萬年前，人類物種抵達東南亞、近大洋洲和澳洲的熱帶及亞熱帶地區時，就開始燃燒熱帶森林以擴大草原區塊並開闢出寬廣的森林地面。這種施作讓他們能夠在各種開放區域、較乾燥的森林和較密集的熱帶雨林中，挑選資源最豐富的地方進行耕種。[7] 有些群居人類甚至會透過「移動植物」來管理植物；早在4萬年前，山藥等澱粉類植物可能已越過華萊士線。與此同時，在全新世開始之際，整個東南亞大陸、島嶼，甚至澳洲的西谷椰子、山藥和芋頭等植物都有人類經手的痕跡。[8] 我們的祖先也沒讓熱帶動物日子過得太安穩，在約2萬年前的近大洋洲，航海者將作為食物毛茸茸的袋狸和袋貂（是cuscuses，別看成couscouses非洲小米！）從原先的家園，轉移到更孤立的島嶼上，像是牠們將會繁盛的俾斯麥群島。[9]

　　如果熱帶森林是智人早期進行食物生產實驗的重要地點，那麼為何考古學家和一般大眾經常忽視它們呢？原因可能在於許多多產的熱帶植物柔軟多肉，不易長期保存；而動物骨頭被埋藏時，也經常面臨土壤酸度的侵蝕，以至於無法提供太多訊息。相對地，較為溫和或乾旱的地區可以保存燒焦的種子或豐富的動物遺骸，提供動物從野生到馴化過程的觀察管道；在熱帶森林中的考古偵探工作，可說是處於相當不利的地位。

　　然而，考古學家通常很固執，習慣使用身邊已有的工具。植物考古學家和地質考古學家如澳洲國立大學的蒂姆・德納姆（Tim Denham）教授，便將研究方向轉向使用顯微鏡識別熱帶土壤中特定植物留下的獨特形狀澱粉顆粒，或極富特徵的微觀二氧化矽結構（植矽體）。雖然相當麻煩，且容易

受到實驗室或挖掘現場及周圍的現代食品汙染，但這種艱苦作法徹底改變了我們對困難環境背景下食物生產的理解。事實上，靠著這種作法，蒂姆和同事認為他們已經在熱帶森林找到了獨立的植物栽培和馴化的關鍵「中心地帶」，不僅挑戰了最早全球糧食生產的紀錄，也挑戰我們對於「農業應該是什麼樣子」的假設與偏見。位於潮濕、黏稠的沼澤地帶中間，正如蒂姆所說：「在巴布亞新幾內亞高地瓦吉谷的庫克沼澤（Kuk Swamp），我們從 1970 和 1990 年代的考古發掘地點中，發現了全球熱帶地區中『最早』的農業景觀。」考古學家在標記並挖掘了兩百條溝渠後，發現了時間在 1 萬至 4000 年前、一系列記載人類為了改變環境景觀使其更適合種植當代我們最愛的一些熱帶植物包括芋頭、香蕉，甚至甘蔗的農業「階段」。事實上，這些證據讓庫克沼澤成為最早觀察到智人耕作方式的地點，而且這裡並非溫帶河谷或草原，而是位在海拔 1500 公尺左右、潮濕的熱帶森林濕地上。[10]

　　庫克沼澤的第一個農業階段可追溯至大約 1 萬年前，自從考古學家傑克・戈爾森（Jack Golson）發現一系列的農田排水溝渠以來便舉世聞名。[11] 早在 1970 至 1980 年代，傑克便暗示這些溝渠是以前人類試圖排乾濕地積水所建，以便協助芋頭和香蕉等富含碳水化合物的植物生長。然而缺乏植物栽培的直接證據，代表它們也可能是天然形成的溝渠，加上新幾內亞其他地方並未發現類似的人為景觀，考古學界因而對這些早期證據持保留態度。儘管如此，在這個比正常野生香蕉生長環境更為開闊的環境中，確實發現了香蕉植矽體；換言之，此地確實存在過某些人類農業行為。不僅如此，更新世末期和全新世早期的許多環境紀錄可以證明，在 1 萬年前的新幾內亞山地（包括庫克沼澤周圍），[12] 人類燃燒和開墾森林的頻率增加，正好提供完美的環境給需要森林區塊的香蕉、需要開放森林地面的芋頭和山藥，以及需要草原的甘蔗。這片地區還發現一些永久性的定居點，表示此地人口持續增長，且人類對景觀的特定部分進行了更多改造。這點正好能連結到最初種植這些種類雖少但相當重要、易於管理作物的原因 [13]（儘管蒂姆自己仍

抱持懷疑）。[14] 結論是，庫克沼澤作為最早階段的食物生產農業區目前在考古學界尚無定論，然而若出現人為耕地的確實證據，這裡就會是世界上最早的農業糧食生產和種植地點。

現代的遺傳證據證明，芋頭、山藥和香蕉等植物都是在近大洋洲獨立馴化的，然後才逐漸擴展到世界各地。今日在該地區發現的「正蕉宗」（Eumusa），是全球最廣泛種植的馴化香蕉。而到了第二階段（約 7000 至 6400 年前）和第三階段（約 4400 至 4000 年前）時期，蒂姆和他的「微」生物植物學家團隊（因其正在處理的植物部分

現代新幾內亞種植芋頭的土丘農業。（Robin Hide, Tim Denham）

的尺寸極小而得名）已提出芋頭、香蕉、山藥和早期甘蔗的澱粉粒和植矽體存在的明確證據。[15] 這些植物確實與當地明確、有計畫且廣泛挖掘的排水溝渠直接相關，顯示當時人們開始過渡到定居的生活方式，因而對喜歡森林的植物和喜歡開闊草原的植物，進行深思熟慮的維護照養，為在更新世—全新世過渡期的涼爽高地上、面對氣候波動增長中的人口，提供一套重要的糧食儲備。

要根據微小的考古痕跡確定植物被馴化的準確時間點，確實有難度，但世界各地的考古學家已逐漸接受，庫克沼澤在全新世早期的植物管理策略，顯示人類對植物生命週期和生長條件的影響發生了跳躍性的變化；這些人類與植物之間的全新關聯也能在我們的廚房裡發現，或者說已泡在你我的茶杯裡。2008 年，庫克沼澤由於其對世界考古學的重要性，獲得聯合

國教科文組織授予的「世界遺產」地位。該遺址佔地 116 公頃（譯注：為方便讀者估算，1 公頃等於 0.01 平方公里或 1 萬平方公尺），可說是真正的史前農業巨人。

庫克沼澤的重要之處，不僅因為它質疑了我們對於農業起源時間和地點的所有假設，它也挑戰我們對最早農業社會樣貌的假想。在庫克沼澤種植香蕉、山藥和甘蔗，並非某項發明或某個發明者的快速產物；相反地，是從第一批抵達近大洋洲的人類燃燒森林、以維持整合各種有利的農業資源開始一段漫長的適應過程。農業固然在庫克沼澤達到新高點，但並非一夕之間發生，而是有著很長的熱帶森林適應軌跡。再者，庫克的農業栽培發展並未對人類帶來徹底的改變，因為不是每個地方的人群都想種植作物，而一直要等到全新世後期，農業才永久扎根於新幾內亞的經濟當中。

我帶著一組研究人員，在跟庫克沼澤相同環境型態且相同海拔的凱奧瓦（Kiowa）遺址工作，證明在大約 1.2 萬到 500 年前間，當庫克人在發展和加強糧食生產的同時，距離此地 100 多公里外的人類族群仍在捕獵負鼠、袋貂和樹袋鼠（tree kangaroo）等動物。[16] 換言之，並非島上的所有群體都把特定植物的馴化視為一種「革命性、震驚世界」的想法。庫克沼澤在進行新的食物實驗時，旁邊山谷的另一群人[17] 則繼續開心地透過燃燒林地、收集堅果和各種捕獵森林獵物的方式，更廣泛地塑造森林環境；如我們在第六章所見，這種作法一樣能讓他們在熱帶地區獲得自己第一個立足點。

雖然我們經常假設農業是必然趨勢；一旦發現，人類就會努力實現這個目標。然而在新幾內亞熱帶地區，已在其他地方為人類提供幾千年可靠服務的農業，只能算是人類管理景觀的其中一種方式。

———

全新世早期（1.17 萬到 8200 年前），許多不同的人類社會開始在熱帶森林裡進行耕作，並形成地球上某些重要的人類主食。玉米是目前世界上產量最高的穀物，[18] 長期以來為全新世期間出現在美洲各地日益密集而複雜

的社會，提供糧食基礎。玉米經常被描述成一種理想的、能適應乾旱的作物，一種讓我們得以安然度過充滿乾旱情景的「世界末日」植物，但根據史密森尼熱帶研究所和史密森尼國家自然歷史博物館的多洛蕾斯·皮佩諾教授（Dolores Piperno）等微生物學家的研究，已證明玉米其實源自墨西哥溫暖潮濕的季節性熱帶森林棲地。傳統上認為玉米馴化的時間約在 6000 年前，證據是瓦哈卡半乾旱高地理想保存條件下發現的燒焦玉米棒，這裡同時也發現南瓜、瓠瓜和豆類等作物。多洛蕾斯告訴我：「這些燒焦的玉米棒肯定不能代表人類首次種植玉米的情形，而類似的植物遺骸化石也無法在其野生祖先棲息的潮濕地區保存。」應用與庫克沼澤相同的微生物學方法，多洛蕾斯和她的團隊發現 9000 年前在熱帶潮濕的巴爾薩斯河谷種植玉米的早期證據，[19] 與近期關於玉米馴化時間和地理範圍的現代遺傳證據一致。[20] 不過玉米並非美洲熱帶森林唯一的現代馴化品種。

　　亞馬遜盆地熱帶雨林潮濕與令人窒息的環境條件，過去被認為在殖民和工業化大規模清除亞馬遜森林之前，絕對無法進行任何類型的農業活動；[21] 過去也通常認為，人類對亞馬遜雨林的影響很微小。然而澱粉、植矽體和遺傳研究的證據顯示，重要的塊根作物木薯正是在這裡首次被種植和馴化，而且早在 1 萬年前便已開始。[22] 口感很接近馬鈴薯的木薯，是一種出現在安第斯山脈熱帶環境的馴化物種，[23] 如今是全球第二重要的塊根作物，為拉丁美洲、非洲和亞洲不斷增長的人口提供可靠的食物來源。亞馬遜盆地對史前食物生產的重要性不只如此，它同時是全新世中後期鳳梨、酪梨和花生的馴化地點，[24] 辣椒很可能也在亞馬遜盆地以南較乾燥的熱帶森林和林地棲地被馴化。[25] 可可樹也許是另一個在亞馬遜盆地被馴化，或至少是半馴化的植物[26]（儘管也有人認為這個今日許多人離不開的巧克力關鍵成分可能起源於中美洲熱帶地區）。[27]

　　在歐洲和北美的時尚餐廳裡越來越受歡迎的甘藷，最早種植於北至墨西哥、南至哥倫比亞和委內瑞拉之間的美洲熱帶地區。它鬆軟而富含養分

的塊莖保存不易，使追蹤起源的工作具有相當難度，但疑似植物加工工具上殘留的甘藷澱粉粒，可追溯到 7700 年前的哥倫比亞山地熱帶森林。[28] 而可靠證據可證明的最早時間地點是 4500 年前的祕魯。到了 1000 至 500 年前，不僅在拉丁美洲，包括整個太平洋的庫克群島、拉帕努伊島（復活節島）和奧特羅阿島（紐西蘭）的前殖民社會中，全都種植了甘藷。[29]

值得注意的是，美洲熱帶地區的史前社會同樣也操控許多野生、半馴化或馴化的樹種。舉例來說，巨大亞馬遜堅果樹（巴西堅果樹）的遺傳學和分布，已被證明與史前考古遺址有密切關聯，也證明人類以某種先進的農林業形式攜帶和種植亞馬遜堅果樹，以獲取其富含蛋白質的堅果。[30] 在亞馬遜盆地某處，桃實椰子也被馴化了。[31] 最後，食物之外，新熱帶地區也生產一些更休閒的作物。亞馬遜盆地西南部的馬德拉河谷，是整個拉丁美洲乃至全球現代犯罪的主要經費來源「古柯樹」（具有古柯鹼成分）的起源地，此地也見證了今日填滿許多香菸或菸斗的馴化植物「菸草」。[32]

作為早期植物種植中心的亞馬遜盆地熱帶雨林，為何在一般大眾的理解上發生了徹底的轉變？這或許要從在現今玻利維亞亞馬遜地區裡的亞諾斯・德・莫克索斯（Llanos de Moxos）地區看起。這個廣闊地區目前以季節性氣候為特徵，在一年的大部分時間裡，絕大部分的主要景觀大草原會被洪水淹沒；然而事實並非表面上看起來的那樣。由安貝托・隆巴多（Umberto Lombardo）帶領的一群科學家，利用該地區的高解析衛星圖，加上空間上的地形差異電腦模型，看出地表上存在一些不尋常變化，而在這片土地上總共確定了 6600 多個他們稱為「森林島嶼」的土丘地點，是大草原型態裡較為凸起的森林區塊。考古學家造訪這些地點，找到人類活動的清晰遺跡以及充滿人類使用痕跡的土壤。[33] 這些「人造土丘」是保護他們免受每年洪水影響的安全區域，同時也是曾被人類善加利用的區域。安貝托與同事在《自然》上發表論文，證明這些森林島嶼的土壤裡存有揭開人類操控植物的長期紀錄。心形的木薯植矽體可追溯至 1.035 萬年前，而球形的南瓜植矽體則可追溯至 1.025 萬年前。[34] 這些植物在當時是否已完全馴化，或

只是生產「主食作物」漫長過程的起點？答案至今仍未明朗。然而正如論文合著者、埃克塞特大學的何塞・伊里亞特（José Iriarte）教授所說：「此一證據，連同墨西哥西南部的熱帶森林，意味著該地區與中國和中東的考古份量相當，應該一併加入對於末次冰盛期後植物栽培和馴化過程的全球討論中。」

　　換言之，我們應該將注意力轉向「舊世界」的熱帶地區：南亞和東南亞生產許多馴化的植物和動物，並被今日我們視為理所當然地擺在現代廚房的收納櫃裡。在印度潮濕的奧里薩邦，從廣闊河岸到熱帶森林的混合環境，似乎為人類馴化的印度水稻、小米、瓠瓜和黃瓜品種提供了條件。吃過印度本土菜餚的人可能很熟悉秋葵這種作物，它也是在印度的這一地帶被馴化。[35] 美味多汁的芒果則是起源於東南亞和南亞熱帶地區的果樹作物。[36] 黑胡椒為世界各地多種美食和菜餚的調味，從早餐的雞蛋到辛辣的咖哩，它的馴化要歸功於居住在印度南部喀拉拉邦熱帶海岸線的栽培者。[37] 另一種不論新手或專業廚師都愛用的重要香料——肉桂，大約也種植於斯里蘭卡稍南處，5000 年前首次出現在記載中，證明它先由當地商人出口到古代中國，後來又出口到過去的地中海地區，甚至出現在聖經中。[38] 最後，雖然我們對馴化的檸檬其柑橘類祖先之確切起源仍不清楚（柑橘類水果在考古學上是出了名的難以追蹤），不過它們的馴化地點最有可能在東南亞某地，而且就在它們野生種源分布的範圍內。雖然在上述所有情況下，要確定植物以馴化形式出現的確切時間點相當困難，僅能依靠粗糙的現代遺傳鐘和熱帶土壤中的化石碎片進行判斷，但如果沒有這些由史前人類親手塑造出來的「熱帶恩典」，今日我們大部分食物和飲料的味道會大不相同。

　　且讓我們暫時遠離植物。熱帶森林似乎不太可能是馴化動物的家園，但它們的確促成兩種現今農民最依賴的動物。第一種是水牛，牠們在地球上的使用率比其他所有馴化動物都來得高，目前亞洲仍有大量人口依賴水牛來獲取牛奶、酸奶和奶酪等日常食物。這些緩慢但強壯的巨獸包含兩種亞種：「河水牛」和「沼澤水牛」，如今仍在熱帶和亞熱帶森林的積水環

境中邊打滾邊吃身邊的淡水植物。儘管水牛的起源仍不清楚，且與歐美野牛相比較少受到關注，不過人類開始放牧這些牛科動物的最早跡象，似乎分別發生在約 5000 年前的印度和 4000 年前的東南亞或東亞地區。[39]

　　雞代表另一種更確定在熱帶森林馴化的動物。這種鳥類已經被人改造成目前地球上最常見的動物，數量超過 250 億隻。雖然你看著牠們時不會知道，但牠們確實是稱為原雞的紅色「叢林家禽」（red "jungle fowls"）的後裔，顧名思義，牠們一直在亞洲的熱帶森林裡徘徊覓食。根據最近進行的一項取樣了 863 隻包括所有原雞物種與亞種基因組的遺傳研究，顯示馴化的家雞源自分布在中國南方、泰國和緬甸熱帶地區的原雞亞種，[40]在牠們被馴化後，便被快速帶到整個東南亞和南亞，並進一步與其他原雞種類雜交。雖然歷史複雜，但如今作為許多快餐店、三明治或週日午餐基礎的雞肉，無疑起源於熱帶地區。

　　上述所有例子都涉及熱帶森林**內**植物和動物的馴化；生活於熱帶森林的狩獵採集社群逐漸增加對自然世界的控制參與，而成為食物生產者。在許多情況下，例如在庫克沼澤地區，馴化的動植物是補充野生動植物的額外養分。這種對熱帶森林生命週期和耐受度的在地知識，經過清楚的運作，成為當地多樣化經濟的一部分。舉例來說，亞馬遜盆地的史前農業代表著複雜的早期農林業形式，包括木薯田、玉米田等，在收成的同時也持續種植，而完整的森林則用來種植水果、堅果和馴化野生動物等。甚至有人提出野生番鴨和淡水龜，可能也是以某種方式放牧而成為人類管理不同森林景觀的一部分。[41]

　　如我們稍後會看到的，這種日益密集的糧食生產行為影響了亞馬遜盆地的土壤、地質、森林結構和生物多樣性，但似乎對熱帶森林的整體覆蓋率影響有限。同樣地，各種多樣化和永續的糧食生產策略，也記錄在全新

世早期和中期的新幾內亞和東南亞島嶼。[42] 但在史前時期，當農業，特別是以農田為基礎的農業形式，從外部引入熱帶森林時，到底會引發什麼問題呢？是否像今日一樣、因為人們試圖將自己的生活方式強加給這些環境，導致大規模的森林砍伐、景觀退化和文化轉變？或者，過去的社會是否會預先妥善規劃從外部引入的農業施作，以因應當地的不同情況？

當今世上最常見的水稻傳播可說是將農業引入熱帶森林的一個典型的例子。遺傳學和古植物學研究顯示，水稻是大約 9000 年前源自中國南方長江流域的一種野生濕地禾草。[43] 從此地，粳稻（Oryza sativa japonica，譯注：水稻的一個亞種，日本人引進台灣的蓬萊米即為馴化的粳稻）亞種開始多樣化並逐漸擴散，向北移動到達其最低耐溫性的邊界地帶，往南則抵達南亞和東南亞的熱帶森林。[44]

粳稻到達印度後，混入自 5000 年前便已種植於恒河氾濫平原上、以及約 4000 年前即種植於東南亞大陸上的秈稻（Oryza sativa indica）中。水稻雖然是來自大量降雨地區的野生亞熱帶草本植物，但它們也需要開放的種植環境，因此若想種植水稻，就必須砍伐森林。特別是在中國，為了收穫水稻料豐富的能量，從大約 6000 年前就開始採用更密集的「濕地」耕種技術，產生的梯田不只對景觀造成重大改變，且讓土地全年都浸在水中。[45] 小米（Foxtail millet、亦稱粱粟）也在中國被馴化，與水稻同夥一起向南持續改變景觀。由於小米喜歡更乾燥、開放的環境，因此對耕地的要求更高，在熱帶地區尤其如此。

果不其然，穀類作物向東南亞熱帶森林的擴張，造成大規模森林砍伐，導致劇烈的景觀變化，例如今日遊客蜂擁而至、受聯合國教科文組織保護的菲律賓伊富高水稻梯田就是。然而要確定這些作物的抵達時間相當困難，因為微小的稻米和小米很難成為保存在考古遺址中的化石材料，而收成時使用的「篩選」器材是相當最近才有的考古工具。目前東南亞大陸水稻最早的植物考古學證據，可追溯至 4000 到 3500 年前的泰國沿海地區，水稻和小米則在 3000 年前到達更遠的內陸地區。[46]

　　「島嶼東南亞」最早的水稻證據約在相同時期出現在婆羅洲[*]，[47]不過其中一些證據是來自陶器上遺留的稻米碎片印痕。[48]在較乾燥的季節性熱帶森林地區，也有證據顯示發生過為這些新的高產量作物「清理田地」的燃燒行為；[49]話雖如此，但不一定總是對地景造成破壞。在大陸與島嶼東南亞的低地常綠雨林中，稻米和小米通常會與山藥和芋頭塊莖以及含澱粉的西谷椰子一起種在更小、更開闊的森林區塊中。另一種情況是，採集狩獵族群對利用土產資源的興趣，大於投入精力去清除長期為他們提供住所與食物的森林。[50]

　　非洲中部的茂密森林是另一個相當重要的環境，在這裡可以探索適應當地熱帶條件的農業戰略。農業來到世界的這塊地區，一般認為與所謂的「班圖」（Bantu，譯注：撒哈拉以南、非洲中部、東部至南部數百個非洲族裔的統稱，承襲共同的班圖語言體系和文化）擴張有關，亦即西非許多人口遷移至此，而且都講同一種班圖族的語言。他們在全新世晚期（4200 年前至今）帶來農作物珍珠粟（pearl millet）和鑄鐵技術，接著向南席捲非洲大陸，並一路延伸至南非。

　　珍珠粟是一種能適應乾旱的草，在約 4000 年前（當地最後一個綠化期間）不斷擴大的撒哈拉沙漠南部邊緣的河谷中被馴化，接著與說班圖語的人口一起向南擴展，並在 3500 年前到達迦納北部，在 2500 年前到達喀麥隆的熱帶雨林，最後在 2000 年前抵達剛果民主共和國。[51]由於這種抗旱作物面對溫暖、潮濕的環境表現不佳，因此科學家把它們的出現與非洲全新世晚期戲劇性的雨林危機聯繫起來；也就是在約 2500 年前的一個時期裡，當時的低地雨林似乎迅速退縮而產生更開闊的環境，亦即將珍珠粟的出現是因為氣候現象。另一種觀點則認為，這種抗旱作物更可能是因為會鑄鐵的班圖族農民不加選擇地直接清理地貌、以便生產他們喜歡的作物所致。[52]

---

[*]　編注：此處原文可能有誤，在作者引用的文獻中，印尼（島嶼東南亞的一部分）最早的水稻證據是來自蘇拉威西，而非婆羅洲。這是澳洲國立大學洪曉純教授的研究成果。

　　然而有越來越多的證據表明，珍珠粟抵達中非熱帶地區後並不需要災難性的森林砍伐。科學家進行試驗性耕作，證明這種作物實際上可以在靠近熱帶雨林的潮濕地塊中有效生長。[53] 而且講班圖語的社群和珍珠粟，在所謂的雨林危機結束過後，仍持續遷居至剛果河的不同支流，完全不像發生過任何森林生態危機。有趣的是，迦納最早的珍珠粟與起源於非洲熱帶森林的油棕櫚樹和山藥等植物一起種植，實現了一種更加混合的策略。我們將會在本書第十三章和第十四章，看到油棕櫚樹目前作為全球經濟重要的一環，提供如巧克力醬和面霜等多種產品的油品基底。

　　當地對花生、蓖麻子和瓠瓜的使用似乎也很顯著，它們在非洲熱帶地區被馴化，並持續作為當地重要的食物來源。[54] 由於這裡並沒有班圖社群曾遷移至此的證據，這表示至少在剛果民主共和國西部，這些作物組合似乎顯示出不同的新移民人群在農業上的獨創性和在地適應能力。

　　我最近參與一項研究，是與科隆大學一個極富創造力的團隊一起進行的密切合作。他們在剛果盆地幾十年的實地考察，讓我們很幸運地能一起研究遷移到這個遙遠森林地區的班圖語人群。最早出現的珍珠粟是「多樣化糧食策略」的一部分，此策略還包含高度依賴淡水魚類、利用野生及馴化的森林植物。[55] 這種類似拼貼的糧食生產策略，讓剛果盆地裡的這塊地區得以維持發展。這說明在熱帶森林中，沒有「一定必須如何」的單一耕作方式，對於新遷移過來的人群更是如此。

―――――

　　植物考古學家（尤其是微植物學家）、動物考古學家、植物遺傳學家和考古學家的辛勤工作，已證明熱帶森林應被視為全球範圍下研究早期史前農業施作的重要地點。人類顯然是在熱帶森林中，開始了對棲地結構、植物生長和動物分布等方面的干預，一些最早的農業施作案例也是在熱帶森林中發生。因此，下次你在咖啡杯裡加糖、剝開香蕉皮、為皮膚塗抹潤膚乳，或是吃甘薯薯條之前，請記得我們有太多的現代食品口味和風格，是由整

個全新世的多樣化環境中人類的適應活動所提供。不論是肥沃月灣、墨西哥乾旱高地、北美洲的河流、中國的大河谷和非洲的撒哈拉沙漠邊緣，都被證明是馴化動植物和農業起源的重要中心。尤其是動物和農作物的馴化，都來自那些從歐美角度看認為「不太可能」產生的地方。

　　史前社會利用熱帶森林所能提供的大量物種多樣性，可說見證了一些最重要和最有效的糧食生產實例。當我們摒棄所謂「茂密、土壤貧瘠的熱帶雨林」流行神話後，再來觀察前面所討論的早期熱帶糧食生產實例所在的季節性森林環境，更能清楚證明當地的景觀變化也許對我們來說並不明顯，但肯定真實發生過。

　　事實上，當我們考慮 21 世紀各地面臨的「土地利用永續」問題時，熱帶森林可提供一個與眾不同的視角，讓我們看到一群有史以來最懂生態的農民如何維持土地的永續性。這些早期的熱帶農民馴化植物和動物，並在保持豐富動物資源（儘管可能在物種組成和分布上有變化）的森林環境中管理糧食生產，甚至有一些農民搬進熱帶森林時帶著外地的馴化動植物。這些外來種通常需要更開放、更乾燥的環境條件，他們因而開發出永續的混合方法，將豐富的當地熱帶野生資源，與有用的外來新物種相互結合。

　　當我們想到那些由政府、企業甚至我們自己所選擇，以「發展」「基礎設施」或「生產力」的名義，對自然環境造成無法彌補的傷害時，這些早期農民的範例正好為我們提供思考依據。我們看到過去即使受限於農業框架，依然可以透過各種方式適應和利用熱帶森林，而非永遠移除它們。不過，有些史前社會的確移除了森林，為我們更熟悉的現代農業之路掃除一切障礙。而這可能導致「不穩定的景觀、土壤侵蝕、生物多樣性崩潰、難以承受的極端氣候事件」等重大後果。尤其是當糧食生產需求被強殖在偏遠的熱帶島嶼海岸時，情況還會更加嚴重。

島嶼失樂園？

Island paradises lost?

　　如同他們的森林家園，我們習慣把熱帶島嶼視為未受人類破壞的「荒漠」或幸福的天堂。無論是嗜酒如命的傑克・史派羅（《神鬼奇航》）、富有創造力的魯賓遜・克魯索（《魯賓遜漂流記》一書作者）、帶著排球的快遞業者（《浩劫重生》），還是陷入困境的傑克・雪普（《Lost 檔案》）試圖帶領一群「迷失」的樂透中獎者、騙子、藝術家和搖滾明星，「熱帶島嶼」代表了讓人類困在抓狂孤立狀態、無法脫逃的噩夢。貝爾・吉羅斯（Bear Grylls、《荒野求生祕技》主持人）的真人秀也經常使用熱帶島嶼作為測試 21 世紀社會生存技能、社交互動和道德的場所。對許多人而言，熱帶島嶼可能是夢幻而不切實際的假期：乾淨的藍色海洋、細白的沙灘和恬靜的棕櫚樹——是可以「擺脫一切」的地方。而對於有能力購買這些島嶼的變態有錢人來說，則是天堂般的現實。無論哪一種情況，我們根深蒂固地將熱帶島嶼視為人類通常無法進入的場所；這可能是件好事，因為我們通常也傾向於將其定義為在生物學和生態學上都很「脆弱」的地方。

　　熱帶島嶼通常面積不大，因此在面對外部威脅時，大部分地區的土壤和森林會迅速發生變化。[1] 雖然熱帶島嶼的動植物生物多樣性很豐富，但獨特的物種很少，植物將其種子傳播很遠的能力一般很有限，同時獨立島嶼的動物對新的掠食者和競爭者幾乎沒有防禦能力。而島上物種之間的密切關聯性表示如果某些物種開始減少，島上很可能發生一連串生物滅絕事件。[2] 這一切都意味著「島嶼生態」特別容易受到新的競爭物種或掠食者入侵的影響，[3] 當然也包括智人的入侵。

　　對島嶼的這些看法也遍及於學術思想中。在考古學和人類學中，「島嶼生態系」通常與「大陸生態系」形成對比，被認為對過去人類活動極易受害。舉例來說，模里西斯島的「渡渡鳥」是熱帶島嶼上滅絕過的動物中最著名的物種，在西元17世紀首批抵達這座印度洋島嶼的歐洲人在島上建造永久定居點後不久，完全從島上消失。[4]

　　一方面，我們認為航海獵人會消滅任何首次遇到人類的島嶼動物；在缺乏自我保護策略，且無法逃到遙遠海岸或取得援助的情況下，熱帶島嶼的哺乳動物、鳥類、兩棲動物和爬蟲類動物很快就從歷史上被抹除。[5]另一方面，島嶼被認為本來就是資源貧乏之地，人類社會只有帶來新的馴化動植物，才能在此取得成功。然而這些食物生產者也會進一步面臨（也許形式不同的）「永續性」問題。因為島嶼上土壤有限，很容易遭遇侵蝕和養分流失的情況。島上的小森林若缺乏重新生長的時間，可能會迅速消失，留下貧瘠的前景給那些需要建材和柴薪的新定居者。定居的農業社會還會不小心（或刻意）帶來其他外來動物，像是狗、豬和囓齒動物，都對當地動植物造成嚴重破壞。[6]在前述兩種情況下，熱帶島嶼特別容易強化人類毀滅的力量，因此島嶼環境及史前人類社會的崩潰必然無法避免。[7]畢竟我們發展自己社會時日益擴大的基礎設施、居住地點，並推動以利益為導向的農業策略，都會為這些棲地帶來不可逆的變化。[8]

　　儘管如此，若想正確研究過去人類如何適應並殖民熱帶無人島嶼，並確定與世界日益密切的互動對島嶼生態系的影響程度，並拿來與人類在21世紀所造成的變化相互比較的話，我們還需要更確鑿的資料。同時，我們也必須抽離對人類活動和造成的變化本質上是「好」或「壞」的價值判斷；尤其考慮到第七章的內容，要放棄所有「糧食生產形式」都像我們今日所見大幅砍伐樹木的農田和牧場的單調假設，如此才有機會將島嶼視為在採集、捕魚、狩獵和管理可用自然資源外，引入新植物和動物物種的實驗室。我們要把焦點放在一些最經典的「島嶼天堂」幻想上，跨越加勒比海、太平洋和非洲海岸線，深入研究「島嶼考古學」這個蓬勃發展中的考古子領

域，我們將看到植物考古學、動物考古學以及現代和古代遺傳分析的內容，從而深入瞭解人類如何為自己創造新的島嶼生態棲位、[9]「搬動了地景」（編注：太平洋南島語族在遷徙時，將整套農業包裹，包括馴化的動植物以及農業方式，由一個島搬到一個島，彷彿整個村莊地景被搬家了）[10] 以及從大陸帶來的馴化動植物。我們也將與正在地球上某些最偏遠地區工作的科學家一起研究湖泊、沼澤和考古遺址的景觀變化紀錄，揭開不同施作對當地或島上特有種動植物，以及這些族群賴以種植和取得原料的土壤和森林的影響。研究過程經常遇到困難，有時是因為研究地點與距離最近的人類社會相距超過幾百甚至幾千公里。然而，在通常被認為最脆弱的熱帶環境中，具強大調適力的環境監督（adaptable oversight），加上在地資源利用與馴化動植物的創新組合，證明人類依然可以「彈性」地適應與改變。我們需要的只是一點對當地生態「老派務實」的理解，而這恰好也是目前歐美社會經常欠缺的特質。

————————

我們要在加勒比（Caribbean）地區開始這趟島嶼巡迴之旅。這裡是由 700 多個以熱帶植被、一塵不染的海灘、多樣的原住民文化以及電影裡著名的海盜肆虐而聞名的島嶼所組成的島嶼群，該群島被加勒比海和北大西洋環繞，位在北美洲、中美洲與南美洲的東邊，在過去 8000 年裡，這裡曾被各種狩獵和農業社群佔領，使其成為觀察不同人類經濟和社會組織形式如何影響熱帶島嶼的理想實驗室。

奧勒岡大學的斯科特‧菲茨帕特里克（Scott Fitzpatrick）教授是位名副其實的島嶼考古學家，大部分的學術生涯都在加勒比地區執行艱鉅的考古挖掘任務。斯科特最令我們羨慕的是，他以探索「遠洋」人類社會如何殖民、適應和影響這些島嶼而聞名於世，而且他的工作地點是多數人必須支付可觀費用才能造訪的地點。他說：「加勒比地區除了是絕佳的工作地點之外，也非常適合測試人類與島嶼的結合是否一定會造成生態災難。」當森林砍伐、對獨特動植物的威脅以及珊瑚礁的劣化等問題在 21 世紀肆虐之際，這

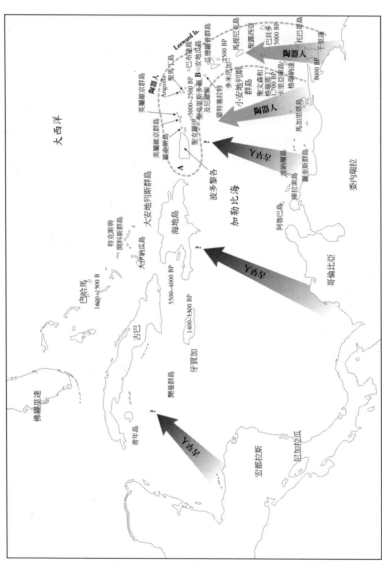

位於加勒比北部、中部和南部以東的地圖，顯示人類在不同島嶼上的主要移民潮和日期（地圖上的箭頭是需要航海的傳播路線）。加勒比地區的第一批人類居民（Archaic、古早人），一般認為來自南美洲，在8000年前到達千里達，然後在大約6000到3000年前到達大安地列斯群島。小安地列斯群島北部和巴貝多，人類從南美洲擴展到波多黎各，並分布到整個小安地列斯群島上，這是後來所說的「陶器期」（Ceramic period）。圖中的BP代表「距今年分」（Before Present），為放射性碳十四定年法所估測年分的標準格式。（adapted from Scott Fitzpatrick）

個問題對於該地區的社會和政府來說時間已非常緊迫。[11] 事實上，若不採取行動來遏制「汙染、全球暖化、過漁和過度開發的旅遊業」等現象，估計加勒比地區海洋陸域生態系將在未來 20 年內完全消失。這些現象「純屬」現代才有的嗎？有沒有我們可以借鑑的古老先例呢？

　　加勒比地區最早的人類居民經由兩條不同的路線抵達此處。其中一群是所謂的「石器人」（Lithic），可能來自中美洲，在約 6000 至 5000 年前抵達大安地列斯群島（包括古巴和海地島在內的北部島鏈區）；另一群「古早人」則從南美洲遷出，在 8000 年前首先抵達千里達，然後在約 6000 年前至 3000 年前進入大安地列斯群島的部分地區、小安地列斯群島北部，以及小安地列斯群島南部的至少兩個島嶼：巴貝多島和庫拉索島，[12] 最終並擴展到整個加勒比地區。他們是「獵人—採集者—漁民」混合的群體，使用石頭製作工具。就古早人而言，根據在海岸邊由人類堆積的大量貝殼（或「貝塚」）推測，他們高度依賴沿海資源以維持其逐漸增長的定居人口。雖然我們無法確定人口規模，但這個族群肯定在各個島上留下專屬自己的印記；在加勒比南部和東部的濕地和湖泊中對於環境的廣泛調查採樣核芯，證明古早人是活躍的園藝家（horticulturalists，編注：基本上指的是會種植植物的人，與狩獵採集者對比。）——他們會清除森林，也許剛到達此地就利用火來掌控環境變化[13]（不過這點目前仍有爭議）。可以確定的是，根據由在 7700 到 6000 年前古早人遺址中的發現，目前是島嶼的千里達在全新世早期（1.17 萬至 8200 年前）曾與南美洲大陸相連，彼時森林逐漸地開放，有利於包括玉米、甘藷和辣椒等南美馴化植物的生長。[14] 改變土地的古早人與加勒比地區動物族群的滅絕有關——這裡見證了比其他地區更多的全新世（1.17 萬年前至今）哺乳動物滅絕事件。舉例來說，人類在安提瓜島蓄意燒毀森林，可能直接導致該島上三種特有種小蝙蝠消失；獵殺繁殖緩慢的大型哺乳動物，包括靈長類動物和巨型地懶等，也被認為導致在加勒比地區倖存至全新世的物種直接滅絕。[15] 牠們在古早人來到之後消失，當然激起了考古學家深究的興趣，然而這點仍有爭議，很少有考古遺址能提供明確的證據證明這

些最早定居者進行了狩獵；較可能的是，全新世早期的氣候變化、人類引起的棲地變化等因素，或許只要一點點狩獵行為，便可能讓這些動物逐漸消失。[16] 事實上，早期在加勒比地區的人群非常適應新的島嶼環境，除了已馴化的動植物，他們還將野生酪梨、野生無花果和嚙齒動物等合適的本地野生物種在不同島嶼間遷移。他們清理森林，不僅為馴化的動植物開路，還促進野生芭蕉、山藥、根部富含澱粉的鳳尾蘇鐵、竹芋和某些棕櫚樹的種子等較具營養價值的本地植物生長。3000 年前抵達波多黎各的人群，甚至還改良了土壤以取得更肥沃的土地。[17]

　　人類在加勒比地區擴張的「陶器」時代後期，似乎也加劇了某種類型的活動。從 2500 年前的波多黎各和小安地列斯群島開始，到 1500 年前擴展至大安地列斯群島的其餘部分之前，這波早期的「陶器人」與亞馬遜盆地的人類族群具有明顯的遺傳關聯，並涉及到加勒比海「泰諾」（Taíno）族群的祖先。[18] 顧名思義，「陶器人」將陶器引入該地區，不過也有學者認為陶器早在之前已和古早人一起抵達。[19] 他們還引進狗和天竺鼠，並將刺天竺鼠（一種長腿天竺鼠）、西貒（一種有蹄的、像豬的哺乳動物）以及負鼠和犰狳引入小安地列斯群島。[20] 植物考古學家可以證明，與他們更注重沿海的古早人前輩不同，在這波遷徙浪潮中，南美作物真正在整個加勒比地區扎根，玉米、豆類、木薯、花生、甘藷、菸草、辣椒和番石榴遍布島嶼內部和海岸線上。[21]

　　陶器人進行的粗放耕作、土地清理和農藝種植行為，明顯影響了加勒比生態系。歐洲人抵達此地時，當地原住民已種植近 100 種植物，許多島嶼地區森林被砍伐，山坡上有梯田，還形成了適合種植木薯的土丘。[22] 結果不出所料，這種逐漸密集的佔領和定居，對當地島嶼生態系產生了重大影響。

　　波多黎各和維京群島的螃蟹資源枯竭，促使人們轉向食用軟體動物；接著在 1000 年前，軟體動物在牙買加被過度捕撈。在波多黎各島上，動物考古學家證明陶器遺址的魚體尺寸隨時間逐漸減小；珊瑚礁食物鏈的長度縮短，也代表魚類被過度捕撈。而在小安地列斯群島的遺址中，對當地

目前在加勒比地區卡里亞庫島的海岸與可見的畜欄照片。（Scott Fitzpatrick）

的兩棲類、爬蟲類、海鳥和囓齒類等以「非永續」方式食用的證據相當明顯。[23] 這些問題在當今加勒比地區的許多地方很明顯，特別是在過度使用珊瑚礁和砍伐森林用於農業方面。然而陶器人導致島嶼環境徹底、永久性變化的程度仍不清楚，因為我們很難估計當時的人類族群規模。許多他們食用的小動物，例如現在受到滅絕威脅的小型「古巴巨鼠」（hutias）和其他類似老鼠的囓齒動物，一直存活到歐洲殖民者抵達加勒比地區之後。[24] 而在安圭拉島和尼維斯島的前殖民時期人類，也同樣以永續方式持續密集地捕撈海洋軟體動物。[25]

　　我們可能永遠無法知道在這種情況下，陶器人如何繼續在島上的家園生存。事實上，要到歐洲殖民者帶來的疾病與犯下的暴行傳播開來，導致原住民大規模死亡後，我們才能開始看到人與環境長期相互作用，以及因

逐利而乾涸的資源與勞動力的問題。這些我們將在第十章深入討論。

────────

　　與隨著不同經濟型式進入加勒比地區的多波人類文化遷移浪潮相比，講「南島語系」（Austronesian）的人群對太平洋島嶼的殖民，常被認為是人類遷移史上，引起一致性農業經濟的一個更廣泛、更經典的實例。[26] 由遺世獨立的「近大洋洲」（Near Oceania）*，和玻里尼西亞群島萬那杜 ** 和東加島上的古代人類化石 DNA，可以證明這些最早居住在島上、墓葬中有所謂的「拉匹達」（Lapita）陶器的人類，是東亞人口的後裔。[27] 他們的祖先從臺灣出發，大約在 4000 年前將這種類似「齒狀紋」特徵的陶器傳入菲律賓。真正的拉匹達陶器是由沙子和貝殼混燒而成，在約 3350 年前出現在俾斯麥群島，然後傳過所羅門群島、萬那杜和新喀里多尼亞，約在 2700 年前到達斐濟、薩摩亞和東加。[28] 在這裡南島語族的遷徙停頓下來，大約經過 2000 年，這些早期的玻里尼西亞後裔繼續拓殖到拉帕努伊島（復活節島）、夏威夷和奧特羅阿島（在紐西蘭）。[29] 這些專業航海人群在開闊水域裡航行幾千公里，使用複雜的舷外浮杆獨木舟，就像在不久前聞名全球的迪士尼電影《海洋奇緣》（Moana）中一樣的。在許多情況下，他們都是最早踏上太平洋島嶼的人類，而隨船一起來到的東西可能對島嶼生態系產生重大影響，尤其是在無法輕易回家、使這些愛冒險的群體迅速被隔絕的島嶼上。

　　儘管與遍布島嶼東南亞的南島語族群有共同的關聯性，但在太平洋島嶼的任何早期拉匹達遺址，都沒有發現當時有馴化水稻的直接證據；早期與人類一起抵達的反而是動物。從現代和古代 DNA 證據，可知家豬與攜帶拉匹達陶器的人群一起越過了太平洋。[30] 當我們看到這些動物在人類居住

────────

* 　譯注：大洋洲一般劃分為包括巴布亞新幾內亞、俾斯麥群島和索羅門群島在內的「近大洋洲」〔Near Oceania〕，以及包括密克羅尼西亞、聖克魯茲群島、萬那杜、新喀里多尼亞島、斐濟和玻里尼西亞等地的「遠大洋洲」（Remote Oceania）。

** 　編注：此處原文有錯。Vanuatu 屬於美拉尼西亞，並非玻里尼希亞。

區或農場周圍翻找食物時，通常不會想到會產生什麼影響，不過牠們確實可以從根本上改變島嶼的環境。現今在太平洋島嶼上野化的家豬族群由於食性廣泛，大幅減少了稀有的本地熱帶植物多樣性；透過消化道或將種子沾黏在皮膚上的種子傳播方式，也減少當地植物物種的競爭力，並幫助外來物種順利扎根。[31] 此外，野豬族群的覓食和踐踏行為會加劇水土的流失。科學家認為，豬雖然對目前許多太平洋島嶼文化和經濟極為重要，但牠們也是人類抵達後，許多島嶼景觀無法穩定維持的重要原因。[32]

　　儘管沒有馴化的水稻，移入的人群仍以農業方式改變了當地景觀，[33] 像是用火開墾森林以促進芋頭、山藥和香蕉等引進植物的生長。[34] 砍伐森林以建造房屋、獨木舟、豬圈和其他結構物等，則導致當地景觀的進一步變化。在東加、萬那杜以及以令人印象深刻的石像聞名的復活節島上，熱帶森林樹種在人類抵達後大量減少，[35] 而由於根系遭到破壞，進一步加劇水土流失。動物考古學家也觀察到這些航海大師對珊瑚礁帶來的巨大壓力，尤其是在定居人口逐漸增加後。[36]

　　拉匹達陶器在太平洋島嶼上傳播的同時，人類也帶來改變島嶼生態的偷渡者中最為突出的案例之一：太平洋鼠（Pacific Rat）。牠們能迅速融入人類的居住區域，依賴人類食物，並且有機會與人類群體一起旅行。考古和遺傳證據證明南島語族人口擴張期間，太平洋鼠幾乎被帶到太平洋上的每一個島嶼生態系中，而結果往往是島嶼生態系的遊戲規則改變。牠們體型大，繁殖速度快，雜食性且為數眾多，習慣以人類的食物殘渣為食。除了人類的獵捕外，太平洋鼠對島上特有鳥類的蛋情有獨鍾，因此對各種陸鳥和海鳥均構成重大威脅。由於無法安全繁殖，對太平洋鼠也沒有抵抗力，人類定居熱帶太平洋島嶼後讓多達 2000 種鳥類滅絕。[37] 除了鳥類之外，這些貪吃的囓齒動物也可能導致當地陸生蝸牛和昆蟲滅絕。啃食種子和堅果的太平洋鼠也與當地植物群落的衰退有關，包括見證了拉帕努伊島（復活節島）森林面積的大幅減少等。[38] 最後這個例子經常被用來說明，人類有意無意引入太平洋島嶼生態系的外來物，可能導致島嶼森林迅速變得空無一樹，

陸地野生動物多樣性減少，土石流失後對糧食生產構成障礙，還有魚類和貝類的減少……，在這些相距長達 2000 公里的島嶼上，人類族群的崩潰幾乎是必然的。

　　儘管戲劇性的「世界末日」場景很適合拿來做成暢銷書，但它也掩蓋了那些踏上島嶼的農民和園藝家為適應新家而調整策略的努力。奧塔哥大學的莫妮卡‧川普（Monica Tromp）博士應用最新科學方法對萬那杜島人類遺址的研究，徹底改變我們對早期拉匹達生產者在飲食方面的理解。[39]如我們所見，人類對大部分地區的殖民案例中，太平洋地區經常被學者認為涉及到島嶼生態系的「徹底」改變，但莫妮卡說：「然而，透過研究古代人齒間牙垢裡的植物微觀殘跡，我們對這個地區最早的定居者有了另一種看法。」她發現這個古老牙垢中保存下來的植物顆粒並非來自馴化植物，而是來自野生雨林樹木，[40]直接證明熱帶森林不僅補充萬那杜第一批定居者

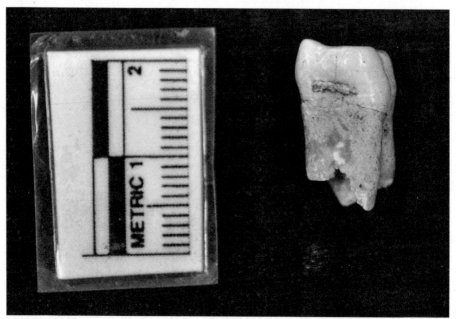

莫妮卡‧川普（Monica Tromp）在研究中使用顯微鏡分析帶有牙結石沉積物的人類牙齒。困在這塊結石裡的植物顆粒，證明萬那杜的早期人類會食用當地的熱帶森林食物。（Monica Tromp）

的飲食，甚至可能是主要食物來源。雖然這些人引入栽培作物，但攜帶拉匹達陶器的航海者們，也一定知道照顧當地現有野生資源的重要性。

　　類似的熱帶森林故事並非只發生在萬那杜島，熱帶雨林樹木的細微殘骸也在近大洋洲的拉匹達遺址及密克羅尼西亞中被觀察到。事實上，基於人們會依據自己的喜好來塑造當地森林景觀，許多清除和燃燒的跡象，目的可能是促進當地有用植物以及傳入的馴化作物和動物的生長。[41] 其他地方的人群經常利用的野生動物，如果蝠、海龜、袋貂、各種囓齒動物、蜥蜴、青蛙、蛇和鱷魚，其中有一些（儘管相對較少）得以存活至今，也都有觀察紀錄可資證明。同時，動物考古學的證據證明，以成功、多樣化的方式利用不同海洋棲地的海洋資源，更可以為漁業提供永續、各島嶼專屬的經營方式。[42]

　　事實上，若我們考慮到橫跨整個太平洋的環境多樣性，應該就不會太過驚訝，因為攜帶拉匹達陶器（以及後來的玻里尼西亞人）的定居者在處理這些全新但又相當熟悉的環境時，可以採用的作法顯然相當靈活：他們可能會管理當地植物並引進樹木類作物，以取得飼草或圈養所需的植物資源；也會獵殺當地動物，然後將新的馴化動物引入受照料的植物園地。這些人群居住在俾斯麥群島到玻里尼西亞西部的廣闊海洋空間內，換句話說，他們只用幾百年的時間就證明自己能夠巧妙而迅速地適應各種島嶼環境。此外，在早期的拉匹達遺址中，豬、雞和狗等外地引入的馴化動物遺骸稀少，說明要在多樣化空間中建立穩定的馴化動物社區有其難度[43]（又或是島民直接選擇了其他物種[44]）。例如在近大洋洲的新幾內亞及其周邊地區，拉匹達聚落多位於海岸或小島上，對海洋資源的使用進行了調整，其原因可能是為了避開該地區自更新世（約從4500多年前開始）即偏好使用內陸資源的原有居民社群。

　　越往東邊更偏遠的島嶼，出現拉匹達聚落逐漸移向內陸一定距離處的跡象，且可以越來越明顯看出他們開闢種植與養豬場空間的同時，也一併管理與利用森林環境。而基於島嶼的類型差異，情況可能有所不同。例如

夏威夷這類火山島嶼，除了有漁獲豐富的水域，也有夠大的土地供應肥沃土壤進行耕作。事實上，對這條熱帶島鏈的考古學研究已證明，夏威夷過去的田地系統極具獨創性，可以適應不同品種作物的種植，並且在背風面（背對盛行風向，通常較為乾燥）和迎風面（面向盛行風向，經常潮濕的山脊）[45] 使用不同的種植策略。他們還開發出複雜的古代水產養殖系統，以石造水池的形式管理海洋資源。[46] 而像皮特凱恩島這類小珊瑚環礁，雖然土壤貧瘠，但有可供捕魚的大片珊瑚礁。如同所羅門群島、斐濟和東加等稱為「馬卡蒂亞島」（*makatea* islands，*makatea* 原本的定義就是完全或部分環繞火山島的珊瑚礁石灰岩隆起的邊緣）的隆起石灰岩，擁有高度的內陸生物多樣性，雖然仍舊會受到人類及其動物夥伴的威脅，但只要以正確的方式利用，也可以能是一種重要資源。

　　儘管持續擴張的人口數量會受到環境影響，但當遇上困難時，他們仍可以自己做決定。舉例來說，蒂科皮亞島是一個面積只有 5 平方公里的小島，拉匹達陶器人群大約在 2900 年前定居於此。2000 多年來，為種植山藥和芋頭而砍伐森林、飼養豬和狗以及使用海洋資源等，導致當地的生物多樣性和森林覆蓋率急劇下降，過去土壤肥沃的島嶼水土流失加劇。直到約 300 年前，當地居民覺得受夠了，於是先從島上移除豬和狗，接著仔細照護森林而不砍伐，然後減輕對脆弱魚類的捕獵壓力，甚至還控制島上的人口規模，結果在歐洲殖民前，這裡再度成為相對永續的環境。[47]

　　同樣地，如同上述，拉帕努伊（復活節島）的經典故事通常是人口爆炸、森林被完全砍伐、戰爭、飢荒……到了西元 1680 年代崩潰後，摩艾石像的石面被遺留在如今人口稀少的島上，成為資源過度開發的歷史遺跡。然而，經過詳細的古植物分析和新的測年研究後，雖然可以證明人類和老鼠確實在西元 1200 至 1650 年間影響了島上的森林，但這並非該島故事的全部。因為從那時開始，人口規模不過幾千人的當地居民改用草和蕨類植物作燃料，停止建造標誌性的石像，轉而共同管理野生植物和馴化植物，以及碩果僅存的一些熱帶樹木，並且堅持下去。這些人群因地制宜的創新方

法，包括利用火山岩為貧瘠的土壤補充養分，以及使用地下化的「瑪那瓦」（*manava*）田園保護作物免受風浪侵襲。[48] 事實上，直到西元 1722 年歐洲殖民者帶著槍枝、疾病和奴隸制登島後，才導致這些適應性極強的玻里尼西亞原住民人口完全崩潰。[49]

――――――

太平洋南島語族人群的擴張帶領我們進入島嶼之旅的最後一站，也就是位於非洲旁邊的島嶼——馬達加斯加，它是人類最晚移入的大片陸地之一，位置在莫三比克共和國以東約 400 公里處。值得注意的是，在現代馬拉加西人（Malagasy，馬拉加西是對馬達加斯加住民的總稱）的祖先中，也有些是同樣說南島語的人群，他們穿越了東南亞成為首批定居玻里尼西亞的居民。他們在大約 1000 年前，開始了這場人類航海史上最偉大的壯舉。來自印尼的移民參與了更廣泛的印度洋貿易航線，將自己的語言、作物和基因

藝術家對馬達加斯加已滅絕象鳥的想像圖。（Velizar Simeonovski）

帶到非洲大陸。[50]不過這裡有點說過頭了。我們目前無法確定馬達加斯加首批移民的定居時間,目前考古學界的建議範圍約在 10500 年[51]至 1200 年前。[52]最近根據考古學遺址的放射性碳定年以及屠宰動物骨骼的明確證據,則證明人類至少在 2000 年前就已抵達此地。[53]

無論如何,馬達加斯加首批定居者的名氣,與前面說過的南島語族移民聞名的原因完全不同。他們攜帶來自非洲大陸的石器,透過燃燒改變森林,與島上各種神祕「巨型動物群」的消失有關而出名。巨型狐猴、巨大的象鳥和本地河馬[54]等物種在 2000 年前消失,早於任何作物種植紀錄或出現清晰密集的定居點之前。因此我們經常認為人類活動,無論是直接狩獵還是間接改變景觀,都對那些在馬達加斯加灌木叢、乾燥落葉林與山地森林間穿梭的大型動物產生重大影響。[55]到了約 500 年前,所有體重超過 10 公斤的野生動物都從島上消失。因此在 1980 年代,馬達加斯加被學界當成第一次因人類狩獵而導致巨型動物族群閃電般滅絕的經典案例。[56]

然而,如賓夕法尼亞州立大學的克里斯蒂娜・道格拉斯教授,這位有著豐富馬達加斯加森林經驗的探險家所解釋的,「這個故事同樣比表面上看起來的更複雜。」考古遺址中發現了巨型狐猴和帶有人類切割痕跡的河馬骨頭,年代約在 2300 與 1100 年前,且來自島上的不同地區。[57]與此同時,克里斯蒂娜和她的團隊也發現有明顯人類利用史前象鳥蛋的痕跡,[58]不過這類直接痕跡並不多見。

在約 1700 至 1100 年前,當人口擴展至內陸不同地區後,可能有一段人類刻意焚燒森林的高峰期。[59]不過島上景觀的改變,似乎是人類逐漸拼湊而成,並非只是無情的邊界拓展。[60]此外,即使採用人類抵達的較晚日期(約 2000 年前),人類和巨型動物至少也共同生活了將近 1000 年左右的時間。從巨型動物的數量來看,也沒有即將滅絕的明顯跡象。而如果學界接受的是更早的抵達日期,人類和巨型動物並存的期間就更長。許多巨型動物可能在島上存活到至少 1000 年前。不僅如此,這些較大型動物消失的過程,也是以不同的方式與不同的速度、消失在馬達加斯加各個不同的森

來自馬達加斯加已滅絕侏儒河馬的牙齒，巴黎國家自然歷史博物館收藏。（Sean Hixon/Guillaume Billet and Christine Argot, Muséum national d'histoire naturelle, Paris）

林環境中。因此，似乎不太可能單靠人類狩獵就消滅馬達加斯加的巨型動物群。為此，我們必須用更複雜的多重因素加以解釋，包括反覆出現的氣候變化和乾旱期。[61]

最近有人提出「生計轉移假說」，認為由於當地人類的生活方式從狩獵採集轉向糧食生產，尤其是畜牧比重的增加，對馬達加斯加全島的巨型動物造成了更大的壓力，[62]特別是約在 1000 年前，隨著馬達加斯加島上人口持續增加，以及逐漸成為印度洋海洋網絡的一部分後。[63]

馬達加斯加第一個更永久的定居點出現在 1300 年前的東北海岸。[64]在接下來的五個世紀裡，村莊遷移至內陸及海岸線，從東部的常綠雨林到西南部乾旱的多刺灌木地區。大約同一時期，牛和山羊陸續到來，馬達加斯

加島上的森林清理行為和草原範圍因而增加。而過度放牧阻礙了樹木的再生機會（如同現在許多非洲地區的情況）。[65]700 年前起，這裡也開始在濕地種植從東南亞帶來的水稻、參薯和椰子等作物；而來自東非的高粱和豇豆，則被種植在更乾旱的地區。[66]農業活動加上人口持續增長，以及開始建造精心設計的定居地點和山頂防禦工事，都增加本地動物面臨的生存壓力，甚至成為後來乾旱加劇的背景下、許多地方性物種在 500 年前消失的分界點「導火線」。而正如我們所看到的，不同物種在不同地區以不同速度逐漸消失，許多物種甚至在此之前便已滅絕。

　　事實上，馬達加斯加最早的食物生產者是非常有辦法的，他們會根據每個地區的環境背景和社會狀況，在不同程度上利用東南亞傳入的馴化物種和東非馴化物種，搭配當地的野生植物資源，三者結合起來運用。同樣的狀況也更廣泛地發生在繁榮的印度洋貿易網絡中的其他東非島嶼。在鄰近的沿海島嶼如占吉巴島和朋巴島，相較於非洲小米、高粱和豇豆等作物，亞洲作物較為少見，也有遺跡證據可看出當地仍以狩獵和捕魚維生。[67]

　　在馬達加斯加島上，各村落適應了當地的環境：有些從事山坡和濕地耕作，有些喜歡放牧牛羊，沿海社區則專注於捕魚。這些因地制宜的適應推動馬達加斯加的經濟發展，並補充今日的農村飲食。目前因過度放牧和農業景觀改變而加劇水土流失和森林砍伐的狀況，使得僅剩不多的本地狐猴成為世界上最受威脅的靈長類動物。[68]然而在 500 年前，人口相對較少，飼養的山羊和牛群也不多，[69]由此可知目前島上大規模農業景觀改造所造成的「永續性」危機，是歐洲人到來之後才真正開始；這些殖民者和不斷發展的原住民政體，持續爭奪熱帶景觀的控制權。

　　接著我們要轉向非洲大陸的另一邊。雖然加那利群島位於北回歸線以北，但潮濕的海洋氣候支持著廣泛的熱帶和亞熱帶植被，它們也為史前人類對島嶼影響的探索提供另一個相當有用的環境實例。加那利群島是大西洋上的火山群島，位於非洲西北部海岸附近，是最受歐洲人喜愛的度假勝地。島嶼上最早的人類居民在約 2500 年前抵達，被後來抵達的西班牙殖民

者統稱為「關切人」（Guanches），[70] 以前被描述成是揮舞著石器工具的覓食者，但我們現在知道這些第一批定居者擁有相當豐富的財富，包括陶器、各種石器、骨器、皮革、貝殼、木材和其他纖維植物的工具。透過比較遺傳、語言和考古材料，可以證明他們與北非「柏柏人」（Berber）有明顯的親緣關係；他們將山羊、綿羊、豬以及經常同時出現的狗、貓、老鼠等動物帶到加那利群島，也種植從非洲大陸帶來的新作物，諸如大麥、小麥、扁豆、豆類、無花果和豌豆等。[71] 與馬達加斯加的情況相同，事實上在我們到目前為止接觸的許多島嶼上，農民大多是用火清除森林，因為引進的動植物需要開闊的地面。這種作法導致島嶼上部分森林，甚至整個島嶼的原始森林消失或急劇減少。某些本地樹種如月桂樹和草莓樹，在福提文土拉島這類島嶼上完全消失。小島上持續增加的綿羊和山羊族群妨礙了森林復甦並造成土壤侵蝕。而人類有意無意間引入的老鼠和貓，使本地大小囓齒動物陷入滅絕危機。人類的直接狩獵行為似乎也導致大型本土蜥蜴和不會飛的鵪鶉絕跡。[72]

　　科學家認為，這些島嶼與我們提過的其他例子有所不同；前者普遍缺乏有用的本地植物資源，在地的大型動物數量也相當有限，意味著人類抵達加那利群島時被迫必須集中生產糧食，並造成了後來的苦果。然而再一次地，真正的故事複雜得多，在福提文土拉島和蘭札羅提島這類小而平坦的島嶼上更容易看出區別，因為它們的乾燥森林更容易被人類清除而消失。而氣候較濕潤的哥美拉和帕爾馬等小島，與特內里費島和大加那利島等大島的森林，直到歐洲人抵達時仍屹立不搖。就哥美拉島而言，從湖床收集來的史前沉積物裡，並沒有人類在此地砍伐森林的明確證據，反而是之前的氣候變化導致了較大的森林干擾事件。[73] 在帕爾馬島上，史前人類意識到定居地附近日益嚴重的森林消失問題，便改變以樹種作為燃料的選擇，並願意冒險進入更高的山區定居，以緩解森林壓力。[74] 在特內里費島和大加那利島上，剩下來的森林地區更是令人印象深刻，因為這兩個島嶼的人群在歐洲入侵者沿著島嶼沿岸航行時，已發展出數量更龐大的人口和清晰

的社會階級。

整體而言，人類帶到加那利群島的農業行為，對當地動植物和景觀的穩定性造成嚴重影響；目前為止，森林砍伐和過度放牧的問題依然困擾著這些島嶼，[75] 然而在歐洲人到來之前，這些影響會因不同的島嶼和地點而有所變化。如同我們將在第十章和第十一章看到的，在帝國需求的推動下，西班牙的殖民、牧場和製糖業將在這些群島引發真正、徹底的變化，甚至可能影響到當地氣候，[76] 直到今天仍持續影響著當地居民。

————

熱帶島嶼通常被認為是理想的獨立實驗室，科學家可以在島上盡情研究史前人類對過去原始生態系的影響。雖然我們不可能造訪每一座熱帶島嶼，但在加勒比海、太平洋島嶼和非洲海岸旅行，我們瞭解到狩獵和採集，特別是農業施作形式，會對這些偏遠環境下的本地植物、動物和景觀，產生重大而持久的影響。

全新世期間，由於人類狩獵、棲地變化以及意外或刻意帶來的入侵物種，熱帶島嶼經歷了大量地方性鳥類、兩棲動物、爬蟲類動物和哺乳動物等物種的消失。而隨著人口增加和農民希望種植更高產量的作物，或甚至社會尋求新的標誌物來區分地位和充當文化象徵時，更造成當地土壤快速流失和森林覆蓋減少。當新的、有用的經濟植物被引入或推廣時，其他植物可能逐漸消失，整個生態系和環境也會隨之發生變化。在陸地之外，過度捕撈和過度使用貝類導致貝類尺寸急劇縮小，以及海洋食物鏈縮短。這些島嶼實驗室一再向我們證明，史前人類為植物、動物和整個島嶼景觀留下巨大且長久的改變，而土壤和可用野生資源的相對變化，也讓這些定居者面臨人口崩潰或棄島移居的最終結果。

儘管如此，持續發展的島嶼考古學顯示這種結果並非無法避免。即使在最具挑戰性的情況中，人類仍有機會透過靈活的策略來避免這些問題。我們也看到許多人類社會，包括那些帶來農業馴化作物的社會，發展出適

應新島嶼環境的生活方式，或調整新環境以容納人類建立的生活方式。[77]
例如有些人群取用當地熱帶森林植物和動物，或在島嶼海岸附近的珊瑚礁
及大海中用魚類補充島上的馴化飲食；有些人群管理當地景觀，以確保野
生、本地物種的永續性，然後再試探性地引進更多物種。在生態系變化明
顯的地方，人類群體顯然還是可以做出正確決定，例如擺脫馴化動物並減
少森林砍伐，走上永續發展的全新道路。而這些案例中最明顯的警告並不
是島嶼環境「天生脆弱」，因此到現在仍然很脆弱。更正確的說法是，過
去人們看到周圍景觀發生變化時，有能力作出改變土地的用途和經濟效益
的回應；他們會注意到土石滑落、獵物減少和森林退化等現象，並做出妥
善的對應。

　　今日，貧困、氣候變化、政治優先事項和大型工業的力量，沖刷著這
些島嶼的海岸，也限制了當地居民可努力的範圍。正如我們前面討論過的
每個例子的結尾，無一例外地，歐洲帝國和商業利益破壞性地到來，帶來
了全球消費者欲望所造成的環境壓力，我們將在第十章和第十一章更詳盡
地探討這一點。然而，在轉向定義目前人類與熱帶關係的全球化開端之前，
我們要先以專章探索那些在熱帶森林中發展起來的大規模原住民社群城
市。

叢林

1. 藝術家重現石炭紀森林地面情景。（Bob Nicholls）

2. 在伯明罕漢普斯特區的一塊石板右側，出現的類蜥蜴爬行動物（一種很像蜥蜴的蜥腳類動物）足跡的攝影測量模型。蜥腳類動物後來產生了包括恐龍在內的所有爬蟲類動物的祖先。（Luke Meade 等，2016）

3. 從哥倫比亞北部塞雷洪組中地層中發現的被子植物葉子圖像。經過 6000 萬年後，葉子表面細密的葉脈仍然清晰可見。（Carlos Jaramillo）

4. 藝術家重現塞雷洪新熱帶森林的場景，前景處是泰坦巨蟒。（Jason Bourque，佛羅里達自然史博物館）

5. 藝術家重現以裸子植物針葉樹和蘇鐵，以及蕨類植物為主的侏羅紀森林環境情景。在這些植被的背景下可以看到劍龍和蜥腳類恐龍。（Bob Nicholls）

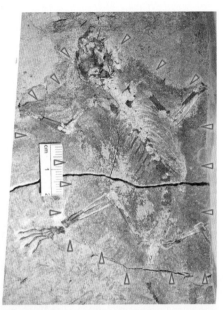

6. 侏羅紀時期會滑翔的哺乳動物「翔齒獸屬」化石，發現於中國東北部。分裂的石板收藏在北京自然博物館。紅色箭頭代表在樹梢之間滑動飛翔的皮膚膜邊緣。（Zhe-Xi Luo，芝加哥大學）

7. 侏羅紀的翔齒獸屬哺乳動物，使用適應良好的植食性牙齒來食用裸子植物。（April Neared，芝加哥大學）

8. 「始祖馬」是目前已知現代馬的最早祖先。在漸新世、中新世和更新世的過程裡，它的矮小　身材和適合食用森林水果的牙齒，發生了明顯的變化。（Daniel Eskridge，Alamy 圖庫）

9. 藝術家繪製生活場景裡的「雅蒂」（Ardi）。
（Jay Matternes ／史密森尼研究學會）

10. 來自斯里蘭卡「法顯蓮娜」洞穴遺址的晚更新
世靈長類動物，骨骼上的切痕照片。（引自 Wedage
等，2019）

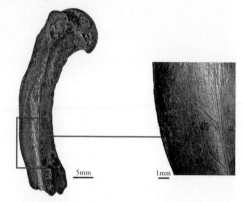

11. 在庫克沼澤中保存下來的微觀植物遺骸，與現
代類似植物一同展示。左圖：山藥植物與上方的山
藥澱粉顆粒；右圖：芋頭植物與上方的芋頭澱粉團。
（Tim Denham 提供，巴布亞新幾內亞，2007；
Fullagar 等 2006 ／ JAS）

 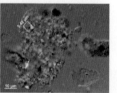

12. 菲律賓呂宋島伊富高地區，受到聯合國教科文
組織保護的巴那威水稻梯田。這些梯田在該區似乎
有更古老的前身，可能在水稻出現之前就曾被用來
種植芋頭。（蓋帝圖像）

13. 在瓜地馬拉蒂卡爾，古代的古典馬雅儀式中心。（Michael Gode，蓋帝圖像）

14. 典型的馬雅水神廟旁邊有一個保留雨水的坑洞，展示了水對這群人的宇宙觀和實質上的雙重意義。（Tony Rath、Lisa Lucero 與和平谷考古計畫提供）

15. 位於柬埔寨前吳哥時期城市綜合體的三博波雷古寺，中央寺廟斜視圖。（Damian Evans 依柬埔寨考古計畫 2015 年的光達數據所做的視覺化呈現）

16. 從空中鳥瞰柬埔寨吳哥窟寺廟群。（Damian Evans）

17. 藝術家重現連接大吳哥城市網路的繁華街道情景。（Tom Chandler、Mike Yeates、Brent McKee、Chandara Ung，蒙那許大學感知實驗室）

18. 藝術家重現西元 1300 年，吳哥窟寺廟內住宅區的情景。（Tom Chandler、Mike Yeates、Brent McKee、Chandara Ung，蒙那許大學感知實驗室）

19. 描述 16 世紀在玻利維亞殖民地，被奴役的原住民在西班牙銀礦工作的雕刻。（私人收藏）

20. 菲律賓維甘市的街道和建築已成為世界遺產景點，展示西班牙人如何想將他們的城市主義理想，強加於這片熱帶地區。（Jason Langley，Alamy 圖庫）

21. 在迦納埃爾米納城堡附近海灘上的捕魚舟。（MyLoupe/UIG，蓋帝圖像）

22. 16 和 17 世紀在貝南市（位於目前奈及利亞境內）製作的四十塊青銅飾板，統稱為貝南青銅器。大約有 2500 件對奈及利亞人民具有重大政治和文化意義的藝術作品，散布在歐洲、北美的博物館和藝廊中。（Joy of Museums，維基百科）

23. 一架消防飛機在昆士蘭雨林大火上空投水救火。（Renier van Raders）

24. 澳洲昆士蘭熱帶森林發生火災後留下的現場。（Renier van Raders）

25. 坦桑尼亞的沙蘭港。像這樣的熱帶城市隨著人口的增加，而讓人類與世界各地的熱帶森林，有越來越頻繁的接觸。（蓋帝圖像）

9 「叢林」中的城市

Cities in the 'jungle'

　　自歐洲人首次訪問亞洲、非洲和美洲的熱帶地區以來,叢林中有座「失落城市」的景象就一直縈繞在西方人的想像中。從電影《失落之城》(*Lost City of Z*)到《勇闖黃金城》(*El Dorado*),在危險的熱帶森林環境尋找古代文明及寶藏的渴望,驅動無數命運多舛的遠征。這種痴迷也擴散到西方社會對熱帶森林城市的流行觀念中,在許多流行的電競遊戲(「祕境探險」系列)、恐怖電影(《禁入廢墟》)和小說(《叢林之書》)中,雜草叢生的廢墟成為表現恐懼、探索新發現和出現危急生命的挑戰等主題的取材背景。在這些描述中,盛行的想法是熱帶森林中的所有古老城市和國家都注定失敗,熱帶森林中最靈活的居民是吹毒箭的狩獵採集者,他們住所的周圍有邪惡的藤蔓和高聳的樹木;或是《叢林之書》裡一群喧鬧的猴子大軍,會把所有人類在此地發現的重要成就通通抓回令人窒息的綠色森林中。那些把焦點放在古典馬雅的謎樣社會突然消失的暢銷書或末日電影,對於這些想法沒有多大幫助。[1]最終,這些熱帶城市留下的腐朽石牆、空蕩蕩的宏偉建築以及空無一人的街道,是一個悲慘的警告,提醒我們人類的生活方式、社會和經濟並不如我們想像的那樣安全。

　　學術上來看,在研究熱帶森林是否有潛力維持古代都市存續時,情況並沒有那麼不同。一方面,集約農業被認為是促進城市成長和強大社會菁英階級的必需品,但在熱帶森林那潮濕、酸性且營養貧乏的土壤中,農業是不可能發展起來的。[2]另一方面,在熱帶森林中城市遺留下的廢墟瓦礫,明顯地擺在那裡,讓人無可否認,似乎說明在中美洲、南亞和東南亞等較

乾燥的熱帶地區，生態災難是不可避免的。例如為了建造大型建築和為不斷增長人口騰出空間而砍伐森林，[3] 或是在邊際土壤（Marginal soils，譯注：指充滿岩石、沙地或淺水，沒有植物可利用的養分和水分的地方）上擴張農業，以及今日常見的土石流、洪水和乾旱等自然災害，都使得在最好的情況下，熱帶城市的實驗成為一項巨大挑戰；在最壞的情況下，則像是場愚蠢的賭博。

想要大幅修改這些「刻板印象」相當困難，因為在古代城市遺址（例如美索不達米亞或埃及）進行多年的大型野外勘查，通常都得面對獨特的熱帶考驗，像是茂密的植被、蚊子傳播的疾病、有毒動植物以及暴雨驟降的天氣，都讓在熱帶森林中尋找、抵達和挖掘過往城市中心的工作變得困難。[4] 而且這些地方可能使用的是有機建材而非石頭，更讓研究工作難上加難。結果，針對過往熱帶城市的研究，在形式、經費和範圍上都落後於在美索不達米亞[5] 和埃及[6] 這些半乾旱與乾旱地區，以及東亞廣闊河谷村莊[7] 的類似研究。

然而，正如我們在第七和第八章所見，即使在最困難的環境中，許多熱帶森林社會也找到非常成功的糧食生產取徑。儘管這些看來並不像我們今日認為可以支持城市和國家的農田，它們卻維持了龐大人口和社會結構，令人讚歎。我們現在將轉向某些最著名、一般認為是熱帶災難的案例，像是古典期和後古典期的馬雅文明、柬埔寨的高棉帝國以及斯里蘭卡北部城市，看看過去二十年大而無畏的考古探索，如何運用來自陸地和空中的最新科學，打開廢墟穹頂，提供更新、更正確的考古評估。我們會發現這些熱帶城市不僅蓬勃發展，且在前殖民時期是人類在工業時代之前所能見到最廣闊的城市景觀。它們的規模遠超過古羅馬、君士坦丁堡（伊斯坦堡）和中國的古代大城。我們也將發現，即使是所謂最「原始」的森林地區如亞馬遜盆地，實際上也是幾百萬人的家園，分布在類似城市的大型網絡中。

古老的熱帶城市可能有很強的適應力，有時甚至比類似環境中的殖民時期和工業時期的城市多存活了好幾個世紀。雖然它們可能面臨巨大的障礙，且通常必須徹底改造社會結構和定居點，以應對不斷變化的氣候和過度使用周圍景觀的後果，但他們開發出一個城市可以或應該如何延續發展

的全新形式。古老的城市佈局幅員廣闊地散布在大自然中，結合糧食生產與社會政治功能，其佈局規劃如今吸引 21 世紀城市規劃者的目光，試圖在當今全球人口快速成長的某些地點與熱帶森林交手。

————————

與前面提到的「農業」一詞情況相同，我們通常傾向透過模糊的西方視角來看「城市」概念。根據我們自己的經驗，認為城市通常是建築緊密、人口稠密的地區，是行政與政治菁英的居所，充滿熱鬧繁華的貿易和製造業，並倚賴廣闊的農田和眾多畜群維生，這些農田通常與城市保持一段距離。

50 多年來，考古學家戈登・柴爾德（Gordon Childe）將農業和城市「革命性地」視為人類史上兩個主要的墊腳石以來，[8] 考古學家也大體認同這說法。在近東地區，由大量泥磚和垃圾堆積而成的巨大「臺形遺址」（tell，譯注：許多代人在同一地點生活千百年後各種遺留廢棄物形成的土堆）重現了約 6000 年前最早的城市，[9] 而古典世界和古代中國的城市也可以作為追蹤人口聚居模式起源以及後續城市擴張的標準，這些聚居模式很大程度上至今依然影響許多人的生活。這種社會複雜性的「模型」在熱帶森林裡不意外地似乎有些格格不入，因為一望無際的單一作物農田、牧養的動物以及建物密集的定居點，必會導致嚴重的森林砍伐、隨之而來的水土流失，以及最終的飢荒和社會解體。因此，一旦在熱帶地區發現這種看似「緊密」佈局的城市，像是在墨西哥東南部、瓜地馬拉、伯利茲、洪都拉斯西部和薩爾瓦多的古馬雅文明，科學家通常傾向於最壞的假設：當地農業偏重於某些關鍵作物，將對熱帶森林景觀造成太大的負擔，導致社會退化、統治者被推翻，以及最終城市被廢棄。[10]

西元前 800 年左右，在所謂的「前古典期」[*]，城市、巨大的石材建築

————————

[*]　譯注：馬雅文明一般分為由村莊到建立城市的前古典期（西元前 2000 年至西元 250 年）、開始長期記錄曆法日期石碑的古典期（約西元 250 年至 900 年），主要城市衰敗後的後古典期（約西元 950 年至 1539 年）。

及文字，逐漸在某些關鍵的政治中心出現，並在國王領導下，由北美洲和中美洲的玉米、豆類和南瓜等主食作物所餵養。馬雅文明在「古典期」真正起飛，是在一個被稱為南部低地的地區（包括瓜地馬拉北部、伯利茲和墨西哥東南部），在西元 250 至 900 年間，這裡的人口不斷增加，出現更多城市、更多紀念碑和更多的銘文記載。其中著名城市蒂卡爾（Tikal）和卡拉克穆爾（Calakmul）人口可能多達 12 萬人，他們的領導人發動戰爭、擴大政治影響力，並利用遠距離、高價值的皇家聲望資源，使用的方法讓今日許多更狡猾的管理者望之興嘆。[11]

　　雖然從地點來看，這許多城市位於非常適合生產玉米的土壤上，但存在著一個問題：該地區的年降雨量變化可能高達 2000 公釐（可以比較一下，多雨的倫敦地區在格林威治天文台 1981 至 2010 年間的紀錄顯示，當地平均年降雨量是 621 公釐[12]），且當地地質讓乾旱月分捕捉和儲存寶貴水分的難度提高。[13] 因此，在該地區湖泊沉積物紀錄中出現的重大乾旱事件，被認為是西元 800 至 900 年間讓南部低地城市陷入癱瘓的主要原因，也導致了「古典終結期」。當時的大型城市中心及政治階層已過度擴張，當附近土壤肥沃地區都被「填滿」後，就必須清除林地來興建紀念碑，還得在貧瘠土壤上種植玉米。這片大幅被改變的地景難以繼續維持龐大人口，[14] 人們無計可施，並對政治菁英失去信心，於是停止建設。飢荒很快接踵而至，「古典期」的人口分散到其他地點，在乾旱的世界中求生存。幾百年後經過這些舊日城市中心的西班牙探險家，如摧毀阿茲特克文明、臭名昭著的埃爾南·科爾特斯，甚至不覺得此地有留下什麼值得一提的東西，[15] 要等到 19 世紀勇敢的美國考古學家抵達時，馬雅文明才被「重新發現」。

　　古典馬雅的經典故事常常如此。但令人驚異的是，考古學家威廉·科（William Coe）和戈登·威利（Gordon Wiley）早在 70 年前對古典馬雅城市的調查裡，就已經質疑上述對於馬雅城市組織和景觀佈局這樣的解釋。我們現在知道即使是最著名的馬雅中心像是科潘和蒂卡爾，實行別處稱為「以農業為基礎的低密度城市化」作法，而遠非緊密排列。[16] 換言之，這裡的

人口並未過度密集，而是相對分散（每公頃 1 至 10 人）。與其他城市「田地在城外，政治在城內」的作法不同，馬雅人的田地就位在城市基礎設施和住宅附近，也因此城市範圍蔓延超過 100 平方公里，而非只是陸地上的一個小點。

以蒂卡爾為例，最近的調查資料顯示該城是一個由護城河、住宅、水庫和金字塔群組成的城市網絡，從一座山丘向外延伸至周圍景觀約 200 平方公里。[17] 藉由最新的航測法，科學家如今發現從科潘到卡拉科爾，橫跨整個馬雅世界都有相同的發現。[18] 在所有案例中，科學家發現的不是孤立的城市，而是廣大地景中大大小小的中心透過分散的農業景觀、住宅區、水渠堤道連結起來，加上複雜而相互聯繫的水壩、水庫、汙水坑、渠道和沼澤系統，如此即使遇到最乾旱的季節，也能支持不斷成長的人口。正如於伊利諾伊大學任教、研究馬雅文明的麗莎·盧塞羅（Lisa Lucero）教授所說：「古典馬雅人已經在那裡待了超過 1000 年，知道水和肥沃土壤對農業的重要性，他們的農地分散在不同大小的土地中，分散的農業定居點反映出這一點，這種低密度的城市構成是一種非常合乎邏輯的創新解決方案。」

古典馬雅人的經濟情況也比一般認為的更多樣化和複雜。除了主要作物之外，植物考古學家發現酪梨、鳳梨、向日葵、番茄和木薯參與在更分散的定居點和生活方式中，而非一般所想像的一望無盡的玉米田。從古典馬雅中心周圍現代森林的分析裡，也顯示這些城市網絡定居者積極管理熱帶森林植物，發展在經濟上更有用的物種。[19] 不光針對植物，古典馬雅人也圈養、餵食並養肥野生火雞和鹿，作為他們的主要蛋白質來源。

整體而言，科學家現在不再認為馬雅人的田地是連續種植單一作物的農田，反而認定他們以多樣化的「森林田園」作法，為這些城市提供永續的食物來源。[20] 根據目前對馬雅社區的人種學與典籍研究，這種耕種方式被稱為「米爾帕」（*milpa*，或猶加敦馬雅語中的 *kol*），牽涉到多種作物的種植和田地移動，允許森林的不同部分長回來，並且在下次於同一地點種植之前，土壤有機會休息和補給養分。

我們還知道古典馬雅人並非不加選擇地在各種類型的土壤中種植，而是沿著肥沃「黑沃土」（mollisol）的脈向開墾農田，田地系統因而看起來蜿蜒曲折，沿著河流和斜坡曲折分布。他們甚至在水庫中添加睡蓮等特殊植物，這些植物對水質極其敏感，只能在乾淨的水中生長，人們因此可以監測水質來預防疾病。[21] 麗莎說：「最終，可以把更普遍的『古典馬雅景觀』想像成由季節性濕地、排水良好的森林（可用來種植棕櫚樹、染料植物、水果、圈養動物與提供建材）以及充滿多樣田地的大片開放區域（米爾帕）鑲嵌而成的景觀。」

在經常缺水的高度季節性熱帶環境中，很難維持大量人口和複雜的社會政治結構，的確最終使得所謂馬雅「核心地帶」的許多區域付出慘痛代價。雖然人們普遍可接受災難的發生，但任何單一劇烈的乾旱都不太可能導致特定城市的終結。儘管如此，氣候科學家從湖泊沉積物及附近洞穴中石筍的堆積裡找到更多過往的降雨紀錄，經詳加研究之後發現確實有降雨量的季節性增加、乾旱次數增加的現象，降雨量也有逐漸下降的趨勢。[22] 科學家對前哥倫布時期森林砍伐的程度尚未達成共識，[23] 然而從整個南部低地沉積物核芯的花粉紀錄裡，可以看到這幾百個馬雅中心都存在不同程度的森林砍伐和森林管理；[24] 在某些狀況下，可能加重了氣候的乾燥程度。[25] 在即使雨量最多的季節也很難儲存地表水的南部低地，包括蒂卡爾在內的許多城市，都出現農業收益下降、人民營養不良和壓力的情況。由於國王聲稱自己與諸神之間的緊密關係，在面對乾旱和農作物歉收時，他們統治的正當性便大受質疑，特別在城市間的暴力事件越來越頻繁之際，[26] 人們拒絕繼續為各種對生活沒幫助的紀念碑工作，儀式中心被遺棄在馬雅南部低地各處，廢墟則被遺留給幾世紀後才到來的科學家發掘。

從特定遺址的排列看來，這可能像是一場來的快速也毫不妥協的災難。但事實真的如此嗎？在古典馬雅人對其生態系、精心調整過的經濟作物以及複雜的水資源管理系統有如此長期的瞭解下（這些甚至是 21 世紀的城市系統都可能忽視的知識），徹底又快速的城市崩潰真的有可能發生嗎？事實上，

馬雅中心確實繁榮到後古典時期（西元 900 至 1520 年，奇琴伊察、烏斯馬爾的紀錄），[27] 有些直到西班牙人到達之前，重新仰賴由地下水或北部低地海岸補水的水坑，[28] 或是靠近南部低地 [29] 以及後來的瓜地馬拉高地（如烏塔特蘭）[30] 相對較少的湖泊和河流維生。即使是在乾燥的南部低地，我們也都看到有錢有勢的人受苦的紀錄，更何況是其他人？在許多地區，儘管人口規模大幅減少，作為古典馬雅城市龐大系統鏈關鍵環節的獨立農民依然持續生活著。在皮拉地區，圍繞著提卡爾儀式中心的「森林田園」仍由農業社區持續管理。值得注意的是，在提卡爾本身的興衰過程中，這類管理以及大量現身的農民並未消失。[31] 這種多樣化的「米爾帕」農業形式，今天仍可在許多馬雅原住民社區中看到，[32] 他們至今仍進行傳統的生產與景觀管理。

　　城市考古學家的想法與一般大眾相差無幾，他們傾向於關注菁英階層留下的「富饒」遺跡，以期在媒體上引起轟動而為自己留下印記。然而，當熱帶城市建立在獨立農民和手工業者組成的龐大網絡時，我們通常就會錯過閃亮遺跡之外基礎系統所具有的非凡彈性。

————

　　柬埔寨的大吳哥地區是另一個出現在「叢林」中十分吸引遊客的著名遺址。無論是休學壯遊的學生、環遊世界的富豪、退休長者旅行團和感興趣的當地人，全都湧向這座聞名世界、充滿猴群的吳哥窟寺廟。它同時也是 12 世紀時高棉帝國的宗教中心，然而很少有人意識到這座巨大的神殿實際上只是吳哥窟的冰山一角。

　　西元 1000 年時，城市化已開始在世界的這個角落出現，剛開始只是面積 5 到 20 平方公里帶有城牆和護城河的城鎮，並把重點放在水源管理上，以維持嚴重旱季時期的稻田水源供應，結果竟促使它在西元 1000 年左右開始蓬勃發展。[33]8 世紀時，吳哥地區逐漸提升到新的城市水準，從兩個獨立城市中心開始，到 9 世紀時高棉帝國（當時東南亞大陸的主要國家）的新首都耶索達拉普拉（Yasodharapura，今吳哥市）已然成形。其特點是被稱為「巴雷」

（*Barays*）的巨大土建水庫、一系列有圍牆的行政宮殿，以及在 500 多年中蓬勃發展直至 14 世紀的佛教和印度教寺廟。[34] 在之前，就像今日的觀光客一樣，許多考古學家專注於那些似乎重要、緊密構成的儀式中心，像是由帝國不同統治者建造的吳哥城和吳哥窟。不過後來發生了兩件事。首先是法國考古學家克里斯托夫・波蒂埃（Christophe Pottier）和他在當地的合作者，進行為期數十年的實地調查工作，即使面對 1990 年代紅色高棉叛亂時期也未曾停止。經過多年努力，他們繪製出橫跨整個「大吳哥」地區大量或大或小的建築的重要特徵。其次，科學界出現一種新的測量方法：光學雷達（LiDAR）。

在今日熱帶考古學上應用這種方法的領先專家，是巴黎法國遠東學院的達米安・埃文斯（Damian Evans）博士。茂密的植物往往會阻礙熱帶森林裡古建築的判別，在東南亞情況尤其嚴重，因為這裡的住宅通常以用木頭或竹子建造著稱，留下可供判讀的幾乎只剩細微的土壤顏色和或高度上的變化。正如達米安所說：「光學雷達讓我們虛擬『抽離』植物的狀況。使用連接在飛機上的雷射掃描儀，我們透過脈衝雷射光地毯式地掃描下方地形，收集了幾十億個光點。有些光點會從樹上反射回來，另一些光點則會穿過，讓我們可以建立下方地面的模型。」他們在吳哥發現的東西簡直令人難以置信：一個超過 1000 平方公里的城市住宅區浮現出來，伴隨著將近 3000 平方公里變更過的地景。[35] 這使得大吳哥地區成為最廣泛的前工業時期定居點，甚至比現代的巴黎更大；它也徹底改變我們對這個古老大城市如何運作的理解。

吳哥與古典馬雅城市的情況類似，光學雷達揭開廣闊的城市定居景觀並非緊密的儀式中心，而是「以農業為基礎的低密度城市化」施作的另一個龐大實例。掃描吳哥城這樣的儀式中心看似寬闊的庭院後，科學家發現那裡填滿了密集的宗教支援團隊，他們就住在石牆內的木樁房屋中。[36] 城市中心之外，眾多龐大的土丘、小型神殿和稻田，從吳哥窟遺址群邊界向上延伸，穿過低地，進入山丘。

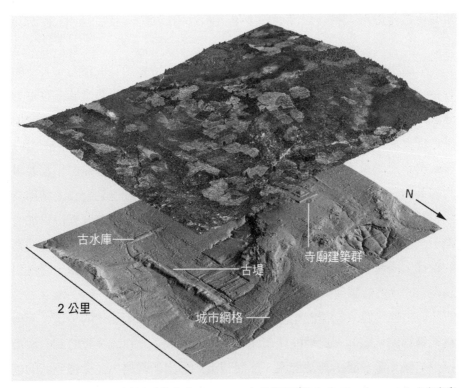

2015 年光學雷達空拍的東埔寨荔枝山（Phnom Kulen）的摩醯因陀山（Mahendraparvata）中央寺廟區掃描圖。上層：有著傳統空照影像紋理的樹梢表面高度模型。下層：經陰影渲染後的裸地地面高度模型。（Cambodian Archaeological Lidar Initiative/ Damian Evans）

　　與北美洲和中美洲的熱帶地區類似，這裡的城市居民會利用森林、果園中的水果、棕櫚樹和蔬菜，並確保森林覆蓋能夠永續。[37] 當地有河流和池塘供給漁獲；動物考古學家也證明當時有豬、牛和雞隻在熙攘的街道上嘶叫、哞哞叫和咯咯叫。在暹粒河三角洲沿線的季節性乾旱森林中，龐大的人口和牲口透過人類興造的巨大渠道系統維持。就像建築物一樣，早期的調查和後來的光學雷達掃描共同顯示出水運輸和水儲存的樹枝狀網絡，從巨大的水庫和寺廟護城河，一直延伸到地方維護的小型渠道。砂岩的巧妙設計與應用宛如巨大結構的探索觸鬚，使其能對乾旱和洪水做出對應，[38]

讓吳哥這座龐然大物得以度過許多旱災和政治危機，直到西元 14 世紀為止。

不出所料，這種超大型都會城市給熱帶景觀帶來了巨大壓力，人為的森林砍伐和土壤侵蝕為這地區留下明確的訊號。儘管這種農業城市將壓力分散到一個大集水區，而非集中在任何特定區域，吳哥的城市時代終究還是走到盡頭。14 世紀後期，日益極端的乾旱和洪水造成部分水道網路毀損，導致農業上的重大損失。[39] 由於農民認為沒理由繼續留在這種由相互競爭的菁英階層領導、完全失能的指揮系統內，宮殿和寺廟遭到廢棄，城市景觀也被破壞。不過，統治階層再一次地沒有「崩潰」，讓情況變得更加有趣——他們搬到金邊地區一個全新但更緊密的城市，此地目前仍是柬埔寨的首都。同時，勤勞的農民搬到湄公河和洞里薩湖沿岸的小城鎮，這些更為穩定的水道能讓他們為將來做更好的打算。

與古典馬雅人的情況相同，在容易出現季節性降雨變化的地區，面對極端氣候的挑戰時，此地的城市治理系統也失敗了。在大吳哥看到的城市遭到遺棄和動盪讓人無法忽視，然而菁英們想出新戰略，並搬遷到新的權力地點，[40] 但從一開始就推動城市擴張的農民們留了下來，在這個長久餵養他們的景觀中持續努力，並把精力集中在更有利且更容易種植和放牧的地區上。一旦我們將目光從廢棄寺廟雜草叢生的牆壁上移開，便能開始逐漸看清在熱帶地區大吳哥，如何代表一種廣闊且高度彈性的城市生活方式。

類似的情況還發生在南亞最大的古代城市旅遊景點，即聯合國教科文組織登錄的斯里蘭卡古城「金三角」（譯注：由三座古城阿努拉達普勒、波隆納魯沃與康提組成的三角形地帶）之一的阿努拉達普勒（Anuradhapura）。阿努拉達普勒為僧伽羅國王槃陀迦阿巴耶（Pandukabhaya）時期的首都，大約在西元前500 年開始建造。[41] 這裡有巨大的佛教寺廟（*stupas*），包括當時世界上最大的磚造建築、僧院、宮殿，以及支持從第 3 世紀起就是該中心特色的集約化稻米耕作的國有水庫。其中，尤以水「庫」令人印象深刻，其中最大的努瓦拉維瓦水庫（Nuwarawewa）建於 1 世紀，面積達到 9 平方公里。[42] 到 9

和 10 世紀時，阿努拉達普勒已主宰整座島嶼的政治版圖。首都的三大寺院中心隨時可容納 3 萬名信徒，保存完好的巨大石缸在每次進餐時可為 1000 位信徒提供米飯。對照來看，2020 年伊斯坦堡的聖索菲亞大教堂從博物館更改為清真寺時，一次最多只能容納 1000 名信徒進入祈禱。[43]

然而，我們必須再次使用專門的探測工具，才能仔細探查阿努拉達普勒這座過往由石頭與磚塊建造的龐然大物。它的面積為 500 平方公里，一直延伸到更廣闊的鄉村，人口高峰時期約有 25 萬人居於其中，[44] 其面積為利物浦這座現代城市的四倍大。[45] 城市的蔓延得力於木製和石製的運河，連結了中央水庫與相距接近 100 公里遠的山上蓄水設施。雖然大型的水道佈局是為國有，但在大吳哥，小型的農田系統、水庫和河流改道措施是由佔據附近景觀的當地農業群體所承攬，獨立於較大的國家建設工程和政治權力移轉。這些農民也發展出城市田園，並經常搬遷他們的田地，讓部分乾旱熱帶森林不受干擾，好在米食之外獲得多樣化的飲食和景觀。

政治和氣候變動最終結束了阿努拉達普勒古代儀式和政治中心的地位。在 12 世紀時，僧伽羅的首都先遷至附近的波隆納魯沃（Polonnaruwa）；13 世紀之前，統治者完全放棄北方日漸乾燥的地區，向南遷至丹巴德尼亞（Dambadeniya）較潮濕的熱帶森林，最終在康提（Kandy）落腳。[46] 可能是受到印度洋的季風系統帶來的波動刺激，北部這些依賴水庫的城市出現嚴重乾旱，直到如今該地區在夏季仍必須面對好幾個月明顯的旱季。雖然國家體系在地方勢力消退，但在搬遷以後整體勢力依舊存在。此外，更獨立的農民再次在政治結構所及的範圍之外，開闢自己的道路。12 世紀後期，當統治者離開北方後，有證據顯示一些頑強的農民重新定居在阿努拉達普勒的各個不同地區，清除了當地的紀念碑塔。

此外，雖然英國殖民官僚 19 世紀抵達北部時發現了這些廢墟，他們也發現阿努拉達普勒地區仍持續小規模的水稻種植和水資源管理。[47] 雖然該地區意外成為熱門觀光景點，但整片地區仍以城市的規模存在。事實上，這裡作為城市中心已有大約 1700 年的歷史，它作為斯里蘭卡首都的時間比

如今的首都可倫坡市還要更長。可倫坡以前雖然被多元文化的商人所佔據，卻要等到 16 世紀葡萄牙、荷蘭和英國殖民後，才真的成為一個主要城市。由於這段時間遠比大多數歐洲城市經歷考驗的時間更長，斯里蘭卡的例子應能讓我們反思之前有誤的假設：熱帶森林不是城市人民定居的好地點。

──────

　　與中美洲和北美洲、南亞和東南亞季節性乾旱的熱帶森林相比，亞馬遜盆地的低地常綠雨林和半常綠雨林是城市社會面臨的另一種挑戰。事實上，高溫、黏膩的濕度，以及經常被淹漫的酸性土壤，讓許多考古學家和人類學家假設這種環境下城市和定居農業不可能在並存。[48] 在現代熱帶森林中，大多數倖存的原住民社區終究都是小部落村莊，沒有明確邁入大型社會階段的證據。同時，今日擴大的基礎設施、商業發展、種植農業和牧場等作法，無疑地會對這些環境造成難以估量的危害。儘管如此，第七章也已經向我們展示，在全新世的大部分時間裡，亞馬遜地區採取了更創新、對生態更敏銳的糧食生產途徑。事實上，由考古學家、人類學家、環境科學家和原住民社區組成的專門團隊進行的最新研究，重新調查破壞保護中森林的悲慘砍伐，揭露了在亞馬遜地區實質存在包括各種土方工程、集合結構和「類似道路」的路徑等大量「田園城市」（garden city）景觀。[49]

　　在欣古河（Xingu River）及其周圍的定居點，在西元 1250 至 1650 年間達到高峰，正好就在歐洲人抵達亞馬遜盆地之前。有趣的是，他們的城市景觀與我們探訪過的「以農業為基礎的低密度城市化」案例有著極類似的模式。在每個案例中，位在中央交集點的顯眼大型城鎮被巨大木牆和溝渠包圍，透過穿過森林的小徑與許多較小的衛星村落相連。這些定居點並未大規模砍伐森林，而是被完整未受干擾的原始森林區隔開來。這些森林裡有果樹、養殖淡水龜和魚類的池塘，以及可用來種植木薯和玉米的空地。[50]

　　多年的研究也在位於亞馬遜河口的馬拉若島（Marajó，譯注：世界上最大的淡水島嶼）上發現一系列類似城市的定居點。在西元第一個千年期間當中，

大型住宅、墓地、精製陶器和廢棄物持續增加而留下土丘遺址。一直到 14
世紀初，該地人口規模和密度持續增加，高峰時期曾達到 10 萬人以上。[51]
無論實際規模如何，植物考古學、動物考古學和人類遺骸穩定同位素對於
欣古河周圍「田園城市」的分析，顯示了馬拉若島及附近馬拉卡地區的居
民會在完整未受干擾的熱帶雨林及其周圍地帶覓食植物、狩獵野生動物和
捕魚或養殖淡水資源，也許還會在更開闊的地面上有限度地種植木薯和玉
米，藉此養活自己。[52]

　　類似情形也可在如今相當有名的聖塔倫（Santarem）定居點看見，這次
是在塔帕若斯河（Tapajos）河口。這裡的生存組合是木薯和其他塊根作物，
加上樹木果實和漁獲，以及也許基於儀式需要偶爾使用玉米，推動這個由
更密集的定居點和更分散的衛星村落的聯繫網絡發展成功。有趣的是，在
這種模式下每個衛星村落都有自己的專長，包括一些專門狩獵熱帶雨林動
物的村落。[53] 最後，亞馬遜地區「以農業為基礎的低密度城市化」形式在
歐洲人來到時，人口總數可能已多達 800 萬至 2000 萬人；而 1492 年當時，
歐洲的人口總數大約只在 7000 到 8800 萬之間。[54] 這代表雖然這裡與我們
通常認為的城市概念差異頗大，但毫無疑問地必須被當作重要的「城市」
定居點形式。

　　亞馬遜的例子在城市化的全球討論中很容易被忽視，因為它們缺乏許
多更經典案例中那種更明顯的石造建築。不過他們有屬於自己的紀念碑。
我們在第七章看過玻利維亞的亞諾斯・德・莫克索斯以及森林島嶼上的早
期種植者，他們從 11 世紀初開始，為了保護主要作物免受洪水侵襲，出現
了大量土墩、土方工程和溝渠系統，他們對景觀的干預規模也越來越大。[55]
現在在玻利維亞東北部、厄瓜多爾的亞馬遜高地、亞馬遜西南部的巴西阿
克雷州以及橫跨亞馬遜東部，已發現更多由所謂「土方工程建設者」建造
的儀式性建築。[56]

　　或許亞馬遜城市生活中最具韌性的「紀念碑」，就是為了養活越來越
多的人口而對土壤進行的重大改變。正如聖保羅大學著名的亞馬遜考古學

家愛德華多・內維斯（Eduardo Neves）教授所說：「人造黑土（*terra pretas*，現稱亞馬遜黑土）可能是全新世晚期亞馬遜最偉大的遺產。」這些黑土位在清楚的深色土壤層，裡面充滿過去遺留的焦頭與瓦片，似乎是當時人們透過刻意燃燒森林並混合肥沃廢料，以保持土壤養分的作為。[57] 這些骨頭瓦片可能是食物生產者在更廣大城市系統裡製造的，他們在所謂「刀耕火種」系統中，持續移動到新耕地，如此維持森林覆蓋率並使耕種過的土壤能恢復活力。在西元第一個和第二個千年當中，我們都可以在亞馬遜地區不斷增長的定居點上找到亞馬遜黑土。愛德華多說：「目前找到的黑土範圍已延伸至亞馬遜東部和西部地區，說明該地區人口及其『田園城市』的延伸範圍。」

除了作為更分散也更綜合的「城市化」類型的另一個案例，這些亞馬遜定居點之所以有趣，還有另外一個原因。除了顯示出城市網絡的許多特徵之外——有生產不同工藝品而相互依存的衛星村落、龐大人口規模、物理性和生態性的紀念碑等——其中最特別的，是這裡幾乎看不到「菁英統治階級」存在過的證據。在馬拉若遺址和欣古河沿岸都不曾發現鮮明高檔的「宮殿」式住宅，沒有明顯的個人「財富」的階級劃分，個人墓地裡也沒有精心製作的陪葬物品。歐洲編年史家經常描述的「貴族」和指揮的「騎士團」代表某種集中控制，儘管這些描述可能是受觀察者偏見所影響。整體而言，當地留下的圖像和宴席等考古內容，比起說是公開的政治權力宣示，更像是基於薩滿儀式或與森林環境互動的特別行為。[58]

在亞熱帶馬里共和國（Mali）的古傑內（Jenné-jeno）遺址，也發現類似情況。這裡似乎在 9 世紀時出現大量人口、複雜的衛星村落定居網絡，以及圍牆土丘的建築形式，也同樣看不出存在著明確的統治階級。[59] 同樣地，大約在西元第一個千年期間，中塞內加爾河谷也找到分散但相互聯繫的定居點考古遺址。西非和東南亞峇里島的民族誌裡也顯示，許多複雜的工作和大量人口很可能透過「全網狀結構」的方式相互協調。[60] 在這些系統中，權力是以更加水平而非垂直的方式傳播，由各個工藝、儀式專家和家庭的

代表協調出各種重要決定。在亞馬遜和西非的考古案例中這樣的結構可能存在，甚至有助於維持廣泛分布的城市人口之存續。無論他們使用的是哪一種方式，在古典馬雅文明、高棉帝國和阿努拉達普勒十分明顯可見的神聖統治者，在這裡無處可見。

　　「田園城市」與其他類似城市的地區對亞馬遜影響到什麼程度，目前尚不清楚。大量的土方工程、為產出改良土壤而燃燒森林、保持開闊作物的農田塊，以及選擇特定的經濟樹種等，想必都會對當地環境產生廣泛的影響，特別從事這些活動的人口規模十分龐大時。然而到目前為止，對於亞馬遜流域的環境考察紀錄並沒有統一的看法。某些科學家認為，在玻利維亞的「土方工程建設者」，只是利用了 2000 年前乾燥氣候早已產生的開放草原景觀。[61] 但同時，再往南一點，環境調查檔案似乎顯示沒有何氣候條件能永久清除儀式景觀的相關證據。其他學者也對這些發現進行辯論，結論目前仍懸而未決。[62] 總體來說，在「田園城市」存在的時間範圍內，亞馬遜地區燃燒森林的大多數紀錄似乎都與農業形式的轉變（一般稱為火耕，swidden）相符。在遷移到新耕地之前，會暫時清除掉某些森林區塊進行幾年的耕作，但這些是動態鑲嵌的景觀變更並非完全的清除，並且也沒有證據顯示曾有嚴重的土壤侵蝕或環境崩潰。事實上，當歐洲殖民者到達時，這些城市形式已存在 1000 年，如我們將在第十章看到的，歐洲人來到後一切才開始變化。最終剩下來的，就是人類學家在 20 世紀看到的原住民小村莊，原本應該像他們的森林家園一樣永恆和原始，但所有過往城市輝煌的痕跡都從歷史上被抹去。直到近 30 年的考古研究和科學方法，以及對這些原住民社區更好的探訪諮詢，加上對於他們在照管和知識上的認定，才讓這些城市逐漸浮出地面，挑戰普遍存在的誤解。

————

　　我們一再強調的「以農業為基礎的低密度城市化」，並不是熱帶地區所有古代城市的共同特徵；與更為緊密的城市形式相比，這些從 6000 年前

的中東延續到中世紀歐洲、並在熱帶地區一些巨大的城市擴張後出現的低密度城市，當然更為罕見、也更容易從地區中突然失去蹤跡。然而，「以農業為基礎的低密度城市化」提供了一個重要取徑，讓我們看到過往熱帶森林城市的另一種形式，它不但明顯可行，還具有令人難以置信的創造性。在受管理的森林區塊中多樣化地利用野生動植物，在豐富的淡水環境中捕魚，以休耕移動的方式在開闊地種植作物等，凡此種種都足以在前工業化的世界中，為糧食生產提供永續的途徑。在面對日益增長的人口壓力，將人口造成的影響分散到衛星村落，能緩解特有的熱帶生物多樣性和土壤養分喪失問題。他們當然會遇到挑戰，尤其是在季節性乾旱的森林中，人為砍伐森林和氣候變化都可能導致生存的不穩定性、甚至帶來失敗；然而即使在悲慘的情況下，城市中心或統治階級仍會在地景的其他地方出現。與此同時，雖然紀念碑在周圍崩潰，人數眾多具生態經驗的食物生產者，通常仍會堅持在這個雖具挑戰卻依然多產、且已經養育他們很長一段時間的環境中繼續生產。

　　雖然這類城市大多已成廢墟，但它們在建築上的堅固性可從極長的存在時間中看出——大吳哥和一些古典馬雅城市中心遺留的石造建築已超過500年，斯里蘭卡的阿努拉達普勒則長達近2000年——比起大多數工業化的熱帶城市，以及許多現代歐洲和北美北部城市的存在時間還要長得多，也為我們「熱帶森林城市一定會面臨城市崩潰」的假設，提供截然不同的視角。事實上，「以農業為基礎的低密度城市化」的永續力量，是現今城市規劃者尋求「綠色城市」[63]時一個相當具吸引力的模式，在緊迫的環保需要、政治和文化基礎設施，以及21世紀熱帶地區不斷增長的城市人口之間尋求平衡點，[64]這點我們將在第十三章詳加討論。

　　有更多前殖民國家和帝國統治城市的例子，出現在跨越北美洲、中美洲和南美洲的熱帶地區（像是阿茲特克帝國的三方聯盟和印加帝國）、東南亞大陸和島嶼（如蒲甘王國的蒲甘、爪哇島賽蘭德拉王朝的婆羅佛塔）、太平洋（例如東加帝國中心的東加塔普）以及西非和中非（如奧約帝國的中心和奈及利亞的貝南王

國、迦納的阿善提帝國和剛果民主共和國的剛果王國）等全新世晚期的城市，其中一些我們會在接下來兩章討論。其中很大一部分，例如亞馬遜河和後古典馬雅時期的城市，在與歐洲人開始接觸時仍然蓬勃發展，甚至經常得到這些歐洲訪客的積極稱讚。[65]

那為什麼我們現在傾向認為熱帶森林是具有敵意、不利於需大量食物生產的定居地呢？為什麼所有盛行的假設都認為存在於這些環境中的應該是小而獨立的原住民狩獵採集者，而非熱鬧吵雜的街道、住宅區和經得起時間考驗的紀念性建築呢？答案可能與接下來發生的事情有關：當歐洲人乘船穿越地平線，不僅帶著自己的筆記本來到熱帶地區，同時也帶來新疾病、新作物、新動物、利用與觀察自然世界的新方式，以及一個政治、宗教和社會議程，目的在於從過往的所有事物中「進步」。從隨後世界的創傷衝突中，我們可以找到世界「全球化」但「不平等」的起源。就是在這裡，我們現代經濟、政治和氣候對熱帶地區的依賴都是從此而出，無論我們生活在地球上的什麼地方。

10 「地理大發現」時期的歐洲與熱帶地區

Chapter

Europe and the tropics in the 'Age of Exploration'

2020 年 10 月 12 日，也就是哥倫布（他實際上被稱為 Cristóbal Colón〔克里斯托瓦爾・科隆〕）首次登陸美洲的週年紀念日，[1] 墨西哥西部米卻肯州的原住民聯盟發表聲明：「我們不是被發現。」自 1971 年以來「哥倫布日」一直是美國國定假日，[2] 在歐洲和北美北部形成廣大公眾意識的一部分，亦即傾向將哥倫布及其他冒險家，像是費迪南德・麥哲倫（Ferdinand Magellan）、瓦斯科・達伽馬（Vasco de Gama，譯注：葡萄牙著名航海探險家，是從歐洲遠航到印度的第一人）和華特・雷利（Walter Raleigh，譯注：英國伊莉莎白時代著名的冒險家），視為跨越 15 至 17 世紀「地理大發現」時期大無畏的冒險家。尤其在熱帶地區，他們幾位經常被冠上「發現」礦產財富、外來動植物以及全新豐饒土地的名號，在不斷發現新土地的同時，也幫助擴張中的歐洲帝國提升自己的全球政經地位。除了個人以外，特定的皇室貴族也專注於成為「新世界」的積極形塑者，發現穿越海洋的新途徑，揮舞著無與倫比的武器，試圖攫取新的熱帶資源和勞動力，好在返鄉時於歐洲的競爭舞台上獲得宗教和政治聲望。[3] 當然，教宗亞歷山大六世於 1493 年在《托德西利亞斯條約》中，將美洲和亞洲的土地分配給卡斯蒂利亞和阿拉貢（譯注：西班牙由卡斯蒂利亞和阿拉貢兩國在 1469 年合併而成）的「天主教君主」與葡萄牙時，[4] 應該沒想過長久居住在這片土地上的人們心中作何感想。這種歐洲中心的想法，讓我們假設在整個過程中，當地原住民完全處於被動或不重要的位置。正如我們在第八章和第九章所看到的，這與事實相去並不遠。

事實上，15 世紀的歐洲是一攤死水。13 和 14 世紀隨著蒙古帝國和其

繼承者的擴張出現相對和平穩定的社會（所謂的「蒙古和平」時期），[5] 絲綢之路沿線的香料和商業往來復甦，將歐洲、中東、東非和亞洲聯合起來，歐洲也因此從中受益。然而到了 15 世紀，以君士坦丁堡為中心的鄂圖曼帝國的擴張，阻礙了歐洲與中亞、東亞以及關鍵商業路線的聯繫。[6] 與此同時，熱帶地區出現了強大帝國：在美洲，特諾奇提特蘭（現為墨西哥城）是阿茲特克帝國三方聯盟的中心；[7] 在亞洲，毗奢耶那伽羅是印度南部的印度教毗奢耶那伽羅王朝的首都；[8] 在非洲，馬利地區的加奧是伊斯蘭桑海帝國的最主要城市，[9] 更別提還有大量的其他帝國、王國和政體佔領美洲、非洲和亞洲的熱帶地區，與其他更大的權力實體爭奪聲望、財富、生存空間以及我們在第八章看過的那些創新有彈性的島嶼社會。即使在亞馬遜盆地，我們也在第九章看過人口稠密的「田園城市」遍布低地常綠雨林，同時最新的人口總數估計指出前殖民時期的美洲約有 6050 萬人，[10] 僅略低於當時整個歐洲的人口估計總數。正如過去 20 年的歷史和考古學研究所展示的，在哥倫布航行的那時代，美洲景觀肯定不是空蕩蕩的；相反地，在歐洲人抵達美洲之前，美洲充滿了活躍的統治者、商人和食物生產者，他們已是跨越美洲、[11] 非洲[12] 和東南亞[13] 龐大交流系統中的一部分。在這個背景下，許多拉丁美洲國家質疑何以要紀念這些通常無情掠奪的歐洲人、而不是原住民成就的正當性，也就不足為奇了。

　　所以到底什麼改變了？為何強大的熱帶國家和人民與歐洲形成鮮明對比，最後成為「沒有歷史的人」？[14] 為何歐洲人和熱帶地區不同社會之間的接觸產生了巨大的衝擊，自此徹底改變了全球歷史景觀？

　　作為一個相互依存的新世界出場時的重要舞台，我們現在要把焦點放在熱帶森林上。考古學、生態學和歷史學的最新思維揭露了歐洲和熱帶地區間的交流，如何帶來疾病、戰爭、強迫遷移以及對於勞動力和土地的剝削，並對在地原住民及其傳統管理活動帶來災難性影響。不僅如此，透過有意與無意的「哥倫布交換」[15]（Columbian exchange），植物、動物、人和信仰開始在相距遙遠的馬德里、墨西哥城和馬尼拉等城市之間規律移動，重

塑了整個熱帶生態系。

景觀和社會被形塑的結果，不僅受到歐洲政治、經濟和宗教狀況的影響，[16] 還受到原住民國家內部和國與國之間的政治情勢、尋求並利用全球商品流動新趨勢的當地商人，以及原住民食物生產者和狩獵採集者併入或抵制新作物和動物的影響。到最後，多變且通常伴隨暴力出現的殖民主義過程，以及歐洲對全球跨海財富流動的全面控制，[17] 導致人類先前在熱帶地區取得的成就遭到掩蓋。最終，正是這種世界之間的碰撞，讓我們普遍帶有盛行的歐美假設，認為熱帶森林只能被小規模移動的狩獵採集族群成功定居，而這些「綠色地獄」[18] 需要轉化才有利可圖，而非本來就是具生產力或可管理的富饒森林。[19]

西元 15 和 16 世紀時，西班牙帝國（以卡斯蒂利亞和阿拉貢合併的「天主教君主」形式存在）和葡萄牙帝國的擴張，開始兩個不同「世界」的結合過程。這兩個「世界」分離已久，大約可從 1.5 億至 6500 萬年前盤古超級大陸分裂時算起。在兩大帝國中，西班牙迅速崛起成為全球最大帝國。隨著逐漸佔領加那利群島（1402-1496），以及哥倫布於 1492 年登上美洲的伊斯帕尼奧拉島（海地島），西班牙逐步擴大對加勒比海、北美洲以及中美洲、南美洲等泛熱帶地區的控制，[20] 並在 16 世紀末期抵達東南亞部分地區。他們是如何辦到的呢？火藥、馬匹、鋼鐵和造船技術上的創新當然有所幫助，[21] 但從哥倫布上岸那一刻起 [22] 便開始對當地人口進行無情的奴役也不容小覷。[23]

當地政治對手常會操縱西班牙人來解決自己的問題，亦為重要關鍵。重劃當地與全球權力態勢的「哥倫布交換」，其中最可怕的事實在於歐洲人不但把自己帶到熱帶地區，從殖民者與原住民作家遺留的檔案研究紀錄，以及考古遺傳學家利用最新突破技術不僅提取過去人類的 DNA，也發現導

本地圖顯示了 19 世紀之前的西班牙帝國，以及伊比利聯盟（Iberian Union, 1581-1640）期間的葡萄牙帝國的泛熱帶控制範圍（請注意：陰影只顯示他們在熱帶地區的控制範圍），顯示內文提到的重要區域和中心。圖中標示出目前巴西的國土邊界。（Private collection）

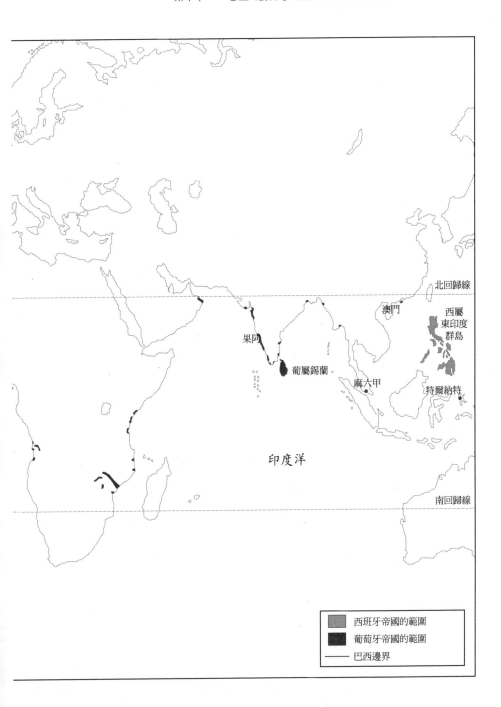

北回歸線

澳門

西屬
東印度
群島

果阿

葡屬錫蘭

麻六甲

特爾納特

印度洋

南回歸線

西班牙帝國的範圍

葡萄牙帝國的範圍

—— 巴西邊界

地理大發現時期的歐洲（伊比利半島）和熱帶地區（Private collection）

加那利群島

a) 西班牙人於 1402 年抵達加那利群島

b) 各種疾病在首次抵達後的 50 年內席捲原住民人口

c) 針對不同島嶼上原住民關切族人的奴役戰爭，參考 1496 年對特內里費島的最後征服

新熱帶

a) 1492 年哥倫布登上海地島並建立據點

b) 哥倫布返回後發現據點於 1493 年被毀

c) 1501 年在委內瑞拉大陸上的第一個永久據點（庫馬納）

d) 牛、綿羊和山羊運抵加勒比海和中美洲（1501-1550）

e) 1502 年葡萄牙人到達巴西海岸

f) 歐洲人抵達後 150 年，各種疾病浪潮摧毀原住民人口（稍後也發生在巴西亞馬遜地區）

g) 登陸後 25 年內，開始在加勒比地區種植甘蔗

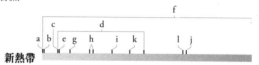

菲律賓 / 西班牙東印度群島

a) 西班牙對菲律賓的殖民企圖始於 1565 年

b) 1565 年在宿霧的首個西班牙據點

c) 西班牙與婆羅洲蘇丹國、馬京達瑙蘇丹國和蘇祿蘇丹國的「摩爾人」（泛指穆斯林，具貶意）族群發生衝突。1565 至 1898 年間，當地人持續抵抗西班牙統治

d) 1571 年西班牙人佔領馬尼拉，建立西班牙東印度群島，範圍涵蓋台灣、關島、馬里亞納群島和帛琉

非洲

a) 15 世紀中葉，卡拉維爾帆船（三桅帆船）出現，葡萄牙人抵達西非

b) 1455 年在馬德拉群島擴大種植甘蔗

c) 1469 年發現聖多美和普林西比島，開始種植甘蔗

d) 15 世紀後期開始，葡萄牙擴大與西非、中非國家的貿易交流

e) 葡萄牙商人在當地領袖監視下在艾密納等地定居

f) 玉米大約在 1500 年左右抵達非洲地區

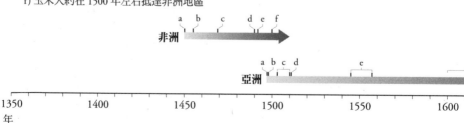

h) 1519 至 1521 年，西班牙與原住民盟友擊敗三方聯盟並宣示對墨西哥（阿茲特克）的主權
i) 1532 年西班牙和原住民盟友俘獲印加首領阿塔瓦爾帕
j) 1546 年開採波托西礦區（玻利維亞）
k) 1572 年印加帝國在苦戰後戰敗
l) 葡萄牙建立殖民領地，甘蔗種植園在伯南布哥等地迅速擴張
m) 1693 至 1739 年於巴西米納斯吉拉斯州發現黃金，導致人口迅速湧入
n) 葡萄牙劃定殖民區（亞馬遜州）並於 1750 年正式納入帝國版圖

e) 馬尼拉的「大帆船貿易」始於 1571 年
f) 1630 至 1800 年間引入甘薯、馬等
　　原住民居民廣泛食用甘薯
g) 1630 至 1800 年間，開始於伊富高梯田進行水稻農業，並堅決抵制西班牙在高地區的統治

亞洲

a) 瓦斯科·達伽馬於 1497 至 1498 年間航行繞過好望角
b) 葡萄牙人於 1498 年抵達印度西南部
c) 葡萄牙人在印度和斯里蘭卡的海岸線上建立堡壘，並在與當地統治者的一系列衝突中佔領果阿（1503-1510）
d) 1511 年葡萄牙佔領麻六甲，擾亂印度、中東和中國各邦之間繁榮的香料貿易
e) 葡萄牙與中國持續衝突，直到中國允許葡萄牙商人定居，繼而在歐洲、果阿和中國之間建立新的貿易交流（1545-1557）
f) 17 世紀時，由於當地統治者和荷蘭人的進攻，葡萄牙在印度洋的地位逐漸衰退

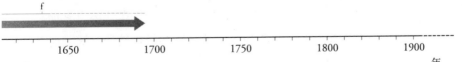

1650　　　　　1700　　　　　1750　　　　　1800　　　　　1900

年

致他們死亡的疾病；[24] 亦即歐洲人也一併帶來包括致命的麻疹、天花、傷寒、流感和鼠疫的微生物病原體。原住民群體從未接觸過這些致命病菌，幾乎沒有任何免疫力，因此結果是災難性的。使用人口普查數據、考古遺址和其他形式的歷史紀錄，可以重建殖民前後的確切人口變化，但過去50年來關於美洲殖民前人口的估計一直存在激烈的辯論。[25] 儘管如此，根據香港大學人口和地球系統建模師亞歷山大・科赫（Alexander Koch）博士告訴我，他和他的團隊最新編纂出版、根據殖民地人口普查數據和考古數據（如建築物數量、定居點規模）所歸納出的估計，加入特定環境可容納多少人的預測，[26] 提出「哥倫布抵達後150年內，這些疾病一波波地反覆發生，導致約90%的新熱帶原住民人口被消滅」。這數字接近5500萬人。

　　兩個特殊而迥異的熱帶案例突顯了此一事實。1492年，特諾奇提特蘭（Tenochtitlan，如今大部分區域掩埋在當今墨西哥首都墨西哥城下方）是地球上人口最稠密的城市。特諾奇提特蘭也是墨西卡族的家園，就位於北回歸線南方，坐落在所謂的「阿茲特克」帝國中心，是由三個城邦組成的三方聯盟，延伸整個墨西哥谷並深入亞熱帶和熱帶低地與高原以外地區。這個洪水經常氾濫的地區有複雜的排水系統、被稱為「奇南帕」（chinampa）的特殊突出的農田，種植包括玉米、辣椒和豆類等作物。田地周邊是用於運輸及養殖魚類和各種野味的「運河」，形成幅員超過14平方公里的人造「漂浮」城市景觀。[27] 皇家宮廷、富裕菁英的金、銀、珠寶和富異國情調的羽毛，都透過長途交換網絡抵達此地。充滿細節刻畫的銘文和文本、廣大的市場以及以人獻祭的大型寺廟等，讓1519年抵達的西班牙人大感震驚、印象深刻。[28] 然而，當時由埃爾南・科爾特斯（Hernán Cortés）率領的一群僅630人的西班牙軍隊，藉由政治和生物上的機遇，擊敗了這個大型帝國。

　　經過最初的遭遇戰和小規模衝突之後，三方聯盟的宿敵特拉斯卡拉人決定與西班牙人結盟。[29] 來自墨西哥灣沿岸的原住民女奴拉馬林被贈與給西班牙人，擔任科爾特斯的翻譯、顧問和中間人，讓這場戰事變得更加容易。[30] 在當地盟友的軍事支持下，西班牙人進軍特諾奇提特蘭，據聞他們

就在臣民與大批馬雅軍隊眼前，綁架了國王莫圖佐馬一世。在遭報復並被逐出城後，西班牙人帶著援軍回來圍攻首都；這次的盟友來自附近城市特斯科科。儘管如此，他們面臨墨西哥人民的抵抗，若非在關鍵戰役之前特諾奇提特蘭發生天花大流行（記載在當時的殖民檔案中），西班牙人可能永遠無法成功。[31] 流行病肆虐加上強迫原住民在礦井中勞動，[32] 以及各種殘酷的公開處決，[33] 墨西哥谷人口驟減，使得隨後維持控制變得比原本狀況繼續下去更可行。

在安第斯山脈山地熱帶森林和草原中的印加帝國，也等待著類似結局。按地區來說，1492 年印加人擁有地球上最大的帝國，範圍橫跨亞馬遜盆地的低地常綠雨林到祕魯的荒漠。考古景觀調查指出，有多達 6000 平方公里（面積超過 100 萬個足球場！）的農業梯田與殖民時期前的安第斯地區人民有關，甚至安第斯山脈的名稱可能也由此而來，因為安第斯（*Los Andenes*）的意思是階梯或平台（參閱討論交替起源的注釋[34]）。這許多農田可能支持了以馬鈴薯、藜麥和玉米，以及馴化的美洲駝、羊駝和天竺鼠為基礎的印加農業系統。複雜的考古和歷史紀錄裡出現了象形文字、蜿蜒的道路、位置適宜的倉庫，以及用於傳達納稅義務、人口普查紀錄、日曆和軍事命令特別的「結繩計數」系統，讓印加得以運輸帝國不同角落生產的各種貨物到任何需要的地方。[35] 不過，這一切都被排除在他們成功的統治者、大廣場、覆蓋金片的巨大石碑、神殿和陵墓的山區城市庫斯可（現在的庫斯科）之外。從 1526 年開始便覬覦此地財富的弗朗西斯科・皮薩羅（Francisco Pizarro），於 1532 年率領 168 名西班牙人踏上印加領土，雖然馬匹和大砲肯定有所幫助，但和先前的科爾特斯一樣，皮薩羅也受益於當地原住民的政治局勢。

印加帝國剛從一場艱苦的內戰中崛起，皮薩羅充分利用了從內戰中獲勝的統治者阿塔瓦爾帕 (Atawallpa) 離開山區城堡、前往卡沙馬爾卡（卡哈馬卡）會見他的機會，逮捕、勒索，然後殺死阿塔瓦爾帕，讓他的臣民陷入混亂，接著繼續前進庫斯科。帝國內的地方派系看到晉升高階的機會，支持西班牙人的進犯。不過皮薩羅在日記當中自陳，他從未覺得自己的政治

地位穩固。然而這場絕無可能的征服，再次受到猖獗的天花、斑疹傷寒和流感等疾病大流行帶動，這些都同時生動記錄在印加和西班牙編年史家的文字和圖像中，[36] 傳染病不僅殺死阿塔瓦爾帕的父親和 20 萬臣民，也繼續鼓動內亂，促使帝國最終向西班牙投降。即便如此，征服這片後來成為「祕魯總督轄區」的地區也花上數十年時間，因為多山和森林密布的地形經常使西班牙軍隊喪失優勢。[37]

　　至於加那利群島，就許多方面而言都是一塊幫助西班牙人前往美洲的亞熱帶墊腳石。再一次，疾病的傳播成為征服此地的關鍵。對於加那利群島的控制，大幅減少了西班牙人穿越險惡大西洋到美洲的距離（與亞述群島之於葡萄牙長途航程的意義相同）。正如 16 世紀西班牙歷史學家和編年史家弗萊爾・埃斯皮諾薩（Friar Espinosa）所述：「若不是瘟疫，征服加那利群島將花費更長的時間。」[38] 儘管如此，面對組織嚴密的激烈抵抗，尤其福提文土拉島和帕爾馬島上的頑強族群，西班牙人若想取得勝利，仍得面臨一場漫長、艱難且需要一點運氣的戰事。同樣地，西班牙僥倖取得在美洲加勒比地區的第一個島嶼立足點，也是在疾病肆虐、重挫當地人口之後。哥倫布抵達伊斯帕尼奧拉島後才 50 年，原本當地的泰諾族人口估計在 10 萬至100 萬之間，[39] 他們起初強力抵抗西班牙侵略者，但在疾病、戰爭和奴役蔓延之下幾乎完全消失。[40] 稍晚，自 16 世紀以來巴西各地天花和麻疹的猖獗蔓延，以及對原住民群體的奴役、謀害和強迫搬遷到微生物肆虐的城鎮，削弱了他們對葡萄牙人向亞馬遜流域常綠雨林擴張的頑強抵抗，而這是許多歐洲探險隊表明完全沒能力應對的。[41] 若沒有這些病菌偷渡者的協助，很難看到這些當時最宏偉的城市、地球上最強大的國家，竟會如此迅速地在入侵下屈服。在許多案例中可以清楚看到，原住民的政敵通常會利用歐洲人提升自己的政治地位，然而殘酷的歐洲人將他們禁錮，且正如我們從最近的世界流行病經驗中所瞭解到的，戰爭及既有政治以及現存政治、社會結構的崩潰，造成原住民被迫勞動和營養失調，[42] 無疑為這場也許是有史以來最嚴重的流行病災難鋪平道路。

這些可怕的影響現已得到證明，同時這些傳染病也已成為早期歐洲殖民歷程研究的重點。然而這並不代表同樣的「哥倫布交換」模式適用於所有熱帶地區，並且歐洲人或原住民兩方對於這種新連結各以不同方式進行協商。舉例來說，西班牙人於 1565 年抵達菲律賓時，米格爾‧洛佩斯‧德萊加斯皮（Miguel López de Legazpi）和他的領航員安德烈斯‧奧喬亞‧德‧烏爾達內塔‧塞蘭 （Andrés Ochoa de Urdaneta y Cerain）在宿霧建立了據點，並於 1571 年征服馬尼拉城（現在的馬尼拉）。雖然歐洲疾病可能仍有影響，但當地人更強的免疫力、分散的居住模式以及不同的政治結構，都讓西班牙人的出現和殖民有著不同模式。[43] 由於島上馬京達瑙蘇丹國、拉瑙蘇丹國與蘇祿蘇丹國之間既有的緩慢磨人戰事，西班牙人在群島上無法產生積極的政治和經濟影響；[44] 事實上，這些戰鬥可說永無寧日，就像今日菲律賓政府與民答那峨島上伊斯蘭極端分子之間的持續戰鬥一樣。西班牙人在菲律賓犯下許多暴行，甚至在呂宋島定居的前 5 年，士兵就開始洗劫村莊、掠奪食物並奴役當地居民。同樣地，17 世紀後期為了不受伊圖古德駐軍的虐待，原先皈依基督教的原住民紛紛逃離卡加延山谷成立的傳教團。[45] 再一次地，原住民的抵抗十分明顯。考古發掘和科學測年法顯示，我們在第七章短暫看過、受聯合國教科文組織保護的伊富高水稻梯田，在前殖民時代原是種植芋頭，後來因逃避西班牙在低地的統治而大量湧入高地的人口，被擴大並重新規劃利用。[46]

在葡萄牙與西非和中非地區的早期互動中，也可看到類似的模式。在這裡，貝南和剛果等當地王國似乎對應 15 世紀「新貿易機會」發展起來，因為在貝南薩維遺址的住宅裡發現了特別設計供出口歐洲的精美象牙製品 [47] 以及歐式菸斗。[48] 葡萄牙人與當地人通婚並參與地方政治，並在鄰近現存的皇家圍牆處建造他們的建築。只有海岸地區仍維持堅固的據點，而且主要依靠非洲當地夥伴從更遠的內陸地區榨取資源與奴役勞動力。[49] 正如我們將在第十一章所見，在這個案例中跨大西洋奴隸貿易的整合擴張，尤其在 17 至 19 世紀之間，開始對整個非洲熱帶地區的當地居民造成最真

實的傷害,伴隨 19 世紀發現的有效抗瘧疾藥物「奎寧」[50],歐洲人隨後征服了內陸地區。

美洲地區有名的大滅絕事件,徹底改變了全球人口和政治現狀。根據許多不同的估計,繁榮地區的人口一旦崩潰,就有約 80% 至 95% 的原住民人口從新熱帶的各個地區消失。[51] 我們今日的確很難理解這種破壞的龐大規模。從加勒比地區到中美洲,從安第斯山脈到亞馬遜盆地,原住民人口的減少使得歐洲作家記錄下的熱帶森林總是人口稀少或甚至空無一人,至今仍形成我們對這些環境的刻板印象。疾病最初可能是無意間來到,但歷史記錄了歐洲入侵者犯下惡行加劇了這場災難。舉例來說,克丘亞的貴族華曼波馬(Huamán Poma)用西班牙語寫了一篇著名論述,標題為「第一新紀事與善政」,就編年並譴責了祕魯印加人領土內原住民遭受的種種惡劣對待。[52]

美洲熱帶地區原住民群體的持續邊緣化,乃源自於這些最初的、災難性的種族滅絕遭遇。考古學和古生態學證據也顯示,積極引進新植物、動物及土地使用權制度對於熱帶環境的「傳統利用」產生類似影響。在美洲的大部分地區以及加那利群島,由於歐洲人強加的農業物種和理念,亞熱帶和熱帶森林中精心磨練出的糧食生產策略普遍遭到背棄,導致原住民人口逐漸凋零。儘管如此,美洲熱帶地區倖存的群體以及亞洲和非洲人口,往往會積極抵制強迫搬遷、控制貿易,透過提供或不提供歐洲殖民者當地的生態知識,讓歐洲者去到不同地區居住下來。歐洲人的到來,以及伴隨而來的疾病、植物、動物和世界觀,無疑對熱帶地區的社會和景觀產生重大且經常無法彌補的衝擊。有鑑於西班牙或葡萄牙移民是以緩慢且有限的方式到來,原住民以及在這個互動的世界大熔爐中形成的新文化和群體,在促進熱帶景觀轉變上扮演了重要推手的角色。

————

「哥倫布交換」一詞的創造者,是歷史學家阿爾弗雷德・克羅斯比

（Alfred Crosby），他於 1972 年發表兩個「世界」[53] 相遇造成的文化和生物結果，革命性地改變了對歐洲殖民主義的歷史研究。克羅斯比不僅是第一個強調歐洲疾病傳播在「新世界」塑造上的潛在角色，也探討了大西洋兩岸的動植物如何影響世界各地的景觀和飲食。在熱帶的脈絡下，西班牙人抵達熱帶地區時，對於引入自己的農業和畜牧業形式特別感興趣，因而造成重大的文化和環境影響。例如小麥和葡萄藤就因為與基督教聖禮有關，對他們而言特別重要。歷史學家也討論過，許多西班牙定居者（包括埃爾南・科爾特斯）如何嘗試種植來自中東和地中海的作物，卻以失敗告終，特別在潮濕的低地森林地區更是如此。結果許多西班牙人面臨了嚴重的營養不良，儘管不願意，最終仍不得不吃和原住民鄰居一樣的當地主要作物，如玉米、木薯、花生和鳳梨。[54] 的確，這些新熱帶作物今日依然是許多北美洲、中美洲和南美洲國家的餐飲基礎。

　　歐洲人引進的其他作物就比較成功。16 世紀之前，祕魯的觀察者記錄了生菜、甘藍菜、蘿蔔、豌豆、洋蔥和蕪菁如何在安第斯高地生長。[55] 與此同時，西班牙人和葡萄牙人也從非洲和亞洲等其他熱帶定居地，帶來適合當地生態的作物。結果，香蕉、芒果、椰子和柳橙都成功在美洲熱帶地區種植，並一直延續到現在，特別是佛羅里達州的柳橙，甚至成功讓人將產地與水果聯結在一起。[56] 在這段時間的跨洋新聯繫中，熱帶地區不只見證了其緯度邊界外的物種到來，也見證赤道地區各個區域動植物分布的重組。

　　綿羊、山羊、牛、驢和馬等家畜的引入，導致更嚴重的環境後果。牧場和養豬業可能是從墨西哥橫跨到加勒比，南至亞馬遜的整個新熱帶地區的最大經濟實作。根據對湖泊核芯紀錄的古生態分析和重建放牧史，引進墨西哥的羊群因為急劇擴張，吃掉放養路徑上的所有植物，[57] 導致景觀禿乾、森林覆蓋減少、土壤侵蝕加劇，況且羊群的糞便中還夾帶入侵植物的種子。[58] 多明尼加共和國乾涸河床的花粉紀錄也同樣顯示，西班牙人引進伊斯帕尼奧拉島的牛群導致熱帶森林密度下降。[59] 牛群從 16 世紀開始就一

直是「清除」亞馬遜地區景觀的主要推力；[60]在離西班牙更近的加那利群島，除了當地已有的綿羊和山羊，西班牙人還引進驢這種新動種，驢群限縮景觀的程度，甚至留下 1491 年在福提文土拉島上獵驢、以期土地恢復收成的紀錄。[61]引入聖港島的兔子同樣吃光西班牙人的農作物，導致他們最終放棄了這座島。然而，針對殖民時代墨西哥農業遺址動物遺骸的考古分析已顯示，原住民社區如何將新的農牧物種與傳統「米爾帕」（*milpa*）糧食生產形式有效結合。[62]同樣地，在加勒比地區，對原住民語言和歷史紀錄的分析，顯示歐洲人帶來的馴化動物被納入到許多收養和馴養動物（包括鸚鵡和海牛）的長期傳統規劃中。[63]遺憾的是，這些原本在生態上更可行的施作方法，太常因為原住民人口下降和被錯待而挫敗。

　　「哥倫布交換」不只是單向的運作，許多在美洲馴化的農作物也重返舊世界。我們可能經常將辣椒子或辣椒與辛辣的印度食物、中國川菜或韓國泡菜連結在一起，然而正如我們在第七章所見，它們是首批在新熱帶地區被馴化的作物。歷史記載顯示辣椒由西班牙人帶到歐洲和非洲，成為匈牙利民族香料「辣椒粉」的基礎，接著才在 16 世紀初期被葡萄牙人帶往東方，深入南亞和東南亞的美食中。[64]與此同時，植物學家也顯示在西元第一個千年裡，番茄在南美洲和中美洲地區被馴化，並於 1544 年在歐洲文獻中首次被提及。16 世紀在義大利的種植，鋪平了番茄前往歐洲的道路，並出現在歐洲最具全球特色的菜餚中。[65]葡萄牙人可能也在 16 世紀將玉米引入非洲，同行的還有木薯。中美洲農民種植的可可，在歐洲人到來後，迅速成為橫跨歐洲大部分地區國王和王后所喜好的食物，並在當時的全球化首都馬德里成為廣受喜愛的飲料。直至今日，在這個著名的旅遊勝地，可可依舊是搭配吉拿棒的絕佳飲料。你可能看到香草就聯想到馬達加斯加，[66]然而歷史考證和植物學研究顯示，香草也來自新熱帶地區，最初透過西班牙人、後來透過法國人帶到歐洲，然後才引入非洲。正如第七章所見，全球對古柯鹼和菸草的成癮最終也與新熱帶地區的「哥倫布交換」有關，儘管菸草在法國人和英國人到來前就已傳入北美地區，然而卻是他們引起北

美人對菸草的興趣。[67] 動物考古學和基因分析也顯示，現在西歐和北美北部地區常見的寵物天竺鼠和聖誕晚餐的火雞，都來自美洲熱帶地區，[68] 是15 到 17 世紀之間出現的全球網絡傳播的結果。

　　「哥倫布交換」的討論大多集中在大西洋。然而在殖民菲律賓群島後，西班牙人建立了一個聯合美洲、歐洲和亞洲的定期「全球交換」體系。他們在馬尼拉和墨西哥的阿卡普科（即所謂的新西班牙）之間建立了「大帆船貿易」；自 1573 年起，在大部分年份中，兩艘滿載的船隻持續將產品從亞洲運往美洲，然後運回其他貨物。小麥最終在 17 世紀後期於西班牙人的指導下成功在菲律賓種植，但由於歐洲人對當地農業活動的直接控制不如美洲大部分地區，導致當地居民和更獨立的宗教團體以鮮明的地方指導原則，將新的動植物納入他們的實質生活中。與高地的山藥和芋頭具有相似特性的甘藷來自於美洲，很快就廣泛種植當地寬闊的田野中。16 世紀的記載強調了甘藷在新熱帶地區的旅程：菲律賓的原住民稱它們為 *camotes*，在納瓦特爾語（和烏托邦—阿茲特克語）中為「作物」之意。[69] 其他來到菲律賓的作物還包括番茄、木瓜、鳳梨、龍舌蘭、南瓜、菸草及馬鈴薯，我們將在下一章詳細讀到它們的環球旅程。對菲律賓遺址的動物考古分析顯示，在前西班牙時期，山羊就已經出現在當地，不過綿羊和馬可能是由西班牙人引進。[70] 與此同時，至少在 18 世紀、特別是 19 世紀之前，這裡的養牛業並不興盛。就如馬克斯普朗克人類歷史科學研究所的菲律賓動物考古學家諾埃爾‧天野（Noel Amano）博士所說：「原住民長期使用水牛牽拖與施肥，目前在群島的農村地區依然持續，表示歐洲其他移民從當地攫取的利益，比起少數富有的西班牙地主來得少，這些地主將成千上萬公頃的土地拿來圈養有利可圖的牛群。」

　　正如菲律賓的例子所示，農作物和動物從它們的馴化地區傳播到新的生態系，既不徹底，也不是統一由歐洲主導，更不見得令人滿意。西北大學的植物考古學教授阿曼達‧洛根（Amanda Logan）在玉米傳播至熱帶西非的脈絡下進一步強調這點。玉米的引入通常被視為對貧瘠地區的「恩典」，[71]

認為它的快速成長與高產量，能提供大量盈餘以及餵飽當地人口的機會，[72]
因此在 21 世紀單一耕種的玉米田仍持續被推廣為增進整個非洲糧食安全的
一種手段。[73] 儘管如此，阿曼達與西迦納的班達社區合作，仔細彙編了人
種訪談、歷史資訊及考古學與植物考古學資料，挑戰了這些論述。[74]

　　首先，在歐洲人抵達之前，透過珍珠粟和高粱等本土作物的輪作以及
收集塊莖類、豆類（如豇豆）和野生牛油樹的果實，就能好好支持非洲社區
生活。之後幾個世紀幾乎停止種植玉米，代表當地人本來就有足夠的食物。
其次，玉米所需的土壤肥力成本十分高、易受害蟲侵擾，而且在乾旱條件
下產量會大幅減少等特性，週期性地衝擊迦納西部季節性乾旱森林地區，
在歐洲人到來後的時間當中亦然。[75] 最後，玉米卻成為沿海地區的重要作
物，非洲農民大量種植玉米，靠栽種玉米養活自己，同時也滿足以人性為
中心的新資本主義商業需求，並從歐洲人日益增長的需求中獲利。

　　正如阿曼達所說：「認為非洲是缺乏糧食安全的大陸、需要從引進的
歐亞和美洲作物中獲得好處的想法，完全違背非洲幾千年來在環境波動下
有效管理環境的農業創新，這是過去 5 個世紀的殖民主義過程帶來的偏
見！」事實正如我們在加那利群島和美洲所見，新作物和動物的引入不一
定都對當地景觀留下完全正面的影響。就非洲而言，種植玉米這樣的單一
作物，會讓農民更容易受到氣候變化的影響。[76] 至於在中國，與舊世界的
作物相比，玉米和甘藷在氣候和土壤耐受性上更佳，提供了農業擴展的新
視野。甘藷於 16 世紀後期從菲律賓傳入中國，為當地因種稻受到氣候影響
遭到損害的農民提供重要的食物來源。從葡萄牙控制的澳門地區前來的甘
藷和玉米，也支撐了遠至中國西南部四川或是西北部戈壁沙漠的移民農業。
到 18 世紀時，這些過去鮮少利用的地區，農業能力和人口均大幅增加。
從古生態紀錄和歷史觀察都記錄了由此導致的森林砍伐和土壤侵蝕加劇現
象。[77] 不過新作物提供的碳水化合物和豐富營養，確實在一定程度上促使
中國成為地球上人口最多的國家。然而，對於古代土壤的地貌學研究，結
合土壤不穩定性的檔案紀錄，顯示這些新作物取代了樹木覆蓋區域，在此

情況下導致未受保護的土壤被沖走、土地養分流失，以及洪水氾濫增加，最終導致中國今日仍有許多地區正致力於解決農村人口過度擴張而營養不良的問題。[78]「哥倫布交換」在現在彼此聯繫的世界間確實以各種不同的方向運作，對文化和環境以及營養方面都造成潛在影響。

關於「哥倫布交換」的討論，通常被描述為國家或帝國有意「運送」和「使用」不同作物或動物的商品（對於以上所述內容，我也有罪惡感！），但西非、菲律賓和中國的例子卻告訴我們，最終它更像來自各大洲和文化的不同商人、食物生產者、旅行者、作家和政府官員共同支持的網絡。而且光是種子和動物顯然還不夠，它們還需要被適當管理，尤其在熱帶地區需要不同的耕種和放牧方式，而這些方式通常由遷徙的人群帶來。我們可以舉一個很有啟發性的實例。

在 16 至 19 世紀間跨大西洋奴隸貿易中，約有 1200 萬至 1300 萬非洲人被強行帶離家園，被運送到大西洋彼岸。我們將在下一章看到這問題如何代表熱帶地區日益走向全球化，以及資本主義和種族主義對世界景觀和勞動力剝削的濫觴。同樣值得注意的是，被強行運往美洲的非洲人及其後代目前在許多美洲國家人口中佔極大比例，當時也帶來山藥、黑眼豆、西瓜和芭蕉以及如何種植這些植物的知識，[79] 在被迫勞動的種植園邊緣小地塊上耕種。不僅如此，其中許多人從 16 世紀起回到西非的田地種植玉米和木薯，他們也組合不同作物成為新的永續糧食體系以及不拘一格的飲食傳統。北美洲稻米最初也以類似西非而非亞洲的方式種植。[80] 這些遠非唯一案例，足以清楚說明這些經常被忽視的邊緣化群體，也是形成全新「後哥倫布」生態系統和經濟體的關鍵參與者。

———

歐洲殖民者將他們的信仰體系、土地利用概念以及新的生物實體一併帶來。對自然世界密集而直接的控制、財產概念、如何佈置定居點的想法，以及優先「最大化」土地產值的作法，都為熱帶景觀和其上居民帶來全新

且經常創傷性的經驗，其作法以「生態帝國主義」著稱。[81] 這種新的剝削意識形態的一個更明顯案例，可在西班牙與葡萄牙對新熱帶地區白銀和黃金的渴望中看見。

由於看見原住民對這些礦石的大量使用，西班牙人開始積極進行調查和開採。從 16 世紀中葉開始之後的 100 年間，光是西班牙人就開採出歐洲過往白銀財富的三倍量。這些礦業規模可從當時採礦城市的大小看出，例如玻利維亞的高海拔城市波托西，在 1660 年時人口約 10 萬人，[82] 超過當時的馬德里和羅馬人口。被迫遷移的奴工和蜂擁而至的歐洲人為發財大肆砍伐森林，以供應採礦和建設所需的燃料。17 世紀末和 18 世紀初在目前巴西米納斯吉拉斯州發現了豐富金礦，該地區的乾旱熱帶森林馬上遭到破壞，讓路給礦山、牧場、農田和村莊，支持成千上萬想快速致富的人。[83]在白銀的例子中，採礦者從 16 世紀開始使用水銀更有效率地提取白銀這種貴金屬後，對環境產生了較隱晦的影響。在祕魯萬卡維利卡開採銀礦時，水銀被釋放到土壤、水系統和大氣中，先別說勞動者被迫吸入有毒蒸氣，就連開發區土壤的化學成分中也產生長期且致命的後果。[84] 在前哥倫布時期的沉積岩芯中也發現了其中的某些影響。然而，入侵的伊比利列強卻毫不遲疑地將自己提升到全新的殖民高度，支撐持續擴大的殖民基礎設施、戰事以及他們在歐洲的政經規劃。

殖民者也把應該住在哪裡以及怎麼生活的想法帶到新熱帶殖民地。在許多案例中，西班牙人經常將他們的行政中心建造在自己喜愛的原住民城市最高處，卻忽略之前關於「土地如何使用」的原住民傳統知識。科爾特斯最有名的就是拒絕放棄特諾奇提特蘭，儘管他根本沒有原住民對於用水和農田管理的傳統知識，也因此這類外來殖民者常面臨惡臭積水和季節性洪水問題。[85] 在菲律賓也一樣，西班牙人在河谷建造的許多城鎮和教堂，後來都因洪水而廢棄。[86] 在其他案例中，西班牙人以及他們的葡萄牙同業親自建立了自己的城鎮和城市，這些城鎮通常有中央廣場、寬闊的主要街道和特定的手工藝活動區，簡直脫胎自他們的家鄉。環境歷史學家肖恩·

米勒（Shawn Miller）指出，1600 年時西班牙的美洲殖民地中有近 50%的人口居住在城市中，這點令人驚訝，因為英國要等到 19 世紀中葉才實現這個目標。[87] 儘管人口普查的數字因為許多原住民為躲避普查而逃入內地農村，讓這個數字有許多爭議，[88] 但它確實顯示了西班牙人有多重視城市理想的實現。橫跨更廣泛的景觀，歷史紀錄的分析顯示西班牙人也試圖在新的熱帶地區進行人口管理，好將政治和經濟控制最大化。這包括 16 世紀推行的「減員」（或葡萄牙推行的「村莊」）系統，強制將許多原住民遷移到指定城市。這麼做讓對原住民的徵稅、人口普查，以及馴化和招募等作業變得更容易；而且這是皇家賜予、只有被選定的西班牙菁英才能使用的一種更有效的奴役勞動。[89]

在菲律賓的案例中，則涉及以教堂或市政廳為中心的集中式「卡巴塞拉」（cabacera）城鎮，其中教堂在當地原住民的勞動和紀律方面持有巨大權力，[90] 因此也常被尋求影響力的原住民市長和初級州長利用。[91] 在今日維甘和塔爾等主要城市的建築計畫和建物中，這種嶄新形式的定居組織依然因為需要建築木材、進行更密集的作物耕種以養活更多城市人口，以及更多特定地區來飼養馴化動物，而對景觀有所影響。歐洲對於「人們該如何生活」的意識形態，因此從世界另一端移植到了熱帶地區。

儘管採礦、新型態的定居和組織都在當地熱帶景觀留下深刻傷疤，種植園農業的實施卻造成更廣泛的影響。西班牙人發現許多誘人的經濟作物遠離了原種植地的蟲害後在熱帶土地上產量更高，其中最主要的例子是起源於新幾內亞熱帶地區的「糖」。早在 1493 年哥倫布第二次航行前往美洲時，西班牙人將甘蔗帶到加勒比地區種植，並在 16 世紀時加那利群島、墨西哥和中美洲也開始種植甘蔗。與此同時，葡萄牙人將製糖業引入大西洋馬德拉島和聖多美島，並於 1516 年引入巴西海岸，並直接種植在原住民既有的農田系統中，而為未來種下禍因。雖然早期並不都是嚴格的單一種植農田，但由於甘蔗會吸取大量土壤中的養分，為了取得種植空間和煉製糖的空間，導致森林遭到大量砍伐。到了 1550 年，馬德拉群島的森林已破

敗不堪，葡萄牙人不得不放棄糖業生產。根據歷史學家傑森・摩爾（Jason Moore）的估計，大約在一個多世紀的時間裡，此地森林累計砍伐總量約 155 平方公里。[92] 加那利群島的森林和巴西的大西洋沿岸，也在 1600 年代面臨同樣的壓力。[93] 西班牙人對牧場動物的關注同樣也造成過度開發。這裡成千上萬的家畜是用來營利，而非支持當地人口生計。土地所有權、土地使用和由需求驅動的營運模式對當地景觀造成的全新傷害，直到今天依然陰魂不散，更別說還有因市場需求驅動的全新野生動物開發模式，例如捕捉熱帶海岸的海洋哺乳動物、捕獵麝香貓以獲取毛皮和氣味腺，以及歐洲商人為了羽毛而捕捉鸚鵡。[94]

為滿足更廣泛的全球品味和需求，對自然世界、土地所有權和土地利用強度在人們認知上產生的變化，無疑對泛熱帶地區產生重大影響。正如歷史學家愛米莉亞・波蘭尼亞（Amélia Polónia）和豪爾謝・帕切科（Jorge Pacheco）強調的，重點在於必須「平衡」全球圖像與當地開發結果。[95]

就如我們所見，葡西殖民熱帶的最終結果受到環境、現存原住民人口與傳統，以及歐洲各國不同的統治形式形塑。在不同熱帶島嶼和大陸環境脈絡下，生態、土壤和土地使用史會決定蔗糖生產的性質和影響。

與美洲的情況相反，由於定居在海岸地區為主的葡萄牙人無法直接干預礦山的開採，非洲金礦的開採直到 19 世紀仍依循原住民開發模式。同樣地，在殖民時期定居點的歷史和考古紀錄中也看到，不同模式的減員和村莊系統，形塑了加勒比海、墨西哥、菲律賓、巴西的宗教城鎮和非洲的傳統定居點之間，人口統計和疾病傳播上的差異。[96] 最終，與過去「未接觸」和「孤立」的時代相比，原住民可以高度積極地參與和塑造全球化的新經濟體系。而更多食物生產的傳統施作，餵飽了勞工和在新農田系統下工作的奴工。與此同時，歷史文獻也說明印度和巴西的狩獵採集者將蜂蜜和美洲虎皮帶進全球市場。[97] 不僅如此，許多歐洲入侵者也與原住民通婚，例如歐洲男人經常與當地菁英的女兒結婚，雖然背後可能與自身權力的提升有關，但確實促成新的殖民身分和文化混合。可以這麼說，對某些歐洲人

而言，他們「放棄」了以前的生活方式，加入新的熱帶森林環境裡的大家庭。[98]

菲律賓提供了更「本地化」的殖民經驗特例。雖然西班牙人在現在的首都馬尼拉建造一座石牆城鎮，發展他們熟悉的大廣場和緊密城市體系，卻一再為城牆外延伸出的「第二馬尼拉」所困擾。這座「牆外之城」[99]早在 1583 年便開始發展，包括一個名為「帕里安」（Parián）的地區，住著渴望從阿卡普科取得白銀的中國商人及其家人。西班牙人多次嘗試拆除和摧毀這座牆外之城，但它最終發展到讓原本的官方城市相形見絀。正如菲律賓大學的菲律賓歷史學家兼考古學家格蕾絲・巴雷托・特索羅（Grace Barretto-Tesoro）博士所說：「整個群島上原住民人口的文明化以不同速度、不同程度進行，且通常由當地人口主導。」舉例來說，民答那峨島的原住民盧馬德人利用西班牙人帶來的優勢，削弱菲律賓南部強大的穆斯林團體。而那些躲回伊富高梯田、擁有政治權勢的群體，除了積極與西班牙人交易，也趁機襲擊和抵抗這些殖民者。[100]

菲律賓群島在前殖民時期的環境和文化處境，也塑造了西班牙人與環境的互動狀況。正如環境歷史學家格雷格・班科夫（Greg Bankoff）所指出，白蟻導致當地只有 30 至 40 種樹木可供原住民和西班牙人砍伐，用於堡壘、造船和建築而獲利。這意味著儘管某些關鍵物種受到威脅，但森林覆蓋率能隨時間而回復，一直存留到 19 世紀開始商業化砍伐為止。[101]這些當地殖民的生態和文化經驗，也陸續發生在葡萄牙與西班牙的新領地上。

————

2020 年被砍掉頭顱的哥倫布雕像，凸顯他當年的探險在北美地區持續引發的爭議。[102]越來越多的原住民運動人士和機構呼籲，應該以前殖民原住民社會的慶祝活動，取代對哥倫布的崇敬，並承認歐洲探險家的行動以及他們對熱帶文化、人口、景觀帶來的影響，絕非大張旗鼓慶祝的正當理由。[103]歐洲疾病的猖獗蔓延，伴隨著活躍的奴役、謀殺、虐待和入侵，導

致美洲的人口直到 19 世紀才恢復以前的水準。引入新的動植物通常永久地重構了生態系，留下持久的影響和今日環境保護上的挑戰，這部分我們將在第十三章討論。

　　原住民和其他少數群體、熱帶疾病以及嚴峻的地理環境，仍有機會主導，或是阻止 15 至 17 世紀歐洲人向亞馬遜盆地、加勒比海、北美和中美洲、西非和中非、南亞和東南亞大部分地區的擴張。在許多案例中，隸屬熱帶帝國的統治菁英利用新來的歐洲士兵擴大自己的政治優勢。橫跨大陸的前殖民貿易交換系統及奴隸交易，早已存在於前殖民熱帶的許多地區，[104] 代表歐洲人通常會善用當時已成熟的經濟體，將他們新的理念加諸於城市建設、採礦、農業經濟和畜牧業的開發上。然而，最終掌握全球化新世界鑰匙的人是歐洲人。隨著美洲原住民人口大量減少，以及歐洲人在海軍力量和技術上的壟斷，獨獨只有歐洲人經常定期在世界海洋上航行，帶著維持全球貿易和主導地位的意圖，他們以前所未有的規模開發熱帶的各種資源、勞動力和地理景觀。

　　儘管一般很少討論，但在 15 和 17 世紀之間，伊比利王室的壟斷和行政缺陷，某種程度上限制了殖民企業對熱帶景觀的改造。在巴西、加勒比海和墨西哥等地，國王和女王們為了國家利益而保留森林和某些樹種，以便用於建造船隻或堡壘。[105] 葡萄牙國王限制 16 世紀巴西海岸附近的捕鯨活動，西班牙新種植園中的原住民奴工最初在規範下只能由皇室「選定的貴族」所擁有。[106] 與此同時，在菲律賓，雖然教會勢力在島上非常活躍，[107] 西班牙皇室卻盡其所能地控制大帆船貿易，將金銀從美洲運送到菲律賓和中國海岸，再把交易來的絲綢和瓷器以相反方向運送回國。[108]

　　你也許已經注意到，這些伊比利帝國獨佔了本章內容，這是因為除了少數地區，西班牙和葡萄牙帝國在 15 至 17 世紀間的領土擴張，使得他們成為主要的殖民者，控制了熱帶地區內外的新型經濟和文化交流。這些體系對 21 世紀所謂的「自由」市場消費者來說，並不容易被認可。然而正如我們在下一章將看到的，從 17 世紀開始，其他野心勃勃的歐洲國家、機構

和個人,在看到伊比利半島於熱帶地區取得的財富後,也開始在歐洲大陸上爭奪地位和權力,以便向熱帶進軍。

16 至 18 世紀荷蘭帝國開始在加勒比海和南美洲,以及南亞和東南亞尋求立足點。大英帝國在 16 至 18 世紀初期,成為有史以來最大的帝國,統治每個熱帶大陸上的領土而得到「日不落」帝國的稱號。到了 19 世紀,法國也在加勒比海、非洲、南亞和東南亞建立熱帶殖民帝國,而比利時人的帝國則在非洲做了同樣的事。這些相互較勁的競爭者打破先前伊比利帝國的統治,利益逐漸流向其他日益富裕的歐洲菁英,這使得新的貿易機會不只全都由帝國殖民者驅動,許多機會反而是由「個人」帶動,包括各個文化的流動商人、投機者和食物生產商等。在 17 到 19 世紀,歐洲人將現有的不對等和交換系統拓展到全球領域,為今日的競爭性全球資本和勞動力流動體系奠定了基本框架。在強化熱帶環境和熱帶地區原住民的「利益驅動」取向後,我們看到以跨大西洋奴隸貿易的形式形成的商業化和種族化奴役勞動。在歐洲和北美洲北部的消費者需求的驅動下,為了以更便宜、更大量的方式生產經濟作物的種植園農業,擴大了森林砍伐的規模。結果是歐美和熱帶地區間的財富不平衡,以及熱帶國家受到有限經濟發展以及基礎設施落後和環保問題所困。結果是種族歧視和暴力問題繼續困擾著 21 世紀的社會。結果也是我們所有 21 世紀的地球人無論喜歡與否,都必須對過往熱帶森林中發生的事情負起責任。

熱帶全球化
Globalization of the tropics

　　每天打開電視或報紙，就會看到許多國際政治衝突、經濟危機和災難性的氣候變化的報導。橫跨美洲、亞洲、非洲或太平洋地區的許多熱帶國家，都處於這些問題的前沿，正試圖在經濟成長與燃燒石化燃料的需求間尋求平衡，期望透過保護生物多樣性來減輕國民貧困的問題，並尋求以國際交流與全球解決方案來解決民族主義問題。在這些熱帶地區，許多島嶼已消失在水面下。隨著全球氣溫升高，冰冠融化與印度洋和太平洋的海平面每年以約 4 公釐的速度上升。[1] 熱帶地區越來越難以預測的氣候，經常導致同一年中既發生乾旱又發生洪災。在熱帶地區，如果所有熱帶森林都遭到人類砍伐和基礎設施建設的干擾，森林裡的動植物將大規模滅絕，預測將有多達 30% 的所有樹種和 65% 的螞蟻種類滅絕，[2] 而叢林動物的狩獵和氣候變化，都為這些地區「不成比例」的生物多樣性帶來更多挑戰。

　　同樣是在熱帶地區，許多增長最快但也最貧困的人口住在這裡，其中有些居民每天生活費不到 1 美元，為這些國家的公衛、經濟、土壤和森林帶來巨大壓力。[3] 這些驚人故事偶爾才傳達到我們耳中，似乎不那麼急迫，並且經常發生在千里以外，可能讓我們覺得這些代表最近才出現的問題，與過往歷史與世界其他人的行為無關。然而，無論我們的政客怎樣試圖說服他們自己或我們，都與事實相去甚遠。

　　我們在第十章看到，在 15 世紀和 17 世紀之間，主要來自伊比利半島的歐洲列強如何急劇擴張，預示了美洲、亞洲、非洲和歐洲之間新的泛熱帶和熱帶外地區全球接觸和交流的時期。在目前許多處理中，故事就停在

那裡，暗示早期互動和地理發現的「機運」完全決定了我們所知歷史的其餘部分，[4] 然而這忽略了進行中的殖民、帝國和資本主義的過程才剛開始。在 17 世紀到 20 世紀之間，許多歐洲人，以及之後的北部的北美人、領導人、地主、商人和投資者，都試圖對熱帶環境和熱帶人民加強控制與開發。在這時期的熱帶地區，我們看見世界史上出現不受限制也不受管控的資本流動，對個人、文化和景觀產生最早也最嚴重的衝擊。

我們看到強迫勞動的貿易的全球化和種族化逐漸被強化，[5] 第一份承認人類對環境的改造可能對氣候產生區域性後果的文件也出現。[6] 這些經濟和政治過程遭到來自熱帶地區的社會與個人所抵制，[7] 最終導致我們某些關於人權和國際財產的現代法律出現。[8] 然而，這種作法到後來創造出一種新的巨大財富再分配，將財富從熱帶地區轉移到歐洲西半部、美國和加拿大。他們將熱帶景觀改變得面目全非，給今日許多國家留下環保難題。他們種下種族歧視和暴力的根源，而這些問題在 21 世紀許多歐美社會中持續存在。

我們現在要轉向歷史、考古、古生態學和人類學的最新研究，探索熱帶森林如何成為全球新秩序的重要見證。由於當地的襲擊和歐洲對勞動力的需求，推動了跨大西洋奴隸貿易，導致熱帶森林裡數百萬的非洲人被迫離開西非和中非的家園。這群奴隸被運往的目的地也是熱帶森林——特別是當加勒比和南美洲出現越來越多單一作物種植的甘蔗園之後。森林也大幅縮減，對新熱帶環境產生激烈且擴大的影響。

隨著全球各種熱帶作物市場的確立，熱帶森林看著巴西將重要的橡膠從中取出，然後到別的地方種植，看著印度種的棉花被英國人高價賣回印度，以及看著緬甸農民清空整個河流三角洲，種植大片稻田，替西方世界和越發不平等的全球財富分配提供能源。過去擁有熱帶景觀的熱帶森林，開始種植茶、咖啡、馬鈴薯和香蕉，為越來越多的歐美廚房供貨。

這是我們今日熟知的世界如何脫胎自熱帶森林的故事，伴隨著人的故事以及看著這一切發生的植物。這還是被奴役者、勞工及商人和帝國在一

個快速變化的全球經濟與文化下經歷並運籌帷幄的故事，也是如今排列在我們櫥櫃中以及驅動我們的汽車和自行車前進的熱帶植物故事。它迫使我們直面環境永續、氣候變化、生物多樣性喪失、政治爭端、戰爭和種族主義等全球化問題的「根源」。這些問題不僅是熱帶國家的問題，也是整個世界在 21 世紀必須面對的問題。

———————

20 世紀末，在準備修建新的地鐵線時，考古學家在墨西哥城的西班牙殖民醫院（現為聖荷西自然皇家醫院）挖掘出大量埋葬的人類遺骸，他們有許多是原住民，死於隨歐洲人到來、在此地蔓延的傳染病。2020 年的科學研究顯示，其中三人的遺骸可追溯醫院成立最早期階段的 16 世紀，起源和其他人很不一樣。透過他們尚存的 DNA 分析、牙釉質的鍶同位素分析（可反映這人牙齒形成階段居住地點的地質情況），以及某些文化會刻意修改牙齒的研究，顯示這些遺骸都是男性，死亡年齡介於 25 歲到 35 歲之間，並且都來自撒哈拉以南的非洲地區，[9] 距離此地超過 10000 公里。

在加勒比海聖馬丁島以及 17 世紀荷屬首都菲利普斯堡附近的另一個葬埋地點中，考古學家發現與居住在熱帶喀麥隆、奈及利亞和迦納的人具遺傳親和性的個體遺骸。[10] 同樣的情況也發生在巴貝多島上英國人建造的牛頓種植園，年代約在 17 世紀末到 19 世紀初期，被埋葬者的鍶同位素特徵證明他們的童年時期是在西非度過的。[11]

這些人到底如何以及為何從一個熱帶大陸遷移到另一個？答案是人類史上其中一場規模最大且最不人道的強迫遷移。自 16 世紀西葡二國殖民主義帶來第一批抵達新熱帶地區的非洲人，到兩個世紀後為擴大西班牙、葡萄牙、荷蘭、法國和英國全球經濟權力而工作的非洲人，全都為跨大西洋奴隸貿易做了目擊見證。

正如在第十章說的，儘管歐洲人最初強迫原住民，包括加那利群島的關切人、加勒比海的泰諾人和巴西東北部的圖皮人 [12] 在新熱帶地區耕種他

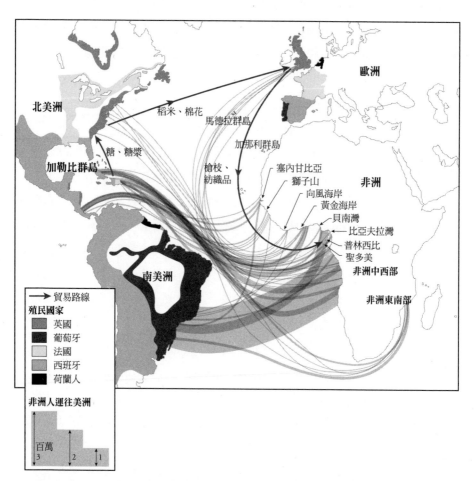

1500 年至 1870 年間的跨大西洋奴隸貿易地圖，顯示英國、葡萄牙、法國、西班牙和荷蘭在美洲
的殖民地區，以及非洲大西洋沿岸運輸的關鍵地點。圖中也顯示被強行綁架並沿不同路線運送到
美洲的非洲人數量（線條寬度）。箭頭部分則顯示不同產品和原料的貿易路線，如第十一章所
討論的，主要來自於英國。（adapted from Pearson/Desai/Science/ Trans-Atlantic Slave Trade Database/
EmoryCenter for Digital Scholarship）

們征服得來的新土地，疾病帶來的毀滅性影響卻讓他們必須尋找其他勞動力來源，特別是想要提取當地礦產財富並將熱帶景觀轉變為單一作物（如甘蔗），以價格優勢來滿足歐洲不斷成長的需求，就更會採取這種作法。[13] 尤其是蔗糖，不僅為了種植與為了提煉製程的燃料需要大幅清除森林，也需要大量勞動力有效率地採收和提煉出糖蜜。

在非洲西海岸外的大西洋島嶼聖多美和普林西比等地，歐洲人已確認這些從非洲大陸熱帶地區綁架來的黑人較早經歷過疾病傳播，能抵抗美洲正在蔓延並危害歐洲移工和當地原住民的瘧疾和黃熱病等熱帶疾病。[14] 雖然早在哥倫布抵達伊斯帕尼奧拉島後不久，非洲奴工就已抵達美洲海岸，[15] 但整個 16 世紀和 17 世紀加勒比地區和新熱帶地區的甘蔗種植園迅速擴張，以及 1580 年西班牙和葡萄牙王位的統一，對非洲勞動力的需求和榨取量越來越多。[16] 在 1550 年至 1650 年之間，西葡兩國的船隻已經將超過 50 萬受奴役的非洲人運送到美洲的殖民地。[17]

儘管當時世界各國都存在某種形式的奴隸制，[18] 但這種由歐洲驅動的新貿易卻產生兩個意義重大的轉變。首先，在暴力對待非洲黑人身體和熱帶景觀的基礎之上，奴役成為全球性的努力。其次，儘管歐洲利用了現有的經濟結構和政治衝突，這種日益變得冷血、機械的擴大奴隸貿易卻將大部分利益驅動下剝削的利潤和財富放入歐洲人手中。

甘蔗種植園的工作是出了名的殘酷辛苦，需要持續的監看、繁重的勞務、熱帶木材，以及煮沸和蒸餾等危險的精煉過程，更別說還有種植園主對被奴役者施加虐待、營養不良和衛生條件不佳等問題。在這些需求下被運到熱帶海岸的新來者，很多不到幾年內便過勞而死。[19] 然而這種貿易才剛起步而已。到了 17 世紀，沿著葡萄牙控制的巴西海岸建立的甘蔗種植園，例如伯南布哥和巴伊亞州的種植園，生產了出口到歐洲的大部分食用糖；[20] 其他歐洲國家自然也想分一杯羹，於是荷蘭西印度群島公司在試圖掌控新興的「糖海岸」宣告失敗後，轉而以其他方法進入這條利益豐厚的糖產業鏈中。換言之，他們轉向「主導運送奴隸」的投資上，將奴隸從非洲運送

「工業革命」背後的真正驅動力？圖為 1900 年左右在西印度群島一個甘蔗種植園裡工作的黑人勞工們。儘管奴隸制度已正式廢除，許多前奴隸社區仍被迫進行多年無薪的「學徒制」工作。某些工人還是孩子，卻也得在白人的監視下收割作物。（Hulton Archive via Getty）

到加勒比地區的其他種植園。[21]

　　17 世紀末，大英帝國已在加勒比地區殖民許多島嶼，包括牙買加、安提瓜島、聖啟茨島、尼維斯島以及巴貝多島等，這些島嶼由於缺乏礦產資源，大多被西班牙人忽略掉了。英國人在這些地方建立殖民地，不是為了定居或控制，而是將甘蔗種植園視為一種橫跨熱帶景觀、為了獲取最大利益而奠基於個人財產奴隸制的概念。[22] 法國人在聖多明哥島建立的殖民地（現在的海地），也是基於類似的經濟體系。[23] 雖然英國人早在 16 世紀就在西非發動奴隸襲擊行動，英國皇家非洲公司及幾個法國公司卻在 17 世紀和 18 世紀加強對種植園勞動力的控制，並且越發專注在非洲奴隸的貿易上，以此挑戰西班牙、葡萄牙和荷蘭人的壟斷。

與此同時，著名哲學家康德為「種族理論」背書，將奴役勞工的概念與在英語社會和文化論述中特別僵化的非洲黑人身體聯繫起來。[24] 到了 18 世紀，眾所皆知的「三角貿易」對勞動力需求不僅涵蓋整個非洲大陸，非洲個人還被運往美洲、南亞和太平洋[25] 的歐洲殖民地和私人企業，作為經濟擴展的一部分，範圍遠超出甘蔗種植園（例如也包括採礦和其他單一作物栽培）和大西洋沿岸。[26]

這所有作法都是為滿足日益協調一致卻令人不安的全球投資流動，[27] 其他歐洲國家包括丹麥和挪威也參與在其中，1822 年獨立的巴西及其他美國貿易政體也是如此。[28] 較小的私人商人，以及直到此時仍主導種植園貿易和所有權協調的富裕菁英和大型公司，也發揮越來越大的作用。這些商人致力於確保全球財富流向利物浦、倫敦、布里斯托、伯明罕、格拉斯哥和南特等城市，管理包括向非洲商人運送布料換取非洲奴隸，再將非洲奴隸運往美洲種植園工作，最後從種植園運回糖、棉花、菸草和其他商品的貿易流向。[29] 這些日益正規化和種族化資本流動，需要的人力成本相當可觀。截至 1888 年獨立後的巴西成為美洲最後一個禁止奴隸制的國家為止，約有 1000 萬到 2000 萬非洲人被強行從他們的熱帶家園中帶走，運送到大西洋彼岸。[30]

他們當中許多甚至在上岸之前就已死亡。水下考古學家在開普敦海岸附近發現 18 世紀葡萄牙沉船聖何塞·帕克特非洲號（São José-Paquete de Africa），就是一個令人過目難忘的鐵條銅釘墓場，共有超過 400 名非洲男女和兒童被身上的手銬腳鐐困在船上遭到溺斃。[31] 被釋放的非洲奴隸奧拉達·艾奎亞諾（Olaudah Equinao）和伊格內修斯·桑喬（Ignatius Sancho）等人的第一手書寫紀錄，都凸顯了奴隸被捕捉和運送的恐怖過程，以及歐洲人們以種族主義和資本主義將人當作商品出售的冷酷對待。正如桑喬所寫：「看看四周幾乎所有相同膚色的人，都有著悲慘的命運。……看看在奴隸制度下，那些從我們的勞動中獲得財富的人，對這群可憐人有多輕蔑……」[32] 儘管輕蔑程度仍有爭議，但從長遠來看，跨大西洋奴隸貿易確實影響了西

非和中非的社會與政權。

　　沃爾特・羅德尼（Walter Rodney）和約瑟夫・伊尼科里（Joseph Inikori）等非洲歷史學家曾辯稱，乾旱、飢荒加上奴隸制度，是 17 世紀至 19 世紀間改變亞撒哈拉非洲人口的主要因素。並且從歷史紀錄和估計被俘的奴隸數量來看，這也是導致非洲人口減少和男女比例嚴重失衡的主因。[33] 同樣地，歐洲列強越來越積極干預非洲政治，並贊助當地奴隸襲擊行動來獲取俘虜，以進行奴隸貿易，這在西方和中非激發了種族暴力和宗教暴力的長久歷史，造成大量人口遷移到山區或森林環境，偏好以孤立村莊作為抵禦攻擊的關鍵，為現代恐怖組織的出現埋下伏筆。例如奈及利亞南部和喀麥隆北部熱帶森林中形成的政治文化「斷層線」，就繼續為「博科聖地」（Boko Haram，譯注：在奈及利亞的伊斯蘭基本教義派組織，有奈及利亞的「塔利班」之稱）等現代恐怖組織所利用。[34]

　　傳統上對跨大西洋奴隸貿易的想法，經常將非洲描繪成一片被動受害者的土地，因而加深殖民式的刻板印象，將非洲描繪成一塊孤立赤貧的大陸。這點大部分是因為歐洲殖民時代所留下、用來瞭解西方和中非的歷史紀錄，多半是由歐洲人或阿拉伯商人和學者寫下的。[35] 與此同時，如同最近所見關於「貝南青銅器」（譯注：奈及利亞要求各國歸還殖民時期掠奪的貝南青銅器）的爭議，卻凸顯了前殖民非洲國家的物質文化多元性和財富。[36] 過去三十年盛行的歷史修正主義，已經呈現出在日益全球化的世界裡一個更積極的非洲角色。

　　和在歐洲與地中海地區的情況一樣，[37] 歐洲人抵達非洲海岸後，抓捕奴隸和奴隸貿易行為，也在非洲許多地方盛行了起來。[38] 自第一個千禧年開始，跨越撒哈拉大篷車路線和紅海或印度洋的貿易，可以看到許多被奴役的非洲國家與穆斯林強權進行交易。[39] 正如在第十章所見，葡萄牙人打從一開始就仰賴非洲人的政治善意和傳統聯姻網絡，接觸到已在該地區被俘虜和被交易的個人，以滿足他們在戰爭和地區勞動與聲望的需求。[40]

　　15 世紀時，繁榮的非洲當地王國，例如剛果和貝南王國，有的積極利

用，有的則抵制與歐洲進一步的接觸，以此設定奴隸價格、限制被帶走的奴隸人數，並制定經濟和宗教上的要求。的確，透過跨大西洋奴隸貿易，歐洲商人和船長只有在他們帶來的貨物（如武器、布料、菸斗）能滿足非洲合作夥伴的奢華品味時，才有可能成功交易，因此歐洲人通常會與他們建立密切的個人關係。[41] 非洲人也在自己的地緣政治中納入並利用歐洲人，這點可由歐洲商人在非洲菁英及商人所在的埃爾米納、迦納和薩維、貝南等地建造自己的房屋看出。[42] 歐洲人積極參與非洲內部的襲擊行動，他們會仰賴盟友，也能快速屈從於政治上的快速變化。恩東戈和馬坦巴（今安哥拉）安邦杜王國的恩津加‧姆班德（Njinga Mbande）女王，在與荷蘭結盟後，便立刻從葡萄牙駐該地區代表，搖身一變成為葡萄牙在該地區的頑強敵人，進一步提升她在這塊土地上的獨立性和地位。[43]

　　正如我們不該將非洲及其多樣化的國家和政體，簡化成歐洲人手中任意塑造的陶土一樣，我們也不該忘記那些抵抗跨大西洋奴隸貿易的個別案例。當時有越來越多的逃獄事件、在大西洋航行的奴隸船叛變，以及美洲各地的奴隸叛亂，[44] 包括在海地發生著名的叛亂事件，都凸顯非洲人及其後代在 16 世紀到 19 世紀間，對於可怕的勞動條件持續不懈而有力的堅決抵抗。[45]

　　「解放馬龍人」（Free maroon，亦稱解放栗色人）運動，是個在加勒比海、中美洲和北美洲以及南美洲地區發展的前奴隸居民及原住民社區的反抗行動，[46] 還有巴西的著名案例——帕爾馬雷斯「逃奴社區」，都是對帝國主義的堅定武裝抗爭。[47] 除了這些較戲劇化的事件之外，塔爾薩大學的艾麗西亞‧奧德瓦勒（Alicia Odewale）博士也分析了歷史紀錄和地下發掘材料，研究丹麥控制下加勒比海聖克羅伊城市中心基督教化且以製糖為中心的奴隸社區，重建他們每天的日常經歷，並發現他們透過日常活動及製作陶器這類世俗物品，發展出抵制受奴役狀況的協商籌碼。[48] 在聖克羅伊島的熱帶城市地點，被奴役社區大量利用未裝飾的手工陶瓷品以及歐洲陶器，日益仰賴這個在社區內發展出的生活技能[49]。在聖克羅伊島，以及加勒比海的

別處，受奴役社區也出現非正式的貿易體系，在社區內交換菸草、菸斗、陶器和玻璃，建立了新認同和新連結。[50]正如艾麗西亞所說：「即使在帝國主義和奴隸制巨大的結構性權力和奴役下，被奴役社區始終展現出他們自己的力量與改變的能力。」[51]

除了奴隸制，大量散居海外非洲人的聲音如今也開始被聽見──在橫跨非洲、美洲和歐洲全球化和之後的工業化形成過程中，他們作為商人、航海者、投資者和重要工人而發聲。[52]被俘虜並被殘酷運送到美洲的非洲人，遠比 19 世紀前抵達這些海岸地區的歐洲人多上許多。在加勒比海和南美洲的許多地方，他們與歐洲人的比例甚至高達 25：1，而且非洲裔在今日許多加勒比海和南美洲國家的人口中仍佔可觀的比例，甚至是當地最多的人口。[53]若說這種混合文化、人口、經濟和社會的全球化新世界，是在他們的肩膀上建立的，這樣說一點也不誇張。

然而，跨大西洋奴隸貿易造成的全球財富和地位差異，絕不容忽視。歷史學家在探索收入、貿易和人口統計的紀錄時，已經強力證實直接或間接參與貿易的歐洲和北美北部種植園主、商人和家庭就是工業革命關鍵的財務基礎，而財富發展和基礎建設上的不平衡，繼續支持了我們今日所知的現代世界經濟。[54]在許多糖業殖民地可見到的技術創新，本身就可以被看作是「工業時代」濫觴的一部分。[55]人類營養的歷史分析也已經顯示在 1600 年至 1850 年間，產自種植園更便宜、更容易取得且富含能量的糖，促進整個英國社會的公共健康，甚至刺激了工業時期「工人階級」的形成。[56]

雖然英國在 1807 年廢除奴隸制度，殖民地卻直到 1833 年才廢止。英國政府支付大量賠償金給投資奴隸貿易的公司、地主和個人，彌補他們在「免費奴隸勞動」上的損失。[57]歐洲並不**需要**參與或投資奴隸貿易上，因此國內有相當多的反對聲浪。[58]然而有許多像愛德華‧科爾斯頓（Edward Colston）這樣的人，他們在今日布里斯托爾市的許多機構裡留下自己的「慈善」印記，卻加入皇家非洲公司並投資大陸之間的奴隸貿易。

在歐洲和北美北部，就如我們在生活當中很容易就忘記的，奴隸貿易

產生的利益影響了很多街道的命名與我們的日常生活，以及我們的先人有多快就參與在這個強迫勞動和資本流中。從跨大西洋奴隸貿易中累積的資金，透過慈善捐贈流入我們的醫院、學校、教堂和大學。從奴隸貿易中賺取財富並參與其中的人，他們的名字被用來為街道或建築物命名，他們甚至被做成雕像而受到尊敬。目前我們經濟體系財政部門的許多保險創新，可以在跨大西洋奴隸貿易中找到令人不安的根源——投資者為了經濟作物和人類貨物而尋求的金融安全網。[59] 此外，跨大西洋奴隸貿易對非洲黑人身體的歧視，無疑留下了根深蒂固的不平等和歧視遺害，繼續影響北美和南美及歐洲的社會和政治衝突，並在 21 世紀不斷產生迴響。

讓我們回到熱帶地區。雖然有些非洲菁英和商人從奴隸貿易中獲利，但糖的好處和全球資本的流動並沒有以同樣方式流回非洲海岸。正如我們所見，它擾亂了非洲大陸大部分地區的人口和政治局勢，並產生長久的影響。從 18 世紀和 19 世紀開始，對西非不同地區的持續征服，也導致殘酷的戰爭、傳統土地使用和社會體制的瓦解，以及被掠奪的非洲文化遺產被深鎖在歐洲和北美博物館中。

許多由非洲奴役勞動力推動的種植園，完全沒有對當地帶來任何好處。像是聖多美和普林西比，以及許多加勒比島嶼，在被歐洲人拋棄後，由於當地熱帶森林已被殘酷地砍伐殆盡，因而成為世界上最貧窮的國家。[60] 而在加勒比海的尼維斯島上，幾乎所有僅存的動植物如今都是被引進或是入侵物種，大多數本地物種都已完全滅絕，因為早在該島建立甘蔗種植園的前 50 年內，所有森林就被砍伐殆盡。[61] 為了支持這種寶貴作物的流通，島上修築了道路系統，不過英國人從未興建學校或農場等可以促進當地發展的關鍵基礎設施。[62]

回到聖克羅伊島。范德比爾特大學的賈斯汀・鄧納萬特（Justin Dunnavant）博士透過探索當地生態，觀察這種殖民過程及其遺害如何讓生態、甚至海岸線產生了變化。島上樹木的大規模清除始於甘蔗種植園建立之初，並且有明顯證據證明土壤持續的退化。與此同時，島上珊瑚海岸線也有明顯可

見的開採痕跡，不僅作為建材迫使奴隸持續勞動，也為當今免稅走私蘭姆酒開闢道路。[63] 這種適合直接飲用或調成雞尾酒的酒精飲料之所以擴大全球生產，通常與加勒比海各地現存或過去的甘蔗種植園有關。[64] 在跨大西洋奴隸貿易期間，資本流動造成的各種不平等全球遺害，是我們每個人都該關注的事，因為無論我們是在家裡還是在熱帶地區，都太常坐在舒適的扶手椅上，看到環境退化、貧窮問題、政治動盪、種族歧視以及薪資和機會的持續差異。

————————

　　當然，蔗糖並非跨大西洋奴隸貿易中唯一的高價產品，也不是 17 世紀到 20 世紀之間見證熱帶地區持續陷入對景觀和勞動力不平衡開發狀態的唯一作物。今日織成襯衫穿在我們身上的棉花也是其中一種。在 17 世紀，來自印度的棉布是一種重要奢侈品，由歐洲人提供給非洲商人和統治者，用來交換奴隸。進而，在這些從自己家鄉大陸被強行帶走並被殘酷地榨取勞動力的奴隸勞動下，美國南部大面積種植園得以擴大成長。[65]

　　然而棉花對熱帶地區勞動力和環境的影響，甚至勝過對大西洋新經濟體的影響。在 16 世紀初到 18 世紀初之間，統治勢力橫跨印度、巴基斯坦和孟加拉的蒙兀兒帝國，是全球主要的棉花紡織生產中心。[66] 正如印度作家米娜・梅農（Meena Menon）所說：「印度次大陸的農民以混合地塊的方式，一部分種植許多不同的棉花，一部分種植維持生計的食用作物。」這些農民，包括軋花工、紡紗工和織布工等彼此關係密切，生產出高品質的棉紡織品，輸送到西非和日本等遙遠地方。然而 18 世紀的英國帝國主義將棉花作為全球出口的經濟作物來種植，因而產生巨大變化，打破了這種合作關係。雖然荷蘭已有進口孟加拉的紡織品，18 世紀英國東印度公司在南亞仍大幅增加棉花在歐洲的供應量，以致棉花取代羊毛，成為填充人們衣櫃的一種新選擇。[69]

　　接著在 1757 年英國征服孟加拉之後，英國商人利用他們在政治和經濟

上的實力，改變了國際棉花市場。他們將印度現有的棉花財富投資在英國國內，促進英國棉花產業發展，在技術上超越印度手紡棉花，並且限制印度棉花進口到歐洲，使得英國工廠在工業革命時期一躍成為全球紡織市場的佼佼者。為彌補美國獨立戰爭後損失的北美可靠棉花來源，英國人在印度興建實驗農場，種植適合英國紡織廠的美國棉花品種。這些紡織廠對於品質的需求，促使英國鼓勵以棉花單一種植農地取代更能永續經營的混合農地，讓他們從糧食生產者手中奪走許多寶貴土地，迫使大量印度棉紡廠和紡布工尋求替代收入，並且導致多樣化的本土短纖維棉花品種衰退，這導致一遇到飢荒年便出現重大的糧食危機。當地棉花產量的下降與歐洲出口品的競爭，導致印度消費者從英國買回棉紡織成品甚至紡紗，有時使用的是從印度出口的棉花，價格卻水漲船高，高居不下！[69]

印度目前是世界上第二大未加工棉出口國，以及最大的棉花種植國，仍以創造平紋細布、印染傳統紡織品聞名於世，但其手紡織布業已完全被

一位印度彭杜魯（Ponduru）婦女在手工軋棉。(Meena Menon)

邊緣化。棉花是個很好的例子，說明不平等的全球資本流動，以及歐洲與熱帶地區之間不平等的經濟發展，如何施加在當地景觀和勞動力之上。[69]20世紀初作為獨立運動一部分的印度紡織業罷工，更進一步說明這類單一種植作物在殖民權力動態和經濟不平等方面扮演的角色。[70]

　　茶是歐洲、亞洲和北美大部分地區許多人的首選飲品，也是 17 世紀至 19 世紀間對亞洲熱帶森林及其居民產生重大影響的另一作物。茶起源於南亞、東南亞和東亞交界的某處，在大約 8 世紀左右，中國開始廣泛種植茶葉。一直到 17 世紀，茶才由荷蘭和葡萄牙的船隻引入歐洲。在歐洲，統治階級（尤其是英國）很快就喜愛上這種飲料，茶也成為歐洲從中國進口的主要產品。當時在南亞的阿薩姆邦和緬甸的景頗族人（Singpho），也已經種植他們自己的茶葉品種，但直到 19 世紀英國資本擴展到印度，征服印度並與當地統治者進行政治談判，才讓地方的茶葉知識和茶葉廣泛在阿薩姆邦傳播，之後又傳其他邦，包括孟加拉和奧里薩邦（現在的奧里薩邦）地區。[71]

　　經由帝國關係鏈，茶葉開始大量生產並容易取得，很快就讓英國的所有社會階層更容易取得更便宜的茶葉，同時茶葉的大量種植也影響了南亞的熱帶景觀和農民生活。茶葉成為斯里蘭卡的主要作物，[72]比如在 1883 年至 1897 年間，斯里蘭卡高地每年估計有 2 萬英畝額外的農地被新茶園所覆蓋，農村村民因為種茶失去大片農田，而且他們本來在低地和霧濛濛的山地熱帶雨林中所採用的「移動式」傳統農耕方式也大幅縮減，當地森林及其生態系的範圍也是如此。

　　類似的變化也回到印度，印度茶園的工人幾乎沒有任何個人權利，並且在英屬印度充滿種族歧視的社會制度下，遭到惡劣的對待。[73]印度和斯里蘭卡的茶產業如今仍是重要的國內外收入來源，不過現在印度和斯里蘭卡生產的大部分茶葉是由本國國民消費，而且越來越多的茶葉生產掌握在當地小農手中。然而，過去外國利益主導下的茶產業，對過去與現在當地農民的財富、森林以及他們的生活產生的影響到什麼程度，我們不該忘記。

　　咖啡讓我們在早上徹底醒過來，並讓你熬過好幾天不間斷的 Zoom 會

議。不過咖啡並沒有比較快樂的歷史。咖啡最初產在衣索比亞，在 17 世紀經由中東抵達歐洲，溫暖了倫敦的律師、政治家和哲學家的手與口，也為德國貴族和阿姆斯特丹的金融部門提振精神。荷蘭人在瞭解咖啡這種植物在熱帶地區十分繁盛後，自 1699 年開始砍伐爪哇的熱帶雨林，為咖啡樹的種植開路。至今該地區仍有大量商業種植的咖啡樹。

很快地，咖啡出口到加勒比地區種植。在奴隸勞工的支撐下，法國小殖民地聖多明各（現在的海地）在 18 世紀主導了全球咖啡市場。[74] 然而在無人預見的情勢發展下，在 1791 年至 1804 年的革命中，自我解放的被奴役者建立了屬於自己的獨立國家，然而法國人砍伐熱帶森林造成的土壤侵蝕，卻讓海地成為世界上最貧窮的國家，也是自然景觀衰退得最嚴重的國家。儘管咖啡仍在古巴、波多黎各和牙買加等熱帶加勒比島嶼持續生產，但到了 19 世紀中葉，巴西主導了全世界的咖啡生產。再一次在奴隸貿易的支撐下，一直持續到 19 世紀後期，巴西都以低成本大量生產咖啡。咖啡種植園也在 19 世紀後期擴展到荷蘭控制的蘇門答臘、峇里島、蘇拉威西和帝汶。很快地這些本來專屬於富人的咖啡，也成為北美洲北部或歐洲社會工人階級的咖啡。[75]

種植咖啡對當地是福是禍，引發了激烈爭論。一方面，咖啡讓巴西崛起成為一個大型獨立經濟體。另一方面，長期使用奴隸以及剝削性的廉價勞動力，包括童工和被邊緣化的原住民群體、不平等、赤貧、森林砍伐，以及大型國際公司收購小農場等，都對熱帶咖啡種植的永續發展沒有任何好處，[76] 熱帶環境的問題也延續到 21 世紀。下次當你想啜飲一口香濃咖啡時，可能要多考慮一下……

橡膠是目前世界上最重要的熱帶產品之一。從氣球到你下次假期搭乘飛機的輪胎，從保險套到防水鞋，從橡膠彈力球到超市結帳的輸送帶，從潛水裝備到醫療用呼吸管等等，若沒有這種非凡材料，我們今日幾乎無法去到任何地方、從事任何工作。天然橡膠是由乳膠製成，亦即某些植物受傷時滲出的乳狀液體。唯一具商業性的自然乳膠，是在亞馬遜盆地生長的

巴西橡膠樹（*Hevea braziliensis*）以及在西非和中非的野生藤本植物奧瓦里角藍橡膠樹（*Landolphia wariensis*）等熱帶森林植物。

早在歐洲人到達之前，新熱帶地區的原住民就會使用巴西橡膠樹，來製作衣服、靴子、球、貨架和玩具等物品。事實上，歐洲人直到 18 世紀後期才意識到這種材料的好處，而橡膠製品的經濟生產則在 19 世紀橡膠經過「硫化」處理之後開始。汽車的興起以及其他依靠橡膠的發明，都推動了隨後而來的「橡膠熱」，在 1879 年至 1912 年間大幅擴張了巴西和玻利維亞在亞馬遜盆地的橡膠營利企業，滿足全球市場不斷增加的需求，特別是歐洲市場和北美北部的需求。在亞馬遜上游地區，橡膠產生的財富促使瑪瑙斯等城市開始發展，[77] 這裡的人擁有巴西最高的平均收入，甚至擁有巴西第一條有電燈的街道。由於拉丁美洲地區嘗試以種植園種植橡膠的嘗試因當地害蟲一再失敗，[78] 企業家爭先恐後地尋求亞馬遜盆地裡分散的野生橡膠來謀取利益。

原住民群體經常被捲入企業對利益的競逐中，例如蒙杜魯庫人（Munduruku）就積極參與了這場追求歐洲工資和產品的商業熱潮。然而有許多其他原住民群體被迫簽訂等同奴隸制的勞動協定，並被所謂的「橡膠大亨」虐待、殺害。[79] 在本書開頭提過的我的學生維克多曾對瑪瑙斯市附近生長的亞馬遜堅果樹（巴西堅果樹）進行研究，顯示當面對在鄰近雨林進行橡膠開採的壓力時，原住民群體和他們對熱帶雨林採取的傳統管理快速消失，而讓堅果樹的生長狀況持續變糟。[80]

歐洲人和北美人持續將不斷擴張的橡膠形塑成我們今日所知的各種商品，也對熱帶地區的勞動力和環境產生重大影響。1876 年，亨利‧威克姆爵士（Sir Henry Wickham）負責監督把 7 萬顆巴西橡膠樹種子送到英國的「邱園」（Kew）植物園；從那裡開始，英屬馬來亞和荷屬蘇門答臘地區的聯合橡膠企業，推動在東南亞的馬來亞茶園種植橡膠，最終在 20 世紀初期確保能直接取得該地生產的橡膠和商業利益。遠離亞馬遜當地蟲害的這些樹木表現出色，讓當地橡膠種植園迅速擴大。

　　儘管在較小地塊中額外種植橡膠樹能讓當地小農和企業家受益，然而種植園土地使用的密集化，以及來自歐洲和北美北部公司（尤其那些對快速發展的汽車業感興趣的公司，例如米其林）的需求壓力，導致當地的生物多樣性大幅消失，而對於原住民和契約移工的經常性剝削，使得他們的勞動條件比起奴隸好不了多少。[81]

　　今日，泰國、印尼、馬來西亞、印度和中國是全球前五名的主要橡膠生產國，所使用的樹種卻是來自熱帶世界另一端的巴西橡膠樹，並且產量遠遠超過巴西。[82] 雖然經濟利益明顯可見，但不斷成長的橡膠單一種植，無疑在東南亞地區留下傷痕。[83]19 世紀末和 20 世紀初，比利時的利奧波德二世（Leopold II）開始尋求自己的殖民帝國，在現在的剛果民主共和國建立「剛果自由邦」，對全球橡膠市場進行更可怕的干預。在橡膠業繁榮期間，為尋求勝過其他歐洲國家的豐富回報，利奧波德的國家強迫熱帶雨林裡的當地居民從事勞役，並靠殺戮與夷平村莊等手段威脅他們，他們若是拒絕就砍斷他們的雙手，如此在該地開發當地的乳膠藤本植物。

　　受到震驚的歐洲觀察者觀察並記錄下這些暴行，[84] 並確定就是這種暴行導致當地人口在短短幾十年內迅速減少。根據橡膠生產和死亡率紀錄，估計在 1880 年代至 1923 年間，剛果民主共和國每出口 10 公斤橡膠就有一人死亡。[85] 隨著電力和兩次大戰興起，西方國家和商業利益持續在整個 20 世紀為了獲得橡膠而奮鬥，幾乎不曾考慮當地的工作條件，也難怪維多利亞大學的歷史學家約翰・塔利（John Tully）教授稱橡膠為「魔鬼的牛奶」。[86]

　　在以上敘述中，我試圖抽取極其複雜且經常充滿爭議的過程，以凸顯一些重要案例，其中許多今日認為理所當然的作物和產品，都位居 17 世紀至 20 世紀間全球市場崛起後的核心，它們對熱帶地區的人與環境造成的重大破壞以及經濟和政治上的騷亂，至今仍不斷惡化當中。儘管形成這一切框架的西方帝國主義和對於全球資本流動的新控制，太常帶來不平等的結果，但重要的是我們要記住：地方政府、商人、小農、消費者和原住民面對這些經濟作物的引入與剝削時，擁有多樣性的協調與對抗方法。一個能

突顯這種地方能動性的作物是油棕（Oil palm，油棕櫚樹，簡稱油棕）這個目前最重要的熱帶種植園作物。就如在第七章所見，它在 17 世紀至 19 世紀間於西非和中非地區長期被原住民使用，生產給跨大西洋奴隸貿易中被販賣的奴隸吃。隨著 1807 年英國（英國殖民地於 1833 年廢止）取消奴隸貿易後，油棕逐漸變成主要出口作物，然而在非洲大陸的許多地區，油棕的生產過程是握在非洲生產者手中，而且棕櫚作物並不適合以奴役勞動為基礎的種植園模式。[87] 以機械化生產試圖提高油棕產量的嘗試反覆遭逢失敗，致使在獅子山、奈及利亞和塞內加爾等地的農人看不到種植油棕的任何好處。然而，在混合種植的土地上使用在地的生態知識，以及種植這種作物獲得的好處，都意味財富較少且靠自己勞力生活的非洲團體，可以輕易接手油棕的生產並使用於出口，包括拉哥斯附近的一群奴隸在內，最後甚至籌集到足夠資金，買回自己的自由。[88] 類似情況也發生在葡萄牙人身上；他們在巴西的巴伊亞大西洋沿岸的熱帶雨林當中，也同樣未能成功讓油棕成為經濟作物。

　　結果，直到今日油棕依然生長在「自發性」的本地多元文化林中，這些林地有助於維持生計和當地經濟福祉，幾百年來都得到非洲農林業的支持。[89] 歐洲人對於持續控制棕櫚油貿易的企圖，最終促使他們征服並殖民許多非洲國家，因此仍能看到他們以種植園模式出口產品到東南亞地區。最終，熱帶地區小農還是能在整個過程中保留部分利益。更有趣的是，油棕在今日被譽為非洲、南美和東南亞農村裡「小農發展」的解決方案。然而，正如我們將在第十三章看到的，這並非沒有挑戰。

――――――

　　在 17 世紀到 20 世紀之間日益不平等的全球化經濟體系中，不僅這些更經典的「奢侈」作物，成為控制熱帶植物、勞動力和環境日益增長的熱望的一部分，18 世紀和 19 世紀間在歐洲地區，對馬鈴薯的日益依賴和單一種植，對於與赤道有一定距離的地區也產生了重大的經濟、人口和環境

影響。馬鈴薯來自安第斯山脈涼爽山地森林和草原，這種熱帶塊莖起初被忽視，然而在面對小冰期（Little Ice Age，指在 1550 至 1770 年年間全球氣溫下降的現象）的歉收、價格波動、頻繁的饑荒和民眾騷動等，馬鈴薯開始大放異彩，在農業經濟學家、科學家（著名的法國人安托萬・帕門蒂埃在塞納河畔試種馬鈴薯）甚至統治者（指普魯士的腓特烈大帝）的鼓勵下，從 18 世紀下半葉開始，馬鈴薯被各地小農和大地主廣泛種植。[90] 到了 19 世紀初，馬鈴薯成為歐洲「農業革命」的一部分，這場革命還涉及施用健康肥料，例如從馬鈴薯原產地祕魯開採的鳥糞，以及企業化耕作的方法。[91] 結果建立了一個更大也更可靠的歐洲食品基地，至少在一定程度上催化了英國人口成長，甚至引發英國開始工業革命。然而，這也造成**卓越**的單一種植。

　　與安第斯山脈的原始馬鈴薯田情況不同，新的糧食生產形式用單一性交換了遺傳變異性，讓作物在對抗疾病時變得脆弱，招致災難性的後果。在愛爾蘭大饑荒（1845~1849）中看到，就是因為來自美洲的馬鈴薯晚疫病（potato blight）造成愛爾蘭新的單一性主食大量減產。加上英國帝國主義政府的冷酷忽略，未提供替代食物而讓饑荒更為加劇。這場飢荒導致愛爾蘭大量人口死亡和移民，受到大饑荒刺激而移民的的愛爾蘭人，在總數 1000 萬左右的愛爾蘭人口中佔了一大部分。他們在 18 世紀初離開愛爾蘭後，經常在嚴重受虐的情況下拼命尋求新的勞動機會。直至今日，愛爾蘭島上的人口數仍未恢復到飢荒之前的水準。[92] 這種災難便是對這種新農業形式發出的警訊，預示使用殺蟲劑試驗和應用的惡性循環已經啟動。即使到了 21 世紀，仍可看到大多數單一作物農田在世界各地持續施行。

　　回到熱帶地區。帝國主義者對土地使用的控制，以及資本驅動下對熱帶生計作物更有效的生產要求，都對赤道周圍在地糧食安全和環境變化產生重大影響。以稻米為例，賓夕凡尼亞大學的歷史生態學家暨考古學家凱薩琳・莫里森（Kathleen Morrison）教授與她的同事馬克・豪瑟（Mark Hauser）博士，描述這種帝國「米鄉」的創造，是為了服務日益成長的全球交流網絡和資本投資。[93] 正如在第十章所見，美洲對於如何種稻及關於水稻本身

的知識，最初可能來自非洲。然而在 18 世紀時，水稻的生產結構發生了重
大變化。被當作主要作物生產地區的種植園，例如由歐洲定居者創建、非
洲奴工出力工作的南卡羅來納州、喬治亞州和巴西的種植園，成為歐洲、

莫里森與豪瑟[95] 翻製的 1888 年緬甸「監督者」木版圖像。左上，農人在處理水牛犁著積水的稻
田；右上，男人撒種種植水稻；左下，男人和女人正在移栽與處理水稻；右下，「監督者」正在
管理男人和女人收割的水稻。1852 年英國吞併緬甸後，為滿足向亞洲和歐洲其他地區出口稻米，
放棄傳統稻米種植方法。為了擴大生產規模，導致了大規模的農地景觀清理。（Proctor, 1888, in
Morrison and Hanser, 2015）

北美北部重要的食物供應來源，特別是維持加勒比地區寶貴的棉花、菸草和甘蔗種植園。然而，這造成區域內的營養「依賴」關係，一旦面臨自然災害，當地農民和種植園社區的自給自足性和安全感就會降低。像是颶風不僅可能摧毀生命，也會掃蕩食物來源的重要產區。

在南亞和東南亞地區，前殖民時代活躍的區域稻米交易市場就已存在。然而，隨著英國政治和經濟影響力增強，由出口貿易驅動的稻米產量明顯增加。1852 年英國吞併緬甸後，情況更形加劇。伊洛瓦底江的整個熱帶沿海三角洲，森林遭到砍伐並改造成專種水稻的農田，除了提供當地消費以外，也大量出口到印度和歐洲。

帝國強加的結構迫使當地原本著重的糧食安全，轉向到更廣泛的市場需求結構，當地居民也變得越來越依賴全球商品價格、進口糧食以及通常嚴峻的殖民控制。[94] 結果就是在地的生物多樣性遭到破壞、不平等、小農使用土地的靈活性降低，以及潛在的飢荒危機。正如凱薩琳所指出，在大西洋和印度洋這兩個案例中，「18 世紀至 20 世紀熱帶地區內外的稻米生產與運輸，是帝國權力失衡、飢餓和風險的一個案例。」直到 21 世紀，這些都在歐洲西半部和北美北部，以及加勒比地區、亞洲、非洲和太平洋熱帶國家的全球經濟關係中，留下無法抹滅的經濟和環境遺害。

我們在嬰兒食品、奶昔、派和冰淇淋中添加或只是生吃的香蕉，提供一個更近代的範例，說明這種熱帶主食如何從當地的卡路里來源，轉變成 19 世紀至 20 世紀間被全球消費者需求所支配的「農業—工業」綜合體。我們在第七章看過這種熱帶作物首先在新幾內亞被馴化，並在 15 世紀至 16 世紀間由西班牙人引入美洲，然後在低地熱帶森林的農民間廣泛散布。然而在 19 世紀後期，香蕉成為種植園作物；1870 年代美國鐵路的籌辦者在哥斯達黎加進行大量種植香蕉的實驗，把香蕉當作一種價格低廉、營養豐富的食物，用來養活工人。

在瞭解到大量出口香蕉到美國的潛力後，一些跨國公司（如 1889 年成立的聯合水果公司）開始在哥斯達黎加、巴拿馬、洪都拉斯、厄瓜多爾和哥倫

比亞等國購買土地，其中哥倫比亞的種植者已自行開發香蕉出口到紐約的網絡。聯合水果公司在各國購買土地和鐵路，並迫使當地農民低價出售香蕉給他們。此外，為了分散疾病、土壤侵蝕和氣候事件對作物潛在的風險，跨國公司經常會購買和清理大片熱帶土地，單單只為了在需要時擴展種植區域以維持利益。[96] 這麼做迫使當地農民離開他們自己的小農場，轉而從事雇傭勞動，並且更加依賴進口食品。這些跨國企業的經濟影響力以及他們對進入外國市場的嚴格控制，強大到甚至可以塑造和影響整個熱帶國家的政治和經濟體系。

「香蕉戰爭」[97] 也見證了美國政府對加勒比地區、中美洲和南美洲各個國家施加更積極的帝國主義政治影響，以確保能獲取熱帶作物生產和貿易的好處。例如聯合水果公司在洪都拉斯的業務，就多次受到美國軍隊的支持，導致該地政治長期不穩定。當美國在 1898 年從西班牙手中奪取古巴和波多黎各後，也見證了美國企圖以犧牲這些國家為代價，強行維持與本身有關的生產和資本的利益流動。[98]

同樣地，美國也介入區域政治，支持巴拿馬從哥倫比亞獨立，獲得建造和控制巴拿馬運河（1914 年開通）的許可，如此主導該地區貿易。在美國的經濟和政治干預下，許多國家變得幾乎完全依賴某些關鍵作物，[99] 也導致各國農業用地分配不均、基礎設施的建造完全為了滿足外部資本主義企業需求。巨大的財富不均和低工資的狀況，都讓以種植園為代價的熱帶森林環境退化，並造成各地的政治衝突。

除了農作物之外，在 17 世紀和 20 世紀間，日益加強的資本驅動壓力對熱帶景觀的破壞，或許在熱帶木材和土地本身成為「掠奪式資本主義」（rapacious capitalism）對象的施作中最能看出端倪。[100] 紅木（桃花心木）家具是歐洲和北美洲的豪宅、歷史博物館的共同特點，以其優雅的工藝、異國情調以及可加工木材備受推崇。[101] 然而這種熱帶雨林木材的貿易，在 17 世紀至 19 世紀間受到歐美日益增長的需求和渴望利益的商人的推動，涉入「伐木幫派」[102] 剝削下的非洲奴隸勞動，見證了從加勒比海古巴島嶼到中美洲

洪都拉斯海岸地區熱帶森林「大收割」後整個生態系的崩潰潮。[103]

　　「森林產業化」的情況不久後也在菲律賓發生，並在美國的帝國主義取代西班牙人的殖民統治、開始確認自己到底可以從當地森林景觀中提取多少財富後強化。因此從 1898 年到 20 世紀中葉，美國人使用鐵路和機器構成的「移動伐木」產業，開始為了滿足日本、中國、北美和歐洲的木材需求，不分青紅皂白地砍伐各種低質量硬木。[104]

　　森林砍伐除了能獲得有用的木材，也釋出土地轉為更有利可圖的用途。在澳洲，從 19 世紀開始，就有歐洲定居者推動的牛羊畜牧業在澳洲大陸上密集擴張。到了 2010 年，澳洲已成為世界第三大乳製品出口國。[105] 在 19 世紀末至 20 世紀初，隨著全球和各地對動物產品的需求不斷成長，尤其是來自歐洲和澳洲其他地區的需求，澳洲原有的「濕地邊界」大多在大英帝國的聯繫下遭到清除。在預期森林茂密地區下方有較肥沃的土壤下，大型土地所有者與租用合約的小農，也開始對昆士蘭地區的亞熱帶尤加利森林和潮濕雨林進行大規模的森林清理，特別是亞瑟頓高原。[106] 然而，農民發現的往往通常是貧瘠的放牧地或濕地，有不可避免的水土流失問題，加上要從偏遠地區出口乳製品著實不易，又受到政府控管和全球價格的擺布，最終甚至危及生存。此外，這些熱帶森林景觀的原住民傳統地主如吉巴爾人，遭到謀殺和強迫遷移的方式不但不人道，也導致生態知識和傳統土地管理制受到壓制，如我們將在第十三章看見的，這些至今仍威脅該地區的生物群落。[107] 這些例子都只觸及越發嚴重的熱帶地區森林砍伐和土地轉換問題的表面而已，背後根源則是政府、土地所有者和企業最大化成長下區域和全球市場生產和消費的企圖。

　　新的全球資本和產品的流通，以及對熱帶土地轉換的需求，也持續為生活在熱帶的勞動力和移民帶來壓力。廢除奴隸制並不代表所有奴隸主都加入了廢除行列，即使已正式廢除奴隸制，大英帝國領土內被奴役的非洲人仍可能被迫加入多年的「學徒期」，進行長時間的無薪工作。[108] 當這種作法最終在 1838 年被勒令停止時，地主便轉移他處尋找勞動力。19 世紀

初期，來自南中國和太平洋島嶼熱帶地區成千上萬的人，被迫簽訂等同於
奴隸制的合約。他們被運往祕魯從事可能致命的鳥糞業，為歐洲的「農業
革命」提供肥沃土壤。[109]

　　從 19 世紀初期到 20 世紀初期，歷史紀錄載明有超過 150 萬名來自印
度南部的勞工，移居到加勒比海、南非、印度洋島嶼（如留尼旺島、模里西斯
和斯里蘭卡）、緬甸和斐濟等地的英國、法國和荷蘭殖民地種植園。儘管構
成這種體系基礎的「奴役契約」表面上是自願簽訂，但經常是來自印度種
姓制度中社會地位低下的那群人，他們的工作條件惡劣，並且常常受到嚴
重脅迫。[110] 以斯里蘭卡為例，由於當地的僧伽羅農民拒絕工作，去到高地
的英國茶園工作、講泰米爾語的印度勞工受到惡劣對待，導致這個熱帶島
嶼發生前所未有的種族衝突。[111]

　　德國殖民史中一個經常被遺忘的部分，是它曾在 1863 年至 1919 年間，
從所羅門群島、新幾內亞、班克斯和托雷斯群島等地，把將近 20 萬名契約
勞工送到種植園，或是作為在包括澳洲、斐濟、薩摩亞、新喀里多尼亞和
新幾內亞等地區勞動。這些移工當中有近 1/4 的人在合約期限內死亡。[112]
移民的中國投資者、土地所有者和移工，構成了 20 世紀東南亞部分地區橡
膠種植的主力。[113]

　　19 世紀後期，義大利勞工遷移到巴西的咖啡種植園。20 世紀初期，[114]
菲律賓移工到夏威夷[115]採摘水果，為熱帶國家勞動力的輸出市場形成開端。
該國 8500 萬人口中有超過 1000 萬在國外生活和工作，在這過程中經常面
臨嚴重的歧視。[116] 雖然這份清單一定無法涵蓋在全球對生產、資本和消費
不斷增加的需求下，自願遷移或被迫搬遷的所有個人、家庭和社區，但它
確實說明這些過程的規模，直到今日仍在熱帶地區內外的人口和文化僑民
中留下難以抹滅的印記。

————————

　　17 世紀至 20 世紀的熱帶地區及其人民和環境，全都處在新的全球資

本流動、勞動力需求和土地開發的核心。雖然前面提到的各種例子各有不同的時間、社會、經濟、文化和政治脈絡，也都成為更深入的歷史、人類學和考古學研究主題，但它們確實共同凸顯了熱帶地區人民、植物和景觀經歷到的一切，並可回推至徹底塑造我們今日生活的經濟體系之形成過程。在整個 17 世紀至 20 世紀，甚至從更早之前，所有投資流動幾乎都依附在「帝國主義」的根基上。[117] 這是一種歐洲理想，期盼開發新土地和新勞動力，來獲取更多的利益。這最終催生出資本主義的概念、對資本主義的批判，以及 19 世紀的現代全球經濟理論。

從種族迫害式的跨大西洋奴隸貿易，到對契約工人的剝削，以及各種通常帶有歧視意味的種族遷移等，無論地主、企業甚至個人都在尋找來自熱帶的勞動力，並將之視為一種有利可圖的廉價商品。與此同時，熱帶景觀也因為不斷砍伐而改變，並非為了生產能滿足當地或區域需求的作物或資源，而是拿來生產新的「世界體系」[118] 下由全球財富流動和需求所驅動的產品。

儘管熱帶地區的社會及現有的區域政治和經濟都參與其中，個人卻可能透過各種方式加以抵制。但整體而言，歐洲以及後來的北美北部以全球規模對各地投資方向和生產進行的控制，留下了不平等、文化和政治偏見、種族主義和土地使用的各種遺害。我們看到西方社會有人因此致富，而熱帶國家卻一貧如洗。他們也在熱帶環境中留下明顯的環境痕跡。19 世紀知名的德國博物學家亞歷山大‧馮洪堡（Alexander von Humboldt）探索委內瑞拉瓦倫西亞湖的西班牙種植園時指出：「當森林遭到破壞，就像歐洲種植園者在美洲各地所做的那樣……泉水便會完全乾涸……。」他也是最早提出「將熱帶土地轉化為以利益為導向的新作法，與當地甚至區域氣候條件變化有所關連」[119] 的歐洲觀察員。

我們可能很難從早期這種由資本驅動、施加暴力於熱帶景觀和勞動力的行為中，看到當前 21 世紀經濟和政治的源頭。然而，以本章開頭的跨大西洋奴隸貿易和單一作物農業為例，我們便能追蹤所謂的「種植園邏

輯」[120] 如何仍然持續塑造全球的經濟市場、受規範或不受規範的工人的權利和待遇、國際政治、基礎設施的發展、結構性的種族主義，以及 21 世紀熱帶內外的環境等問題。田納西大學諾克斯維爾分校的亞歷克斯‧莫爾頓（Alex Moulton）博士和他的同事，詳細描述加勒比地區如何見證在資本主義下農業管理的「三個連續時期」。[121]

第一個「種植園時期」涉及強迫奴隸制度作為「生產力」，結合對熱帶森林景觀進行物種控制的願望，對被奴役者施以殘酷的紀律和控制。第二個時期涉及 19 世紀和 20 世紀初期牙買加、海地和多米尼加共和國等「獨立國家」的崛起，我們看到這些政府專注在農村人口的生產力、森林砍伐和可用土地的擴大以及農業的現代化等。然而，在殖民時期基礎設施的遺害之下，這些發展意味著巨額外債，或是這些南方國家需要「被發展」的西方觀點（即使是善意觀點）。第三個時期從 20 世紀中葉直到現在，見證某些熱帶國家的政府在全球市場資本主義的持續擴散下，促進創業農民間的內部競爭，尋求超越對手並拋棄傳統的農業方法。我們甚至看到歐洲和北美北部的領袖在加勒比社群面臨自然災害時（災害就是來自他們自己歷來過度排碳所導致的氣候劇烈變化），將「幫助」和「救濟」政治化的作法，讚揚受災當地人民的「復原力」，完全忘記讓這些國家處於風險的正是殖民主義的不正義。[122] 正如亞歷克斯描述的：「這三個時期階段性地突出殖民主義、種族主義和資本主義在熱帶景觀和勞動力上的持續運作，引導出一個通往現今的種植園邏輯。」雖然這是熱帶地區歷史的一部分，但我們不該自欺欺人地認為歐美歷史可以擺脫熱帶地區的居民、他們的命運，以及在 21 世紀更廣泛塑造全球政治和經濟的種種不平等。

我們在 20 世紀看到許多過去受殖民主義束縛的熱帶國家獲得獨立，生活水準大幅改善，經濟上的投資也增加了。[123] 儘管如此，在本章和第十章所說的殖民過程中，已明顯造成全球各國間的財富差距。跨國公司日益增加的「經濟實力」，歷經帝國主義幾世紀以來的野蠻開採而對「基礎設施」的急迫需求，[124] 已經形塑當今全球熱帶森林正面臨的威脅，這也是我們將

在本書後續部分必須探討的內容。

　　在 1980 年至 2000 年間，因為面臨伐木、土地改建、基礎設施計畫和擴大地定居等等，中非、東南亞和亞馬遜—奧里諾科盆地，分別損失 227.532 萬平方公里、259.062 萬平方公里和 852.031 萬平方公里的熱帶森林。[126] 在這段期間當中，全球熱帶森林總共有 1736.478 平方公里的覆蓋面積消失，幾乎是歐洲面積的兩倍。[126] 拉丁美洲、南亞和東南亞等等快速成長的經濟體，不斷增加化石燃料的燃燒率，[127] 伴隨著歐洲、加拿大和美國自 19 世紀以來持續快速發展的工業活動，加上熱帶森林覆蓋面積大量消失所產生的負面影響，一起導致 20 世紀二氧化碳的排放量增加以及全球地表溫度升高攝氏 0.6 度。[128] 棲地消失和氣候變化也代表熱帶地區高度多樣性的物種大難臨頭，大幅影響了全球的物種數量。據估計 1950 年至 1987 年間，約有多達 5 萬種植物、鳥類、哺乳動物、爬蟲類動物、兩棲動物和昆蟲因熱帶棲地消失而滅絕。[129]

　　殖民歷史、環境、人口、文化、政治、經濟結構和政府決策的差異，當然也意味著我們會在 20 世紀各個熱帶地區和國家看到他們獨特的環保方針、建設的優先順序以及不同的實力。[130] 即使在同一地區，因資本主義對熱帶地區日益控制所導致的嚴重不平等，也讓各個社會群體受到不同的影響，1970 年代農村人口不斷向發展中的工業化城市遷移，造成巴西出現大量貧民窟就是其中一例。尤其住在貧民窟的大多數人口都是非洲黑人後裔，凸顯了這可追溯到殖民時期的財富差距、歧視以及奴役勞工的「種族化」貿易行為。[131] 另一個案例是原住民人口日益貧困和邊緣化，以及他們必須在被孤立與陷入新形式的定居點、雇傭勞動以及政治社會結構中做出艱難的抉擇。[132] 上述這些與第十章看到的歷史過程所造成的種族斷層和創傷，也陸續在 20 世紀歐洲和北美北部的沿海地區上演。

　　美國黑人所面對的系統性種族主義、隔離、歧視和暴力，根源於 15 世紀至 19 世紀奴隸貿易的持久遺害。圍繞它而起的種族主義意識形態，導致 1950 年代至 1960 年代美國民權運動興起。[133] 英國則從 1940 年代起，就有

來自加勒比地區的熱帶殖民地人民到英國尋求工作機會，並在尋找住房的過程中受到歧視。這些美洲人與來自英國聯邦的亞洲和非洲人，都面臨種族長相、歧視和貧困等問題，導致他們被「白人至上主義」者謀殺，無法穩定地過生活。1919 年在蘇格蘭格拉斯哥市的布魯米洛區及 1985 年在倫敦市布里克斯頓區，都發生過報復性的暴動。[134] 橫亙 20 世紀下半葉，生活在歐洲西北部和地中海地區的黑人也面臨類似的問題，如今也依然如此。

　　自 20 世紀開始也見證了有越來越多人瞭解到，熱帶森林的困境不只是一個區域問題，而是一個**全球性**問題。猖獗的熱帶森林砍伐和物種多樣性的消失，也成為世界各地環保運動的象徵，[135] 許多生態學家開始向大眾呼籲，這些棲地消失代表地球生物多樣性的物種數量將失去平衡。然而正如本書開頭提到的，當我們在第一章和第二章看到第一批植物和森林在地球上扎根時，「熱帶森林」的全球意義就不只是動植物物種的數量變化而已。

　　正如前面發現的，也如同將在下一章進一步探討的，熱帶森林無論在局部地區、各個大陸和地球規模的降雨調節、地下水流動、土壤形成和穩定性，以及大氣氣體交換方面，都扮演了相當重要的角色。歐洲和北美北部國家及其公民是否願意接受這個事實，亦即現代環保的緊張局面，起源於他們在熱帶地區的殖民帝國以及對於熱帶地區的剝削態度。他們是否願意為此做點什麼？這些問題都將在第十三章和第十四章中進行探討。

　　無論如何，整個 20 世紀以及進入 21 世紀後對熱帶森林的擴大開發，不僅影響熱帶地區的環境和人類生活，也逐漸對氣候和我們所有人所處的環境產生更大的影響。一旦能確定這個過程何時以及如何開始，便能為我們提供重要的經驗教訓。為此，我們必須回應越發緊迫的「人類世」（Anthropocene）概念，也就是由人類開始對地球系統產生主導性影響的地質年代。

12
Chapter

熱帶的「人類世」？
A tropical 'Anthropocene'?

　　自您打開這本書以來，我們使用了廣大且依時間順序排列的時期或紀元，像是寒武紀、石炭紀、更新世、全新世等地質年代，來劃分我們穿越熱帶的這場旅程。這些都是根據地質岩層特徵和某些植物或動物化石群落「存在與否」制訂的邊界，[1] 這些時期之間的明確邊界，通常與氣候變化、火山和地表構造活動或是我們在第四章說過的小行星撞擊等重大事件有關。然而「人類」在 21 世紀對地球表面上各種岩層和氣候的影響速度和程度，讓某些科學家爭論說我們現在已進入一個全新的地質史時代，亦即「人類世」。這是一個由我們界定的年代分界，將「人類」的拉丁文 *Anthropo* 與代表地質時期的標準後綴詞「世」（-cene）結合起來，意味著我們現在生活在一個時代，人類活動在所謂的地球系統運作中正扮演與自然力量同等甚至主導的角色。

　　人類世已成為日益流行的用語，[2] 不只因為所謂「大自然的終結」在藝術和哲學思考上對我們而言代表某種特定意義，[3] 也因為在「人類世工作組」（AWG）的推動下，讓「國際地層委員會」正式接受它作為地質時間的劃分，以凸顯我們這物種如今在地球歷史深遠時間脈絡下的強大力量。

　　從地質學來看，這樣的狀態需要就清晰可見的全球性「峰值」達成一致性，像是小行星撞擊造成恐龍在 K-Pg 交界時期毀滅的生物和化學沉積物。以萊斯特大學揚・扎拉謝維奇（Jan Zalasiewicz）教授為首的 AWG 成員，目前也試圖對人類世做出同樣分析，已將範圍縮小到透過合成材料製造擴散的過程中產生的塑料微粒，以及 20 世紀試爆或投彈的毀滅性原子彈，在

世界各地海洋和湖泊沉積物和洞穴中留下的放射性核種來界定。[4] 儘管自 20 世紀以來，人類對地球系統的影響達到史上前所未有的規模這點無可否認，但要真正瞭解它們的起源並預測其結果，我們相當需要正如字面含義的「深入挖掘」，而不能單靠塑膠粒子或輻射線。

正如我目前所在的耶拿研究所所長妮可・柏文（Nicole Boivin）教授所說：「這個過程涉及到人類，因此除了地質學家之外，社會學家以及研究人類與環境相互作用的專家的參與也很重要，能協助我們正確理解什麼是『人類世』以及其起源時間。」人類這物種存在的大部分時間都在塑造地球，如果只把注意力限制在後工業時代的時間框架上，就可能錯過人類與自然世界互動的悠久歷史。透過納入考古學、歷史學和古生態學的觀點，我們可以從 18 世紀晚期和 19 世紀工業革命時期化石燃料燃燒的增加，[5] 到數千年前農業的起源，[6] 找出「人類世」更早期的潛在源頭。我們也不用再迫切尋找一個單一的正式紀元，可以將地質時間尺度的分類放在一邊。使用「人類世」作為一種框架，而且用小寫的 a 就好（anthropocene），[7] 我們就能盡情探索人類對環境的長期影響。這種對地球系統的影響是動態的，而且通常不平衡，導致人類走到今天的地步。[8]

或許熱帶森林提供了實現**這種**探索的理想環境。[9] 從本書第一章對熱帶森林起源的探索開始，我們已經看到熱帶森林自大約 3 億年前首次抵達地球以來，一直是地球系統的重要部分。它們建立在第一批植物生命的基礎上，讓大氣變得適合陸地生命呼吸。它們調節太陽能量的分布，並決定在特定區域如何降雨以及下多少量。它們的根能穩定地球表面並創造土壤，還容納最早出現在地球上的複雜生態系，並在地球生命的演化過程中創造出最令人讚嘆的時期。

熱帶森林可能依然位居 21 世紀全球可見、在人類世驅動的變化下最重要的生物群落。[10] 由於地方或區域人口對於熱帶環境造成的改變，也可以結合起來產生全球性的回饋，所以還有什麼地方比熱帶森林更適合找到人類與地球系統相互作用的起源呢？

　　我們現在把目標轉向生態和地球科學的最新證據，顯示熱帶森林何以仍是當今各種地球系統的環境基石。熱帶森林是地球上最多樣化的動植物群落宿主，保護它們免受自然災害侵襲。熱帶森林也是區域和全球降雨的關鍵，照管整個河流流域的土壤，並能與大氣產生相互作用。[11] 使用貫穿本書的考古和歷史背景，我們會調查人類社會與熱帶森林間的相互作用如何不斷變化，以及其後果的潛在規模。我們也將探討 6000 年到 3000 年前，熱帶地區的水牛和水稻的擴張如何導致明顯的溫室氣體排放，以及非洲農業的擴散和相關的熱帶森林砍伐，如何影響地區性和大陸性的土壤侵蝕。還有，美洲各地龐大的原住民人口在與歐洲人接觸時遭到謀殺和疾病的猖獗，如何讓森林重新生長，甚至大幅改變了大氣中的二氧化碳含量。然後，我們將轉向隨後而來的殖民和帝國的土地使用方式，探討其遺留如何影響我們對「人類世」的看法。單單只談「保護」熱帶森林，太常會讓我們無法瞭解財富和權力的不平衡如何造成當前熱帶地區在永續問題上的緊張情勢。

　　本章絕不認為我們目前對熱帶森林的影響「有前例可循」或「沒什麼問題」。剛好相反，我想凸顯的是我們的行動如何在規模上與嚴重性上都有所分歧，以及我們與人類過去造成的後果脫鉤為何讓人如此沮喪，還有政治家和科學家如果要設計更有效的保護政策，就必須牢記過往歷史對地球的影響，以及熱帶地區被全球排擠的悠久歷史。

———————

　　對那些經常在電視上觀看自然紀錄片，或是將與野生動物邂逅當成是暑假重頭戲的你來說，熱帶森林是「生態熱點」的概念不會令你感到意外。熱帶森林確實是世界上一半以上動植物物種的家園。[12] 熱帶森林裡高大的樹木和繁茂的灌木叢，以及種類繁多或爬、或走、或游、或飛等生命形式，構成地表將近 1/3 的物種。[13] 若把概念具體化，那就是在亞馬遜盆地單單一棵樹上發現的螞蟻種類，就比整個不列顛群島上的螞蟻種類還多。[14] 同樣

地，熱帶森林裡每公頃可擁有多達 1000 種樹木，[15] 而溫帶森林每公頃的樹木大約只有 12 種。[16]

我們在第二章首次遇到熱帶和亞熱帶森林的巨大多樣性，從潮濕的低地常綠雨林到有明顯旱季的半落葉熱帶森林，從酸性泥炭沼澤森林到涼爽的山地熱帶森林，這些代表每一個熱帶森林生態系都有獨特的植物、昆蟲、哺乳動物、兩棲動物、爬蟲類動物和鳥類特徵項目，而且經常以重要的親近關係串連在一起。[17]

某些關鍵物種可能會對森林再生和森林健康產生重大影響，例如傳播種子的靈長類動物、蝙蝠和鳥類等，牠們所起的關鍵作用在第三章和第四章深入介紹過，在世界各地也都有紀錄。正如著名熱帶森林生態學家、牛津大學的雅德文德・馬利（Yadvinder Malhi）教授所說：「在生物圈的脈絡下，就許多方面而言，熱帶森林能提供的東西最多，但也損失最大。」這些環境目前正面臨 21 世紀以來最嚴重的棲地消失、野生動物受到威脅等情況。由於全球的熱帶森林擁有最大比例的全球生物多樣性，這種損失無疑會在地球上產生重大影響。

《魔戒》愛好者可能會很高興知道，熱帶森林在保護和照顧它們生長的這塊土地上得到類似「樹人」（Ent，譯注：《魔戒》裡守護森林、外型像樹木的種族）的聲譽。[18] 在地表下，它們的根系會把土壤固定在適當位置，並打造流經土壤周圍的水流；在地面之上，樹冠和樹葉扮演調節流向地面的雨水、進一步穩定土壤的重要角色。[19] 這種種特性，使得熱帶森林能夠平息洶湧的洪水並有效阻止土石流。

沿海的紅樹林和森林種植區，甚至還在 2004 年發生的印度洋海嘯中保護了斯里蘭卡的部分地區，若沒有這些樹林，受到的影響必會嚴重得多。[20] 熱帶森林還擁有獨特的微生物，可迅速分解死去生物的有機物質，處理一整年掉下的所有落葉，讓土壤得以為植物提供豐富養分。[21] 微生物、根系和腐爛的植物，甚至能過濾流經它們的水，為動植物去除汙染物質。

由德國綜合生物多樣性研究中心的生態建模師娜嘉・魯格（Nadja

Rüger）博士領導的一組科學家，在巴拿馬運河中部一個島嶼上進行的研究顯示，紅木和亞馬遜堅果樹（巴西堅果樹）等長壽的先鋒樹種，代表特定熱帶森林裡將近一半的生物量（譯注：生物質是指生態系中所有生物的總重量）。[22] 對於熱帶森林大型樹木的研究，更證明它們對森林的碳儲存與碳循環具有重要的控制作用。[23] 正如娜嘉所說：「這許多對地球圈（geosphere，亦稱地圈，是岩石圈，水圈，冰凍圈和大氣的統稱）和一系列地球系統的幫助，可歸功於熱帶的『樹鬍』（Treebeard，《魔戒》裡最古老的樹人）。」

　　熱帶森林對地球系統的貢獻也延伸至天空。林木的大型葉片和寬闊的樹冠，為水分重返大氣提供了完美的轉移平台。不論任何時刻，熱帶森林都負責全球 1/3 的蒸發量（從樹葉蒸發水分），[24] 水一旦進入空氣，熱帶森林所釋放的花粉、真菌孢子和各種化合物分子，便會與水分結合而形成雲。[25] 氣候科學家透過類似蒂姆・蘭頓教授的氣候實驗沙盒技術（在第一章談到植物對地球的第一次影響時提過）已證明這種蒸散作用至關重要，可同時幫助局部地區和區域尺度的水循環（或說水圈）。如果把亞馬遜河流域的熱帶森林全都砍光，當地降雨量每年平均可能減少 324 公釐（某些估計是減少 640 公釐，幾乎超過英國泰恩河畔新堡及其周邊地區一整年平均降雨量[26]），整個南美洲的雨量也將減少。[27]

　　同樣地，若砍伐中非剛果河盆地的森林，不僅會讓附近地區的降雨量減少 50%，還可能導致西非幾內亞海岸沿線的降雨量減少。[28] 若對熱帶森林砍伐進行模擬，就會發現在全球氣候環流系統產生的變化之下，影響所及甚至超出熱帶地區的範圍。若把亞馬遜盆地的森林砍伐殆盡，可能會導致美國中西部和西北部的降雨量減少。[29] 與此同時，模擬剛果盆地的森林遭砍伐的情況，顯示墨西哥、美國、阿拉伯半島、非洲南部及歐洲南部和東部的降雨量都會減少。[30]

　　能讓雲形成的熱帶森林樹冠，不僅在水循環中發揮重要作用，還在調節當地、區域性和全球性氣溫方面帶有「遮陽傘」的作用。由於熱帶地區比地球上的任何地方都更暴露在太陽的照射下，森林上方充滿水分的雲所

提供的陰影和水氣，不僅能讓下方的地表冷卻，對於溫度的影響甚至還更廣泛。[31] 更別提熱帶森林儲存了全世界近 1/4 的陸基碳（land-based carbon，譯注：陸基碳是被植被與土壤固定住的碳）這個事實，尤其泥炭沼澤森林是龐大的「碳匯」。由於熱帶森林進行地球上 34% 驚人比例的光合作用，它們一旦消失，不僅被捕獲的碳會被釋放到大氣中，生物圈能吸收的二氧化碳也會減少，[32] 這些大幅增加的碳排放量將會捕捉更多的太陽能量，進一步加劇全球暖化。儘管土地覆蓋率的變化、反射率（陽光被反射回天空影響地表變暖的程度）和二氧化碳變化之間的相互作用十分複雜，[33] 但從一系列氣候模型的研究及直接觀察，都強調森林砍伐對區域和全球溫度的潛在影響。如果將亞馬遜流域、中非和東南亞的森林砍伐殆盡，將分別導致攝氏 0.1 度和 3.8 度、0.5 度和 2.5 度，以及 0 度和 0.2 度的區域溫度上升。[34] 光是目前泛熱帶森林的砍伐現象，就導致全球平均氣溫升高攝氏 0.7 度，比 19 世紀中葉以來觀測到的地球暖化和化石燃料燃燒加劇的總量還要高出一倍。[35] 這毫無疑問將會進一步導致極地冰層融化、氣候不穩定，以及熱帶內外各種動植物滅絕。更不用說自工業時代以來，人類已燃燒掉大部分煤炭的事實；這些煤炭是我們在第一章尋找地球第一批樹木時看到的，起源於石炭紀的最早期熱帶森林。

熱帶森林常被描述為「地球之肺」。雖然媒體說它們供應了地球 20% 的氧氣[36] 的說法並不正確，不過它們仍舊與區域和全球空氣品質糾纏不清。若沒有森林，地球只會變得更加塵土飛揚。[37] 缺少樹木的蒸散作用，也會增加火災發生的可能性。[38] 倘若砍伐森林或是清除熱帶泥炭而刻意燃燒森林，這種影響還會加劇。

2019 年的東南亞森林大火，顯示廣泛地燃燒森林如何對一整塊面積的空氣品質產生劇烈影響，像是印尼大火就被認為是造成馬來西亞、新加坡和越南霧霾災害的源頭，甚至迫使這些地區學校關閉。值得一提的是，印尼嚴正否認自己是唯一有過錯的國家。[39]

缺乏過濾空氣的森林覆蓋，[40] 空氣中的灰塵便會增加，火災頻率也會

上升。加上與砍伐森林息息相關的二氧化碳、一氧化二氮（笑氣）和甲烷排放，終將影響到我們呼吸的空氣，而且範圍不只局限在人口稠密的熱帶地區。除了直接影響到人類的呼吸外，熱帶森林的改變也會干擾我們的食物供應。隨著越加難以預測的氣候直接影響作物收成，非洲、亞洲、太平洋和新熱帶地區的人口已面臨糧食安全的嚴重挑戰。此外，由於西方世界非常依賴龐大的國際食物網絡，就我們在第十一章回顧的殖民過程來看，熱帶和亞熱帶的氣候變化，也很快會影響到歐美地區從巴西和印尼進口的咖啡，以及從亞洲進口的稻米。

　　熱帶森林急劇減少造成的全球氣候潛在變化，甚至可能危害美國、中國和印度主要作物的成長，而對這些地區大量的人口造成災難性的影響。[41]因此在 21 世紀中，熱帶森林可能是與人類命運最為糾結的地球系統。綜觀熱帶森林歷史，我們可以看到人類如何依賴這些環境，同時以某種方式與它們相互關聯。那麼，這場困境從何時開始？我們過去與熱帶森林的互動，到底如何塑造了我們今日所處的潛在危險處境，以致全世界都感受到這些環境的喪失？

　　　　　　　　　　———————

　　在第六章已經展示早在 20 萬到 10 萬年前（較確定的證據是在 8 萬到 4.5 萬年前）的晚更新世，人類就反覆佔領熱帶森林的情況。[42]但是這些早期的狩獵採集群體，是以何種方式對環境產生長久的影響，甚至對地球系統產生影響的呢？

　　一種情況是他們把大型的動物鄰居趕盡殺絕，也就是一般而言體重超過 44 公斤的動物。在全世界各地，許多這類大型動物在更新世晚期都面臨了滅絕命運，因為當時智人正在佔領地球上的各個新區域。在南美洲，包括亞馬遜盆地在內，大量奇特而令人驚嘆的大型動物在這段期間消失不見，例如巨型樹懶、類似象的劍齒象，以及體型接近犀牛大小的弓齒獸等。[43]同樣地，在第八章中我們看到，人類與後來在加勒比地區和馬達加斯加的

巨型動物滅絕脫不了關係。針對全新世早期至中期一系列獨特的大型哺乳動物譜系,特別是南美洲的動物進行的系統發生學的分析,都證明光是這樣就造成 20 億年演化成果的消失。[44]

傷害還不只如此,由於大型動物群對熱帶森林生態系而言如此重要,透過大型種子和果實的散布,以及穿越森林時擺動牠們的龐大身軀造成的擾動,一些科學家指出,倘若的確是人類導致了牠們的滅絕,那人類就不僅是響了生物圈,也是影響地球碳循環的第一個案例,因為在大型動物的缺席下,大型樹木的再生也會受到阻礙。[45]

人類早期對地球系統產生潛在影響的其他案例,還包括在婆羅洲、東南亞、新幾內亞高地、[46] 大洋洲附近及澳洲昆士蘭州 [47] 等地刻意燃燒與管理森林。原住民人口的研究則顯示,透過廣泛並長期維護森林邊界、開闊地塊及清除森林地面等等活動,如何能改變並管理熱帶生態系。[48] 然而,很難直接又確實地把這些變化都歸因於人類活動,從前面提到的三種大型動物案例看來,我們的祖先似乎不是熱帶森林退縮的唯一因素。整體來看,人類活動對整個地球系統的影響雖然可見,但相對局部。[49] 不過隨著農耕的出現,可能開啟了人類在大陸和全球規模上對熱帶森林和地球系統的影響。

我們在第七章看到某些人類最喜歡的馴化動植物如何起源於熱帶,包括考古紀錄中某些最早的栽培案例。我們也同時目睹自溫帶地區引進的農業系統如何對環境產生重大影響,甚至與全球公認的前工業化「溫室氣體」排放有關。雖然我們習慣把牛隻視為重要的甲烷產生者,但事實上稻米也不遑多讓。當稻米生長在被水淹沒的土地或稻田時,田中積水會阻止氧氣進入土壤,讓土壤成為生產甲烷的細菌溫床。

威廉・魯迪曼(William Ruddima)是第一位提出「人類世的起點,可在約 8000 年前的農業起源中發現」的科學家。他主張歐亞大陸猖獗的「農業砍伐」造成的二氧化碳排放,結合史前「稻米」在亞洲擴張造成的甲烷排放,共同製造了溫室氣體效應,其規模之大阻擋了原先要展開的冰河期循環。[50]

其他科學家也將反芻牲畜飼養的擴張，連結到撒哈拉以南的非洲、印度季風帶和中國中部地區，以及整個東南亞地區水牛、稻米與稻田灌溉的擴張。這些全部加乘起來，導致後來約在 6000 年到 3000 年前甲烷的大量排放。[51]

　　這些模型甚至還沒有將在地開發和外部引入農業的早期產物納入，詳細估算史前時期整個熱帶地區森林砍伐所造成的潛在二氧化碳排放量。雖然要找出過往人類活動與全球大氣紀錄之間直接並精確的關聯仍有相當難度，重建氣候產生的回饋甚至更加困難，然而這些例子都說明了熱帶地區的史前農業活動，何以已與整個地球系統產生交互作用。

　　在島嶼生態系統中，評估過去熱帶食品生產者對區域生物圈和地圈的影響，應該會比對整個地球的影響更容易辨識。隨人類在密克羅尼西亞和波利尼西亞的擴張被引入的馴養豬和太平洋鼠，就是很好的例子，這兩者分別導致可觀察到的土壤侵蝕，以及幾千種鳥類的大規模滅絕（詳見第八章）。而在另一個太平洋島嶼關島上，科學家認為農耕的到來導致整個島上的環境徹底從森林過渡到熱帶草原。[52] 然而，這樣的變化不只發生在島嶼上。在亞馬遜盆地，本土馴化植物的種植不只造成明顯的景觀改造、形成特殊的高土堆景觀，過去人類社會積極推廣具經濟價值的物種，也形塑了今日橫跨這片廣闊雨林樹木的現代遺傳和分布。[53]

　　阿姆斯特丹大學的古生態學家前純耀西（Yoshi Maezumi）博士和她的同事，目前在巴西亞馬遜森林保護區的卡拉納湖進行研究，他們已證明 4500 年來的森林管理不僅留下豐富的可食用植物物種湖底沉積物紀錄，也在周圍的森林組成上留下人類管理的痕跡。[54] 儘管如此，正如她所說的：「人類在古代森林砍伐、早期熱帶農耕系統的燃燒行為所造成的廣泛作用，以及人類利用土地對生物多樣性、土壤、降雨和溫度造成影響的遺留，仍需詳細比對過去多代的紀錄才有辦法釐清。」

　　在東南亞、中國南部、熱帶非洲的大部分地區，以及我們在熱帶旅行拜訪過的大多數島嶼環境也是如此。目前的調查通常僅限於地區性的比較，至於將考古和過去的環境數據整合到「區域地球系統模型」的研究仍方興

未艾，是未來迫切需要整合的領域。

不過，糧食生產社會對熱帶環境和地球系統的影響只會增加，情況正如我們在第九章所見，在 2500 年到 500 年前，許多人口稠密的城市定居點、國家和帝國都出現在熱帶地區。光學雷達和其他遙感技術已經證明，過去這些熱帶地區的人口規模十分龐大。在北美洲和中美洲的新熱帶地區，古典和後古典馬雅人佔領了廣闊的城市景觀，在那裡種植作物並對森林進行管理。最近的估計則顯示，在西元 800 年左右該地區可能多達 1100 萬人。[55] 將這些人口規模與森林砍伐關聯起來的預估，現在已被納入氣候模型，顯示中美洲城市社會讓整個地區降雨量減少 5% 到 15%，加劇當地的乾旱現象，間接導致居住在乾旱地區的居民生活陷入困境。[56] 更別提橫跨整個墨西哥河谷、甚至擴展到帝國控制區域以外的三方聯盟（阿茲特克帝國）所推動龐大水利建設和農業改造，更讓情況雪上加霜。

再往南走，印加帝國轄下約有 2000 萬人口，他們砍伐山地和山坡上的大量樹木，用來建造大規模的梯田和灌溉網絡。不過印加統治者也不斷透過植樹和木材使用規範，來對抗土壤流失問題。[57] 最近的人口估計顯示，在約 500 年前，亞馬遜盆地「田園城市」裡有大約 800 萬到 2000 萬人口[58] 透過龐大的土方工程、佔領土丘和堤道網絡，持續對森林的組成、再生和延續產生影響，[59] 甚至還影響到整個森林的覆蓋率，這些施作也改變了地面下土壤的養分含量和肥沃度。[60]

儘管這些根據人口普查數據、後來的殖民紀錄以及考古紀錄所做的整體人口預估仍有爭議，但這些前殖民新熱帶社會，包括加勒比地區的前殖民人口，不只在熱帶森林留下印記，還在區域和大陸的生物圈、地圈、水圈中留下印記；也許我們很快就會看到這些人對地球大氣層的影響。值得注意的是，即使在城市系統中，這些人口也經常分散在整個景觀裡，結合作物種植、樹木管理及對陸地與河流野生動物的利用，降低每個地塊在任何時間點下的整體人均壓力。結果，儘管在有某些地方與區域性的挑戰，到了與歐洲人接觸時，新熱帶地區的人口已與歐洲人口十分接近。

接著轉向亞洲，前工業時期世界上最大的城市中心，記錄了柬埔寨大吳哥地區乾燥熱帶森林受到的影響。針對湖芯沉積物和城市基礎設施的研究發現，當地人們為建造巨大的人造溝渠排水系統，逐漸地砍伐森林，導致當地水土逐漸流失。伴隨著氣候變化，統治者最終放棄以此地作為王國首都。[61]

古環境調查的限制，代表我們對西非和中非、中國南部、東南亞其他地方，以及斯里蘭卡和印度次大陸的重要國家和帝國，到底對它們周圍的熱帶森林環境與地球系統產生什麼影響的瞭解幾乎為「零」。但從目前的研究結果，我們可以肯定其影響被低估了。[62]這跟環保、生態和地球科學等學術界經常提出的觀點相反，因為這些環境並非只是一塊等待後續事件發生的空白畫布。相反地，幾千年來對於熱帶森林日益密集的操縱，意味著人類社會早已和動植物群落、土壤甚至區域氣候一起，被牢牢銬鎖在地球系統的回饋機制中。有些科學家認為這樣的例子某種程度上聽起來只是趣聞軼事，無法與後續將發生的事件相比，他們可能是對的，但原因並非熱帶森林受影響的範圍較小，或是與目前人類對熱帶和地球系統主導的影響相較下較小。相反地，很清楚的是，雖然前殖民時期的熱帶社會改造熱帶環境時通常會留下深遠影響，但他們同時也保留一定程度的適應靈活性。

我們已見到一些較明顯的例子，包括當地的菁英、商人，特別是農民和園藝工作者，都可以看到周圍正在發生的事，因而改變種植與開發的內容和地點、改變景觀，也轉移自己的政治中心和結構，或是單純地繼續下去。然而全球經濟原型及後來的全球跨海經濟、政治和社會結構的控制手段越來越惡劣和普遍，掃蕩了當地做出的適應選擇，特別是那些遭到邊緣化、受壓迫的群體。從這時期開始，人類走上今天的道路，那些受到人類世熱帶森林變化影響最大的人，也成為最無法改變生活和保護自己生計的人。

　　1491 年，熱帶森林中的人口規模及他們對環境改造的程度，在他們的世界與歐洲相互碰撞時發生的事情中已有戲劇化的說明。我們在第十章中看到亞歷山大・科赫（Alexander Koch）和他的同事使用歷史文獻、定居區域及其他來源的現有人口評估模型，估計在歐洲人到達後 150 年內，因為橫渡大西洋來到此地的疾病，在新熱帶地區造成原住民的驚人死亡率。然而他和他的團隊並未就此罷手，他們先假設新熱帶不同地區的原住民會使用給定的土地面積，然後試圖弄清楚如果他們突然大幅從熱帶景觀中移出，會對環境產生什麼影響？結果發現在無人砍伐的情況下，美洲的新森林會迅速生長，吸收額外的碳，並在 16 世紀和 17 世紀初的極地冰芯沉積物裡（對應全球大氣二氧化碳濃度）記錄到大幅下降了 7ppm。[63] 二氧化碳濃度下降使全球溫度降低攝氏 0.15 度，這數值看起來不大，但確實是小冰河時期最寒冷的期間，亦即約在 1600 年至 1650 年間整個歐洲的收成普遍不佳，在寒冷結冰的湖面溜冰成為藝術家的靈感來源。

　　我們可能需要針對考古學、古生態學和歷史上的土地利用有更詳細的變化模型，好確認這種「重生林」的規模。然而，對亞歷山大來說，目前

在村莊附近溜冰。亨德里克・阿弗坎普（Hendrick Avercamp）的畫作裡展示「小冰河時期」期間荷蘭運河和湖泊上結冰的情況。（Wikipedia）

的證據已足以證明，歐洲殖民下的美洲原住民（特別是新熱帶地區）「大滅絕」，是人類驅動下對地球系統造成的影響，並早在工業革命之前，就在遠離熱帶的地方產生了嚴重的氣候回饋。

地球科學家西蒙・路易斯（Simon Lewis）和馬克・馬斯林（Mark Maslin）甚至認為，「大滅絕」以及隨之而來的地球系統回饋，確實代表「人類世」也是地質時代的一個重要標誌，讓過去事物與現代世界體系的開端自此分道揚鑣。[64]

當然從生物圈角度來看，第一個將美洲熱帶地區連接到非洲、中國和歐洲的全球貿易網路，不僅以前所未有的規模轉移了微生物，還轉移植物和動物。舉例來說，路易斯和馬斯林在《自然》期刊發表的一篇重要論文中就指出，從西元 1600 年起，歐洲湖泊和海洋沉積物，以及中美洲和南美洲湖泊紀錄中香蕉植矽體的出現，代表所謂的「哥倫布交換」促成人類食物和美食全球化的清晰地層標記。[65]

由於熱帶地區剛好位在世界各地景觀與飲食變化的中心點，檔案紀錄和考古植物紀錄中的菲律賓甘藷、非洲木薯、墨西哥小麥、歐洲馬鈴薯和番茄以及加勒比地區的甘蔗，也有相同的情況。馬、牛、山羊和豬的骨頭，以及非刻意移入的老鼠偷渡者，也在熱帶地區許多考古遺址中出現，首次提供沉積物中保存紀錄的潛在線索。這些動物很可能對熱帶生物多樣性、植被覆蓋、植物群落結構，以及土壤穩定性產生重大影響，可說是「地球生命在沒有地質先例的情況下，迅速、持續且徹底進行重組」的部分過程。[66]

這種「重組」也包括與歐洲人一起到來，利用、感知並佔據熱帶景觀的新方式。我們先前在第十章看到，在 17 世紀下半葉，也就是在該地區開採礦產僅僅一世紀後，西班牙已從新熱帶地區獲得 1600 萬公斤的白銀，這是歐洲過去所有白銀總數的三倍！這樣的開採當然會在波托西等地留下深刻傷痕，包括當地勞動力被迫進行密集的採掘作業。1600 年，當地樹木已被砍伐殆盡，馴化的動物和野生動物全數消失，整個山坡土壤都變成鬆散

的礫石。[67] 與此同時，採礦作業中用到的水銀滲入土壤並蒸發到空氣中。巴西高地的金礦開採也一樣慘烈，以致當科學家在 19 世紀早期造訪該礦區時，還以為這些過去曾經茂密的森林地區，一直都是現在這樣的貧瘠高原。[68]

在日益廣泛的種植園農業形式中，可看到類似忽略環境永續性、只在乎利益的情況。17 世紀中葉，歐洲對糖永不饜足的欲望，已經將巴西至今仍受到嚴重威脅的大西洋熱帶雨林，吞噬了大約 5000 平方公里，[69] 消失的面積幾乎與整個千里達和多巴哥一樣大。我們也在加勒比地區的英國、荷蘭和法國的甘蔗種植園、東南亞的荷蘭香料種植園，以及馬達加斯加的法國香草種植園，發現類似的環境剝削模式。

除了經濟作物之外，全球化的經濟體也開始把熱帶景觀當成供應他們每日飲食物和材料的地方。舉例來說，在將地中海沿岸的木材用罄後，西班牙人和葡萄牙人分別轉向菲律賓、古巴和印度南部的木材資源，以此建造他們的船隊。[70] 這種對「廉價自然」[71] 的渴望、任意取用並從中獲利而造成的熱帶森林砍伐，目前仍難以判斷其完整規模。

我們也在第十一章看到，早在 19 世紀就有一些關心熱帶森林砍伐現象的觀察者，已經推測新熱帶種植園的農業與地區的乾旱現象有關，就像地球系統給予的重大回擊一樣。

「資本時代」下不斷擴大延伸的觸手，也與人類史上最突出的「人類世」過程，亦即西北歐「工業革命」的開始有關。[72] 雖然這場革命在遠離熱帶景觀處發生，然而究其資本來源，這些投資者、企業主、工廠主人和商人所擁有的財富、生產力和生活等，全都是 17 世紀至 20 世紀期間以越來越無情的速度從熱帶地區巧取強奪而來。

以特權使用奴隸種植富含能量的蔗糖、以出口為目的在熱帶河流盆地種植的水稻，以及用於提高當地農業效率的馬鈴薯和肥料等，都意味著熱帶地區也經歷「熱量」的重新分配。熱帶地區的居民失去自己選擇種什麼的機會，被迫優先促進從英國開始、然後是西歐其他國家，再到後來的北

美北部這些國家社會的繁榮富足。結果，西歐這些帝國對熱帶植物、土地和勞動力的佔用，可被視為大規模工廠化、資本主義工業生產、鐵路輪船運輸、基礎設施擴張，以及貪得無饜地燃燒化石燃料背後最重要的推手；我們可以在北極冰芯的取樣分析中看到，從 19 世紀開始大氣二氧化碳含量明顯增加，[73] 全球可識別的增加物還包括甲烷、硝酸鹽和灰塵，都在結冰和湖泊中留下燃燒殘留物的紀錄。有些學者認為這就是最能標記「人類世」真正開始的時代，[74] 以工業和交通為主的排放，始終是 21 世紀人類驅動的全球暖化背後真正的罪魁禍首。

　　上述過程的種種論述不只對探索「人類世」現象慢慢加劇的過程十分重要，也對解構確定的、一致的、地質的、科學的「人類世」概念相當重要。研究殖民和帝國化的過程如何掃蕩整個熱帶地區的人類學家、歷史學家和史地學家都認為，無論在工業革命時期或是在 20 世紀後期歐洲和北美北部的各種事件中，想找出單一的「人類世」事件峰值，便是模糊了直至 21 世紀以來對於自然世界的影響，幾乎全都建立在長期不平等之上的事實。

　　從 15 世紀至 20 世紀的全球史來看，「人類世」並非所有人類的產物，它也沒有平等地影響全人類。[75] 如同克拉克大學的珍妮・戴維斯（Janae Davis）和同事所說：「它是少數人驅動下相互關聯的歷史過程產物，透過殖民主義、奴役和種族主義，為全球資本主義提供了條件。」[76] 人類學家多娜・哈拉維（Dona Haraway）[77] 的研究工作更擴大範圍，認為「種植世」（Plantationocene）是個比「人類世」更合適的概念。與其將西歐的蒸汽和工廠視為目前全球化世界的起源，更應該看看「種植園」如何將外國投資轉變為單一的熱帶景觀，並迫使來自全球各個角落的人、植物和微生物聚在一處，[78] 造成大量原住民死亡與種族化資本驅動下的奴役體制。[79] 透過這樣的架構，植物、景觀和強迫勞動的人力，為貪婪的西方工廠提供了「模型與運作動力」，[80] 也被許多人視為我們今日必須與之抗衡、以工業為基礎的「人類世」之具體體現。

　　還有一些人類學家和歷史學家提出「資本世」（Capitalocene）這個含義

更廣的術語，強調種植園只是全球資本系統起源的一部分，將熱帶和熱帶以外的景觀包裹在一起。[81] 這種觀點強調歐洲對大西洋和美洲熱帶土地的殖民侵入是如何被繪製、建模和評估的，同時所有的開放土地都準備投入生產。奴隸制和雇傭契約下的勞動及自然環境，通通是可以累積、佔有和使用的商品，結果出現了一個熱帶環境——從玻利維亞的銀礦產地到海地的咖啡種植園、從墨西哥由馴化牲畜改變的景觀到菲律賓樹木遭砍伐的山丘，以及印度農民拼命種植棉花取代糧食，以便賺取夠多的錢來繳斯里蘭卡高地的茶園稅金——嚴重退化到只為提供歐洲西半部和北美北部的人口、工廠和政府資本和權力而存在。其結果也讓熱帶地區的人命被簡化為廉價的種族商品，只為世界另一端的國家、企業和工廠提供食糧。[82]

這不是在說受壓迫的少數民族和人口一直都是無能為力的，第十章和第十一章中已向我們展示，有許多抗爭以及在熱帶地區塑造出全球文化、美食和經濟體系的例子。但整體而言，對「人類世」過程的任何研究都必須承認，21 世紀的熱帶地區無論在政治、經濟、社會和地球系統的全球作用方面，都不是因人類隨機、劃一的行為而產生，而所有參與其中的人各自扮演的角色也不平等。

————

熱帶森林自然不是史前史和人類史中調查和觀察人類世過程「多重起點」的唯一環境。[83] 有些考古學家把焦點放在世界各地的土壤沉積物中，像是把土壤沉積物裡的「陶器」起源和傳播，當作一種人類行為和廢棄物的「新」標記，[84] 目前可追溯至 2 萬到 1.2 萬年前的東亞。[85] 而來自近東的馴養動物，代表獨特的「有機遺骸」發現的開端，預示著人類對生物圈影響的新時期。[86]

然而，熱帶森林可能是最容易受到生物、氣候和大氣地球系統影響的陸域環境，即使是地方和區域的微小變化，都可能對它們產生廣泛的影響。若考慮到熱帶森林在地球系統中的「基石」地位，我們便能想像大型動物

如何被狩獵和燃燒森林擾亂？以及馴化動物、會排放碳的作物及森林砍伐，又如何在面對不斷擴大和當地發展的農業系統時擴張？還有工業化時期之前在熱帶森林裡出現的前殖民熱帶城市、王國和帝國，又如何對從本地到全球的地球系統產生影響？

在人類世框架內進行研究，可以看到人類對地球系統的明顯介入不是一個明確的全球性「人類世」高峰事件，其相互作用的強度或規模也與 21 世紀的情況並不接近。然而本書第六章至第九章毫無疑問證明了所有熱帶森林如何經歷了人類操縱的深遠歷史，在物種分布、生物多樣性和生態系統互動方面都留下持久的遺害。我們將在下一章看到原住民管理森林的悠久歷史，讓少數「原始」熱帶森林得以保留，並反思我們在保護熱帶森林上該有怎樣的選擇和作法。

反過來看，關於熱帶森林不斷增長且充滿活力的考古、歷史和古生態文獻紀錄，迫使我們必須面對更具挑戰性的問題，亦即我們到底想在世界各地守護怎樣的環境：是空無一人居住的環境，或是能永續管理與使用的環境？我們又該怎樣給它們更好的保護呢？

熱帶森林，以及它們的人類、植物和動物居民，肯定不是 15 世紀至 20 世紀間唯一受到殖民主義、帝國主義和資本主義影響的環境。1541 年，在亨利八世的統治下，英格蘭開始在愛爾蘭森林開採原料和土地，並將愛爾蘭地區的勞動力視為殖民統治的一部分。[87]16 世紀初期的中歐地區，也曾在帝國的要求下，對鐵、銅和銀礦進行大量開採。[88]而在歐洲以外，北美溫帶地區、[89]澳洲的非熱帶地區[90]和非洲南部[91]等地，也因為越來越多對自然的侵佔和資本的流動，不斷出現原住民遭受可怕的待遇和被奴役的暴行。

我們在前面已經看到，這些熱帶地區如何變成不斷流動的帝國權力和資本的核心地帶。新熱帶地區的礦山為歐洲經濟和政治事業提供資金；世界各地的熱帶植物和景觀，也為歐美國家或私人的種植園和牧場系統，奠定財富累積的厚實基礎。熱帶地區的人類生活不斷在殖民和帝國入侵的過

程中消失、商品化，甚至被迫強行搬遷或永遠改變生活方式。

　　透過聚焦於熱帶森林史的歷史鏡頭，我們看到這座星球留下的深刻疤痕，以貧瘠的景觀、政治和資本主義的經濟不平等、種族衝突，以及地球系統的後果等各種形式存在。這也表示，地球上的所有人都陷在「在熱帶商品與環保之間、基礎建設和經濟擴張與保護地球之間、西方國家和全球對經常貧困的熱帶地區採取行動與否之間」的持續平衡之中。只有清楚認知這點，我們才能開始制定確實可行的環保方案，讓不同的國際、政府和當地利益相關者參與進來，共同應對目前地球上最受威脅的陸域環境正面臨的危機。

13 我們的家失火了

Chapter

Houses on fire

2019 年 1 月，瑞典環保少女童貝芮（Greta Thunberg）在世界經濟論壇上，向世界各國領導人宣布「我們的家失火了」（Our House is on Fire）。[1] 隨著時間流逝，她當時說的話就像是預言一般。

2019 年 6 月至 8 月間，大火席捲了巴西亞馬遜雨林。雖然這種環境通常很少發生自然火災，然而當地政府對環保法規的漠視，加上森林砍伐的長期趨勢、林地碎片化與木材切割、氣候變化以及相關區域的乾旱問題，導致了近十年以來世界最大規模的火災和森林消失事件。[2] 大火從巴西延燒到祕魯、玻利維亞和巴拉圭等國，對亞馬遜生物群落造成災難性的後果。8月，煙霧持續籠罩高空大氣中，蔓延至亞馬遜河和巴拉那河流域，甚至飄到許多公里外的聖保羅市。到了 2020 年 1 月，又有煙霧從一個非常不一樣的源頭吹抵南美洲。

旱季下的澳洲許多地區經常發生自然野火，然而在 2019 年 6 月至 2020年 1 月間，由人類造成的全球氣候暖化所引發、後來被稱為「黑色夏天」的野火，變得異常嚴重，由此產生的煙霧甚至一直蔓延到智利和阿根廷。[3]不僅如此，原先很少發生火災的澳洲熱帶雨林也發生火災。正如在我最近一次前往阿瑟頓高原（Atherton Tablelands）的旅行中遇到的消防隊員雷尼爾·範·拉德斯（Renier van Raders）所說：「在我從事消防工作的二十年間，從沒見過這些潮濕的森林燒起來。今年我們已經發生過兩次在地事件，都是熱帶雨林的樹冠層火災。」這兩個地獄般的火災景象，說明熱帶地區及整個地球在 21 世紀日益不穩定的氣候狀況，而 2020 年在亞馬遜盆地發生的火

澳洲北領地塔納米沙漠的瓦爾皮瑞人（Warlpiri）燃燒鬢刺屬植物（spinifex）以促進將來的作物成長。原住民這種火耕行為，對於維護生物多樣性和保護生態系統免受森林大火來說相當重要。但由於人為引起的全球暖化，包括澳洲潮濕熱帶生物區在內的地區，近來都發生了毀滅性的大火。（Anscape Universal Images Group via Getty）

災趨勢，仍會令人擔心地持續下去。[4] 這也顯示在社會、政治、經濟和環境的各種複雜因素下，制定永續保護和政策導向的解決方案也越來越具挑戰性。

　　科學家利用 2000 年至 2012 年間太空拍攝的衛星圖像觀察森林覆蓋的變化，結果發現在全球範圍內，熱帶森林和林地每年以 91400 平方公里的驚人速度消失[5]——大約相當於葡萄牙的面積。也因此，我們不難看出為何熱帶森林經常被學術界、政策和媒體，視為人類永續發展與否的關鍵戰場。森林消失背後有各式各樣的可能原因，某些情況下是低收入農民為了謀生而種植糧食作物或經濟作物，其他情況則是跨國公司為了利益和最大化單位面積土地生產力而在大片土地轉換上投資。[6] 滿足當地、國家和國際木材

需求則是另一種威脅。儘管經過挑選、管理良好的伐木是可以永續經營的，但監管不力、偷工減料、以及開闢道路或其他形式的基礎建設，都可能導致森林縮減和破碎化，最終影響就跟「森林跳樓清倉大拍賣」的情況一樣慘烈。[7]

　　除了森林砍伐之外，熱帶森林裡多樣化的動植物生命也面臨進一步的挑戰。在非洲，每年就有近 5000 噸的熱帶叢林動物遭獵殺，從牠們綠樹成蔭的家園裡被拖走。[8] 非洲、東南亞到南美洲「被捕獲的動物」通常是大型動物，像是靈長類動物，就是我們前面說過會對樹木整體健康發揮關鍵作用的那些大型動物。大氣中二氧化碳的增加和全球暖化，代表對熱帶森林

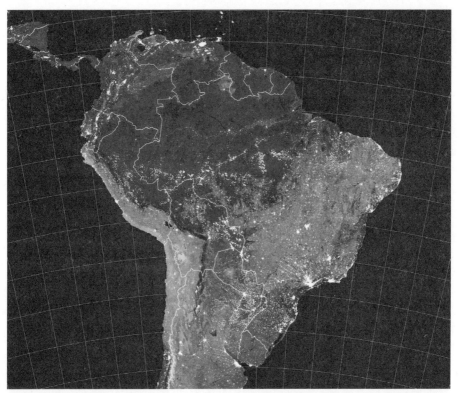

2019 年 8 月 15 日至 22 日期間，透過 MODIS 衛星掃描檢測到的亞馬遜盆地火災位置（以白色標記）（Wikipedia）。

生命較間接但同樣重要的人類威脅，從根本上改變了動植物的分布和環境。熊熊大火加上森林砍伐，只會把更多二氧化碳從土地釋放到大氣中，將地球變成一個更熱、更缺乏養分的大「溫室」。事實上，目前全球熱帶森林砍伐所產生的平均碳排放量，已高於整個歐盟產生的碳排放量。[9]

在第十二章見到，熱帶森林砍伐造成全球碳排放量增加，對地方、地區和地球系統產生了重大影響。如果熱帶森林繼續消失，就代表熱帶雨林的保護和森林的正確管理應該成為環境、經濟和政治的優先事項。這不只是赤道及周邊地區的政府才必須面對的情況，正如 2019 年亞馬遜大火對國際政治的影響所證明的，地球北部地區的政府也脫不了關係。沒錯，因為到了 2050 年，世界有一半以上的人口，以及 2/3 的兒童將住在熱帶地區，因此必須更加關注熱帶森林，讓他們的生計得以維持並確保他們的未來。[10]

從歐美家庭的觀點來看，解決方案似乎顯而易見。他們認為只要把這片土地當作犯罪現場一樣封鎖起來、驅逐所有人類、讓森林回歸「自然」，然後種植更多樹木，並鼓勵外國政府禁止伐木、狩獵和變更景觀就可以了。然而這種有時候有些居高臨下的觀點，通常忽略兩個主要問題。首先，正如我們在前面看到的，幾千年來大多數熱帶森林並非我們所想像的「完全自然」。其次，當前資本主義對熱帶地區的影響，以及以森林砍伐、狩獵和氣候變化危機為核心的全球財富失衡，不只是熱帶定居者的責任。相反地，我們所有人，尤其是西方世界享受舒適生活的我們，都該對受到威脅的生物群落負起責任。雖然這種說法並不中聽，但一切正如我們如今所見，只有在我們願意承認以上兩點時，才能制定更成功且公平的環保、經濟和政治策略。

————————

有鑑於本書看到的內容，一些保護主義者和生態學家已開始將熱帶森林地區定義為「荒野」（wilderness）。因為 21 世紀人類對地球造成的影響，估計已讓當前全球物種滅絕的速度，遠超過自然消失速度的 1000 倍。[11]由

於熱帶森林的動植物物種數量龐大，還有許多物種尚待發現，因此環保主義者將熱帶森林視為對抗全球物種消失的堡壘，某些人甚至建議以「減少人類足跡」和高生物多樣性，來保護這片「荒野」地區（亦即熱帶雨林），以確保地球上大多數植物和動物的未來。[12]

類似想法也推動著在世界各地種植更多樹木的提案，特別是乾旱的熱帶和亞熱帶地區，我們將大片土地回復到「原始」狀態，[13]此外成功對抗了氣候變化。也有生態學家強調「剩餘森林狀況」的重要性──亦即瞭解目前存在的熱帶森林是保持原始狀態，還是已因人類活動而「退化」[14]──這類術語暗示要讓森林達到原始不受干擾的狀態。類似狀況可以在聯合國教科文組織指定的許多自然遺產區中看到，像是「澳洲潮濕熱帶」自然遺產區就包含了「5000萬到1億年前覆蓋澳洲的岡瓦納大森林遺跡」，[15]認為如今只要維護原始森林不受干擾及其特有的樹冠、樹木分層和動態，鐵定能帶來幫助。毫無疑問地，這些森林無論在空氣品質、土壤穩定性、氣候和生物多樣性保護各方面能發揮重要作用。[16]

事實上，世界上保護得最好的生態區都位在新熱帶和東南亞「原始不受干擾」的熱帶森林地區。[17]然而面對人口持續成長，完全「自然」的熱帶地區保護圍欄已越來越難維持。此外，生態學家也已瞭解所謂「原始不受干擾」的森林不一定是「古老」的森林，即使是後來才恢復生長或人為種植的森林也能帶來許多生態效益。[18]正如本書開頭看過的，熱帶森林並非靜止的。舉凡板塊構造、氣候變化，以及後來的人為刻意干預，都讓它們不斷變化。因此若我們排除森林的動態歷史，或是將以傳統方式生活在其中的人類排除在外，反而會扭曲森林的實際樣貌，造成意想不到的後果。

若我們能以正確方式建立森林保護區，保護區的做法就依然有機會是保護熱帶森林的有效方案。不過對許多熱帶森林地區來說，「保護區」不是一個有效甚至可行的方案，那麼我們可以另外做些什麼嗎？我們能否從已有的考古、歷史和古生態學洞見中，學到一些有用的東西呢？

舉例來說，叢林動物的狩獵通常被認為本質上是無法永續的，將會導

致森林變得「空蕩蕩」。[19] 然而,正如我們在第六章中看到各地物種首次
的全球擴張之旅中,半樹棲和樹棲哺乳動物,包括在斯里蘭卡熱帶雨林中
的兩種瀕危靈長類動物(灰葉猴和紫臉葉猴),自 45000 年到 3000 年前間就
一直被持弓箭的原始人類捕殺,但這並沒有產生明顯的負面影響。[20] 此外,
在可追溯至 45000 年前的早期婆羅洲地區,人類為了維持空地、小徑和草
原生物群,刻意對熱帶森林進行改造,結果比起阻礙,反而更加刺激野豬
等獵物種群的擴張。[21]

　　當然,在中非和南美洲的觀察紀錄中,我們看到原住民的狩獵方法和
文化限制,都讓獵人在不同的森林區域和不同物種之間移動時,保持他們
獵物社群的整體健康。[22] 與此同時,針對亞馬遜盆地、新幾內亞和澳洲的
人種學研究,也揭露了人類的刻意焚燒,反而對富含澱粉植物的生長以及
當地被獵殺的鳥類和地棲、樹棲哺乳動物數量有所幫助。[23]

　　事實上,儘管在第十二章討論到史前的「過度捕獵」算是一種早期人
類對地球系統的潛在干預,但大多數與狩獵相關的熱帶動物滅絕,全都晚
於歐洲殖民之後。今日最無法讓森林物種持續的狩獵行為,都是在傳統武
器、當地生態知識和生存需求,被沉重的人口壓力、觀光客尋求「戰利品」
的殺戮行為所取代,或是現代商業和個人主義驅動下使用陷阱和步槍技術
讓獵捕最大化之後出現的。[24] 其中,後者通常是為了飼養寵物、尋找藥材
或是獲得象牙等貴重物品的國際非法貿易。[25] 然而,若能在適當的條件和
作法下進行,熱帶森林的狩獵行為,尤其是作為當地食物的來源,不必然
會導致動物完全消失。

　　我們也看到農業活動和熱帶森林間也並非一定相互衝突。誠如在第七
章所見,這些環境已經出現比世界上任何地方都還要早的刻意栽培法。不
僅如此,熱帶地區的原住民農業活動,向我們揭示世界上還存在其他糧食
生產方式,不同於歐美對「農業」的普遍認知。考古學、古生態學和原住
民知識在 21 世紀當中,都在提倡熱帶地區改善糧食安全「有用古老方法」
的好處。奈及利亞伊巴丹大學的植物考古學家埃莫波薩‧奧利耶米(Emuobosa

Orijemie）博士也強調，奈及利亞中部過去 1000 年來的植物考古學紀錄如何顯示了「混合種植油棕、花生、山藥、豇豆和珍珠粟等本土作物，而非採用任何單一作物栽培」在人口擴張和氣候變化的時期，可提供人們糧食上的保障。的確，在許多熱帶地區，科學家、當地小農和原住民社區都一同呼籲擺脫在基因改造技術、單一栽培和市場需求的期望下[26]鼓勵最高產量的「不安全農業」，轉而走向確保多樣化傳統穀物、豆類、農業系統，以及以家庭為基礎的社區網絡「安全農業」。那些在糧食生產上流傳至今的實作遺產，也是為什麼我們在本書開頭看到亞馬遜盆地河岸村莊仍出現人為的肥沃亞馬遜黑土，以及結合木薯、玉米與野生亞馬遜堅果和棕櫚樹的小塊林相。儘管許多人認為農田和森林砍伐才是通向「文明」和發展的途徑，但從世界各地熱帶森林土壤幾千年來耕作方式的紀錄來看，糧食生產確實還有一種極為不同卻更永續的途徑，適合熱帶和其居民用來對付日益不穩定的氣候威脅。

　　由於到了 2050 年，世界上將有 70% 的人口居住在城市地區，而且大部分將集中在熱帶地區，所以我們還必須接受城市及其基礎設施將與熱帶森林持續發生衝突的事實。[27]儘管歐美城市人口、公路、鐵路、機場、房屋和工業高度集中的特色，似乎與熱帶森林的永續無法相容，但第九章的內容已向我們顯示，熱帶考古紀錄或許能再次提供某些解決方案。例如在柬埔寨、北美和中美洲、亞馬遜盆地和斯里蘭卡地區看到的「以農業為基礎的低密度城市化」，就可為人類在景觀中低密度分布，以及糧食生產與城市設施、行政與住宅並置上提供範本。

　　同樣地，西非前殖民時期的城牆城市，像是貝南城，展示了城市節點、野生森林、耕地和休耕地之間如何形成組織良好的系統，既能保護大量人口免受敵人入侵，也能保護居民免於資源短缺、肥沃土壤缺失，以及重要森林環境的喪失。[28]另一方面，有鑑於過去許多城市的景觀開發，都依賴土壤改造來維持龐大的熱帶人口，當今科學對改造土壤也重新產生興趣，

　　雖然這些作法代表了與當今截然不同的環境和社會經濟背景，這些古

代範本卻被 21 世紀的城市規劃者積極利用和推動，以開發更永續的城市模型，以此抵抗氣候和自然災害的波動，在地方糧食和生計上提供更好的保障。[29] 他們特別強調「綠色森林」和城市空間的混合規劃如何提供了比在當今拉丁美洲或東南亞擴張中的熱帶城市更好的發展模式。他們也指出，過去的城市發展重範本側重於在地所有權、人民協商和參與，而非經濟和政治菁英由上而下的決策，才讓熱帶城市的擴張獲得長期成功。[30]

　　接受熱帶森林的「深度人類歷史」觀點，[31] 也讓我們利用考古學和古生態學的知識，對我們想要保護的物種和生態系提出具體建議，甚至將這些概念與作法重新引入熱帶不同地區。就拿種植更多樹木來說吧，我們在**選擇樹種、種植的地點和如何種植**上，顯然必須非常小心。

　　由於不斷成長且大量的全球需求，油棕已被各國政府、公司和環保主義者視為熱帶國家和人民實現繁榮的重要途徑。如果現有農田、牧場和草原的土地都改種油棕樹的話，土地便能捕獲更多的碳，為當地居民帶來長期的環境和經濟利益，[32] 而且雖然媒體對此不感興趣，但就單位容積比較，使用棕櫚油威脅到的物種確實少於椰子油和橄欖油。[33] 然而，遙感衛星圖像顯示，特別是過去二十年東南亞地區轉化為油棕種植園的大部分土地（過去是泥炭沼澤森林地），因為森林大火、泥炭排水能力和重要生物多樣性的失去，導致大量的碳排放。[34]

　　考古學和歷史紀錄強調在不同農業系統中納入具經濟價值和永續性的作物，這樣更具生態意識的解決方案可以發揮重要作用，正如我們在第七章和第十一章介紹非洲油棕時所見。同樣地，在古生態研究方面，無論是夏威夷[35] 考古遺址中的古植物遺骸研究，還是烏干達和盧安達[36] 邊界高海拔湖泊古植物保存的 DNA 分析，都有助於讓過去景觀重返大地。

　　歐洲殖民主義入侵前的森林紀錄以及不同全新世氣候條件下存在的森林紀錄，都可幫忙我們做出「重新野化」和優先保護等事項的決定。而對熱帶古代動物化石研究，則在確定那些從該地消失但過去存在的物種，要在哪裡以及在當地該如何重新引入時深具參考價值。[37] 儘管如此，最終的

在印尼婆羅洲單一作物栽培的油棕種植園。原則上，油棕是一種可增加收入的重要作物，種植在開闊土地上，能改善整體固碳率。儘管當地管制日趨嚴格，但在過去二十年內，熱帶雨林和泥炭沼澤森林已被大量轉為人工林，釋放了大量二氧化碳到大氣中，破壞了物種豐富的棲地。（Douglas Sheil）

問題仍是：「我們究竟想要保護或恢復什麼？」

　　我們真的想重建出一種幾千年來都不曾在許多熱帶地區真正存在過的「自然」景觀嗎？或者，我們更願意參與在「許多熱帶森林早在殖民和帝國軍隊來臨之前（以及隨後讓它們成為受威脅的生物群落），就已被『成功管理』了很長一段時間」的想法中？這問題已變得越來越緊迫，因為一旦各國政府建立了保護區，很可能就會損害數千年來定居在熱帶森林的原住民之權益和生計。有時候，「既然工業化和資本主義對森林的影響是毀滅性的，**所有人類社群都必須被逐出森林**」的想法，也會形成一種狹隘的保護主義。例如居住在剛果盆地東部卡胡茲—別加國家公園的特瓦族（Twa）的原住民社群，就因為被強行驅逐並加入工資形式的工作體系，失去傳統的森林食物來源而導致嚴重營養不良。[38] 斯里蘭卡的萬尼亞拉託人（Wanniya-laeto）也

同樣被禁止在傳統林地上狩獵,導致他們的文化甚至語言都在逐漸消失中。

在某些情況下,原住民群體的遷移對森林產生了負面影響。在澳洲,官僚體系阻礙傳統原住民地主如吉巴爾人(Jirrbal)在他們的傳統林地上進行焚燒和森林管理,帶來生態上和文化上的不良後果。因為不能焚燒森林,該地乾燥的硬葉林和熱帶雨林慢慢形成茂密的灌木叢。[39] 正如吉巴爾長老德斯利(Desley)向我描述的:「這土地現在看起來生病了。」

當地氣候也因人為引起的二氧化碳排放而變成乾燥,茂密的森林地面為日益頻繁的森林火災提供理想的火源。不過值得注意的是,濕熱帶管理當局和熱帶雨林原住民這兩個團體已開始一系列的措施,鼓勵將傳統知識應用在生態保護區內。[40]

在亞馬遜盆地的古生態研究已顯示,與前殖民時期大不相同的後殖民時期森林燃燒法如何對當地的火災頻率和強度產生重大影響。[41] 然而西方科學界卻以傲慢的態度,認為我們應該保持世界上某些地區完全隔離的原始狀態,這或許有點像是在「道德」層面,抵消我們過去造成的破壞性影響。雖然表面上看來完全隔離具有潛在的生態生產力,實際上有時卻破壞了想要保護的生態系。不僅如此,這種作法就像過去五個世紀的歷史一樣,同樣是以不公平的方式,驅逐和邊緣化那些長期以來最能掌握當地生態動態和臨界點知識的人,他們同時也是擁有最強烈經驗、能將新的社會、經濟和政治結構融入熱帶土地的管理當中的人。簡言之,就是我們本該大力支持並諮詢的那些人。

我們必須承認,在第十章和第十一章裡記錄的殖民和帝國入侵過程中,已導致一系列環境、經濟和政治上的不平等,而這些至今仍綁住目前生活在熱帶地區人們的雙手。從最基本的層面來看,五個世紀以來歐美國家對生態和土地使用的破壞,使得熱帶社區成為最容易受到氣候變化和其他改變威脅的地區。例如海地、聖多美和普林西比、馬德拉、模里西斯、馬達

加斯加和加那利群島等島嶼地區，就都面臨嚴重的土壤侵蝕、土壤養分減少和入侵物種等威脅，這些難題全都可以回溯至以利益為導向的殖民種植園農業。

同樣情形也發生在菲律賓高地和海岸的森林砍伐，幾世紀以來先是西班牙的森林砍伐，後是美國和日本的帝國政府帶來的遺害，留下遭侵蝕的山坡和易受山洪影響的脆弱土地。殖民地和帝國的採掘需求，也影響到特定時期某些地區剩餘的野生動物。舉例來說，英國殖民者在斯里蘭卡的霍頓平原高地進行大規模狩獵，情況正如一位 19 世紀英國獵人所說，光是他一人就殺死了 6000 頭大象，[42] 這代表該島山區的大型動物目前已完全消失，也失去大型動物在傳播種子和擾動森林時發揮的重要作用。

最後，以工業化之名燃燒掉的大量化石燃料（主要受益者為歐美國家），更是造成極地冰冠和全球氣候系統現狀背後的主因，讓我們看到海平面上升，以及極端颱風與強烈氣旋更頻繁地分別襲擊太平洋、印度洋和加勒比海的島嶼，實在令人心生畏懼。[43] 有鑑於許多案例中，這過程背後的資本多半來自熱帶地區裡的人口交易、廉價勞動力以及榨取利潤，我們就該比平常更花心力，協助這些因氣候影響而危弱的國家解決目前困境。

除了熱帶景觀本身，殖民主義和帝國主義的長期遺害也產生各種不同的社經條件，支配了當地社群在面臨威脅時行動的靈活性。透過殺戮、疾病以及強制搬遷等手段，他們強行壓制當地原住民傳統知識，造成新興財富的失衡，無可避免地讓當地人民以求生作為優先選項。就拿非洲許多熱帶國家來說好了，它們擁有世界上成長最快但也最貧窮的人口。例如在馬達加斯加，就有超過 92% 的人口每日生活費不足 2 美元。在該國政府於 2003 年宣布保護區計畫後，執法不彰和政治亂象造成的崩潰阻礙了國家進步，反而讓非法伐木和採礦者大行其道，也讓鋌而走險的人們試圖狩獵叢林動物、進行刀耕火種的農業，以便能在乾燥環境下維持基本生存。[44]

20 世紀馬達加斯加南部在法國的帝國政策下，迫使原先流動放牧的當地人定居並種植「現代」經濟作物，結果也增加了熱帶森林和狐猴種群（佔

世界靈長類物種約 20%）的生存壓力。[45] 同樣地，明顯的貧富差距和政治不穩定，讓非洲熱帶和新幾內亞的環保協調工作面臨重大挑戰，因為砍伐當地森林的通常是當地的貧困小農。

　　相較之下，澳洲因為擁有截然不同的殖民史，使它成為世界上擁有熱帶森林的國家裡最富有的國家。澳洲當地有更高的人均收入，以及普及教育帶來的經濟和社會效益，這為澳洲指定的濕熱帶世界遺產區提供脈絡，讓我們理解他們何以可以有效擴展和管理約 89.442 萬公頃（比大倫敦地區的面積大上八倍[46]）的昆士蘭土地，每年還從 500 萬名國內外的觀光客賺取 4.26 億澳元的觀光收入。[47]

　　因此，我們不應把西方的環保理想貶為一種奢侈行為，因為事實上我們已在發展和工業化方面「做到了」。這些殖民帝國幾世紀以來在熱帶國家大肆掠奪財富，但對當地的投資和基礎建設付出相當有限，才讓熱帶地區的國家在當今環保氣候危機達到臨界點時必須同時面對改善人民生活條件的緊張處境。

　　巴西是金磚國家經濟體中日益富裕的一個成員，這裡有較低的人口成長率，因此人均收入相對較高。儘管如此，巴西政府仍面臨其支持者要求進一步發展的巨大壓力。亞馬遜州擁有巴西最大的熱帶森林覆蓋面積，卻是巴西最貧窮的一州。正如維克多和我在本書開頭看到的，茂密的熱帶雨林意味著要在州內或州外移動，只能搭乘緩慢的河船或昂貴的飛機。因此亞馬遜州和其首府瑪瑙斯要在政治、經濟和社會方面融入巴西聯邦網絡有一定的挑戰，並涉及歐洲國家與此地原住民社群相對較晚的接觸史。這裡的貧困人口迫切想擠進不斷成長的市場甚至基本的醫療體系當中，這從最近 COVID-19 爆發期間目睹的慘況便可看見。[48]

　　不管是政府授權或是非法的，更好的基礎建設和土地轉換都被視為改善當地民生的關鍵途徑，但也不可避免地對熱帶森林的重要區域構成重大環保威脅，需要更詳盡的規劃。[49] 在國際呼籲南美國家停止砍伐樹木，或要求肯亞和印度停止燃燒化石燃料之際，都必須考慮當地全然不同的狀況，

尤其要考慮它們遭遇西方國家掠奪、開發和不平等發展下的長期歷史脈絡。

　　跨國公司以及全球消費主義，如今也開始對熱帶國家進行惡毒的控制，這全拜幾世紀以來基於低薪勞動力、熱帶土地轉換以及建立資本主義取向的農業和熱帶景觀之賜。即便相對富裕的國家如澳洲也無法逃離；「黑色夏天」林火的廣大規模以及遲緩的回應，至少有部分與一個依賴煤礦公司來提振經濟，而在應對氣候變化上表現糟糕的國家有關。[50] 同樣地，在南美洲、西非和中非的政府，經常會將大片熱帶森林租給尋找石油和天然氣的公司，任由他們主導。[51] 就「經濟作物」而言，從北美洲、中美洲和南美洲的咖啡到斯里蘭卡的茶，以及從加勒比地區的香蕉到巴西的黃豆等，全球需求（包括遠在千里之外的我們的需求）長期以來促使大地主和小農，把自己的土地改作更便宜、利潤更多的單一栽培種植農業。

　　回到棕櫚油。依賴這種成分生產的產品非常多樣，包括口紅、披薩麵團、速食麵、洗髮精、巧克力、食用油、包裝麵包和生質柴油等，大大滿足了亞洲和歐美市場和消費者不斷增長的需求。這是因為東南亞各國政府，完全缺乏阻止將大量熱帶森林及其特有野生動物的家園轉換為種植園的力量所致。此外，當地土地成本的上漲，以及企業擴大自己的資產，都為當地人土地權遭到濫用敞開大門。土地價格上漲也讓小農和原住民除了轉換、承包、放棄或出售自己的土地之外，別無選擇，[52] 以致具混合性、更能永續經營並通常更具生產力的傳統施作，在激進的全球市場條件下受到威脅。[53] 亞馬遜河盆地的大地主擴大養牛場，以滿足區域和全球肉類市場的需求，預表了其他新熱帶森林也面臨類似問題。[54]

　　這種歐美消費主義甚至能主導哪些地區和熱帶森林環境優先成為保護區。無論是 3.9 萬平方公里（巴西的土木庫馬奎國家公園）或是不到 2 平方公里（新加坡的武吉知馬自然保護區），建立或維護保護區的代價都所費不貲，[55] 因此每當熱帶地區政府願意投資興建公園，或是制訂禁止伐木或清除景觀的法律時，通常需要某種形式的「回饋」。以「生態旅遊」為號召，帶遊客前往保護區一探野生動物究竟，就是一種讓國外財富能同時維護關鍵生態

作用的森林，並為當地社區帶來額外經濟利益的作法。然而問題在於，這意味著能受保護政策關注的熱帶森林，往往是可以吸引西方人士的森林，而不是能回應當地最急迫需要的森林。[56]

　　這些受到西方人喜愛的熱帶森林，通常是廣受歡迎的環保明星之綠色家園，例如烏干達「布恩迪難以穿越（Bwindi Impenetrable）國家公園」裡的山地大猩猩群、婆羅洲北部「卡比利森林保護區」裡的紅毛猩猩、巴西「潘塔納爾保護區」裡的美洲豹與食火雞，或是昆士蘭濕熱帶的樹袋鼠等。設立保護區當然具有重大意義，特別這些稀有大型動物通常在熱帶生態系統中佔據關鍵的「基石」地位，[57]然而這也意味著政府不大願意保護那些一般來說不大吸引人的森林，包括乾燥的熱帶森林、山地雨林、沿海紅樹林，以及泥炭沼澤森林等，但偏偏這些地方通常擁有更多獨特的生物族群，而且受到更多威脅，甚至在穩定景觀和緩衝自然災害方面能發揮關鍵作用。[58]這類森林位於氣候邊界的位置，例如山脈兩側或是位在非季節性和季節性降雨氣候間的降雨坡地，也讓它們最容易受到人類土地利用和氣候變化壓力的影響。[59]

　　當然，熱帶國家及其政府在熱帶地區面臨的保護挑戰中並非完全沒有責任。政治腐敗、犯罪網路、越來越多的民族主義運動和對科學的有意忽視[60]等等，都為熱帶森林保護帶來真正的問題。然而我們也不需抱持「拯救」當地無能的熱帶人口這樣的意識形態，這種高高在上的意識形態在過去半個世紀裡，已被許多殖民和帝國、企業用來合理化他們的各種暴行。

　　事實上，像是小島嶼國家協會、加勒比共同體氣候變化中心、公平貿易種植者合作聯盟、巴西亞馬遜原住民組織協調會，以及前述的澳洲雨林原住民組織這些當地人的聲音，都一再證明他們完全能看出自己和我們所有人，在氣候變化、政府發展策略和企業利益的背景下所面臨的生存威脅，也倡議了可行的解決方案。[61]只是這些宣言和要求，不論在國際社會間甚至在他們國境之內，通常被社會、經濟、政治和環境歷史所忽視，限制了這些群體的權利及聲音。加上歐美國家以消費者選擇和需求以及富有剝削

的企業為藉口，掩蓋自己正持續創造一個不平等的熱帶世界的角色。如果我們真的想為後代子孫保護熱帶森林，我們不僅要傾聽當地利益團體和原住民居民（如上述群體）的聲音，還需提供真正的援助而非光說不練。透過這種方式，我們可以將考古學和古生態學的洞見，納入熱帶景觀隨時間演變與當地人管理的現況以及在地的傳統生態和經濟知識與策略中，讓當地人也讓我們自己掌握最佳契機，來解決人類作為一個擴散到全球的熱帶物種，有史以來面臨最極端的熱帶物種永續難題。

————————

殖民史帶來的種種限制，強力地加諸在原住民群體和幾千年發展出的原住民和地方知識上，都代表在熱帶森林中推動傳統管理與適應措施，不是立刻就能施行的，甚至還可能產生負面影響。在此，考古學和古生態學加上復興原住民語言和口述歷史，能讓當地利益團體逐步參與到老祖宗的作法和解決方案之中。舉例來說，在加勒比地區，後殖民時期的房屋是用堅硬材料建造的，但這種材料不僅修繕費很高，在面對不斷加劇的氣旋、颶風和地震災難時也很危險。然而我們在前殖民時期房屋的考古紀錄上看到了很不一樣的東西，以抗性材料和結構建造的「半永久性」房屋，使用了更輕巧且易於更換的材料，這絕不是「落後」的標誌，而是在島嶼生活的人面對日常挑戰時發展出的一種既理想又經濟的解決方案。[62]

在澳洲的阿瑟頓高地，原住民長老、考古學家和古生態學家一起對烏倫巴爾袋地的過去定居點進行探訪，透過追溯當地人如何進行食物加工、動植物使用方式的口述歷史，以及土壤中存留計畫性燃燒森林等資料，留下對於自然和過往人類使用土地和資源方式重要性的檔案紀錄。[63] 有時候，這種跨學科協作和工作，甚至能突顯過去森林管理的「負面因素」，傳達詳細瞭解特定背景下不同的解決方案的重要性，而非只是籠統地陳述或應用而已。

舉例來說，科學家在坦桑尼亞的孔索與恩加魯卡地區，對過去原住民

製作的沉積物陷阱進行了考古和環境調查，結果證明這種傳統施作確實能留住肥沃的細粒土壤，同時避免田地過度鹽鹼化。然而調查中也發現，這種施作雖然可以改善山谷地區的作物生長條件，但高地的土壤侵蝕和植物喪失，最終仍可能導致土地無法持續耕作而遭到遺棄。[64]

更多詳細的調查工作，協助我們瞭解在霸道的殖民、帝國和資本主義勢力橫掃大部分熱帶地區之前，在糧食安全、具作物彈性的定居點、熱帶森林和景觀永續利用方面，當地如何利用過往規劃未來，成功實現目的或最終沒能實現的原因。

施行「保護區倡議」的地區若想要成功，當地原住民群體或農民等利益相關者的參與，已被屢次證實遠比忽視他們更為有效。在巴西亞馬遜地區，原住民植物分類系統和生態系的轉變，長期以來在卡亞波人和上欣古人所在、面積 13 萬平方公里的巨大保護區內，成為維持植物多樣性的核心力量。而在厄瓜多爾的亞馬遜地區，原住民團體結合當地非政府組織以及政府提案，把生態旅遊推廣到各個村莊，作為額外收入的來源，也成為促進熱帶森林保護和管理的一種方式。[65]澳洲政府和行政部門都大力支持的賈巴爾賓納、賈布蓋和吉林貢（Jabalbinna、Djabugay 和 Girringun）等原住民護林團體，在保護昆士蘭濕熱帶野生動物上取得巨大成功。[66]在喀麥隆，也有所謂當地「大猩猩監護人」的認領和互聯網，讓大眾瞭解非洲最瀕危類人猿的出現頻率和分布範圍，既揭發非法狩獵，也加強當地村莊、獵人、政府和環保科學家之間的溝通和瞭解。[67]

有些時候，這些環保倡議完全出自當地利益團體的行動，例如在巴布亞的曼貝拉莫—福哈地區（印尼位於新幾內亞的陸地部分），伊賈拜特長老們像是當地熱帶森林的「守護者」。他們住在各個重要地點，例如森林邊界和河流地帶，監測人們使用森林或捕獵淡水動物的情形。

不論上述何種情況，當地團體的參與，無論是基於對文化與傳統的關注、社會契約或是為了增加當地人的經濟利益等理由，都帶來更有效的管理保護區，並能減少非法入侵。[68]挪威生命科學大學的道格拉斯·謝爾

（Douglas Sheil）教授指出：「將生活在熱帶森林的人口納入其中，不僅能發揮抵禦外部威脅強大屏障的作用，更協調了經濟和生存問題與環保需求之間種種問題。」

　　考慮到當地利益團體，開發和支持從熱帶景觀中提取資源和產品的永續方案也至關重要。例如低影響砍伐（RIL）倡議就使用專門培訓的工人、有效的巡邏、保護山坡森林以及精細砍伐等方式，減少對生態系統和土壤的干擾。保留熱帶森林覆蓋所產生的長期生態和經濟效益十分顯而易見，不過這些計畫都需要生產者、消費者和政府共同承擔短期成本。[69] 在玻利維亞，地方政府頒布的法律、執法、稅收優惠和受規範的開採等等，在鼓勵有效利用經認證的森林上十分必要。[70] 為降低非洲地區的叢林動物狩獵，基於野生動物在當地人飲食中的重要性，各地政府和非政府組織需考慮提供蛋白質的替代品。在墨西哥東部猶加敦半島上，蜂蜜生產是 16000 名鄉村原住民農民的主要收入來源，而墨西哥也是世界第四大蜂蜜出口國。當地原住民農民以傳統方式生產蜂蜜，拒絕使用化學藥物，既有效控制農藥對森林環境的影響，也更仔細照顧了蜜蜂的健康。[71] 然而他們若想通過全球「有機」認證標準來提高收益，就意味著他們不能只用「傳統」方法，還需要政府的協助。[72]

　　同樣情況也出現在墨西哥恰帕斯州和瓦哈卡州從事農林業的原住民農民身上，他們是最早的有機咖啡種植者。他們的種植方法被證明對土壤、生態系統甚至碳循環有益，[73] 但隨著資金更龐大以及土地更大的地主加入有機咖啡種植行列，原先的有機咖啡在全球競爭下變得難以維持。他們必須面對艱難的選擇，決定是否冒著改成集約化種植的風險，或是改種成本較低的替代品。最終這樣的利益「權衡」需要政府、公司和非政府組織在短期內對當地社區的支持，此外也要從生態和經濟利益角度進行考量，在熱帶地區森林長期以永續的方法經營才行。[74]

　　從全球範圍看，西方國家越來積極「金援」熱帶保護。最近在法國比亞里茨舉行的 G7 高峰會，就達成一項 2200 萬美元的援助計畫，以此對抗

並減輕 2019 年亞馬遜野火的危害。然而這種「援助」想法經常引起爭議，正如巴西總統博爾索納羅所表示的，他拒絕接受這筆捐款，因為這項計畫的附帶條件，是對南美農產競爭「殖民式」的干預行為。[75]

「減少森林砍伐和森林退化所致排放量」（REDD+）計畫，則代表一種更有組織也更長期的手段，讓較富有的國家（亦即經常藉由剝削熱帶地區獲益的國家）以金錢支持赤道及周邊地區的保護工作，同時也保護當地環境和經濟及全球氣候。由「聯合國氣候變化綱要公約」（UNFCCC）制定的 REDD+ 計畫，承認熱帶森林的價值不僅在其開發潛力，還在於其中儲存的碳可保護地球大氣免於更進一步的二氧化碳排放、全球暖化及最終的氣候災難。[76]

事實上，這項計畫還針對重要的「碳匯」收益進行財務評估。較貧窮國家可收到以固碳成效為主的補貼款項，亦即由較富裕國家提供補貼，以減少不受管制的砍伐、減緩整體森林砍伐的速度、防止火災，並恢復熱帶森林的生物群落。不僅如此，REDD+ 還確保這項計畫在熱帶地區發展和執行過程中能讓原住民社群、大小企業和國家政府都看到成效。

儘管該計畫的整體經濟和生態效益仍有待確定，同時也被視為一個具爭議性的、由上而下的殖民式計畫，其權益很容易遭到濫用，[77] 但該計畫目前支持橫跨非洲、亞洲、太平洋、中美洲和南美洲及加勒比地區 64 個國家，此外也代表國際社會首次承認「熱帶森林」的保護和永續經營是全球責任。[78] 如果我們想為日益加劇的環境損失及其對地球系統的影響做點什麼，那麼你我都必須擔負起責任（以及支付些什麼）。

這點也提醒我們，或許限制自己對熱帶森林影響最重要的方法，便是改變我們的消費習慣和消費選擇。我們當中許多人受益於過去 500 年來全球不平等的社會、經濟和政治發展歷程，過度仰賴熱帶地區的資源、人群和環境，來獲取生活上的便利與舒適。目前情況依然如此。不管我們是否接受熱帶森林的砍伐及其背後原因，它始終與我們的選擇及歷史息息相關，而且其後果遲早會回過頭來影響你我的生活。因此，現在該是所有人採取行動的時候了。

不管是支付較高的價格，使用森林管理委員會（FSC）生產的木材家具。購買有機咖啡，支持並肯定原住民主導種植計畫，或是購買公平貿易巧克力、抵制雇用熱帶地區低收入勞動力（經常是童工）的服裝公司，還是深入瞭解你規劃的下一個生態旅遊地點是否對當地社區和經濟帶來實際好處；又或者是花點時間閱讀餅乾標籤，確認是否是包含永續的棕櫚油產品，你也可以拒絕大規模生產且未經認證的棕櫚油產品；還是或者，甚至減少在搭車旅行和搭乘國外航班的次數，控制自己的碳排放量，你都能減少對最脆弱的熱帶地區以及最終回到我們自己身上的氣候影響。

請你回家看看，無論你家是在遠離森林邊界的熱帶城市，或是在數萬里外一早起來冰冷又沉悶的歐洲西北部城市，隨處都可看到熱帶產品和設施，它們就坐在我們的腿上，或是飛到我們家廚房的櫥櫃上。然而，它們的起源、生產以及你購買和使用它們的能力，全都來自熱帶地區，並且是藉由過去五百年歐美經濟和政治、結合熱帶森林及當地社區開發得到的。因此，我們的購物決定至關重要。

————

2018 年冬天，英國 Iceland 連鎖超市發布了一則聖誕廣告，廣告內容與英國大眾在此時節習於見到的溫馨舒適節慶氣氛截然不同。在這則與綠色和平組織合作的廣告中，一隻卡通紅毛猩猩在一名年輕女孩的臥室盪來盪去，一邊走一邊弄亂她的東西。突然間，這隻名叫「朗坦」（Rang-tan）的紅毛猩猩拿到一瓶洗髮精，停下來大聲嚎叫。鏡頭這時將觀眾帶回到朗坦的熱帶家園：森林裡的火光、踩躪和破壞充滿整個電視螢幕，而朗坦像生態難民一樣逃離現場。人們自然會質疑這家跨國公司推出這支廣告的動機和播出時機，也就是他們呼籲禁止未經認證的棕櫚油在商店中出現是否具有正面意義。此外，廣告也提供一種藝術視野，說明你只要在超市裡拿錯洗髮精，就可能對距離我們幾千公里外的熱帶家園產生影響。雖然我們無法隨時看到熱帶森林，但我們希望看到畫面裡的森林大火和樹木為了我們

而倒下嗎？

　　由於西方世界經常把頭埋在沙子裡，眼不見為淨，英國電視廣告監管局 Clearcast 後來禁止這則廣告在電視上播放，理由是依照廣告法規這則廣告「過度政治化」，並涉及極具爭議的「綠色和平組織」的參與。[79] 不過這無法阻止它在社群媒體上獲得幾百萬次的瀏覽。就像這部影片一樣，在本章和之前的章節裡，我反覆強調包括你我在內的所有人，正以某種方式捲入熱帶森林是否能被成功保護的命運當中。

　　從原住民群體到尋求生存的小農，從獲利的公司到試圖改善民生的政府，從保護特定物種或生物群落的環保科學家到站在超市貨架前的每個人，不論你在發動汽車或在機場排隊等候登機，我們的經濟和社會狀況全都依賴於熱帶地區，並且都該對接下來發生的事情負起責任。因此，如果你很難對它們是否永續存在擁有休戚與共的強烈使命感，請先瞭解它們現在比起過去任何時刻更需要我們的幫忙。而我們會伸出援手嗎？

14 全球責任

Chapter

A global responsibility

　　午夜時分，在亞馬遜河特費河支流上的蓬塔達卡斯塔尼亞（Ponta da Castanha）岸邊，我即將結束這本書開始提到的巴西之旅。我躺在吊床上，因為天氣炎熱、蚊子騷擾和一整天辛苦的徒步旅行而無法成眠。我覺得自己十分渺小，就在我、維克多和其他同事住宿的木屋門外，矗立著以某種形式存在於我們的地球上至少 3 億年的自然環境。

　　在屋外夜晚微風中搖曳的是特定型態新熱帶森林才有的微氣候、物種和結構，時間可追溯至 6000 萬年前。這比南美大陸最重要的安第斯山脈[1]還古老，展現了這個非凡環境在地質時間尺度上的彈性和應變能力。木屋的窗戶敞開，讓昆蟲的窸窸窣窣聲、蝙蝠的嘎嘎聲，以及黎明時分鳥兒嘰喳的啼叫聲，充滿在我的四周。我從未在這麼靠近的地方聽到如此集中的野外之聲，這些噪音確實說明了熱帶森林在這星球的動物生命演化中扮演的角色。從那晚船伕看到遊蕩在我們船邊的鱷魚的早期爬蟲類祖先，到鳥類的恐龍祖先；從侏羅紀的滑翔哺乳動物，到在木屋內休息的我自己和我同伴的人族祖先等。就在那一刻，熱帶森林及其對地球生命故事的貢獻，讓我感受到從所未有的敬畏之情。

　　這些環境通常被描述為前工業化時期的人類才會出沒活動的具異國情調、危險又原始的「荒漠」。[2]但一閉上眼睛，我就會感受到自己與這地方難以置信的聯繫。我記得前一天在森林地面上看到的陶器，就位於獨特的亞馬遜黑土上，這是亞馬遜盆地漫長人類歷史的可靠紀錄，可追溯至 13000 年到 12000 年前。[3]

在我的腦海中，我正沿著棕櫚樹和亞馬遜堅果樹叢以及寬闊又多變的木薯和玉米田行走，這些景象就在村子另一邊，是前一天熱情招待我們的主人胡塞利諾給我們看的。亞馬遜河及其支流沿岸有許多村莊周圍的植物和森林結構，提供幾千年來在這類環境土地管理的生動示範。

離開時我搭乘了西歐航空公司的飛機，想到因為距離遙遠以及居家的舒適，讓我們這些生活在歐洲的人感覺自己與熱帶森林如此疏離，然而過去五百年歐洲人抵達亞馬遜盆地後的殖民和資本主義過程，是如何出現在我眼前的？當疾病、戰爭、殺戮和持續的邊緣化導致原住民人群逃離這些森林，維克多和我正研究的亞馬遜堅果樹的生長又是如何發生變化？[4]巴西在跨大西洋奴隸貿易中的複雜角色，[5]是如何推動了全球的咖啡交易，讓我在飛機的杯子裡出現咖啡，也出現正要放進去的糖？而餵飽小農、跨國公司、野心勃勃的政府和西方消費者日益增加的壓力，[6]如何導致森林砍伐和土地轉換就在我眼睛下方正經過的土地上持續發生？我也許可以飛離巴西，但全球和區域不平等的歷史根源，以及越發受到威脅的熱帶生態系統在全球永續發展的重要性，最終都意味著無論如何我將與亞馬遜盆地的熱帶森林彼此連繫。世界各地的其他地方也一樣，我們皆如此。

我希望透過這本書讓你相信熱帶森林是你的歷史、你現在的生活，以及你未來安全的一部分。我也希望下次你觀看自然紀錄片時，會感覺更接近熱帶森林的神奇動植物。我還希望下次當你觀看冒險電影，看到探險家穿過一堆熱帶藤蔓，你不至於因為目睹前工業化時期的原住民人類社會突然浮現在眼前，而太過驚訝於他們的建築成就。我希望下次你看到原住民公共衛生狀況不佳、種族緊張、跨國公司採礦、森林砍伐和熱帶地區火災猖獗的新聞報導時，你不會轉台或將目光移開。相反地，我希望你繼續看下去。我希望你感受到自己有責任。我希望你開始花時間研究和探索自己可以如何「有所作為」。值得注意的是，儘管我們有複雜的全球社會和通信系統，人類卻對許多議題難以產生共鳴，除非問題就發生在自家門口。[7]

我在第十二章和第十三章裡曾說明，生活在熱帶地區的人群所面臨的

環境、政治和經濟威脅，透過熱帶森林與地球系統之間的關聯，產生了世界各地的生物多樣性和氣候變化。不僅如此，由於過去五百年間[8]殖民和資本主義體系已開發了熱帶地區，代表我們全都有義務對抗全球經濟和基礎設施的不平等，以及由利益驅動的熱帶森林砍伐和土地覆蓋變化、原住民權利和知識的邊緣化，以及整個歐洲和北美北部還存在的種族暴力和歧視問題，協助熱帶地區獲得正義。

　　不過在這個階段，「希望」並不能帶來多大幫助。所以我將做最後一次嘗試，向你展示全球是如何利害攸關。讓我們看看正在發生的事情，以及預測什麼事會發生：（一）熱帶森林及其物種，（二）熱帶地區的人類居民，以及（三）我們赤道生態系統面臨到的威脅，將導致全球氣候、經濟、社會和政治情勢的苦果。也許在看到我們即將失去什麼後，我們才會在協商一個更公正、更有彈性的熱帶未來時，感受到新的急迫性。

2019 年，我和維克多住在亞馬遜盆地的特費河支流邊的村莊，亞馬遜堅果（巴西堅果）樹就長在村外。（Private collection）

————————

　　根據每年拍攝的全球高解析衛星影像針對 21 世紀森林損失的研究，雖然人們越來越意識到森林砍伐對地球的影響，但砍伐的情況依然有增無減。世界上大部分的森林砍伐發生在熱帶地區，在 21 世紀第一個十年裡，整體熱帶森林消失每年增加了超過 2000 平方公里（相當於柴郡的面積[9]，譯註：約台中市的面積）。[10] 其中亞馬遜盆地熱帶雨林的消失面積，佔了將近全球森林減少面積的 1/3，而南美洲的熱帶乾燥森林和非洲的潮濕落葉林，每年森林砍伐總量分別增加了 459 平方公里和 536 平方公里。

　　在這段期間當中，東南亞的森林砍伐也大幅擴張，光是印尼**每年**累計的森林損失就高達 10000 平方公里到 20000 平方公里（到 2010 年為止，相當於砍掉威爾斯大小的森林面積[11]），這凸顯了 21 世紀猖獗的森林砍伐具有泛熱帶地區的普遍性。[12] 某些人預測，如果不採取任何措施，到了 2100 年，亞馬遜、剛果盆地、西非、加勒比海和華萊士線周邊地區，將剩下目前一半的森林覆蓋面積。與此同時，熱帶安第斯山脈、馬達加斯加、巴西的大西洋森林和新幾內亞，將各自剩下目前 26%、23%、26% 和 18% 的森林面積。[13]

　　令人擔憂的還不只是砍伐森林，正如我們在第十三章所見，在那些森林裡較不明顯的森林退化現象也依舊存在。最近一項衛星研究發現，在經過 1995 年至 2017 年間的完全砍伐後，森林退化現象出現在同樣面積的亞馬遜盆地森林中。從 2017 年以來，已有將近 103.68 萬平方公里的亞馬遜熱帶森林地區（總面積是英國的四倍[14]）受到某種形式的干擾，其中造成干擾的主因便是木材的砍伐和出口，[15] 以及 21 世紀初期在蓋亞那（每公頃 13 立方公尺）和印尼（每公頃 34 立方公尺）高比例的選擇性砍伐（selective logging，譯註：指選擇性地砍伐特定樹種作為木材用途）。[16] 儘管這種破壞背後的原因在不同熱帶地區也有所不同，但在大部分非洲熱帶地區，使用木材作為燃料是造成森林干擾的主因。[17] 隨著熱帶城市的擴張，森林的變化甚至更大。研究人

員在坦桑尼亞的沙蘭港這個想去非洲東部進行狩獵假期的人必須前往的城市裡發現，城市對燃料生產和高價值木材的需求，對延伸至城市外好幾公里的周圍熱帶森林產生了明顯影響。[18] 同樣情況也發生在墨西哥東南部的一個研究地點，不令人意外地，該地森林退化率最高的地方就是人口最稠密的地方。即使是那些在人類活動下未遭砍伐的熱帶雨林，未來也將會處在日益增加的人類干擾之下。[19]

也許最嚴重的森林干擾就是火災，而 21 世紀的熱帶森林火災只有越演越烈。研究人員透過研究亞馬遜的熱帶森林環境[20] 以及巴西大西洋沿岸沉積物序列中的木炭堆積率，得到的結論是：目前在這些地區看到的火災頻率和強度，在整個 1.17 萬年的全新世歷史中沒有先例。[21]

事實上，根據目前巴西亞馬遜土地利用和森林破碎化的「最壞情況」估算，預測到了 2071 年至 2100 年，每月火災發生率將增加 73%，甚至還可能在預期變化的期間之前發生。[22] 這不僅是南美洲的問題，非洲和東南亞重要的泥炭沼澤森林生態系統也越來越在「火線」上。[23] 即使在氣候條件相對溫和的 2002 年，婆羅洲受火災影響的地區就有近 3/4 是泥炭沼澤森林，而位在世界此處的泥炭森林在每個旱季發生火災已是常態。在接下來的十年內，隨著火災不斷增加以及人類對土地利用造成的永久改變，整個東南亞的泥炭沼澤森林生態系很可能會完全消失。[24] 針對 21 世紀初期澳洲火災頻仍進行觀察，顯示幾乎每週都發生的叢林大火在未來幾年內將加劇在濕熱帶地區熱帶森林的影響。[25]

火災頻仍、人為干擾和熱帶森林結構改變的速度，無疑地將會因為人類造成的氣候變化而惡化。自前工業化時期起，全球氣溫上升的攝氏 1.5 度到 2 度，就足以將地球「歪斜」到一個全新的氣候和環境狀態，這樣的趨勢也越來越明顯。[26] 冰冠的崩塌和融化也已超出預期水準。根據最新估計，2050 年時整個北極冰冠在夏季會完全融化。[27]

儘管拉丁美洲、南亞、東南亞和非洲的經濟成長也造成碳排放量的增加，熱帶國家目前的碳排放量卻只佔全球總量的 20%，然而他們卻首當其

衝、深受其害。1961 年至 2018 年間，熱帶地區的平均地表溫度上升攝氏 0.7 度，[28] 雖然與同一時期蘇格蘭地區上升的約 1.5 度相比，[29] 這數值並不算高，但我們必須知道，熱帶地區的年內和年際溫度變化，相較起溫差變化較大的地區，即使是一點點溫度變化都可能對氣候系統、環境和物種產生很大的影響。[30]

目前全球大氣二氧化碳含量已達到只在 400 萬年前上新世時期看到的水準，而且第一章中出現的氣候建模師蒂姆・蘭頓也已指出，人類目前正快速達到在始新世看到的「溫室」狀態水準，而當時的溫度比前工業化時期高上攝氏 14 度。[31] 可能會有人爭論說這樣的溫度對熱帶森林不是很好嗎，就如我們在第二章討論過的，從當時熱帶森林的成長來看，溫度升高對熱帶森林會有幫助，但是若人類帶來的壓力不斷上升，氣候變化的事實一定也會導致許多熱帶地區降雨量越發難以預測。放任這種趨勢繼續下去，熱帶森林肯定會與地球其他部分一樣陷入失序狀態。

事實上，科學家已證明任何地方的森林覆蓋率若下降 20% 至 40%，或是溫度升高攝氏 4 度，就足以造成亞馬遜盆地中部、南部和東部大部分地區的森林環境永久過渡到熱帶草原環境。[32] 加上火災頻仍，無疑會造成世界上一些最大的熱帶森林生物群落走向滅絕。氣候和熱帶森林棲地的變化，也會為這些環境裡的豐富物種帶來巨大壓力。昆蟲、兩棲動物和爬蟲類都只能忍受微小的溫度變化，將在未來幾十年內面臨越發嚴苛的挑戰。鳥類已被證明會在森林破碎化的環境下掙扎求生，因此只要是面積小於 1 平方公里的亞馬遜塊狀森林區，都將在短短 15 年內失去一半的鳥類品種。[33]

印度的老虎、非洲的森林大象和大猩猩，以及婆羅洲的紅毛猩猩，都被認為極易受到棲地消失的影響，牠們的保護區也可能很快就變得太小而讓牠們無法維持種群存續。[34] 我們在第十三章裡提過，特別是當前熱帶動物的全球貿易利潤，加上越來越多熱帶地區人民尋求蛋白質來源，都讓過度捕獵成為日益嚴重的問題。

在包含 3281 條關於狩獵如何影響熱帶地區哺乳動物的資料庫紀錄裡，

研究人員發現約有一半現存的原始熱帶森林地區以及 62% 荒野地區已沒有大型哺乳動物，尤其西非、中非以及東南亞地區的大型哺乳動物預計會大幅下降。[35] 人類引入的入侵物種造成的棲地變化，重新改變熱帶植物和動物群落的構成。[36] 入侵植物可能會抑制本地物種的再生，而外來動物也會讓掠食者與獵物間的平衡關係歪斜。舉例來說，在昆士蘭東北部濕熱帶地區廣泛分布的野貓，經常會捕食瀕危的地方性小型哺乳動物，就引起相當大的關注。[37]

不用說，目前熱帶森林顯然已陷入困境，根據最新的「熱帶情勢」（State of the Tropics）[38] 報告，熱帶森林的居民也一樣陷入困境。到 2020 年為止，幾乎一半的世界人口生活在熱帶地區。[39] 到了 2050 年，預估世界上一半以上的人口將稱赤道地區為自己的家園。[40] 人類物種的未來，無疑取決於未來在這裡發生的事情。

未來當然會有許多人搬到城市，而且預計到 2050 年時，世界上將有63 億人口居住在城市地區，[41] 而熱帶地區將佔這預估成長人口的一半以上，足以見證在 20 世紀末和 21 世紀初間有越來越多農村人口向城市遷移。目前已有超過 15 億人住在熱帶城市地區。[42]

不斷成長的經濟機會以及城市網絡提供的社會、商業和健康機會，正推動人民向城市遷移，在東南亞地區尤其如此。舉例來說，印尼的城市人口已從 1990 年的 3200 萬，增加到 2018 年的接近 1.5 億人。[43] 中美洲、南美洲和加勒比地區也有將近 3/4 的人口生活在城市地區。[44] 然而，有近 1/4 的熱帶城市人口住在貧民窟裡，[45] 生活條件極其惡劣。這是 19 世紀以來經歷快速城市化的地區特有的特徵。[46] 由於社會財富增加和住宅區改善計畫，非正規的住宅區逐漸減少，通常也提供了多樣化的收入機會和文化聯繫。儘管如此，確保熱帶城市的永續性和包容性，包括搬往已進行「綠色空間」

整合的地方，是聯合國在環保和人類生活上的重要關注點。[47]

　　不斷成長的人口，代表獲得食物的機會也需增加。在第十章到第十三章中，我們追蹤了熱帶森林與不斷擴大的農業、畜牧區和採礦用地間日益激烈的衝突。熱帶地區擁有地球上 39% 的農地面積，[48] 固然這些土地被用來支持人口不斷成長下的糧食安全，但也被用來繼續滿足出口市場的需求，這點自 17 世紀以來從未改變。1999 年至 2008 年間，熱帶國家的農地每年增加 4.8 萬平方公里，其中奈及利亞（10259 平方公里）、印尼（5826 平方公里）、衣索比亞（5405 平方公里）、蘇丹（5227 平方公里）和巴西（4205 平方公里）等地，是每年農地擴張最多的區域。[49] 然而農產擴張並不等於擴大熱帶食物的基礎，在擴大旅遊和建設城市基礎設施的壓力下，[50] 太平洋和印度洋島嶼都在減少農地。同樣地，用於生產燃料或出口經濟作物的農地比例也不斷增加，這固然有利於當地收入，卻不利於糧食安全。

　　熱帶地區肉類產量的成長（2010 年至 2017 年間增加 76%），主要也受到外國需求所驅動。巴西、印度和澳洲，都是中國、美國、日本、歐洲、中東和其他國家重要的肉類出口國。[51] 農地變化產生的經濟效益，可能不會反映在當地的永續經營上。根據土壤侵蝕的遙測與映射模型預測，熱帶非洲、南美洲和東南亞在 21 世紀將會看到越來越貧瘠與不穩定的土壤，讓這些問題變得更加嚴重。[52] 這都讓熱帶地區的居民在開發不平衡的出口市場提高收入，以及發展更具生產力、更能永續的自給農業系統以滿足營養需求之間，面臨著越發困難的決定。

　　極端貧困的定義為「嚴重剝奪人類的基本需求，包括食物、安全飲用水、衛生設施、健康、居住、教育和訊息等」。好消息是，在全球範圍內，2015 年生活在極端貧困條件下的人數比 1990 年減少了 10 億人。[53] 儘管如此，世界上仍有 1 億以上的極端貧困人口，而且大多數（85%）生活在熱帶地區。在人口成長、族群衝突及政治經濟因素的複雜交互作用下，某些熱帶國家的人民生活在極端貧困條件下的比例正逐漸增加。光是奈及利亞、剛果、衣索比亞、印度和孟加拉這五個國家，就佔全世界極端貧困人口的

50%。而「中度貧困」指的是基本生活需求得到滿足（但很勉強），每人每日收入低於 3.2 美元，這點在熱帶地區的情況也好不了多少，因為熱帶地區有 13 億人口正生活在中度貧困中，是世界其他地區數字的一倍。[54] 正如在第十三章所見，貧困一直是在熱帶森林推動環保和永續面臨到的主要問題，因為人們和政府都必須在食物、水、收入需求與環境影響之間尋求平衡點。

熱帶地區普遍存在的貧困現象，一般認為是殖民過程的產物，持續塑造了基於農業系統的經濟，同時依賴龐大的低薪勞動力、基礎設施的不平衡、外國投資的挹注，以及殖民時期劃下可能引發各種政治和文化衝突的界線。[55] 然而這些問題完全沒有阻止歐洲和北美北部的國家和公司繼續利用這種情況向大氣排放超過自己國家配額的碳，再次不成比例地影響熱帶居民的生計。

氣候變化已經開始改變並摧毀許多熱帶地區人民的生活。根據氣候模型，在 2010 年人為引起的氣候暖化，大幅增加熱帶地區出現極端降雨和溫度的機會。[56] 隨著 21 世紀繼續惡化，極端天氣事件只會變得更極端與頻仍。在攝氏 1.5 度到 2 度的全球暖化幅度下模擬的降雨和水流變化，指出南亞、東南亞和亞馬遜西部的洪水氾濫情況將大幅增加。[57] 某些研究進一步顯示，在受影響最嚴重的 20 個國家裡有 15 個國家位於熱帶或亞熱帶地區。[58] 許多位於亞熱帶和熱帶的地區，將在 21 世紀期間面臨越來越頻仍和嚴重的乾旱期。

這些氣候變化會對人類產生重大影響。舉例來說，馬來西亞的稻米約佔當前穀物產量的 98%。然而根據估計，氣溫每上升攝氏 1 度，稻米產量將下降 10%。面對日益嚴重的乾旱，水稻系統的作法可能會越來越無法支持。[59] 與此同時，21 世紀的山洪暴發和山體滑坡現象，已導致委內瑞拉的巴爾加斯等城市遭受大規模破壞和生命財產的損失。[60] 逐漸增多的暴風雨、氣旋和颶風也更頻繁地襲擊熱帶地區。2017 年，瑪麗亞颶風在加勒比海東北部造成超過 3000 人死亡，並造成高達 916.1 億美元的損失，而這只是大

西洋颶風季節裡活躍的一場風暴而已。[61]

　　海平面上升代表氣候的轉變，將對熱帶生計帶來緩慢卻更持久的影響。根據估計，在未來五十年內[62]各種風暴、洪水、海平面上升、乾旱和荒漠化的強度與頻率會不斷增加，將在全球造成約 2 億個氣候難民，最終甚至可能多達 7 億人（接近目前世界人口的 1/10）。[63]

　　熱帶森林砍伐也引發許多公衛問題，因為熱帶森林邊緣已被證明是現代流行疾病的熱區。據估計，無論任何時刻，大約有 170 萬種病毒存在於全世界哺乳動物和鳥類體內，其中已知和被正確描述過的病毒僅佔一小部分而已。[64]

　　熱帶森林邊緣為人類及他們親密的動物夥伴提供重大流行病的交流機會。森林砍伐和森林的破碎化，加上用於伐木或其他用途的基礎設施開發，創造了邊長更長且更參差不齊的森林邊緣地帶，這讓越來越多人類和家畜在此處與野生動物族群接觸，為病毒爆發提供大量人類宿主。[65]狩獵叢林動物或醫藥貿易，進一步擴大與病毒接觸的機會。

　　事實上，森林砍伐和人類對熱帶野生動物的利用，導致過去二十年來許多重大疾病的爆發。1980 年代出現的愛滋病毒與剛果民主共和國的叢林動物狩獵有關。[66]西非爆發的致命伊波拉病毒，在 2013 年至 2016 年間造成超過 11000 人死亡，其根源連接到與一群蝙蝠接觸的單一個人。[67]蝙蝠被認為是相當重要的疾病宿主，當牠們的森林家園受到干擾時，便會在更靠近人類居住處覓食。蝙蝠還被認為是導致 COVID-19 的 SARS-CoV-2 病毒最可能的原始載體，[68]該病毒可能起源於中國潮濕的亞熱帶地區，是人類與野生動物接觸下的產物。[69]預測 21 世紀熱帶地區持續的森林砍伐和森林區塊破碎化，只會增加高毒性疾病入侵人類的可能性。

　　熱帶社區尋求永續生計的另一項挑戰，是原住民和傳統知識受到壓抑的情況。熱帶地區擁有數量驚人的人類文化多樣性，包括所有現存語種的80%。[70]如同我們所見，熱帶當地社區在識別生態臨界點與動態、開展永續農林業和農業，以及將新作物、技術和定居模式融入熱帶環境方面，擁有

悠久的歷史（源自史前時代）。舉例來說，菲律賓科迪勒拉山脈的伊富高社區所擁有的土地所有權法、高地耕作法、水土保持知識以及樹林範圍管理，統稱為「木詠」（*muyong*），對於森林維護和生物多樣性的保護而言相當重要。[71]

原住民語言對於知識的傳遞尤其重要，這已經顯示在與會說西班牙語的原住民人口相比，墨西哥西部說原住民華斯特語的人群對於熱帶植物的使用，表現出更多樣化與平均共享的知識。[72] 然而目前熱帶地區的原住民通常也是最被邊緣化的群體，他們面臨更高的疾病發病率、更高的兒童和成人死亡率，以及更嚴重的社經劣勢。[73] 年輕原住民也常被強行納入國家資本主義經濟和教育系統中，他們的語言逐漸消失。這些損失都是重大的威脅，特別考慮到原住民人口和其他當地小農在制定平衡、永續的熱帶森林利用和保護方法上至關重要。而且地球上在熱帶森林儲存的大部分碳，有超過 1/5 位在原住民社群或原住民宣稱擁有的土地上，更凸顯了其重要性。[74]

————

你可能會覺得，本書最後這章到目前為止，就像你在手機上瀏覽到的夢魘般的國際新聞短片，您早已厭倦從電波中聽到，也厭倦在電視上看到。但我希望你可以耐著性子繼續讀下去：你的生活與熱帶森林已不可逆轉地交織在一起。即使你努力讓自己不陷入位在熱帶森林永續發展「原點」的困境中，你也無法擺脫這些事實，因為不久後這些問題就會走進你家。

越來越受季節、不穩定的土壤和水域，將降低熱帶地區的經濟作物（如橡膠、油棕、可可）、主要作物（如稻米）和肉類（如綿羊、山羊、牛）的生產力和可用性，也會減少出口給重度依賴這些食物的歐洲、北美，以及現在的中東國家。此外，熱帶森林砍伐和退化也將導致各大陸和全球降雨、溫度和農業生長條件的變化。

最後，遠從石炭紀開始，熱帶森林連同海洋（以及後來的北半球森林）在

捕獲碳和調節全球碳排放量上都發揮了重要作用，真的改變了大氣中二氧化碳的濃度。[75] 更高的氣溫也讓熱帶森林生長得更快，並且更快地將二氧化碳固定下來。[76] 然而隨著熱帶森林的砍伐和退化，包括持續在 21 世紀更頻繁發生的森林火災，尤其是發生在沼澤森林地區的情況，讓整個熱帶森林變成「**碳源**」而非「碳匯」的真實前景，確實十分可怕。[77] 這讓聯合國致力將全球平均上升溫度限制在不增加超過前工業時期攝氏 2 度以上的想法，變得越來越遙不可及。[78] 下個世紀在熱帶地區持續發生的事將會影響整個星球，這點毫無疑問。

　　從對地球生物多樣性的巨大貢獻來看，熱帶森林動植物物種消失也會是一個真正的全球問題。[79] 假設到了 2225 年所有熱帶原始森林都會消失、退化和改變，螞蟻的全球物種豐富度將下降約 44%，糞金龜約下降 30%，樹木則下降約 20%。[80] 在未來兩個世紀內，全球不同物種群體將以每年每百萬物種中約有 200 至 2000 種的速度滅絕，這些都與熱帶棲地的消失有關。

　　正如田納西大學的興利堅（Xingli Giam）教授所指出，這速率比在自然地質和生物條件下的滅種速率高出 2000 至 20000 倍，[81] 此外，也「比地球史上前五次大滅絕事件的其中四次，[82] 在相關物種滅絕率上高出兩個或更多個『數量級』的滅絕速度」，這四次分別是泥盆紀、奧陶紀、二疊紀和三疊紀大滅絕事件。事實上，滅絕速度相當於滅絕恐龍的 K-Pg 大滅絕事件。[83]

　　綜上所述，撇開人類引起的氣候變化不計，光是估計熱帶森林的砍伐和森林退化，便足以導致地球在接下來兩個世紀發生「第六次大滅絕」。請各位花點時間思考，今日在赤道周圍地區發生的事情，將對世界生物的多樣性產生與地質史上已知災難相同或更大的影響。而這些災難曾將地球上的生命帶到懸崖邊緣。

　　過去十年熱帶地區面臨的公衛危機已在上面提過，現也明目張膽地籠罩整個世界。從 2014 年美國德州和英國格拉斯哥的伊波拉病毒病例可以看出，這種致命疾病極可能有傳播到非洲熱帶以外地區的潛力，[84] 而剛果民

主共和國的伊波拉疫情甚至持續到 2020 年。不過依目前狀況來看，伊波拉病毒在熱帶以外傳播，跟 COVID-19 持續的全球大流行相比簡直是相形見絀。直到 2020 年 1 月底為止，COVID-19 在中國大部分地區蔓延，各國也迅速進入封鎖狀態，儘管最近的研究認為它早在 2019 年 12 月底就已快速傳播到歐洲，到了 2020 年 3 月，SARS-CoV-2 病毒肯定已在歐洲和北美地區人與人之間傳播，義大利和美國也成為病毒爆發的新中心。截至 2021 年 1 月底，全球已記錄的 COVID-19 病例超過 9600 萬例，死亡人數超過 200 萬人。[85]

儘管各國使用封鎖方式設法減少病例，目前也都有疫苗供應，然而在我撰寫本書時，疫情並沒有結束的跡象。死亡率、醫院人手不足、工作場所停用、學校關閉、國內和國際旅行減少，以及基礎設施和機構使用減少，都造成人類情緒上、心理上和經濟上的損失，預計將是一場巨大而長期的持久戰。雖然 COVID-19 已永遠改變我們的生活，但隨著 21 世紀繼續下去，熱帶地區人民與野生動物接觸所造成的相關流行病，可能只會越來越多，也越來越致命。[86]

在第十章和第十一章看到的殖民主義和帝國主義遺害，也將持續塑造 21 世紀全球經濟、政治和熱帶地區永續經營的各種樣貌。在 1990 年至 2018 年間，熱帶地區國家的國內生產總值雖有增加，但與世界其他地區的差距也同步增加。[87] 而且許多熱帶國家的國內生產總值，絕大部分是海外工人寄回家鄉的薪水。[88]

此外，自 2013 年以來整個熱帶地區的債務不斷增加，使得熱帶國家的經濟瀕臨危險邊緣。在流行病等外部事件發生需要快速反應時，情況更是雪上加霜。[89] 這些在傳統上對你來說似乎是「遙不可及」的事，現在已是地球上所有人都必須面對的挑戰。氣候變化對熱帶地區日益增加的貧困居民的影響特別嚴重，導致歐洲、北美和澳洲等國不得不面對不斷增加的「氣候移民」。我們可以舉個例子說明，依照目前海平面上升的速度來看，到本世紀末被迫離開孟加拉的人口數量，將超過目前世界所有地區的難民總

數。[90] 西歐和北美國家也必須出面應對全球碳排放的難題（因為他們負責大部分的碳排放），這麼做的同時也必須尊重熱帶國家的需求，幫助他們成長並到達許多北半球國家已享受很長一段時間的生活條件，作為在五百年殖民主義期間的彌補。

　　綜上所述，可以看出整體熱帶地區的情況相當慘淡，但我們必要強調當前局勢的急迫性，而且這也不意味著沒有積極的改善空間。本書已揭開熱帶森林深邃的人類歷史，凸顯熱帶社會反覆適應變化和挑戰的方式。的確，這種生態適應的靈活性，恰足以定義「人類」這物種，[91] 但我們彷彿有點迷失方向。全球消費者需求、財富不平等和政治優先事項等，都對我們最不能承受失去的棲地持續施加各種壓力。因此，本書想告訴各位擺脫這種危險的兩個關鍵途徑。

　　首先，無論是更新世狩獵採集者在亞馬遜遇到巨型樹懶，或是糧食生產者在新幾內亞高地進行的試驗，或是前殖民的開拓者前往無人居住的太平洋島嶼，又或者是斯里蘭卡的城市居民建造的水庫等……這種種對熱帶森林的成功適應，都是基於對生態系統深入的實地瞭解。只有在適當諮詢當地小農和原住民，賦予他們管理的權力，並受到對過往人類管理方法詳細考察的考古、古生態和歷史紀錄支持，才能制定更有效且更能適應熱帶森林的生活方式。[92]

　　其次，我們必須承認今日熱帶森林及其居民面臨的最大壓力，是長期殖民和帝國掠奪下的遺禍，這豐富了歐洲和北美洲的國家和社會群體，卻破壞了熱帶森林環境和當地經濟成長的可能性。若要朝向解決問題的目標邁進，就必須讓全球消費者和政府理解自己得要為這裡發生的事情承擔起責任。

　　幸運的是，目前已有一些跡象證明這兩個途徑開始得到認可與支持。

「非洲森林景觀恢復（AFR100）倡議」成立於 2015 年 12 月，是個由國家帶頭的計畫，預計 2030 年在非洲復原 1 億公頃森林退化和森林遭砍伐的土地。非洲聯盟內的三十個國家都簽署了這項計畫，而且衣索比亞也在 2019 年透過該國創新和技術部長宣布，該國在短短十二小時內就動員數百萬人民，種植了超過 3.5 億棵樹苗。[93]

更重要的是，AFR100 倡議是以當地成果作為最優先考量。因此不僅種樹，還能促進永續發展的農林業、林地與其他土地利用形式的間作，並有效控管土壤侵蝕狀況。[94] 這代表各洲和全球對森林覆蓋範圍需求的廣泛回應，而「綠色長城」的設置也讓撒哈拉沙漠化的趨勢倒轉，[95] 同時平衡了當地糧食安全的需求。舉例來說，在布基納法索和尼日工作的農民，透過對傳統農林業、水土保持和土壤管理法的實驗性改革，改造了 20 萬至 30 萬公頃的土地，每年可生產 8 萬噸的糧食。[96] 這些倡議也提供機會，在該地區打造一個更公平的未來。例如在整個熱帶地區，婦女和兒童幾乎佔積極農業勞動力的 50% 以上，因此在規劃森林恢復項目時諮詢他們，可確保生活在熱帶森林環境的社會能更廣泛地分享教育、基礎設施、生態和土地所有權帶來的好處。[97]

正如在第十三章所見，已有越來越多的熱帶倡議，正尋求積極結合考古學、古生態學、歷史和傳統知識，建構更公正也更有效率的環保計畫，將小農和原住民群體納入森林的永續管理中，而非強迫他們離開。迦納西部的當地小農在參與並支持重新造林計畫後，種植了大量「世界自然保護聯盟紅色名錄」的瀕危物種，作為當地人造林的一部分，等於認可並保護了他們周圍生態系最脆弱的部分。[98] 我們也看到澳洲雨林裡的原住民，如何以「傳統燃燒法」應用於景觀上得到越來越多的支持，讓他們能對地方動植物的多樣性進行永續管理。[99] 同樣的情況也可以在與卡亞波人和上欣古團體的合作裡看到，他們共同規劃了一個覆蓋面積約 13 萬平方公里、世界最大的熱帶森林保護區，並使用有效的生物多樣性管理政策。[100] 的確，在巴西最近的民族主義政府崛起之前，該國就開始遏制森林砍伐。在 2000

年至 2012 年間，[101] 巴西大幅抵銷了全球其他地方增加的森林砍伐量。[102]

當前更重要的是進一步支持優先事項，並確實評估當地社區與熱帶森林的互動能力。哥倫比亞和哥斯達黎加也提供類似的支持途徑，不僅對碳排放「徵稅」來資助土地所有者，也採取如重新造林和混合農林業等更永續的作法。[103] 儘管如此，由於過去殖民主義和帝國主義的遺害，我們也應該讓熱帶以外地區的政府和消費者瞭解他們在促進改革方面必須扮演重要角色。如果向熱帶國家支付費用以減少排放的國際 REDD+ 計畫能夠得成功，那麼全球森林砍伐和森林破碎化的情況將大幅降低。某些設想與付費計畫，期待讓目前熱帶地區 75% 至 98% 森林覆蓋率得到保護，[104] 當然我們也必須注意絕不能讓這類計畫成為另一個西方殖民式的毒害。

許多油棕公司為了打入高價值的國際市場，已開始自願簽署 2004 年設立的「永續棕櫚油圓桌會議」（RSPO）的永續標準。若要獲得 RSPO 認證，就必須提出關於土壤、水源、空氣質量及減輕對生物多樣性損害的種植計畫。我們也清楚看到應用這種認證體系的地方，不僅人民的生活得到改善，對環境的負面影響也減少許多。[105]

身為消費者的你，手中握有形塑永續發展的力量，以下這些事實可以證明：歐洲國家如荷蘭和比利時，以及大型跨國公司如聯合利華和家樂福等，都已承諾 2020 年後只使用 100%RSPO 認證的棕櫚油成分的食品和化妝品。[106] 這種國際壓力必須保持（並受到支持），不過一般小農通常缺乏採用 RSPO 標準的能力或動機，[107] 而且許多未經認證的商品也依舊在市面上流通（尤其在亞洲地區）。

我們或許也該正面看待瑞典的童貝芮和烏干達的納卡特（Vanessa Nakate）這些環保意見領袖在世界各地領導學校罷工和抗議浪潮，要求對環境正義和氣候變化採取緊急而團結的政治經濟行動。[108] 此外，我們正站在這種國際輿論轉變的門檻前，亦即歐美各國政府最終被迫承認幾世紀以來的殖民主義和帝國主義，在各殖民國境內留下全球不平等的疤痕和種族偏見的遺害。

2020 年，自 15 世紀以來就一直困擾歐洲和北美與熱帶地區間互動的不平等和種族歧視，逐漸浮出水面。[109]2020 年 5 月 25 日，喬治·弗洛伊德（George Floyd）死於明尼亞波利斯警方的執法過當，讓「黑命貴」（BLM）運動在美國國內和國際上聲名大噪。同年 2、3 月，估計有 1500 萬到 2600 萬人參加全美各地的抗議活動，抗議這種殘酷的殺戮，也抗議包括艾哈邁德·阿伯里和布倫娜·泰勒兩位黑人的不當死亡事件。這場抗議成為北美歷史上規模最大的運動。除了美國國內，國際間對 BLM 活動也多有支持，澳洲、加拿大、丹麥、法國、德國、日本、紐西蘭和英國都舉行了抗議活動。

我們也看到要求處理北美北部和歐洲各地殖民時期留下的象徵物和系統的聲浪，[110] 例如要求移除這時期留下的雕像，包括在第十一章看過以種族主義觀點參與奴隸制、在謀殺原住民方面難脫關係的愛德華·科爾斯頓雕像。[111] 我們還看到許多跨國公司和學術機構做出承諾將致力於創造更公平的工作環境和社會，[112] 不過多半停留在表象或象徵式說法而已。[113] 許多政治家和社運成員持續抵制這些跨國公司，然而我們是否正處在嚴格清算國際社會的風口上，要求他們承認並解決幾世紀以來某些社會被邊緣化、迫害和剝削的問題，也要求歐洲和北美國家接受他們曾在熱帶國家的政治、社會和經濟形勢中扮演的角色，並解決這些熱帶國家目前面臨的問題？

目前為止，我們已看到熱帶森林滲透到你生活的每個角落。它構成你為親人挑選的花束、你家花園的氣味和展示方式，以及為慶祝聖誕節放置在客廳中央的聖誕樹。熱帶森林也在沿著你家地板行走的螞蟻、窗外唱歌的鳥兒、當地動物園動物明星的物種演化中扮演重要角色。當然熱帶森林也是你、你的家人、你的朋友和我們整個物種的演化起源。

熱帶森林也已進入你的廚房，為你提供櫥櫃裡的白米、各種藥物的關鍵成分、烤箱中的雞肉以及歐姆蛋捲中的雞蛋、燒肉時必備的甜玉米、杯

中咖啡，以及沒人看到時你會偷吃的巧克力等。它們還為你提供橡膠，製成你自行車與汽車的輪胎、幫你擦掉錯字的橡皮擦、你的威靈頓靴，以及你家和工作場所中幾乎所有電線的絕緣材料。因此我們可以說：熱帶森林就在你身邊。

　　然而可悲的是，歐洲西半部與北美北部為熱帶世界帶來幾世紀的殖民和資本主義，造成不平等的遺害也跟著來到你身邊。這些遺害造成世界性的種族緊張局勢、經濟不平等、政治口水戰，以及許多社會（甚至你所生活的社會）和文化被「邊緣化」。熱帶森林不只是世界彼端的一個遙遙異國，無論你身在何處，它都會透過糾纏不清的史前史和殖民歷史出現在你身邊。

　　那我們到底該怎麼做？熱帶地區正在制定許多保護政策，例如種植樹木來穩定景觀並從大氣中提取碳。還有各種保護區也正在開發和實施中，用來遏制森林砍伐、森林退化和生物多樣性消失的問題。熱帶地區的人民也開始獲得資源，應用本書中探討過的多種「可用的過往」經驗，開發永續且通常是由原住民主導的農業、林業和經濟生產的有效方法，將森林融入新的土地利用形式中。面對這些站在這場永續發展關鍵戰鬥前線的人，我們決不能讓他們孤軍奮戰。他們需要經濟上的協助措施，以便重新分配來自富裕國家和熱帶社會的資源。他們也需要全球消費者為永續生產的熱帶產品買單，考量自己在熱帶旅遊的足跡，並讓監管不力的跨國公司承擔責任。他們需要全球選民將國家利益視為全球利益，承認殖民過往的錯誤和遺害，並為全世界成為一個更公平的社會而奮鬥。他們還需要歐洲和北美北部以及中國的居民減少二氧化碳排放量，以阻止環境進一步惡化，[114]並為這些熱帶地區的人民提供氣候上的緩衝，讓他們得以在當地推動更永續的經濟發展。

　　從今天開始，我們每個人都可以對這些重要事項的每一件事至少盡一點小小心力。而且正如本章一再強調的，必須從今天就開始。你可能會採取行動，因為本書已展示我們對熱帶森林的熱愛和責任。你可能會採取行動，因為你可能已經感受到道德感或同理心帶來的助人渴望，只需要知道

該怎麼做的方向。或者你可能會採取行動，因為你已經看到若不這樣做，氣候劇烈變化、食物來源減少、經濟災難、政治不穩定、大規模移民和流行病的爆發，很快就會敲上你家大門。

附錄
Appendix

代	紀		世	開始於（百萬年前）	重大事件
新生代	新近紀	第四紀	人類世？全新世	0.78	■ 工業革命 ■ 歐洲殖民主義與「哥倫布交換」 ■ 規模龐大的前工業城市中心（如大吳哥） ■ 糧食生產和耕作方式的起源
			更新世	2.58	■ 智人在此時期末分布到所有大陸（南極洲除外） ■ 人類種群開始利用特定的熱帶森林 ■ 非洲智人演化 ■ 非洲以外的人種（直立人、弗洛雷斯人）開始遷移到東南亞熱帶地區 ■ 冰河週期變得更加劇烈——米蘭科維奇循環
			上新世	5.33	■ 智人的出現和石器的使用 ■ 人類在非洲持續演化（如「露西」） ■ 氣候變化、冰期和間冰期持續循環
			中新世	23.04	■ 非洲最早的古人類（如「雅蒂」） ■ C4草原在不同的熱帶地區擴張 ■ 乾燥導致熱帶森林退縮 ■ 初期乾旱逐漸擴大 ■ 氣候溫暖，熱帶森林和類人猿得以跨越歐亞大陸
	古近紀	第三紀	漸新世	33.9	■ 哺乳動物隨環境不同而演化，馬開始囓食牧草而變得更大 ■「巨型蝙蝠」演化 ■ 在乾冷和濕暖間變化的氣候波動增加
			始新世	56.0	■ 非洲第一隻猿猴靈長類動物在本期末出現 ■ 奇蹄目動物（馬、貘和犀牛的祖先）成功出現，有蹄類動物隨著氣候變涼而擴張 ■ 熱帶和亞熱帶森林從歐洲延伸至南美洲 ■ 全球氣候快速升至適中溫度，接著氣溫下降、森林退縮
			古新世	66.0	■ 哺乳動物在體型和多樣性方面爆炸式成長，早期小型馬出現 ■ 出現第一個真正的熱帶雨林（包括塞雷洪組、泰坦巨蟒）、豆類 ■ 氣候溫暖濕潤

代	紀	開始於（百萬年前）	重大事件
古生代	白堊紀	143.1	■ 此時期以小行星撞擊的大規模滅絕作結 ■ 哺乳動物不斷演化 ■ 恐龍與早期開花植物的演化、傳播和多樣化（被子植物）之間可能有所關聯 ■ 被子植物的出現和擴散 ■ 岡瓦納大陸的其餘部分分裂成馬達加斯加、印度、澳洲和南極洲
	侏羅紀	201.4	■ 恐龍生活在以裸子植物為主的森林中，有些植物演化適應了恐龍的進食（銀杏、智利南洋杉） ■ 最早的哺乳動物出現（侏羅紀） ■ 恐龍多樣化，明確出現三個不同的譜系（獸腳亞目、蜥腳亞目和鳥龍目） ■ 盤古大陸分裂為勞亞大陸（北）和岡瓦納大陸（南），岡瓦納大陸又開始與非洲大陸（不包括馬達加斯加）分裂，並與其他大陸分離
	三疊紀	251.9	■ 第一批恐龍在本時期結束時抵達熱帶 ■ 第一批裸子植物（針葉樹、銀杏、蘇鐵）出現，主宰逐漸重新出現的森林 ■ 森林幾乎完全消失 ■ 乾旱和不穩定的熱帶地區
中生代	二疊紀	298.9	■ 此時期末期海陸均出現大滅絕 ■ 超級大陸（盤古大陸）形成 ■ 爬蟲類多樣化繁殖，形成不同的譜系 ■ 石炭紀森林出現「雨林崩潰」
	石炭系	359.3	■ 第一隻爬蟲類出現 ■ 大面積的熱帶沼澤森林導致形成巨大的煤層，後來推動工業革命
	泥盆紀	419.0	■ 此時期以冰河和大滅絕作結 ■ 第一種樹幹形式——「始籽羊齒屬」 ■ 第一種原始裸子植物和真正的樹木形式——古蕨屬，更多的土壤形成以及深根系統 ■ 最早的兩棲動物和昆蟲出現
	志留紀	443.1	■ 出現「高等」維管束植物的第一個化石體形式（包括木質部、韌皮部、真根）
	奧陶紀	486.9	■ 冰河期末期 ■ 陸地綠色植物的第一個直接證據，風化作用增強
	寒武紀	538.8	■ 基於遺傳分子鐘所估計的第一個非維管束陸生植物出現 ■ 「寒武紀大爆發」和繁榮的海洋生態系統

注釋與資料出處

Notes and Sources

前言

1   Dominguez-Rodrigo, M. (2014), 'Is the "Savanna Hypothesis" a dead concept for explaining the emergence of the earliest hominins?', *Current Anthropology*, 55 (1): 59–81.

2   Mellars, P. (2006), 'Why did modern human populations disperse from Africa ca. 60,000 years ago? A new model', *Proceedings of the National Academy of Sciences of the United States of America*, 103: 9381–6.

3   Meggers, B. J. (1971), *Amazonia: Man and Culture in a Counterfeit Paradise*, Illinois: Harlan Davidson.

4   Turnbull, C. (1961), *The Forest People: A Study of the Pygmies of the Congo*, New York: Simon & Schuster.

5   Watson, J. E. M., Evans, T., Venter, O., et al. (2018), 'The exceptional value of intact forest ecosystems', *Nature Ecology & Evolution*, 2: 599–610.

6   Ghazoul, J. (2015), *Forests: A Very Short Introduction*, Oxford: Oxford University Press.

7   Spracklen, D. V., Arnold, S. R., and Taylor, C.M. (2012), 'Observations of increased tropical rainfall preceded by air passage over forests', *Nature*, 489:282–5.

8   Malhi, Y. (2010), 'The carbon balance of tropical forest regions, 1990–2005', *Current Opinions in Environmental Sustainability*, 2: 237–44.

9   Curry, A. (2016), ' "Green hell" has long been home for humans', *Science*, 354: 268–9.

10 Pimm, S. L., and Raven, P. (2000), 'Extinction by numbers', *Nature*, 403: 843–5.

11 在整本書中,我使用大寫的「I」(Indigenous),來表示原住民人口、知識、社群、歷史、土地管理和定居點組織。同時我也盡可能使用原住民社群稱呼自

己的名稱。另外，小寫的「i」只用在指稱特定區域、特有的動植物上。

12 Roberts, P., Buhrich, A., Caetano-Andrade, V.L., et al., (2021), Reimagining the relationship between Gondwanan forests and Aboriginal land management in Australia's "Wet Tropics"', *iScience*, 24: 102190. Doi: https://doi.org/10.1016/j.isci.2021.102190./

第一章　進入光明──我們所知世界的起點

1 Vandenbrink, J. P., Brown, E. A., Harmer, S. L., and Blackman, B. K. (2014), 'Turning heads: The biology of solar tracking in sunflower', *Plant Science*, 224:20–26.

2 Appel, H. M., and Cocroft, R. B. (2014), 'Plants respond to leaf vibrations caused by insect herbivore chewing', *Oecologia*, 175: 1257–66.

3 Hughes, S. (1990), 'Antelope activate the acacia's alarm system', *New Scientist*: https://www.newscientist.com/ article/ mg12717361-200-antelope-activate-the-acacias-alarm-system/?ignored=irrelevant.

4 Yuan Song, Y., Simard, S. W., Carroll, A., et al. (2015), 'Defoliation of interior Douglas-fir elicits carbon transfer and stress signalling to ponderosa pine neighbours through ectomycorrhizal networks', *Nature Scientific Reports*, 5: https://doi.org/10.1038/srep08495.

5 Wohlleben, P. (2016), *The Hidden Life of Trees: What They Feel, How They Communicate: Discoveries From a Secret World*, London: William Collins.

6 正式認定的地質時期劃分時間，會隨著新發現的地質分層紀錄，以及定年法精確度的提升而發生變化。我在整本書裡用到的正式地質時期（如寒武紀）的時間區分，是參照撰文時最新版的《2020 年地質時期》（*Geologic Time Scale 2020*，Gradstein, F. M., Ogg, J. G., Schmitz, M. D. 和 Ogg, G. M. 著，第一版，阿姆斯特丹，愛思唯爾出版）的第一卷和第二卷裡所做的地質時期劃分。這套書是許多古生物學家和地質學家所採用的參考標準，並且會隨著新訊息的出現而定期更新。如果在本書提到了非正式的地質時期劃分（如寒武紀「早期」）時，通常牽涉到本書在該部分討論到的特定科學文獻研究提出的時間，也會在注釋裡另加說明。舉例來說，在提到寒武紀「早期」時，便是將兩篇相關研究論文所討論到寒武紀開始的「新時間點」（5.388 億年前）一直到寒武紀「中期」的邊界（約 5.099 億年前，寒武紀「中期」是指從第二期到烏溜期之間，這是來自 Gradstein 等人所著最新版的《2020 年地質時期》的認定），這個從寒武

紀開始到中期之間的時期，便稱為寒武紀「早期」。

7　Paterson, J. R., Edgecombe, G. D., and Lee, M. S. Y. (2019), 'Trilobite evolutionary rates constrain the duration of the Cambrian explosion', *Proceedings of the National Academy of Sciences of the United States of America*, 116: 4394–9.

8　Collette, J. H., and Hagadorn, J. W. (2010), 'Three- dimensionally preserved arthropods from Cambrian lagerstatten of Quebec and Wisconsin', *Journal of Palaeontology*, 84: 646–67.

9　Beck, H. E., Zimmermann, N. E., McVicar, T. R., et al. (2018), 'Present and future Koppen-Geiger climate classification maps at 1km resolution', *Scientific Data*, 5: 180214.

10　Lenton, T. M., Daines, S. J., and Mills, B. J. W. (2018), 'COPSE reloaded: An improved model of biogeochemical cycling over Phanerozoic time', *Earth-Science Reviews*, 178: 1–28.

11　Mills, B. J. W., Krause, A. J., Scotese, C. R., et al., (2019), 'Modelling the long-term carbon cycle, atmospheric CO_2, and Earth surface temperature from late Neoproteozoic to present day', *Gondwana Research*, 67: 172–86.

12　Bergman, N. M., Lenton, T. M., and Watson, A. J. (2004), 'COPSE: A new model of biogeochemical cycling over Phanerozoic time', *American Journal of Science*, 304: 397–437.

13　Lenton, Daines and Mills, 'COPSE reloaded: An improved model of biogeochemical cycling over Phanerozoic time'.

14　Bergman, Lenton and Watson, 'COPSE: A new model of biogeochemical cycling over Phanerozoic time'.

15　Ruhfel, B. R., Gitzendanner, M. A., Soltis, P. S., et al. (2014), 'From algae to angiosperms – inferring the phylogeny of green plants (Viridplantae) from 360 plastid genomes', *BMC Evolutionary Biology*, 14: DOI: https://doi.org/10.1186/1471-2148-14-23.

16　Berner, R. A. (2006), 'GEOCARBSULF: A combined model for Phanerozoic atmospheric O_2 and CO_2', *Geochimica et Cosmochima Acta*, 70: 5653–64.

17　Shimamura, M. (2016), '*Marchantia polymorpha*: Taxonomy, phylogeny and morphology of a model system', *Plant and Cell Physiology*, 57: 230–56.

18　Rubinstein, C. V., Gerrienne, P., de la Puente, G. S., et al. (2010), 'Early Middle

Ordovician evidence for land plants in Argentina (eastern Gondwana)', *New Phytologist*, 188: 365–9.

19　Retallack, G. J. (2020), 'Ordovician land plants and fungi from Douglas Dam, Tennessee', *The Palaeobotanist*, 68: https:// cpb-us-e1.wpmucdn.com/blogs.uoregon.edu/ dist/d/3735/files/2020/09/ Retallack-2020-Ordovician-land-plants.pdf.

20　Edwards, D., and Feehan, J. (1980), 'Records of Cooksonia-type sporangia from late Wenlock strata in Ireland', *Nature*, 287: 41–2.

21　Renzaglia, K. S., Nickrent, D. L., Garbary, D. J., et al. (2000), 'Vegetative and reproductive innovations of early land plants: Implications for a unified phylogeny', *Philosophical Transactions of the Royal Society of London B Series: Biological Sciences*, 355: 769–93.

22　Clarke, J. T., Warnock, R. C. M., and Donoghue, P. C. J. (2011), 'Establishing a time-scale for plant evolution', *New Phytologist*, 192: 266–301.

23　ibid.

24　ibid.

25　Puttick, M. N., Morris, J. L., Williams, T. A., et al. (2018), 'The interrelationships of land plants and the nature of the ancestral embryophyte', *Current Biology*, 28: 733–45.

26　Morris, J. L., Puttick, M. N., Clark, J. W., et al. (2018), 'The timescale of early land plant evolution', *Proceedings of the National Academy of Sciences of the United States of America*, 115: E2274–E2283.

27　ibid.

28　Puttick, Morris and Williams, 'The interrelationships of land plants and the nature of the ancestral embryophyte'.

29　Morris, Puttick and Clark, 'The timescale of early land plant evolution'.

30　Sheldrake, M. (2020), *Entangled Life: How Fungi Make Our Worlds, Change Our Minds & Shape Our Futures*, London: Random House.

31　Popkin, G. (2019), ' "Wood wide web" –the underground network of microbes that connects trees–mapped for the first time', *Science* : DOI: 10.1126/science.aay0516.

32　Steidinger, B. S., Crowther, T. W., Liang, J., et al., 'GFBI consortium. 2019. Climatic controls of decomposition drive the global biogeography of forest-tree symbioses', *Nature*, 569: 404–8.

33　Taylor, T. N., Remy, W., Hass, H., Kerp, H. (1995), 'Fossil arbuscular mycorrhizae from the Early Devonian', *Mycologia*, 87: 560–73.

34　Rimington, W. R., Pressel, S., Duckett, J. G., et al. (2018), 'Ancient plants with ancient fungi: liverworts associate with early-diverging arbuscular mycorrhizal fungi', *Proceedings of the Royal Society B Series: Biological Sciences*, 285:https://doi.org/10.1098/rspb.2018.1600.

35　Field, K. J., Pressel, S., Duckett, J. G., et al. (2015), 'Symbiotic options for the conquest of land', *Trends in Ecology and Evolution*, 30: 477–86.

36　NASA (2016), 'Carbon dioxide fertilization greening Earth, study finds':https:// www. nasa.gov/feature/goddard/2016/ carbon-dioxide-fertilization-greening-earth.

37　Lenton, T. M., Crouch, M., Johnson, M., et al. (2012), 'First plants cooled the Ordovician', *Nature Geoscience*, 5: 86–9.

38　Lenton, T. M., Rockstrom, J., Gaffney, O., et al. (2019), 'Climate tipping points – too risky to bet against', *Nature*, 575: 592–6.

39　Lenton, Crouch, Johnson, et al., 'First plants cooled the Ordovician'.

40　ibid.

41　Kotyk, M. E., Basinger, J. F., Gensel, P. G., de Freitas, T. A. (2002), 'Morphologically complex plant macrofossils from the Late Silurian of Arctic Canada', *American Journal of Botany*, 89: 1004–13.

42　Petit, R. J., and Hampe, A. (2006), 'Some evolutionary consequences of being a tree', *Annual Review of Ecology Evolution and Systematics*, 37: 187–214.

43　Goldring, W. (1927), 'The oldest known petrified forest', *Science Monthly*, 24: 514–29.

44　Stein, W. E., Mannolini, F., VanAller Hernick, L., et al. (2007), 'Giant cladoxylopsid trees resolve the enigma of the Earth's earliest forest stumps at Gilboa', *Nature*, 446: 904–7.

45　Stein, W. E., Berry, C. M., Hernick, L. V., Mannolini, F. (2012), 'Surprisingly complex community discovered in the mid-Devonian fossil forest at Gilboa', *Nature*, 483: 78–81.

46　Stein, W. E., Berry, C. M., Morris, J. L., et al. (2020), 'Mid- Devonian *Archaeopteris* roots signal revolutionary change in earliest fossil forests', *Current Biology*, 30: 421–31, e2.

47　ibid.

48　Retallack, G. J., and Huang, C. (2011), 'Ecology and evolution of Devonian trees in New York, USA', *Palaeogeography, Palaeoclimatology, Palaeoecology*, 299:110–28.

49 Stein, Berry, Morris, et al., 'Mid- Devonian *Archaeopteris* roots signal revolutionary change in earliest fossil forests'.

50 Meyer-Berthaud, B., Scheckler, S. E., and Bousquet, J.-L. (2000), 'The development of *Archaeopteris*: new evolutionary characters from the structural analysis of an Early Famennian trunk from southeast Morocco', *American Journal of Botany*, 87: 456–68.

51 Guo, Y., and Wang, D.- M. (2011), 'Anatomical reinvestigation of *Archaeopteris macilenta* from the Upper Devonian (Frasnian) of South China', *Journal of Systematics and Evolution*, 49: 590–97.

52 Morris, J. L., Leake, J.R., Stein, W.E., et al. (2015), 'Investigating Devonian trees as geo-engineers of past climates: linking palaeosols to palaeobotany and experimental geobiology', *Palaeontology*, 58: 787–801.

53 Averill, C., Turner, B.L., and Finzi, A.C. (2014), 'Mycorrhiza- mediated competition between plants and decomposers drives soil carbon storage', *Nature*, 505: 543–5.

54 Morris, Leake, Stein, et al., 'Investigating Devonian trees as geo-engineers of past climates: linking palaeosols to palaeobotany and experimental geobiology'.

55 Algeo, T. J., and Scheckler, S. E. (2010), 'Land plant evolution and weathering rate changes in the Devonian', *Journal of Earth Science*, 21: 75–8.

56 Lenton, Daines and Mills, 'COPSE reloaded: An improved model of biogeochemical cycling over Phanerozoic time'.

57 Isaacson, P. E., Diaz-Martinez, E., Grader, G. W., et al. (2008), 'Late Devonian-earliest Mississippian glaciation in Gondwanaland and its biogeographic consequences', *Palaeogeography, Palaoeclimatology, Palaeoecology*, 268: 126–42.

58 Ghazoul, J., and Sheil, D. (2010), *Tropical Rain Forest Ecology, Diversity, and Conservation*, Oxford: Oxford University Press.

59 Cleal, C. J., Oplustil, S., Thomas, B. A., and Tenchov, Y. (2009), 'Pennsylvanian vegetation and climate in Variscan Euramerica', *Episodes*, 34: 3–12.

60 Ghazoul and Sheil, *Tropical Rain Forest Ecology, Diversity and Conservation*.

61 Thomas, B. A., and Cleal, C. J. (2017), 'Arborescent lycophyte growth in the late Carboniferous coal swamps', *New Phytologist*, 218: 885–90.

62 Wilson, J. P., Montanez, I.P., White, J.D., et al. (2017), 'Dynamic Carboniferous tropical forests: new views of plant function and potential for physiological forcing of climate', *New Phytologist*, 215: 1333–53.

63 Prestianni, C., Rustan, J. J., Balseiro, D., et al. (2015), 'Early seed plants from Western Gondwana: Paleobiological and ecological implications based on Tournaisian (Lower Carboniferous) records from Argentina', *Palaeogeography, Palaeoclimatology, Palaeoecology*, 417: 210–19.

64 Retallack, G. J., and Germanheins, J. (1994), 'Evidence from paleosols for the geological antiquity of rainforest', *Science*, 265: 499–502.

65 Wright, V. P. (2018), 'An early carboniferous humus from South Wales preserved by marine hydromorphic entombment', *Applied Soil Ecology*, 123: 668–71.

66 Lenton, Daines, and Mills, 'COPSE reloaded: An improved model of biogeochemical cycling over Phanerozoic time'.

67 Puttick, Morris and Williams, 'The interrelationships of land plants and the nature of the ancestral embryophyte'.

68 Edwards, D., Kerp, H., Hass, H. (1998), 'Stomata in early land plants: an anatomical and ecophysiological approach', *Journal of Experimental Botany*, 49:225–78.

69 Duckett, J. G., and Pressel, S. (2018), 'The evolution of the stomatal apparatus: intercellular spaces and sporophyte water relations in bryophytes – two ignored dimensions', *Philosophical Transactions of the Royal Society of London B Series: Biological Sciences*, 373: 20160498.

70 Ruszala, E. M., Beerling, D. J., Franks, P. J., et al. (2011), 'Land plants acquired active stomatal control early in their evolutionary history', *Current Biology*, 21: 1030–35.

71 Garrouste, R., Clement, G., Nel, P., et al. (2012), 'A complete insect from the Late Devonian period', *Nature*, 488: 82–5.

72 Harrison, J. F., Kaiser, A., and VandenBrooks, J. M. (2010), 'Atmospheric oxygen level and the evolution of insect body size', *Proceedings of the Royal Society B Series: Biological Sciences*, 277: 1937–46.

73 Meade, L., Jones, A. S., and Butler, R. J. (2016), 'A revision of tetrapod footprints from the late Carboniferous of the West Midlands, UK', *PeerJ*, 4: e2718 https://doi.org/10.7717/peerj.2718.

74 ibid.

75 ibid.

76 ibid.

第二章 熱帶世界

1 Whitmore, T. C. (1998), *An Introduction to Tropical Rainforests* (2nd edition), Oxford: Oxford University Press.

2 Maslin, M. (2005), 'The longevity and resilience of the Amazon rainforest', in Y. Malhi, O. Phillips (eds.), *Tropical Forests & Global Atmospheric Change*, Oxford: Oxford University Press, 167–82.

3 Morley, R. J. (2000), *Origin and Evolution of Tropical Rain Forests*, Chichester: John Wiley and Sons.

4 Tabor, N. J., and Poulsen, C. J. (2008), 'Palaeoclimate across the Late Pennsylvanian–Early Permian tropical palaeolatitudes: A review of climate indicators, their distribution, and relation to palaeophysiographic climate factors', *Palaeogeography, Palaeoclimatology, Palaeoecology*, 268: 293–310.

5 Corlett, R. T., and Primack, R., (2011), *Tropical Rain Forests: An Ecological and Biogeographical Comparison*, London: Wiley-Blackwell.

6 Basset, Y., Cizek, L., Cuenoud, P., et al. (2019), 'Arthropod diversity in a tropical forest', *Science*, 338: 1481–4.

7 Campos-Arceiz, A., and Blake, S. (2011), 'Megagardeners of the forest – the role of elephants in seed dispersal', *Acta Oecologia*, 37: 542–53.

8 DRYFLOR et al. (2015), 'Plant diversity patterns in neotropical dry forests and their conservation implications', *Science*, 353: 1383–7.

9 Walker, R., Lewis, R., Mandimbihasina, A., et al. (2014), 'The conservation of the world's most threatened tortoise: the ploughshare tortoise (Astochelys yniphora) of Madagascar', *Testudo*, 8: 68–75.

10 Cascales-Minana, B., and Cleal, C. J. (2014), 'The plant fossil record reflects just two great extinction events', *Terra Nova*, 26: 195–200.

11 Barnosky, A. D., Matzke, N., Tomiya, S., et al. (2011), 'Has the Earth's sixth mass extinction already arrived', *Nature*, 471: 51–7.

12 Morley, *Origin and Evolution of Tropical Rain Forests*.

13 Cleal, C. J., Opluštil, S., Thomas, B. A., and Tenchov, Y. (2009), 'Late Moscovian terrestrial biotas and palaeoenvironments of Variscan Euramerica', *Netherlands Journal of Geosciences*, 88: 181–278.

14 Montanez, I. P., Tabor, N. J., Niemeier, D., et al. (2007), 'CO2- forced climate and

vegetation instability during Late Paleozoic deglaciation', *Science*, 314: 87–91.

15 Cleal, Opluštil, Thomas and Tenchov, 'Late Moscovian terrestrial biotas and palaeoenvironments of Variscan Euramerica'.

16 Benton, M. J., Tverdokhlebov, V. P., and Surkov, M. V. (2004), 'Ecosystem remodelling among vertebrates at the Permian-Triassic boundary in Russia', *Nature*, 432: 97–100.

17 Cascales-Minana and Cleal, 'The plant fossil record reflects just two great extinction events'.

18 Linkies, A., Graeber, K., Knight, C., Leubner-Metzger, G. (2010), 'The evolution of seeds', *New Phytologist*, 186: 817–31.

19 Looy, C. V., Brugman, W. A., Dilcher, D. L., and Visscher, H. (1999), 'The delayed resurgence of equatorial forests after the Permian-Triassic ecologic crisis', *Proceedings of the National Academy of Sciences of the United States of America*, 96: 13857–62.

20 Schneebeli-Hermann, E., Hochuli, P. A., Bucher, H., et al. (2012), 'Palynology of the Lower Triassic succession of Tulong, South Tibet – Evidence for early recovery of gymnosperms', *Palaeogeography, Palaeoclimatology, Palaeoecology*, 339–41: 12–24.

21 Frohlich, M. W., and Chase, M. W. (2007), 'After a dozen years of progress the origin of the angiosperms is still a great mystery', *Nature*, 450: 1184–9.

22 Doyle, J. (2012), 'Molecular and fossil evidence on the origin of angiosperms', *Annual Review of Earth Planetary Science*, 40: 301–26.

23 Morley, R. J. (2011), 'Cretaceous and Tertiary climate change and the past distribution of megathermal rainforests', in M. B. Bush, J. R. Flenley and W. D. Gosling (eds.), *Tropical Rainforest Responses to Climatic Change*, Berlin: Springer-Verlag, 1–34.

24 Silvestro, D., et al. (2021), 'Fossil data support a pre-Cretaceous origin of lowering plants', *Nature Ecology & Evolution*: https://doi.org/10.1038/ s41559-020-01387-8.

25 Feild, T. S., Arens, N. C., Doyle, J. A., et al. (2004), 'Dark and disturbed: A new image of early angiosperm ecology', *Paleobiology*, 30: 82–107.

26 Davis, C. C., Webb, C. O., Wurdack, K. J., et al. (2005), 'Explosive radiation supports a mid-Cretaceous origin of modern tropical rain forests', *American Naturalist*, 165: E36–E65.

27 Morley, 'Cretaceous and Tertiary climate change and the past distribution of megathermal rainforests'.

28 Boyce, C. K., and Jung-Eun, L. (2010), 'An exceptional role for flowering plant

physiology in the expansion of tropical rainforests and biodiversity', *Proceedings of the Royal Society B Series: Biological Sciences*, 485: 1–7.

29 Gradstein, F. M., Ogg, J. G., Schmitz, M.D., Ogg, G. M. (2020), *The Geologic Time Scale 2020* (1st edition), vols 1 and 2, Amsterdam: Elsevier.

30 Coiro, M., Doyle, J. A., Hilton, J. (2019), 'How deep is the conflict between molecular and fossil evidence on the age of angiosperms?', *New Phytologist*, 223: 83–99.

31 Ghazoul, J. (2016), *Dipterocarp Biology, Ecology, and Conservation*, Oxford: Oxford University Press.

32 S., Dilcher, D. L., Jarzen, D. M., and Taylor, D. W. (2008), 'Early steps of angiosperm-pollinator coevolution', *Proceedings of the National Academy of Sciences of the United States of America*, 105: 240–45.

33 Duperon-Laudoueneix, M. (1991), 'Importance of fossil woods (conifers and angiosperms) discovered in continental Mesozoic sediments of northern equatorial Africa', *Journal of African Earth Sciences*, 12: 391–6.

34 Wing, S. L., et al. (2009), 'Late Paleocene fossils from the Cerrejon Formation, Colombia, are the earliest record of Neotropical rainforest', *Proceedings of the National Academy of Sciences of the United States of America*, 106: 18627–32.

35 ibid.

36 Head, J. J., et al. (2009), 'Giant boid snake from the Palaeocene neotropics reveals hotter past equatorial temperatures', *Nature*, 457: 715–17.

37 Johnson, K. R., and Ellis, B. (2002), 'A tropical rainforest in Colorado 1.4 Million Years after the Cretaceous–Tertiary boundary', *Science*, 296: 2379–83.

38 Morley, *Origin and Evolution of Tropical Rain Forests*.

39 Morley, R. J. (2003), 'Interplate dispersal routes for megathermal angiosperms', *Perspectives in Plant Ecology, Evolution and Systematics*, 6: 5–20.

40 Morley, 'Cretaceous and Tertiary climate change and the past distribution of megathermal rainforests'.

41 Goldner, A., Herold, N., and Huber, M. (2014), 'Antarctic glaciation caused ocean circulation changes at the Eocene–Oligocene transition', *Nature*, 511: 574–7.

42 Dupont-Nivet, G., Hoorn, C., and Konert, M. (2008), 'Tibetan uplift prior to the Eocene-Oligocene climate transition. Evidence from pollen analysis of the Xining Basin', *Geology*, 36: 987–90.

43　Prasad, V., Stromberg, C. A. E., Alimohammadian, H., Sahni, A. (2005), 'Dinosaur coprolites and the early evolution of grasses and grazers', *Science*, 310: 1177–80.

44　Osborne, C. O. (2008), 'Atmosphere, ecology and evolution: what drove the Miocene expansion of C4 grasslands?', *Journal of Ecology*, 96: 35–45.

45　Metcalfe, S. E., and Nash, D. J. (2012), 'Introduction', in S. E. Metcalfe and D. J. Nash (eds.), *Quaternary Environmental Change in the Tropics*, London: John Wiley & Sons, 1–33.

46　Deplazes, G., Luckge, A., Peterson, L. C., et al. (2013), 'Links between tropical rainfall and North Atlantic climate during the last glacial period', *Nature Geoscience*, 3: 213–17.

47　Hamon, N., Spulchre, P., Donnadieu, Y., et al. (2012), 'Growth of subtropical forests in Miocene Europe: The roles of carbon dioxide and Antarctic ice volume', *Geology*, 40: 567–70.

48　Cerling, T. E., Wang, Y., and Quade, J. (1993), 'Expansion of C4 ecosystems as an indictor of global ecological change in the late Miocene', *Nature*, 361: 344–5.

49　Feakins, S. J., Levin, N. E., Liddy, H. M., et al. (2013), 'Northeast African vegetation change over 12 m.y.', *Geology*, 41: 295–8.

50　Hamon, Spulchre, Donnadieu, et al., 'Growth of subtropical forests in Miocene Europe'.

51　Salzmann, U., Haywood, A. M., Lunt, D. J., et al. (2008), 'A new global biome reconstruction and data-model comparison for the middle Pliocene', *Global Ecology and Biogeography*, 17: 432–47.

52　Martinez-Boti, M. A., Foster, G. L., Chalk, T. B., et al. (2015), 'Plio-Pleistocene climate sensitivity evaluated using high-resolution CO_2 records', *Nature*, 518: 49–54.

53　Bobe, R., and Behrensmeyer, A. K. (2004), 'The expansion of grassland ecosystems in Africa in relation to mammalian evolution and the origin of the genus Homo', *Palaeogeography, Palaeoclimatology, Palaeoecology*, 207: 399–420.

54　Heaney, L. R. (1991), 'A synopsis of climatic and vegetational change in Southeast Asia', in *Tropical Forests and Climate. Climatic Change*, 19: 53–61.

55　Dennell R. W., Roebroeks, W. (2005), 'Out of Africa: An Asian perspective on early human dispersal from Africa', *Nature*, 438: 1099–1104.

56　Heaney, 'A synopsis of climatic and vegetational change in Southeast Asia'.

57　Roberts, P. (2019), *Tropical Forests in Prehistory, History, and Modernity*, Oxford: Oxford University Press.

58 Corlett, R. T. (2011), 'Climate change in the tropics: The end of the world as we know it', *Biological Conservation*, 151: 22–5.

59 Hooghiemstra, H., and Van der Hammen, T. (1998), 'Neogene and Quaternary development of the neotropical rain forest: the forest refugia hypothesis, and a literature overview', *Earth-science Reviews*, 44: 147–83.

60 Rabett, R. J. (2012), *Human Adaptation in the Asian Palaeolithic*, Cambridge: Cambridge University Press.

61 Koutavas, A., Lynch-Stieglitz, J., Marchitto, T. M., and Sachs, J. P. (2002), 'El Nino-like pattern in ice age tropical Pacific sea surface temperature', *Science*, 297: 226–30.

62 Pausata, F. S. R., Messori, G., and Zhang, Q. (2016), 'Impacts of dust reduction on the northward expansion of the African monsoon during the Green Sahara period', *Earth and Planetary Science Letters*, 434: 298–307.

第三章　「岡瓦納」森林和恐龍

1 Turner, A. H., Makovicky, P. J., and Norell, M. A. (2007), 'Feather quill knobs in the dinosaur *Velociraptor*', *Science*, 317: 1721.

2 Brusatte, S. (2018), *The Rise and Fall of the Dinosaurs*, London: Picador.

3 Barrett, P. M., and Rayfield, E. J. (2006), 'Ecological and evolutionary implications of dinosaur feeding behaviour', *Trends in Ecology and Evolution*, 21: 217–24.

4 Hummel, J., Gee, C. T., Sudekum, K. H., et al. (2008), 'In vitro digestibility of fern and gymnosperm foliage: implications for sauropod feeding ecology and diet selection', *Proceedings of the Royal Society B Series: Biological Sciences*, 275: https://doi.org/10.1098/rspb.2007.1728.

5 Colbert, E. H. (1993), 'Feeding strategies and metabolism in elephants and sauropod dinosaurs', *American Journal of Science*, 293A: 1–10.

6 The Paleobiology Database: https://paleobiodb.org/#/.

7 Dunne, E. M., Close, R. A., Button, D. J., et al. (2018), 'Diversity change during the rise of tetrapods and the impact of the "Carboniferous rainforest collapse"', *Proceedings of the Royal Society B Series: Biological Sciences*, 285: https://doi.org/10.1098/rspb.2017.2730.

8 Irmis, R. B., Nesbitt, S. J., Padian, K., et al. (2007), 'A Late Triassic dinosauromorph

assemblage from New Mexico and the rise of the dinosaurs', *Science*, 317: 358–61.

9   Whiteside, J. H., Grogan, D. S., Olsen, P. E., and Kent, D. V. (2011), 'Climatically driven biogeographic provinces of Late Triassic tropical Pangea', *Proceedings of the National Academy of Sciences of the United States of America*, 108: 8972–7.

10 Whiteside, J. H., Lindstrom, S., Irmis, R. B., et al. (2015), 'Extreme ecosystem instability suppressed tropical dinosaur dominance for 30 million years', *Proceedings of the National Academy of Sciences of the United States of America*, 112: 7909–13.

11 Salgado, L., Canudo, J. I., Garrido, A., et al. (2017), 'A new primitive Neornithischian dinosaur from the Jurassic of Patagonia with gut contents', *Nature Scientific Reports*, 7: 42778.

12 Han, F., Forster, C. A., Xu, X., and Clark, J. M. (2017), 'Postcranial anatomy of Yinlong downsi (Dinosauria: Ceratopsia) from the Upper Jurassic Shishugou Formation of China and the phylogeny of basal ornithischians', *Journal of Systematic Palaeontology*, 16: 1159–87.

13 van de Schootbrugge, B., Quan, T. M., Lindstrom, S., et al. (2009), 'Floral changes across the Triassic/Jurassic boundary linked to flood basalt volcanism', *Nature Geoscience*, 2: 589–94.

14 Volkheimer, W., Rauhut, O. W. M., Quattrocchio, M. E., and Martinez, M. A. (2008), 'Jurassic paleoclimates in Argentina, a review', *Revista de la Asociacion Geologica Argentina*, 63, 549–56.

15 Van Der Meer, D. G., Zeebe, R. E., van Hinsbergen, D. J. J., et al. (2014), 'Plate tectonic controls on atmospheric CO_2 levels since the Triassic', *Proceedings of the National Academy of Sciences of the United States of America*, 111: 4380–85.

16 Yonetani, T., and Gordon, H. B. (2001), 'Simulated changes in the frequency of extremes and regional features of seasonal/annual temperature and precipitation when atmospheric CO_2 is doubled', *Journal of Climate*, 14: 1765–79.

17 Upchurch, P., and Barrett, P. M. (2000), 'The evolution of sauropod feeding mechanisms', in H. D. Sues (ed.), *Evolution of herbivory in terrestrial vertebrates: Perspectives from the fossil record*, Cambridge: Cambridge University Press, 79–122.

18 Hummel, J., and Clauss, M., 'Feeding and digestive physiology', in N. Klein, K. Remes, C. T. Gee, P. M. Sander (eds.), *Biology of the sauropod dinosaurs: Understanding the life of giants*, Bloomington: Indiana University Press, 11–33.

19 Sander, P. M., Christian, A., Clauss, M., et al. (2011), 'Biology of the sauropod dinosaurs: the evolution of gigantism', *Biological Reviews*, 86: 117–55.

20 Gee, C. T. (2011), 'Dietary options for the Sauropod dinosaurs from an integrated botanical and paleobotanical perspective', in Klein, Remes, Gee and Sander (eds.), *Biology of the sauropod dinosaurs: Understanding the life of giants*, 34–57.

21 ibid.

22 Upchurch, P., and Barrett, P. M. (2005), 'Phylogenetic and taxic perspectives on sauropod diversity', in K. A. Curry Rogers and J. A. Wilson (eds.), *The sauropods. Evolution and paleobiology*, Berkeley: University of California Press, 104–24.

23 Poulsen, J. R., Rosin, C., Meier, A., et al (2018), 'Ecological consequences of forest elephant declines for Afrotropical forests', *Conservation Biology*, 32: 559–67.

24 Mustoe, G. E. (2007), 'Coevolution of cycads and dinosaurs', *The Cycad Newsletter*, 30: 6–9.

25 Leslie, A. (2011), 'Predation and protection in the macroevolutionary history of conifer cones', *Proceedings of the Royal Society B Series: Biological Sciences*, 278: DOI: 10.1098/rspb.2010.2648.

26 Butler, R. J., Barrett, P. M., Kenrick, P., and Penn, M. G. (2009), 'Testing co-evolutionary hypotheses over geological timescales: interactions between Mesozoic non-avian dinosaurs and cycads', *Biological Reviews*, 84: 73–89.

27 Bakker, R. T. (1978), 'Dinosaur feeding behaviour and the origin of flowering plants', *Nature*, 274: 661–3.

28 Weishampel, D. B., and Norman, D. B. (1989), 'Vertebrate herbivory in the Mesozoic; jaws, plants, and evolutionary metrics', *Geological Society of America Special Paper*, 238: 87–101.

29 Barrett, P. M., and Willis, K. J. (2001), 'Did dinosaurs invent flowers? Dinosaur-angiosperm coevolution revisited', *Biological Reviews*, 76: 411–47.

30 ibid.

31 ibid.

32 Weishampel, D. B., Jianu, C.-M. (2000),'Plant-eaters and ghost lineages: dinosaurian herbivory revisited', in H.-D. Sues (ed.), *Evolution of Herbivory in Terrestrial Vertebrates: Perspectives from the Fossil Record*, Cambridge: Cambridge University Press, 123–43.

33 Erickson, G. M., Krick, B. A., Hamilton, M., et al. (2012), 'Complex dental structure

and wear biomechanics in Hadrosaurid dinosaurs', *Science*, 338: 98–101.

34　Molnar, R. E., and Clifford, H. T. (2000), 'Gut contents of a small ankylosaur', *Journal of Vertebrate Palaeontology*, 20: 194–6.

35　Poulsen, Rosin, Meier, et al., 'Ecological consequences of forest elephant declines for Afrotropical forests'.

36　Godefroit, P., Golovneva, L., Shcheptov, S., Garcia, G., Alekseev, P. (2009), 'The last polar dinosaurs: high diversity of latest Cretaceous arctic dinosaurs in Russia', *Naturwussenschaften*, 96: 495–501.

37　Paik, I. S., Kim, H. J., and Huh, M. (2012), 'Dinosaur egg deposits in the Cretaceous Gyeongsang Supergroup, Korea: Diversity and paleobiological implications', *Journal of Asian Earth Sciences*, 56: 135–46.

38　Voeten, D. F. A. E., Cubo, J., de Margerie, E., et al. (2018), 'Wing bone geometry reveals active flight in *Archaeopteryx*', *Nature Communications*, 9: 923: DOI: 10.1038/s41467-018-03296-8.

39　Barrowclough, G. F., Cracraft, J., Klicka, J., and Zink, R. M. (2016), 'How many kinds of birds are there and why does it matter?', *PLOS ONE*, 11: e0166307: DOI: 10.1371/journal.pone.0166307.

40　Dehling, D. M., Peralta, G., Bender, I. M. A., et al. (2020), 'Similar composition of functional roles in Andean seed-dispersal networks, despite high species and interaction turnover', *Ecology, Ecological Society of America*, 101: -03028: DOI:10.1002/ecy.3028.

41　Gorchov, D. L., Cornejo, F., Ascorra, C., and Jaramillo, M. (1993), 'The role of seed dispersal in the natural regeneration of rain forest after strip-cutting in the Peruvian Amazon', *Vegetatio*, 107: 339–49.

42　David, J. P., Manakadan, R., and Ganesh, T. (2015), 'Frugivory and seed dispersal by birds and mammals in the coastal tropical dry evergreen forests of southern India: A review', *Tropical Ecology*, 56: 41–55.

43　McConkey, K. R., Meehan, H. J., and Drake, D. R. (2004), 'Seed dispersal by Pacific pigeons (*Ducula pacifica*) in Tonga, western Polynesia', *Emu–Austral Ornithology*, 104: 369–76.

44　Bregman, T., Lees, A. C., MacGregor, H. E. A., et al. (2016), 'Using avian functional traits to assess the impact of land-cover change on ecosystem processes linked to resilience in tropical forests', *Proceedings of the Royal Society B Series: Biological Sciences*,

283: 20161289. tttp://dx.doi.org/10.1098/ rspb.2016.1289.

第四章　首批哺乳動物的「樹屋」

1　Janis, C. M. (1993), 'Tertiary mammal evolution in the context of changing climates, vegetation, and tectonic events', *Annual Review of Ecology, Evolution, and Systematics*, 14: 467–500.

2　Li, J., Wang, Y., Wang, Y., and Li, C. (2001), 'A new family of primitive mammal from the Mesozoic of western Liaoning, China', *Chinese Science Bulletin*, 46: 782–5; Gore, R. (2020), 'The rise of mammals', *National Geographic*: https://www. nationalgeographic. com/science/ prehistoric-world/rise-mammals/.

3　Berg, M. (2016), 'A miniscule model for research', *Lab Animal*, 45: 133: https://doi. org/10.1038/laban.981.

4　Lockyer, C. (1976), 'Body weights of some species of large whales', *Journal du Conseil Permanent International Pour L'exploration de la Mer*, 36: 259–73.

5　Renne, P. R., Sprain, C. J., Richards, et al. (2015), 'State shift in Deccan volcanism at the Cretaceous–Paleogene boundary, possibly induced by impact', *Science*, 350: 76–8.

6　Barnosky, A. D., Matzke, N., Tomiya, S., et al. (2011), 'Has the Earth's sixth mass extinction already arrived?', *Nature*, 471: 51–7.

7　Smith, F. A., Boyer, A. G., Brown, J. H., et al. (2010), 'The evolution of maximum body size of terrestrial mammals', *Science*, 330: 1216–19.

8　Wiejers, J. W. H., Scouten, S., Sluijs, A., et al. (2007), 'Warm arctic continents during the Palaeocene–Eocene thermal maximum', *Earth and Planetary Science Letters*, 261: 230–38.

9　Sarkar, S., Basak, C., Frank, M., et al. (2019), 'Late Eocene onset of the Proto-Antarctic Circumpolar Current', *Scientific Reports*, 9: https://doi.org/10.1038/s41598-019-46253-1.

10　Zachos, J., Pagani, M., Sloan, L., et al. (2001), 'Trends, rhythms, and aberrations in global climate 65 Ma to present', *Science*, 292: 686–93.

11　Retallack, G. (2001), 'Cenozoic expansion of grasslands and climatic cooling', *Journal of Geology*, 109: 407–26.

12　Rogers, C. S., Hone, D. W. E., McNamara, M. E., et al. (2015), 'The Chinese Pompeii?

Death and destruction of dinosaurs in the Early Cretaceous of Lujiatun, NE China', *Palaeogeography, Palaeoclimatology, Palaeoecology*, 427: 89–99.

13 Zhang, F., Kearns, S. L., Orr, P. J., et al. (2010), 'Fossilized melanosomes and the colour of Cretaceous dinosaurs and birds', *Nature*, 463: 1075–8.

14 Chen, P. J., Dong, Z. M., and Zhen, S. N. (1998), 'An exceptionally well-preserved theropod dinosaur from the Yixian Formation of China', *Nature*, 391: 147–52.

15 Luo, Z. X., Yuan, C. X., Meng, Q. J., and Ji, Q. (2011), 'A Jurassic eutherian mammal and divergence of marsupials and placentals', *Nature*, 476: 442–5.

16 ibid.

17 Rink, W. J., and Thompson, J. W. (2015), *Encyclopedia of Scientific Dating Methods*, The Netherlands: Springer.

18 Luo, Yuan, Meng and Ji, 'A Jurassic eutherian mammal and divergence of marsupials and placentals'.

19 Maor, R., Dayan, T., Ferguson-Gow, H., and Jones, K. E. (2017), 'Temporal niche expansion in mammals from a nocturnal ancestor after dinosaur extinction', *Nature Ecology & Evolution*, 1: 1889–95.

20 Bhullar, B. A. S., Manafzadeh, A. R., Miyamae, J. A., et al. (2019), 'Rolling of the jaw is essential for mammalian chewing and tribosphenic molar function', *Nature*, 566: 528–32.

21 Rowe, T. B., Macrini, T. E., and Luo, Z.- X. (2011), 'Fossil evidence on origin of the mammalian brain', *Science*, 332: 955–7.

22 Gill, P. G., Purnell, M. A., Crumpton, N., et al. (2014), 'Dietary specializations and diversity in feeding ecology of the earliest stem mammals', *Nature*, 512: 303–5.

23 dos Reis, M., Inoue, J., Hasegawa, M., et al. (2012), 'Phylogenomic datasets provide both precision and accuracy in estimating the timescale of placental mammal phylogeny', *Proceedings of the Royal Society B Series: Biological Sciences*, 279: 3491–500.

24 Zheng, X., Bi, S., Wang, X., and Meng, J. (2013), 'A new arboreal haramiyid shows the diversity of crown mammals in the Jurassic period', *Nature*, 500: 199–203.

25 Luo, Z. X., Ji, Q., Wible, J. R., and Yuan, C. X. (2003), 'An early Cretaceous tribosphenic mammal and metatherian evolution', *Science*, 302: 1934–40.

26 Ji, Q., Luo, Z. X., Yuan, C. X., Wible, J. R., et al. (2002), 'The earliest known eutherian mammal', *Nature*, 416: 816–22.

27 Maor, Dayan, Ferguson-Gow and Jones, 'Temporal niche expansion in mammals from a nocturnal ancestor after dinosaur extinction'.

28 Grossnickle, D. M., Smith, S. M., and Wilson, G. O. (2019), 'Untangling the multiple ecological radiations of early mammals', *Trends in Ecology and Evolution*, 34: 936–49.

29 Luo, Yuan, Meng and Ji, 'A Jurassic eutherian mammal and divergence of marsupials and placentals'.

30 ibid.

31 Shattuck, M. R., and Williams, S. A. (2010), 'Arboreality has allowed for the evolution of increased longevity in mammals', *Proceedings of the National Academy of Sciences of the United States of America*, 107: 4635–9.

32 Meng, Q. J., Ji, Q., Zhang, Y.- G., et al. (2015), 'An arboreal docodont from the Jurassic and mammaliaform ecological diversification', *Science*, 347: 764–8.

33 Ji, Q., Luo, Z. X., Yuan, C. X., and Tabrum, A. R. (2006), 'A swimming mammaliaform from the Middle Jurassic and ecomorphological diversification of early mammals', *Science*, 311: 1123–7.

34 Meng, Q J., Grossnickle, D. M., Liu, D., et al. (2017), 'New gliding mammaliaforms from the Jurassic', *Nature*, 548: 291–6.

35 ibid.

36 Luo, Z. X., Meng, Q. J., Grossnickle, D. M., et al. (2017), 'New evidence for mammaliaform ear evolution and feeding adaptation in a Jurassic ecosystem', *Nature*, 548: 326–9.

37 Hu, Y., Meng, J., Wang, Y., and Li, C. (2005), 'Large Mesozoic mammals fed on young dinosaurs', *Nature*, 433: 149–52.

38 Grossnickle, Smith and Wilson, 'Untangling the multiple ecological radiations of early mammals'.

39 Grossnickle, D. M., and Newham, E. (2016), 'Therian mammals experience an ecomorphological radiation during the Late Cretaceous and selective extinction at the K-Pg boundary', *Proceedings of the Royal Society B Series: Biological Sciences*, 283: https://doi.org/10.1098/rspb.2016.0256.

40 Chen, M., Stromberg, C. A. E., and Wilson, G. P. (2019), 'Assembly of modern mammal community structure driven by Late Cretaceous dental evolution, rise of flowering plants, and dinosaur demise', *Proceedings of the National Academy of Sciences of*

the United States of America, 116: 9931–40.

41 Sun, G., Ji, Q., Dilcher, D.L., et al. (2002), 'Archaefructaceae, a new basal angiosperm family', *Science*, 296: 899–904.

42 Wilson, G. P., Evans, A. R., Corfe, I. J., et al. (2012), 'Adaptive radiation of multituberculate mammals before the extinction of dinosaurs', *Nature*, 483: 457–60.

43 ibid.

44 Lyson, T. R., Miller, I. M., Bercovici, A. D., et al. (2019), 'Exceptional continental record of biotic recovery after the Cretaceous–Paleogene mass extinction', *Science*, 366: 977–83.

45 ibid.

46 Nichols, D. J., and Johnson, K. R. (2008), *Plants and the K-T Boundary*, Cambridge: Cambridge University Press.

47 Cascales-Minana, B., and Cleal, C. J. (2014), 'The plant fossil record reflects just two great extinction events', *Terra Nova*, 26: 195–200.

48 Kowalczyk, J. B., Royer, D. L., Miller, I. M., et al. (2018), 'Multiple proxy estimates of atmospheric CO2 from an early Paleocene rainforest', *Paleoceanography and Paleoclimatology*, 33: 1427–38.

49 Lyson, Miller, Bercovici, et al., 'Exceptional continental record of biotic recovery after the Cretaceous–Paleogene mass extinction'.

50 ibid.

51 Huurdeman, E. P., Frieling, J., Reichgelt, T., et al. (2020), 'Rapid expansion of meso-megathermal rain forests into the southern high latitudes at the onset of the Paleocene–Eocene Thermal Maximum', *Geology*: DOI: 10.1130/G47343.1

52 Janis, C. M. (1989), 'A climatic explanation for patterns of evolutionary diversity in ungulate mammals', *Palaeontology*, 32: 463–81.

53 Prothero, D. R., and Foss, S. E. (eds.) (2007), *The Evolution of Artiodactyls*, Baltimore, Maryland: Johns Hopkins University Press.

54 Gingerich, P. D., ul Haq, M., Zalmout, I. S., et al. (2001), 'Origin of whales from early Artiodactyls: Hands and feet of Eocene Protocetidae from Pakistan', *Science*, 293: 2239–42.

55 Schaal, S., and Ziegler, W. (1993), *Messel: An Insight into the History of Life and of the Earth*, Oxford: Oxford University Press.

56 Collinson, M. E., Manchester, S. R., Wilde, V., and Hayes, P. (2010), 'Fruit and seed floras from exceptionally preserved biotas in the European Paleogene', *Bulletin of Geosciences*, 85: 155–62.

57 Jordano, P. (2000), 'Fruits and frugivory', in M. Fenner (ed.), *The Ecology of Regeneration in Plant Communities*, Wallingford: CAB International, 125–66.

58 Eriksson, O. (2008), 'Evolution of seed size and biotic seed dispersal in angiosperms: paleoecological and neoecological evidence', *International Journal of Plant Sciences*, 169: 863–70.

59 Tiffney, B. H. (1984), 'Seed size, dispersal syndromes, and the rise of the angiosperms: evidence and hypothesis', *Annals of the Missouri Botanical Garden*, 71: 551–76.

60 Kargaranbafghi, F., and Neubauer, F. (2018), 'Tectonic forcing to global cooling and aridification at the Eocene–Oligocene transition in the Iranian plateau', *Global and Planetary Change*, 171: 248–54.

61 Solounias, N., and Semprebon, G. (2002), 'Advances in the reconstruction of ungulate ecomorphology with applications to early fossil equids', *American Museum Novitates*, 3366: 1–49.

62 Semprebon, G. M., Rivals, F., and Janis, C. M. (2019), 'The role of grass vs. exogenous abrasives in the paleodietary patterns of North American ungulates', *Frontiers in Ecology and Evolution*: https://doi.org/10.3389/fevo. 2019.00065.

63 ibid.

64 Semprebon, G. M., Rivals, F., Solounias, N., and Hulbert Jr, R. C. (2016), 'Paleodietary reconstruction of fossil horses from the Eocene through Pleistocene of North America', *Palaeogeography, Palaeoclimatology, Palaeoecology*, 442: 110–27.

65 Badlangana, N. L., Adams, J. W., and Manger, P. R. (2009), 'The giraffe (*Giraffa cameloparadlis*) cervical vertebral column: a heuristic example in understanding evolutionary processes?', *Zoological Journal of the Linnean Society*, 155: 736–57.

66 Mitchell, G., and Skinner, J. D. (2003), 'On the origin, evolution and phylogeny of giraffes. *Giraffa camelopardalis* ', *Transactions of the Royal Society of South Africa*, 58: 51–73.

67 Dumont, E. R., Davalaos, L. M., Goldberg, A., et al. (2011), 'Morphological innovation, diversification and invasion of a new adaptive zone', *Proceedings of the Royal Society B Series: Biological Sciences*, 279: https://doi.org/10.1098/rspb.2011.2005.

68 Eriksson, O. (2014), 'Evolution of angiosperm seed disperser mutualisms: the timing of origins and their consequences for coevolutionary interactions between angiosperms and frugivores', *Biological Reviews*, 91: 168–86.

69 Shilton, L. A., Altringham, J. D., Compton, S. G., and Whittaker, R. J. (1999), 'Old World fruit bats can be long-distance seed dispersers through extended retention of viable seeds in the gut', *Proceedings of the Royal Society of London B Series: Biological Sciences*, 266: DOI: https://doi.org/10.1098/rspb.1999.0625.

70 Beard, K. C., Qi, T., Dawson, M. R., et al. (1994), 'A diverse new primate fauna from middle Eocene fissure-fillings in southeastern China', *Nature*, 368: 604–9.

71 Sussman, R. W., Rasmussen, D. T., and Raven, P. H. (2013), 'Rethinking primate origin again', *American Journal of Primatology*, 75: 95–106.

第五章　綠意盎然的搖籃

1 Whiten, A., Goodall, J., McGrew, W. C., et al. (1999), 'Cultures in chimpanzees', *Nature*, 399: 682–5.

2 The Chimpanzee Sequencing and Analysis Consortium (2005), 'Initial sequence of the chimpanzee genome and comparison with the human genome', *Nature*, 437: 69–87.

3 Darwin, C. (2004) [1871], *The descent of man, and selection in relation to sex*, London: Penguin.

4 Dominguez-Rodrigo, M. (2014), 'Is the "Savanna Hypothesis" a dead concept for explaining the emergence of the earliest hominins?', *Current Anthropology*, 55(1): 59–81.

5 Dennell, R. W., and Roebroeks, W. (2005), 'Out of Africa: An Asian perspective on early human dispersal from Africa', *Nature*, 438: 1099–1104.

6 Estimated on the basis of the MODIS (Moderate Resolution Imaging Spectroradiometer) Land Cover MCD12Q1 majority land cover type 1, class 2 for 2012 (spatial resolution of 500m). Downloaded from the US Geological Survey Earth Resources Observation System (EROS) Data Center (EDC).

7 Hamon, N., Spulchre, P., Donnadieu, Y., et al. (2012), 'Growth of subtropical forests in Miocene Europe: The roles of carbon dioxide and Antarctic ice volume', *Geology*, 40: 56770.

8 ibid.

9   Nelson, S. (2003), *The extinction of Sivapithecus: faunal and environmental changes in the Siwaliks of Pakistan*, American School of Prehistoric Research Monographs, volume 1, Boston: Brill Academic Publishers.

10 Macchiarelli, R., Bergeret-Medina, A., Marchi, D., and Wood, B. (2020), 'Nature and relationships of *Sahelanthropus tchadensis* ', *Journal of Human Evolution*, 149: https://doi.org/10.1016/j.jhevol.2020.102898.

11 White, T., Asfaw, B., Beyene, Y., et al. (2009), '*Ardipithecus ramidus* and the paleobiology of early hominids', *Science*, 326 : 75–86.

12 ibid.

13 Haile-Selassie, Y., Suwa, G., and White, T. D. (2004), 'Late Miocene teethfrom Middle Awash, Ethiopia, and early hominid dental evolution', *Science*, 303: 1503–5.

14 Prado-Martinez, J., Sudmant, P. H., Kidd, J. M., et al. (2013), 'Great ape genetic diversity and population history', *Nature*, 499: 471–5.

15 White, T. D., Lovejoy, C. O., Asfaw, B., et al. (2015), 'Neither chimpanzee nor human, *Ardipithecus* reveals the surprising ancestry of both', *Proceedings of the National Academy of Sciences of the United States of America*, 112: 4877–84.

16 WoldeGabriel, G., Ambrose, S. H., Barboni, D., et al. (2009), 'The geological, isotopic, botanical, invertebrate, and lower vertebrate surroundings of *Ardipithecus ramidus* ', *Science*, 326 (5949): 65–65e5.

17 White, Asfaw, Beyene, et al., '*Ardipithecus ramidus* and the paleobiology of early hominids'.

18 Levin, N. E., Simpson, S. W., Quade, J., et al. (2008), 'Herbivore enamel carbon isotopic composition and the environmental context of *Ardipithecus* at Gona, Ethiopia', in J. Quade and J. G. Wynn (eds.), *The Geology of Early Humans in the Horn of Africa*, Boulder, Colorado: Geological Society of America Special Paper 446: 215–34.

19 Brunet, M., Guy, F., Pilbeam, D., et al. (2002), 'A new hominid from the Upper Miocene of Chad, Central Africa', *Nature*, 418: 145–51.

20 Pickford, M., Senut, B., Gommery, D., and Treil, J. (2002), 'Bipedalism in *Orrorin tugenensis* revealed by its femora', *Comptes Rendus Palevol* 1 (4): 191–203.

21 Crompton, R. H., Sellers, W. I., and Thorpe, S. K. S. (2010), 'Arboreality, terrestriality and bipedalism', *Philosophical Transactions of the Royal Society B Series*, 365: 3301–14.

22 Elton, S. (2008), 'The environmental context of human evolutionary history in Eurasia

and Africa', *Journal of Anatomy*, 212: 377–93.

23　Pusey, A. E., Pintea, L., Wilson, M. L., et al. (2007), 'The contribution of long-term research at Gombe National Park to chimpanzee conservation', *Conservation Biology*, 21: 623–34.

24　Johanson, D. C., and Maitland, A. E. (1981), *Lucy: The Beginning of Humankind*, St Albans: Granada.

25　Latimer, B., and Lovejoy, C. O. (1989), 'The calcaneus of *Australopithecus afarensis* and its implications for the evolution of bipedality', *American Journal of Physical Anthropology*, 78 (3): 369–86.

26　Harcourt-Smith, W. E. H., and Aiello, L. C. (2004), 'Fossils, feet and the evolution of human bipedal locomotion', *Journal of Anatomy*, 204: 403–16.

27　Montgomery, S. (2018), 'Hominin brain evolution: The only way is up', *Current Biology*, 28: R784–R802.

28　Harmand, S., Lewis, J. E., Feibel, C. S., et al. (2015), '3.3-million-year-old stone tools from Lomekwi 3, West Turkana, Kenya', *Nature*, 521: 310–15.

29　Lee-Thorp, J. A., van der Merwe, N. J., and Brain, C. K. (1994), 'Diet of *Australopithecus robustus* at Swartkrans from stable carbon isotopic analysis', *Journal of Human Evolution*, 27: 361–72.

30　Sponheimer, M., Alemseged, Z., Cerling, T. E., et al. (2013), 'Isotopic evidence of early hominin diets', *Proceedings of the National Academy of Sciences of the United States of America*, 110 (26): 10513–18.

31　Green, D. J., and Alemseged, Z. (2012), '*Australopithecus afarensis* scapular ontogeny, function, and the role of climbing in human evolution', *Science*, 338: 514–17.

32　Ruff, C. (2009), 'Relative limb strength and locomotion in *Homo habilis* ', *American Journal of Physical Anthropology*, 138 (1): 90–100.

33　Sponheimer, M., Passey, B. H., de Ruiter, D. J., et al. (2006), 'Isotopic evidence for dietary variability in the early hominin *Paranthropus robustus* ', *Science*, 314: 980–82.

34　Feakins, S. J., Levin, N. E., Liddy, H. M., et al. (2013), 'Northeast African vegetation change over 12 m.y.', *Geology*, 41 (3): 295–8.

35　Bonnefille, R. (2010), 'Cenozoic vegetation, climate changes and hominid evolution in tropical Africa', *Global and Planetary Change*, 72: 390–411.

36　Feakins, Levin, Liddy, et al., 'Northeast African vegetation change over 12 m.y.'.

37 Levin, N. E. (2015), 'Environment and climate of early human evolution', *Annual Review of Earth and Planetary Sciences*, 43: 405–29.

38 Levin, N. E., Brown, F. H., Behrensmeyer, A. K., et al. (2011), 'Paleosol carbonates from the Omo Group: isotopic records of local and regional environmental change in East Africa', *Palaeogeography, Palaeoclimatology, Palaeoecology*, 307: 75–89.

39 Robinson, J. R., Rowan, J., Campisano, J., et al. (2017), 'Late Pliocene environmental change during the transition from Australopithecus to Homo', *Nature Ecology & Evolution*, 1: 0159.

40 White, T. D., WoldeGabriel, G., Asfaw, B., et al. (2006), 'Asa Issie, Aramis and the origin of Australopithecus', *Nature*, 440: 883–9.

41 Saylor, B. Z., Gibert, L., Deino, A., et al. (2019), 'Age and context of mid-Pliocene hominin cranium from Woranso-Mille, Ethiopia', *Nature*, 573: 220–24.

42 Kingston, J. D., and Harrison, T. (2007), 'Isotopic dietary reconstructions of Pliocene herbivores at Laetoli: Implications for early hominin paleoecology', *Palaeogeography, Palaeoclimatology, Palaeoecology*, 243: 272–306.

43 Cerling, T. E., Harris, J. M., Leakey, M. G., et al. (2010), 'Stable carbon and oxygen isotopes in East African mammals: Modern and fossil', in L. Werdelin and W. J. Sanders (eds.), *Cenozoic Mammals of Africa*, London: University of California Press, 941–52.

44 Carbonell, E., Bermudez de Castro, J. M., Pares, J. M., et al. (2008), 'The first hominin of Europe', *Nature*, 452: 465–9.

45 Lordkipanidze, D., Ponce de Leon, M. S., Margvelashvili, A., et al. (2013), 'A complete skull from Dmanisi, Georgia, and the evolutionary biology of early *Homo* ', *Science*, 342: 326–31.

46 Ashton, N., Lewis, S. G., De Groote, I., et al. (2014), 'Hominin footprints from Early Pleistocene deposits at Happisburgh, UK', *PLOS ONE*, 9 (2): e88329.

47 Scott, G. R., and Gilbert, L. (2009), 'The oldest handaxes in Europe', *Nature*, 461: 82–5.

48 Dennell and Roebroeks, 'Out of Africa: An Asian perspective on early human dispersal from Africa'.

49 Zaim, Y., Ciochon, R. L., Polanski, J. M., et al. (2011), 'New 1.5 million-year-old Homo erectus maxilla from Sangiran (Central Java, Indonesia)', *Journal of Human Evolution*, 61 (4): 363–76.

50 Smith, R. J., and Jungers, W. L. (1997), 'Body mass in comparative primatology', *Journal of Human Evolution*, 32: 523–59.

51 Zhang, Y., and Harrison, T. (2017), '*Gigantopithecus blacki* : a giant ape from the Pleistocene of Asia revisited', *American Journal of Physical Anthropology, Supplement Yearbook of Physical Anthropology*, 162: 153–77.

52 Louys, J., Curnoe, D., and Tong, H. (2007), 'Characteristics of Pleistocene megafauna extinctions in Southeast Asia', *Palaeogeography, Palaeoclimatology, Palaeoecology*, 243: 152–73.

53 Marwick, B. (2009), 'Biogeography of Middle Pleistocene hominins in mainland Southeast Asia: a review of current evidence', *Quaternary International*, 2002: 51–8.

54 Sutikna, T., Tocheri, M. W., Morwood, M. J., et al. (2016), 'Revised stratigraphy and chronology for *Homo floresiensis* at Liang Bua in Indonesia', *Nature*, 532: 366–9.

55 Brumm, A., van den Bergh, G. D., Storey, M., et al. (2016), 'Age and context of the oldest known hominin fossils from Flores', *Nature*, 534: 249–53.

56 Westaway, K. E., Morwood, M. J., Sutikna, T., et al. (2009), '*Homo floresiensis* and the late Pleistocene environments of eastern Indonesia: defining the nature of the relationship', *Quaternary Science Reviews*, 28: 2897–912.

57 Estimated on the basis of the MODIS (Moderate Resolution Imaging Spectroradiometer) Land Cover MCD12Q1 majority land cover type 1, class 2 for 2012 (spatial resolution of 500m). Downloaded from the US Geological Survey Earth Resources Observation System (EROS) Data Center (EDC).

58 Sutikna, T., Tocheri, M. W., Faith, J. T., et al. (2018), 'The spatio-temporal distribution of archaeological and faunal finds at Liang Bua (Flores, Indonesia) in light of the revised chronology for *Homo floresiensis*', *Journal of Human Evolution*, 124: 52–74.

59 Weston, E. M., and Lister, A. M. (2009), 'Insular dwarfism in hippos and a model for brain size reduction in *Homo floresiensis*', *Nature*, 459: 85–8.

60 Rizal, Y., Westaway, K. E., Zaim, Y., et al. (2020), 'Last appearance of *Homo erectus* at Ngandong, Java, 117, 000–108,000 years ago', *Nature*, 577: 381–5.

61 Sutikna, Tocheri, Morwood et al., 'Revised stratigraphy and chronology for *Homo floresiensis* at Liang Bua in Indonesia'.

62 Louys, J., and Roberts, P. (2020), 'Environmental drivers of megafauna and hominin extinction in Southeast Asia', *Nature*, 586: 402–6.

63　Potts, R. (2013), 'Hominin evolution in settings of strong environmental variability', *Quaternary Science Reviews*, 73: 1–13.

第六章　人類物種的熱帶起源

1　Hublin, J.- J., Ben-Ncer, A., Bailey, S. E., et al. (2017), 'New fossils from Jebel Irhoud, Morocco and the pan-African origin of *Homo sapiens*', *Nature*, 546: 289–92.

2　Stringer, C. (2016), 'The origin and evolution of *Homo sapiens* ', *Proceedings of the Royal Society B Series*, 371: https://doi.org/10.1098/rstb.2015.0237.

3　Bailey, R., Head, G., Jenike, M., et al. (1989), 'Hunting and gathering in tropical rain forest: Is it possible?', *American Anthropologist*, 91: 59–82.

4　Curry, A. (2016), ' "Green hell" has long been home for humans', *Science*, 354: 268–9.

5　Bradfield, J., Lombard, M., Reynard, J., and Wurz, S. (2020), 'Further evidence for bow hunting and its implications more than 60,000 years ago: Results of a use-trace analysis of the bone point from Klasies River Main site, South Africa', *Quaternary Science Reviews*, 236: https://doi.org/10.1016/j.quascirev.2020.106295.

6　Tylen, K., Fusaroli, R., Rojo, S., et al. (2020), 'The evolution of early symbolic behaviour in *Homo sapiens* ', *Proceedings of the National Academy of Sciences of the United States of America*, 117: 4578–84.

7　Henshilwood, C. S., d'Errico, F., van Niekerk, K. L., et al. (2018), 'An abstract drawing from the 73, 000-year-old levels at Blombos Cave, South Africa', *Nature*, 562: 115–8.

8　d'Errico, F., Banks, W. E., Warren, D. L., et al. (2017), 'Identifying early modern human ecological niche expansions and associated cultural dynamics in the South African Middle Stone Age', *Proceedings of the National Academy of Sciences of the United States of America*, 114: 7869–76.

9　Marean, C. W. (2016), 'The transition to foraging for dense and predictable resources and its impact on the evolution of modern humans', *Philosophical Transactions of the Royal Society B Series: Biological Sciences*, 371: https://doi.org/10.1098/rstb.2015.0239.

10　Bird, M., Taylor, D., and Hunt, C. (2005), 'Palaeoenvironments of insular Southeast Asia during the last glacial period: a savanna corridor in Sundaland?'*Quaternary Science Reviews*, 24: 2228–42.

11　Mellars, P. (2006), 'Why did modern human populations disperse from Africa ca.

60,000 years ago? A new model', *Proceedings of the National Academy of Sciences of the United States of America*, 103: 9381–6.

12 Clarkson, C., Jacobs, Z., Marwick, B., et al. (2017), 'Human occupation of northern Australia by 65,000 years ago', *Nature*, 547: 306–10.

13 Ardelean, C. F., Becerra-Valdivia, L., Pedersen, M. W., et al. (2020), 'Evidence of human occupation in Mexico around the Last Glacial Maximum', *Nature*:https://doi.org/10.1038/ s41586-020-2509-0.

14 Erlandson, J. M., and Braje, T. J. (2015), 'Coasting out of Africa: The potential of mangrove forests and marine habitats to facilitate human coastal expansion via the Southern Dispersal Route', *Quaternary International*, 382: 31–41.

15 Cann, R. L., Stoneking, M., and Wilson, A. C. (1987), 'Mitochondrial DNA and human evolution', *Nature*, 325: 31–6.

16 Schelebusch, C. M., Skoglund, P., Sjodin, P., et al. (2012), 'Genomic variation in seven Khoe-San groups reveals adaptation and complex African history', *Science*, 338: 374–9.

17 Sankararaman, S., Mallick, S., Dannermann, M., et al. (2014), 'The genomic landscape of Neanderthal ancestry in present-day humans', *Nature*, 507: 354–7.

18 Meyer, M., Kircher, M., Gansauge, M. T., et al. (2012), 'A high-coverage genome sequence from an archaic Denisovan individual', *Science*, 338: 222–6.

19 Jacobs, G. S., Hudjashov, G., Saag, L., et al. (2019), 'Multiple deeply divergent Denisovan ancestries in Papuans', *Cell*, 177: 1010–21.

20 van de Loosdrecht, M., Bouzouggar, A., Humphrey, L., et al. (2018), 'Pleistocene North African genomes link Near Eastern and sub-Saharan African human populations', *Science*, 360: 548–52.

21 Prendergast, M. E., and Sawchuk, E. (2018), 'Boots on the ground in Africa's ancient DNA "revolution": archaeological perspectives on ethics and best practices', *Antiquity*, 92: 803–15.

22 McDougall, I., Brown, F. H., and Fleagle, J. G. (2005), 'Stratigraphic placement and age of modern humans from Kibish, Ethiopia', *Nature*, 433: 733–6.

23 Clark, J. D., Beyene, Y., WoldeGabriel, G., et al. (2003), 'Stratigraphic, chronological and behavioural contexts of Pleistocene *Homo sapiens* from Middle Awash, Ethiopia', *Nature*, 423: 747–52.

24 Henshilwood, d'Errico, van Niekirk, et al., 'An abstract drawing from the 73,000-year-

old levels at Blombos Cave, South Africa'.

25 Potts, R., Behrensmeyer, A. K., Faith, J. T., et al. (2018), 'Environmental dynamics during the onset of the Middle Stone Age in eastern Africa', *Science*: DOI: 10.1126/science.aao2200.

26 Henshilwood, C. S., and Dubreuil, B. (2011), 'The Still Bay and Howiesons Poort, 77–9 ka: Symbolic material culture and the evolution of the mind during the African Middle Stone Age', *Current Anthropology*, 52: 361–400.

27 Barham, L. (2001), 'Central Africa and the emergence of regional identity in the Middle Pleistocene', in L. S. Barham and K. Robson-Brown (eds.), *Human Roots: Africa and Asia in the Middle Pleistocene*, Bristol: Western Academic and Specialist Press, 65–80.

28 Scerri, E., Thomas, M. G., Manica, A., et al. (2018), 'Did our species evolve in subdivided populations across Africa, and why does it matter?', *Trends in Ecology and Evolution*, 33: 582–94.

29 Neubauer, S., Hublin, J.- J., and Gunz, P. (2018), 'The evolution of modern human brain shape', *Science Advances*, 4: DOI: 10.1126/sciadv.aao5961.

30 Harvati, K., Stringer, C., Grun, R., et al. (2011), 'The Later Stone Age calvaria from Iwo Eleru, Nigeria: morphology and chronology', *PLOS One*, 6: e24024: DOI: 10.1371/journal.pone.0024024.

31 Bergstrom, A., Stringer, C., Hajdinjak, M., et al. (2021), 'Origins of modern human ancestry', *Nature*, 590: 229–37.

32 Scerri, Thomas, Manica, et al., 'Did our species evolve in subdivided populations across Africa, and why does it matter?'

33 Tryon, C. (2019), 'The Middle/Later Stone Age transition and cultural dynamics of late Pleistocene East Africa', *Evolutionary Anthropology*, 28: 267–82.

34 Taylor, N. (2016), 'Across rainforests and woodlands: A systematic reappraisal of the Lupemban Middle Stone Age in Central Africa', in S. C. Jones and B. A. Stewart (eds.), *Africa from MIS 6-2: Population dynamics and paleoenvironments*, Dordrecht: Springer, 273–99.

35 Barham, 'Central Africa and the emergence of regional identity in the Middle Pleistocene'.

36 Mercader, J. (2002), 'Forest People: The role of African rainforests in human evolution and dispersal', *Evolutionary Anthropology*, 11: 117–24.

37 Taylor, 'Across rainforests and woodlands: A systematic reappraisal of the Lupemban Middle Stone Age in Central Africa'.

38 Perry, G. H., Verdu, P. (2017), 'Genomic perspectives on the history and evolutionary ecology of tropical rainforest occupation by humans', *Quaternary International*, 448: 150–57.

39 ibid.

40 Shipton, C., Roberts, P., Armitage, S., et al. (2018), 'A 78, 000-year-old record of tropical adaptation and complex human behaviour in coastal East Africa', *Nature Communications*: https://doi.org/10.1038/s41467-018-04057-3.

41 Blome, M. W., Cohen, A. S., Tryon, C. A., et al. (2012), 'The environmental context for the origins of modern human diversity: A synthesis of regional variability in African climate 150,000–30,000 years ago', *Journal of Human Evolution*, 62: 563–92.

42 Gamble, C. (1993), *Timewalkers: The prehistory of global colonization*, Stroud: Alan Sutton.

43 Wedage, O., Amano, N., Langley, M. C., et al. (2019), 'Specialized rainforest hunting by *Homo sapiens* 45,000 years ago', *Nature Communications*, 10: 739: DOI: 10.1038/s41467-019-08623-1.

44 Roberts, P., Perera, N., Wedage, O., et al. (2015), 'Direct evidence for human reliance on rainforest resources in late Pleistocene Sri Lanka', *Science*, 347: 1246–9.

45 Roberts, P., Perera, N., Wedage, O., et al. (2017), 'Fruits of the forest: Human stable isotope ecology and rainforest adaptations in Late Pleistocene and Holocene (~ 36 to 3 ka) Sri Lanka', *Journal of Human Evolution*, 106: 102–18.

46 Wedage, Amano, Langley, et al., 'Specialized rainforest hunting by *Homo sapiens* 45,000 years ago'.

47 Roberts, P. (2017), 'Forests of plenty: Ethnographic and archaeological rainforests as hotspots of human activity', *Quaternary International*: DOI: 10.1016/j.quaint.2017.03.041.

48 Langley, M. C., Amano, N., Wedage, O., et al. (2020), 'Bows-and-arrows and complex symbolic displays at 48,000 years bp in the South Asian tropics', *Science Advances*, 6: DOI: 10.1126/sciadv.aba3831.

49 Liu, W., Martinon-Torres, M., Cai, Y.-J., et al. (2015), 'The earliest unequivocally modern humans in southern China', *Nature*, 526: 696–700.

50 Westaway, K. E., Louys, J., Awe, R. D., et al. (2017), 'An early modern human presence in Sumatra 73,000–63,000 years ago', *Nature*, 548: 322–5.

51 Barker, G., and Farr, L. (eds.) (2016), *Archaeological Investigations in the Niah Caves, Sarawak. The Archaeology of the Niah Caves, Sarawak*, Volume 2, McDonald Institute for Archaeological Research, Cambridge.

52 O'Connor, S., Ono, R., and Clarkson, C. (2011), 'Pelagic fishing at 42,000 years before the present and the maritime skills of modern humans', *Science*, 334: 1117–21.

53 Roberts, P., Louys, J., Zech, J., et al. (2020), 'Direct evidence for initial coastal colonization and subsequent diversification in the human occupation of Wallacea', *Nature Communications*, 11: https://doi.org/10.1038/ s41467-020-15969-4.

54 ibid.

55 Gosden, C. (2010), 'When humans arrived in the New Guinea Highlands', *Science*, 330: 41–2.

56 Summerhayes, G. R., Leavesley, M., Fairbairn, A., et al. (2010), 'Human adaptation and plant use in highland New Guinea 49,000 to 44,000 years ago', *Science*, 330: 78–81.

57 Kershaw, A. P. (1986), 'The last two glacial-interglacial cycles from northeastern Australia: implication for climate change and Aboriginal burning', *Nature*, 322: 47–9.

58 Cosgrove, R., Field, J., and Ferrier, A. (2007), 'The archaeology of Australia's tropical rainforests', *Palaeogeography, Palaeoclimatology, Palaeoecology*, 251: 150–73.

59 Ardelean, Becerra-Valdivia, Pedersen, et al., 'Evidence of human occupation in Mexico around the Last Glacial Maximum'.

60 Dillehay, T. D., Ocampo, C., Saavedra, J., et al. (2015), 'New archaeological evidence for an early human presence at Monte Verde, Chile', *PLOS ONE*, 10: e0145471.

61 Roosevelt, A. C., da Costa, M. L., Machado, C. L., et al. (1996), 'Paleoindian cave dwellers in the Amazon: The peopling of the Americas', *Science*, 272: 373–84.

62 Rademaker, K., Hodgins, G., Moore, K., et al. (2014), 'Paleoindian settlement of the high-altitude Peruvian Andes', *Science*, 346: 466–9.

63 Nash, D. J., Coulson, S., Staurset, S., et al. (2010), 'Going the distance: Mapping mobility in the Kalahari Desert during the Middle Stone Age through multi-site geochemical provenancing of silcrete artefacts', *Journal of Human Evolution*, 96: 113–33.

64 Ossendorf, G., Groos, A. R., Bromm, T., et al. (2019), 'Middle Stone Age foragers resided in high elevations of the glaciated Bale Mountains, Ethiopia', *Science*, 365: 583–

7.

65　Zhang, X. L., Ha, B. B., Wang, S. J., et al. (2018), 'The earliest human occupation of the high-altitude Tibetan Plateau 40 thousand to 30 thousand years ago', *Science*, 362: 1049–51.

66　Pitulko, V. V., Tikhonov, A. N., Pavlova, E. Y., et al. (2016), 'Early human presence in the Arctic: Evidence from 45,000-year-old mammoth remains', *Science*, 351: 260–63.

67　Roberts, P., and Stewart, B. (2018), 'Defining the "generalist- specialist" niche for Pleistocene *Homo sapiens* ', *Nature Human Behaviour*: DOI: 10.1038/ s41562-018-0394-4.

68　Stringer, C., and Galway-Witham, J. (2018), 'When did modern humans leave Africa?', *Science*, 359: 389–90.

第七章　被耕種的森林

1　Boivin, N. L., Zeder, M. A., Fuller, D. Q., et al. (2016), 'Ecological consequences of human niche construction: Examining long-term anthropogenic shaping of global species distributions', *Proceedings of the National Academy of Sciences of the United States of America*, 113: 6388–96.

2　Price, T. D., and Bar-Yosef, O. (2011), 'The origins of agriculture: New data, new ideas', *Current Anthropology*, 52: S163–S174.

3　Rowley-Conwy, P. (2011), 'Westward Ho! The spread of agriculture from Central Europe to the Atlantic', *Current Anthropology*, 52: S431–S451.

4　Denham, T. P. (2018), *Tracing early agriculture in the highlands of New Guinea: Plot, mound and ditch*, Oxford: Routledge.

5　Fuller, D., and Hildebrand, E. (2013), 'Domesticating plants in Africa', in P. Mitchell and P. Lane (eds.), *The Oxford Handbook of African Archaeology*, Oxford: Oxford University Press, 507–25.

6　Iriarte, J., Elliott, S., Maezumi, S. Y., et al. (2020), 'The origins of Amazonian landscapes: Plant cultivation, domestication and the spread of food production in tropical South America', *Quaternary Science Review*, 248: https://doi.org/10.1016/j.quascirev.2020.106582.

7　Roberts, P., Hunt, C., Arroyo-Kalin, M., et al. (2017), 'The deep human prehistory of global tropical forests and its relevance for modern conservation', *Nature Plants*, 3: 17093.

8   Barton, H., and Denham, T. P. (2018), 'Vegecultures and the social-biological transformations of plants and people', *Quaternary International*, 489: 17–25.

9   Allen, J., Gosden, C., and White, J. P. (1989), 'Human Pleistocene Adaptations in the Tropical Island Pacific: Recent Evidence from New Ireland, a Greater Australian Outlier', *Antiquity*, 63: 548–61.

10 Golson, J., Denham, T., Hughes, P., et al. (2017), *Ten Thousand Years of Cultivation at Kuk Swamp in the Highlands of Papua New Guinea* (Terra Australis 46), Canberra: Australian National University Press.

11 Golson, J. (1989), 'The origins and development of New Guinea agriculture', in D. R. Harris and G. C. Hillman (eds.), *Foraging and Farming: The Evolution of Plant Exploitation*, London: Unwin Hyman, 109–36.

12 Haberle, S. G., Lentfer, C., and Denham, T. (2017), 'Palaeoecology', in Golson, Denham, Hughes, et al. (eds.), 145–62.

13 Bulmer, S. (1991), 'Variation and change in stone tools in the highlands of Papua New Guinea: The witness of Wanelek', in A. Pawley (ed.), *Man and a Half: Essays in Pacific Anthropology and Ethnobiology in Honour of Ralph Bulmer*, Auckland: The Polynesian Society, 470–78.

14 Denham, T. P. (2016), 'Revisiting the past: Sue Bulmer's contribution to the archaeology of Papua New Guinea', *Archaeology in Oceania*, 51: 5–10.

15 Denham, T. P., Haberle, S. G., Lentfer, C., et al. (2003), 'Origins of agriculture at Kuk Swamp in the Highlands of New Guinea', *Science*, 301: 189–93.

16 Roberts, P., Gaffney, D., Lee-Thorp, J., and Summerhayes, G. (2017), 'Persistent tropical foraging in the Highlands of Terminal Pleistocene–Holocene New Guinea', *Nature Ecology & Evolution*, 1: 0044: DOI: 10.1038/ s41559-016-0044.

17 Gaffney, D., Ford, A., and Summerhayes, S. (2015), 'Crossing the Pleistocene-Holocene transition in the New Guinea Highlands: Evidence from the lithic assemblage of Kiowa rockshelter', *Journal of Anthropological Archaeology*, 39: 223–46.

18 Franklin, L. C. (2013), 'Corn', in A. F. Smith (ed.), *The Oxford Encyclopedia of Food and Drink in America*, 2nd ed., Oxford: Oxford University Press, 551–8.

19 Piperno, D. R., Ranere, A. J., Holst, I., et al. (2009), 'Starch grain and phytolith

evidence for early ninth millennium BP maize from the Central Balsas River Valley, Mexico', *Proceedings of the National Academy of Sciences of the United States of America*, 106: 5019–24.

20 Kistler, L., Maezumi, S. Y., de Souza, J. G., et al. (2019), 'Multiproxy evidence highlights a complex evolutionary legacy of maize in South America', *Science*, 362: 1309–13.

21 Meggers, B. J. (1971), *Amazonia: Man and Culture in a Counterfeit Paradise*, Illinois: Harlan Davidson.

22 Olsen, K. M. (2002), 'Population history of *Manihot esculenta* (Euphorbiaceae) inferred from nuclear DNA sequences', *Molecular Ecology*, 11: 901–11.

23 Spooner, D. M., McLean, K., Ramsay, G., et al. (2005), 'A single domestication for potato based on multilocus amplified fragment length polymorphism genotyping', *Proceedings of the National Academy of Sciences of the United States of America*, 102: 14694–9.

24 Clement, C. R., de Cristo-Araujo, M., d'Eeckenbrugge, G. C., et al. (2010), 'Origin and domestication of native Amazonian crops', *Diversity*, 2: 72–106.

25 Scaldaferro, M. A., Barboza, G. E., and Acosta, M. C. (2018), 'Evolutionary history of the chili pepper *Capsicum baccatum* L. (Solanaceae): domestication in South America and natural diversification in the seasonally dry tropical forests', *Biological Journal of the Linnean Society*, 124: 466–78.

26 Zarrillo, S., Gaikwad, N., Lanaud, C., et al. (2018), 'The use and domestication of *Theobroma cacao* during the mid-Holocene in the upper Amazon', *Nature Ecology & Evolution*, 2: 1879–88.

27 Clement, de Cristo-Araujo and d'Eeckenbrugge, 'Origin and domestication of native Amazonian crops'.

28 Iriarte, Elliott, Maezumi, et al., 'The origins of Amazonian landscapes: Plant cultivation, domestication and the spread of food production in tropical South America'.

29 Denham, T., Barton, H., Castillo, C., et al. (2020), 'The domestication syndrome in vegetatively propagated field crops', *Annals of Botany*: https://doi.org/10.1093/aob/mcz212.

30 Thomas, E., Alcazar Caicedo, C., McMichael, C. H., et al. (2015), 'Uncovering spatial patterns in the natural and human history of Brazil nut (*Bertholletia excelsa*) across the Amazon Basin', *Journal of Biogeography*, 42: 1367–82.

31 Clement, C. R., Denevan, W. M., Heckenberger, M. J., et al. (2015), 'The domestication of Amazonia before European Conquest', *Proceedings of the Royal Society B Series: Biological Sciences*, 282: https://doi.org/10.1098/ rspb.2015.0813.

32 Clement, C. R., Rodrigues, D. P., Alves-Pereira, A., et al. (2016), 'Crop domestication in the upper Madeira River basin', *Boletim do Museu Paraense Emilio Goeldi. Ciencias Humanas*, 11: https://doi.org/10.1590/1981.81222016000100010.

33 Lombardo, U., Iriarte, J., Hilbert, L., et al. (2020), 'Early Holocene crop cultivation and landscape modification in Amazonia', *Nature*, 581: 190–93.

34 Scaldaferro, Barboza and Acosta, 'Evolutionary history of the chili pepper *Capsicum baccatum* L. (Solanaceae): domestication in South America and natural diversification in the seasonally dry tropical forests'.

35 Fuller, D. Q. (2006), 'Agricultural origins and frontiers in South Asia: A working synthesis', *Journal of World Prehistory*, 20: 1–86.

36 Asouti, E., and Fuller, D. Q. (2008), *Trees and Woodlands of South India. Archaeological Perspectives*, Walnut Creek, California: Left Coast Press.

37 Fuller, D. Q., Boivin, N., Hoogervorst, T., and Allaby, R. (2011), 'Across the Indian Ocean: the prehistoric movement of plants and animals', *Antiquity*, 85: 543858.

38 Morrison, K. (2002), 'Historicizing adaptation, adapting to history: forager-traders in South and Southeast Asia', in K. Morrison and L. Junker (eds.), *Forager-Traders in South and Southeast Asia*, Cambridge: Cambridge University Press, 1–20.

39 Yang, Y. D., Liu, L., Chen, X., and Speller, C. F. (2008), 'Wild or domesticated: DNA analysis of ancient water buffalo remains from north China', *Journal of Archaeological Science*, 35: 2778–85.

40 Wang, M.- S., Thakur, M., Peng, M.- S., et al. (2020), '863 genomes reveal the origin and domestication of chicken', *Cell Research*: https://doi.org/10.1038/s41422-020-0349-y.

41 Heckenberger, M., and Neves, E. G. (2009), 'Amazonian archaeology', *Annual Review of Anthropology*, 38: 251–66.

42 Barton, H., and Denham, T. (2011), 'Vegeculture and Social Life in Island Southeast Asia', in G. Barker and M. Janowski (eds.), *Why Cultivate? Anthropological and Archaeological Approaches to Foraging-Farming Transitions in Southeast Asia*, Cambridge: McDonald Institute Monographs, 17–25.

43   Molina, J., Sikora, M., Garud, N., et al. (2011), 'Molecular evidence for a single evolutionary origin of domesticated rice', *Proceedings of the National Academy of Sciences of the United States of America*, 108: 8351–6.

44   Gutaker, R. M., Groen, S. C., Bellis, E. S., et al. (2020), 'Genomic history and ecology of the geographic spread of rice', *Nature Plants*, 6: 492–502.

45   Fuller, D. Q., and Qin, L. (2009), 'Water management and labour in the origins and dispersal of Asian rice', *World Archaeology*, 41: 88–111.

46   Weber, S., Lehman, H., Barela, T., et al. (2010), 'Rice or millets: early farming strategies in prehistoric central Thailand', *Archaeological and Anthropological Sciences*, 2: 79–88.

47   Deng, Z., Hung, H.- C., Carson, M. T., et al. (2020), 'Validating earliest rice farming in the Indonesian Archipelago', *Scientific Reports*, 10: https://doi.org/10.1038/s41598-020-67747-3.

48   Barron, A., Datan, I., Bellwood, P., et al. (2020), 'Sherds as archaeological assemblages: Gua Sireh reconsidered', *Antiquity*, 94: 1325–36.

49   Bellwood, P. (1993), 'Cultural and biological differentiation in Peninsular Malaysia: the last 10,000 years', *Asian Perspectives*, 32: 37–60.

50   Krigbaum, J. (2003), 'Neolithic subsistence patterns in northern Borneo reconstructed with stable carbon isotopes of enamel', *Journal of Anthropological Archaeology*, 22: 292–304.

51   Neumann, K., Bostoen, K., Hohn, A., et al. (2011), 'First farmers in the Central African rainforest: A view from southern Cameroon', *Quaternary International*, 249: 53–62.

52   Garcin, Y., Deschamps, P., Menot, G., et al. (2018), 'Early anthropogenic impact on Western Central African rainforests 2,600 y ago', *Proceedings of the National Academy of Sciences of the United States of America*, 115: 3261–6.

53   Wotzka, H. P. (2019), 'Ecology and culture of millets in African rainforests: Ancient, historical, and present-day evidence', in B. Eichhorn and A. Hohn (eds.), *Trees, Grasses and Crops. People and Plants in Sub-Saharan Africa and Beyond*, Dr. Rudolf Habelt GmbH, 407–29.

54   Hamilton, A. C., Karamura, D., and Kakudidi, E. (2016), 'History and conservation of wild and cultivated plant diversity in Uganda: Forest species and banana varieties as case studies', *Plant Diversity*, 38 (1): 23–44.

55   Bleasdale, M., Wotzka, H.- P., Eichhorn, B., et al. (2020), 'Isotopic and microbotanical

insights into Iron Age agricultural reliance in the Central African rainforest', *Communications Biology*, 3: https://doi.org/ 10.1038/ s42003-020-01324-2.

第八章　島嶼失樂園？

1　Russell, J. C., Kueffer, C. (2019), 'Island biodiversity in the Anthropocene', *Annual Review of Environment and Resources*, 44: 31–60.

2　ibid.

3　Blackburn, T. M., Cassey, P., Duncan, R. P., et al. (2004), 'Alien extinction and mammalian introductions on oceanic islands', *Science*, 305: 1955–8.

4　Turvey, S. T., and Cheke, A. S. (2008), 'Dead as a dodo: the fortuitous rise to fame of an extinction icon', *Historical Biology*, 20: 149–63.

5　Martin, P. S., and Steadman, D. W. (1999), 'Prehistoric Extinctions on Islands and Continents', in R. D. E. MacPhee (ed.), *Extinctions in Near Time*, Advances in Vertebrate Paleobiology, volume 2, Boston, MA: Springer.

6　Grayson, D. K. (2001), 'The archaeological record of human impacts on animal populations', *Journal of World Prehistory*, 15: 1–68.

7　Diamond, J. (2005), *Collapse: How Societies Choose to Fail or Survive*, London: Penguin Books.

8　Fordham, D. A., Brook, B. W. (2010), 'Why tropical island endemics are acutely susceptible to global change', *Biodiversity and Conservation*, 19: 329–42.

9　Huebert, J. M., and Allen, M. (2020), 'Anthropogenic forests, arboriculture, and niche construction in the Marquesas Islands (Polynesia)', *Journal of Anthropological Archaeology*, 57: https://doi.org/10.1016/j.jaa. 2019.101122.

10　Kirch, P. V. (1982), 'Transported landscapes', *Natural History*, 91: 32–5.

11　Forster, J., Lake, I. R., Watkinson, A. R., and Gill, J. A. (2011), 'Marine biodiversity in the Caribbean UK overseas territories: Perceived threats and constraints to environmental management', *Marine Policy*, 35: 647–57.

12　Napolitano, M. F., DiNapoli, R. J., Stone, J. H., et al. (2019), 'Reevaluating human colonization of the Caribbean using chronometric hygiene and Bayesian odeling', *Science Advances*, 5: https://doi.org/10.1126/sciadv.aar7806.

13　Siegel, P. E., Jones, J. G., Pearsall, D. M., et al. (2015), 'Paleoenvironmental evidence for first human colonization of the eastern Caribbean', *Quaternary Science Reviews*, 129: 275–95.

14 Pagan-Jimenez, J. R., Rodriguez-Ramos, R., Reid, B. A., et al. (2015), 'Early dispersals of maize and other food plants into the southern Caribbean and northeastern South America', *Quaternary Science Reviews*, 123: 231–46.

15 Steadman, D. W., Martin, P. S., MacPhee, R. D. E., et al. (2005), 'Asynchronous extinction of late Quaternary sloths on continents and islands', *Proceedings of the National Academy of Sciences of the United States of America*, 102: 11763–8.

16 Cooke, S. B., Davalos, L. M., Mychajliw, A. M., et al. (2016), 'Anthropogenic extinction dominates Holocene declines of West Indian mammals', *Annual Review of Ecology, Evolution, and Systematics*, 48: 301–27.

17 Rivera-Collazo, I. C. (2015), 'Por el camino verde: long-term tropical socioecosystem dynamics and the Anthropocene as seen from Puerto Rico', *Holocene*, 25: 1604–11.

18 Fitzpatrick, S. M. (2015), 'The Pre-Columbian Caribbean: Colonization, Population Dispersal, and Island Adaptations', *PaleoAmerica* 1 (4): 305–31.

19 Keegan, W. F. (2006), 'Archaic influences in the origins and development of Taino societies', *Caribbean Journal of Science*, 42: 1–10.

20 Giovas, C. M., LeFebvre, M. J., and Fitzpatrick, S. M. (2012), 'New records for prehistoric introduction of Neotropical mammals to the West Indies: evidence from Carriacou, Lesser Antilles', *Journal of Biogeography*, 39: 476–87.

21 Fitzpatrick, S. M., and Keegan, W. F. (2007), 'Human impacts and adaptations in the Caribbean Islands: an historical ecology approach', *Earth and Environmental Science Transactions of the Royal Society of Edinburgh*, 98: 29–45.

22 Cooke, Davalos, Mychajliw, et al., 'Anthropogenic extinction dominates Holocene declines of West Indian mammals'.

23 Newsom, L. A., and Wing, E. S. (2004), *On Land and Sea: Native American Uses of Biological Resources in the West Indies*, Tuscaloosa: University of Alabama Press.

24 Turvey, S. T., Weksler, M., Morris, E. L., and Nokkert, M. (2010), 'Taxonomy, phylogeny, and diversity of the extinct Lesser Antillean rice rats (Sigmodontinae: *Oryzomyini*), with description of a new genus and species', *Zoological Journal of the Linnaean Society*, 160: 748–72.

25 Giovas, C. M., Clark, M., Fitzpatrick, S. M., and Stone, J. (2013), 'Intensifying

collection and size increase of the tessellated nerite snail (*Nerita tessellata*) at the Coconut Walk site, Nevis, northern Lesser Antilles, AD 890–1440', *Journal of Archaeological Science*, 40: 4024–38.

26 Bellwood, P. (2005), *First Farmers*, Oxford: Blackwell.

27 Posth, C., Nagele, K., Colleran, H., et al. (2018), 'Language continuity despite population replacement in Remote Oceania', *Nature Ecology & Evolution*, 2: 731–40.

28 Kirch, P. V. (2017), *On the Road of the Winds: An Archaeological History of the Pacific Islands before European Contact*, California: University of California Press.

29 Montenegro, A., Callaghan, R. T., and Fitzpatrick, S. M. (2016), 'Using seafaring simulations and shortest-hop trajectories to model the prehistoric colonization of Remote Oceania', *Proceedings of the National Academy of Sciences of the United States of America*, 113: 12685–90.

30 Larson, G., Cucchi, T., Fujita, M., et al. (2007), 'Phylogeny and ancient DNA of Sus provides insights into Neolithic expansion in Island Southeast Asia and Oceania', *Proceedings of the National Academy of Sciences of the United States of America*, 104: 4834–9.

31 Nogueira-Filho, S. L. G., Nogueira, S. S. C., and Fragoso, J. M. V. (2009), 'Ecological impacts of feral pigs in the Hawaiian Islands', *Biodiversity and Conservation*, 18: https://doi.org/10.1007/ s10531-009-9680-9.

32 Kirch, P. V. (2001), 'Pigs, humans, and tropic competition on small Oceania islands', in A. Anderson and T. Murray (eds.), *Australian Archaeologist: Collected Papers in Honour of Jim Allen*, Canberra: Australian National University Press, 427–39.

33 Kirch, 'Transported landscapes'.

34 Kinaston, R. L., Bedford, S. B., Spriggs, M., et al. (2016), 'Is there a "Lapita diet"? A comparison of Lapita and post-Lapita skeletal samples from four Pacific island archaeological sites', in M. Oxenham and H. Buckley (eds.), *The Routledge Handbook of Bioarchaeology in Southeast Asia and the Pacific Islands*, London: Routledge, 427–61.

35 Fall, P. L. (2010), 'Pollen evidence for plant introductions in a Polynesian tropical island ecosystem, Kingdom of Tonga', in S. G. Haberle, J. Stevenson and M. Prebble (eds.), *Altered Ecologies: Fire, Climate and Human Influence on Terrestrial Landscapes*, Canberra: Australian National University Press, 253–71.

36 Morrison, A. E., and Hunt, T. L. (2007), 'Human impacts on the nearshore

environment: An archaeological case study from Kaua'i, Hawaiian Islands', *Pacific Science*, 61: 325–45.

37 Steadman, D. W. (2006), *Extinction and Biogeography of Tropical Pacific Birds*, Chicago: University of Chicago Press.

38 Hunt, T. L. (2007), 'Rethinking Easter Island's ecological catastrophe', *Journal of Archaeological Science*, 34: 485–502.

39 Tromp, M., Matisoo-Smith, E., Kinaston, R., et al. (2020), 'Exploitation and utilization of tropical rainforests indicated in dental calculus of ancient Oceanic Lapita culture colonists', *Nature Human Behaviour*: https://doi.org/10.1038/ s41562-019-0808-y.

40 ibid.

41 Maxwell, J. J., Howarth, J. D., Vandergoes, M. J., et al. (2016), 'The timing and importance of arboriculture and agroforestry in a temperate East Polynesia Society, the Moriori, Rekohu (Chatham Island)', *Quaternary Science Reviews*, 149: 306–25.

42 Lambrides, A. B. J., Weisler, M. I. (2016), 'Pacific Islands ichthyoarchaeology: Implications for the development of prehistoric fishing studies and global sustainability', *Journal of Archaeological Research*, 24: 275–324.

43 Giovas, C. (2006), 'No pig atoll: island biogeography and the extirpation of a Polynesian domesticate', *Asian Perspectives*, 45: 69–95.

44 Matisoo-Smith, E. (2007), 'Animal translocations, genetic variation, and the human settlement of the Pacific', in J. S. Friedlaender (ed.), *Genes, Language and Culture History in the Southwest Pacific*, Oxford: Oxford University Press, 157–70.

45 Ladefoged, T. N., McCoy, M. D., Asner, G. P., et al. (2011), 'Agricultural potential and actualized development in Hawai'i: an airborne LiDAR survey of the leeward Kohala field system (Hawai'i Island)', *Journal of Archaeological Science*, 38: 3605–19.

46 Kirch, P. V. (2010), *How Chiefs Became Kings: Divine Kingship and the Rise of Archaic States in Ancient Hawai'i*, Berkeley, CA: University of California Press.

47 Kirch, P., and Yen, D. (1982), *Tikopia: Prehistory and Ecology of a Polynesian Outlier*, Honolulu: Bernice P. Bishop Museum Bulletin, 238.

48 Ladefoged, T. N., Stevenson, C. M., Haoa, S., et al. (2010), 'Soil nutrient analysis of Rapa Nui gardening', *Archaeology in Oceania*, 45: 80–85.

49 Rainbird, P. (2002), 'A message for our future? The Rapa Nui (Easter Island) ecodisaster and Pacific Island environments', *World Archaeology*, 33: 436–51.

50 Douglass, K., and Zinke, J. (2015), 'Forging ahead by land and by sea: Archaeology and Paleoclimate reconstruction in Madagascar', *African Archaeological Review*, 32: 267–99.

51 Hansford, J., Wright, P. C., Rasoamiaramanana, A., et al. (2018), 'Early Holocene human presence in Madagascar evidenced by exploitation of avian megafauna', *Science Advances*, 4: eaat6925.

52 Anderson, A., Clark, G., Haberle, S., et al. (2018), 'New evidence of megafaunal bone damage indicates late colonization of Madagascar', *PLOS ONE*, 13: e0204368.

53 Douglass, K., Hixon, S., Wright, H. T., et al. (2019), 'A critical review of radiocarbon dates clarifies the human settlement of Madagascar', *Quaternary Science Reviews*, 221: 105878.

54 Burney, D. A., Burney, L. P., Godfrey, L. R., et al. (2004), 'A chronology for late prehistoric Madagascar', *Journal of Human Evolution*, 47: 25–63.

55 Crowley, B. E. (2010), 'A refined chronology of prehistoric Madagascar and the demise of the megafauna', *Quaternary Science Reviews*, 29: 2591–603.

56 Martin, P. S. (1984), 'Prehistoric overkill: The global model', in P. S. Martin and R. G. Klein (eds.), *Quaternary extinctions: A prehistoric revolution*, Tucson: University of Arizona Press, 354–403.

57 Godfrey, L. R., Scroxton, N., Crowley, B. E., et al. (2019), 'A new interpretation of Madagascar's megafaunal decline: The "Subsistence Shift Hypothesis" ', *Journal of Human Evolution*, 130: 126–40.

58 Douglass, K., Antonites, A. R., Quintana Morales, E. M., et al. (2018), 'Multi-analytical approach to zooarchaeological assemblages elucidates Late Holocene coastal lifeways in southwest Madagascar', *Quaternary International*, 471: 111–31.

59 Burney, Burney, Godfrey, et al., 'A chronology for late prehistoric Madagascar'.

60 Crowley, 'A refined chronology of prehistoric Madagascar and the demise of the megafauna'.

61 Li, H., Sinha, A., Andre, A. A., et al. (2020), 'A multimillennial climatic context for the megafaunal extinctions in Madagascar and Mascarene Islands', *Science Advances*, 6: eabb2459.

62 Godfrey, Scroxton, Crowley, et al., 'A new interpretation of Madagascar's megafaunal decline: The "Subsistence Shift Hypothesis" '.

63 Crowther, A., Lucas, L., Helm, R., et al. (2016), 'Ancient crops provide first

archaeological signature of the westward Austronesian expansion', *Proceedings of the National Academy of Sciences of the United States of America*, 113: 6635–40.

64 Radimilahy, C. M., and Crossland, Z. (2015), 'Situating Madagascar: Indian Ocean dynamics and archaeological histories', *Azania: Archaeological Research in Africa*, 50: 495–518.

65 Godfrey, Scroxton, Crowley, et al., 'A new interpretation of Madagascar's megafaunal decline: The "Subsistence Shift Hypothesis" '.

66 Dewar, R. E., and Richard, A. F. (2012), 'Madagascar: A history of arrivals, what happened, and will happen next', *Annual Review of Anthropology*, 41: 495–517.

67 Crowther, Lucas, Helm, et al., 'Ancient crops provide first archaeological signature of the westward Austronesian expansion'.

68 Schwitzer, C., Mittermeier, R. A., Johnson, S. E., et al. (2014), 'Averting lemur extinctions amid Madagascar's political crisis', *Science*, 343: 842–3.

69 Kaufmann, J. C. (2004), 'Prickly pear cactus and pastoralism in southwest Madagascar', *Ethnology*, 43: 345e361.

70 Galvan, B., Hernandez, C. M., Alberto, V., et al. (1999), 'Poblamiento prehistorico en la costa de Buena Vista del Norte (Tenerife). El conjunto arqueologico Fuente-Arena', *Investigaciones Arqueologicas en Canarias*, 6: 9–257.

71 Morales, J., Rodriguez, A., Alberto, V., et al. (2009), 'The impact of human activities on the natural environment of the Canary Islands (Spain) during the pre-Hispanic stage (3rd–2nd century BC to 15th century AD): an overview', *Environmental Archaeology*, 14: 27–36.

72 Rando, J. C., and Perera, M. A. (1994), 'Primeros datos de ornitofagia entre los aborigenes de Fuerteventura (Islas Canarias)', *Archeofauna*, 3: 13–19.

73 Nogue, S., de Nascimento, L., Fernandez-Palacios, J. M., et al. (2013), 'The ancient forests of La Gomera, Canary Islands, and their sensitivity to environmental change', *Journal of Ecology*, 101: 368–77.

74 Machado, C. (1995), 'Approche paleoecologique et ethnobotanique du site archeologique "El Tendal" (N- E de l'Ile de La Palma, Archipel des Canaries)', in CTHS (eds.), *L'Homme Prehistorique et la Mer*, 120 Congres, Aix-en-Provence: CTHS, 179–86.

75 Gangoso, L., Donazar, J. A., Scholz, S., et al. (2006), 'Contradiction in conservation of island ecosystems: Plants, introduced herbivores and avian scavengers in the Canary

Islands', *Biodiversity and Conservation*, 15: https://doi.org/10.1007/s10531-004-7181-4.

76　Crosby, A. W. (1984), 'An ecohistory of the Canary Islands: a precursor of European colonization in the New World and Australasia', 8: 214–35.

77　Boivin, N. L., Zeder, M. A., Fuller, D. Q., et al. (2016), 'Ecological consequences of human niche construction: Examining long-term anthropogenic shaping of global species distributions', *Proceedings of the National Academy of Sciences of the United States of America*, 113: 6388–96.

第九章　「叢林」中的城市

1　Diamond, J. (2005), *Collapse: How Societies Choose to Fail or Survive*, London: Penguin Books.

2　Meggers, B. J. (1971), *Amazonia: Man and Culture in a Counterfeit Paradise*, Illinois: Harlan Davidson.

3　Webster, D. (2002), *The Fall of the Ancient Maya*, London: Thames & Hudson.

4　Bacus, E. A., and Lucero, L. J. (eds.) (1999), *Complex Polities in the Ancient Tropical World*, Archaeological Papers of the American Anthropological Association 9, Arlington, Virginia; American Anthropological Association.

5　Algaze, G. (2018), 'Entropic cities: The paradox of urbanism in ancient Mesopotamia', *Current Anthropology*, 59: 23–54.

6　Wengrow, D. (2006), *The Archaeology of Early Egypt: Social Transformations in North-East Africa, c. 10,000 to 2,650 BC*, Cambridge: Cambridge University Press.

7　Flad, R. (2018), 'Urbanism as technology in early China', *Archaeological Research in Asia*, 14: 121–34.

8　Childe, V. G. (1950), 'The Urban Revolution', *Town Planning Review*, 21: 3–17.

9　Postgate, J. N. (1992), *Early Mesopotamia: Society and Economy at the Dawn of History*, London and New York: Routledge.

10　Webster, *The Fall of the Ancient Maya*.

11　Martin, S., and Grube, N. (2008), *Chronicle of the Maya kings and queens: deciphering the dynasties of the ancient Maya*, London: Thames & Hudson.

12　Met Office (2020), Greenwich Park climate station, https://www.metoffice.gov.uk/research/climate/ maps-and-data/uk-climate-averages/u10hb54gm.

13　Scarborough, V. L. (1993), 'Water management in the southern Maya lowlands: an accretive model for the engineered landscape', *Research in Economic Anthropology*, 7: 17–69.

14　Beach, T., Dunning, N., Luzzadder-Beach, S., et al. (2006), 'Impacts of the ancient Maya on soils and soil erosion in the central Maya Lowlands', *Caterna*, 65: 166–78.

15　Webster, *The Fall of the Ancient Maya*.

16　Fletcher, R. (2012), 'Low- density, agrarian-based urbanism: scale, power and ecology', in M. E. Smith (ed.), *The comparative archaeology of complex societies*, Cambridge: Cambridge University Press, 285–320.

17　Webster, D., Murtha, T., Straight, K. D., et al. (2007), 'The Great Tikal Earthworks Revisited', *Journal of Field Archaeology*, 32: 41–64.

18　Chase, A. F., Chase, D. Z., Weishampel, J. F., et al. (2011), 'Airborne LiDAR, archaeology, and the ancient Maya landscape at Caracol, Belize', *Journal of Archaeological Science*, 38: 387–98.

19　Ross, N. J. (2011), 'Modern tree species composition reflects ancient Maya "forest gardens" in northwest Belize', *Ecological Applications*, 21: 75–84.

20　Ford, A., and Nigh, R. (2015), *The Maya Forest Garden: Eight Millennia of Sustainable Cultivation of the Tropical Woodlands*, London: Routledge.

21　Lucero, L. J. (1999), 'Water control and Maya politics in the southern Maya lowlands', in E. A. Bacus and L. J. Lucero (eds.), *Complex Polities in the Ancient Tropical World* (Archaeological Papers of the American Anthropological Association 9), Arlington; Virginia: American Anthropological Association, 34–49.

22　Medina-Elizalde, M., and Rohling, E. J. (2012), 'Collapse of Classic Maya civilization related to modest reduction in precipitation', *Science*, 335: 956–9.

23　McNeil, C. L., Burney, D. A., and Burney, L. P. (2010), 'Evidence disputing deforestation as the cause for the collapse of the ancient Maya polity of Copan, Honduras', *Proceedings of the National Academy of Sciences of the United States of America*, 107: 1017–22.

24　Thompson, K. M., Hood, A., Cavallaro, D., and Lentz, D. L. (2015), 'Connecting contemporary ecology and ethnobotany to ancient plant use practices of the Maya at Tikal', in D. L. Lentz, N. Dunning and V. Scarborough (eds.), *Tikal: Paleoecology of an Ancient Maya City*, Cambridge: Cambridge University Press, 124–51.

25 Cook, B. I., Anchukaitis, K. J., Kaplan, J. O., et al. (2012), 'Pre- Columbian deforestation as an amplifier of drought in Mesoamerica', *Geophysical Research Letters*, 39: L16706.

26 Douglas, P. M. J., Demarest, A. A., Brenner, M., and Canuto, M. A. (2016), 'Impacts of climate change on the collapse of lowland Maya civilization', *Annual Review of Earth and Planetary Sciences*, 44: 613–45.

27 Hoggarth, J. A., Breitenbach, S. F. M., Culleton, B. J., et al. (2016), 'The political collapse of Chichen Itza in climatic and cultural context', *Global and Planetary Change*, 138: 25–42.

28 Masson, M. A., Peraza Lope, C. (2014), *Kukulkan's Realm: Urban Life at Ancient Mayapan*, Boulder: University Press of Colorado.

29 Chase, D. Z., and Chase, A. F. (2006), 'Framing the Maya Collapse: Continuity, discontinuity, method, and practice in the Classic to Postclassic southern Maya lowlands', in G. M. Schwartz and J. J. Nichols (eds.), *After Collapse: The Regeneration of Complex Societies*, Tucson: University of Arizona Press, 168–87.

30 Coe, M. D. (1999), *The Maya*, London: Thames & Hudson.

31 Ford and Nigh, *The Maya Forest Garden: Eight Millennia of Sustainable Cultivation of the Tropical Woodlands*.

32 Aimers, J. J. (2007), 'What Maya collapse? Terminal Classic variation in the Maya lowlands', *Journal of Archaeological Research*, 15: 329–77.

33 O'Reilly, D. J. W. (2007), *Early Civilizations of Southeast Asia*, New York: AltaMira Press.

34 Pottier, C. (2012), 'Beyond the temples: Angkor and its territory', in A. Haendel (ed.), *Old Myths and New Approaches: Interpreting Ancient Religious Sites in Southeast Asia*, Clayton, Melbourne, Australia: Monash University Publishing, 12–27.

35 Evans, D., Pottier, C., Fletcher, R., et al. (2007), 'A comprehensive archaeological map of the world's largest preindustrial settlement complex at Angkor, Cambodia', *Proceedings of the National Academy of Sciences of the United States of America*, 104: 14277–82.

36 Evans, D. H., Fletcher, R. J., Pottier, C., et al. (2013), 'Uncovering archaeological landscapes at Angkor using lidar', *Proceedings of the National Academy of Sciences of the United States of America*, 110: 12595–600.

37 Higham, C. (2001), *The Civilization of Angkor*, London: Weidenfeld & Nicolson.

38 Fletcher, R., Penny, D., Evans, D., et al. and Authority for the Protection and Management of Angkor and the Region of Siem Reap (APSARA) Department of Monuments and Archaeology Team (2008), 'The water management network of Angkor, Cambodia', *Antiquity*, 82: 658–70.

39 Buckley, B. M., Anchukaitis, K. J., Penny, D., et al. (2010), 'Climate as a contributing factor in the demise of Angkor, Cambodia', *Proceedings of the National Academy of Sciences of the United States of America*, 107: 6748–52.

40 Lucero, L. J., Fletcher, R., and Coningham, R. (2015), 'From "collapse" to urban diaspora: the transformation of low-density, dispersed agrarian urbanism', *Antiquity*, 89: 1139–54.

41 Bandaranayake, S. (2003), 'The Pre-Modern City in Sri Lanka: The "First"and "Second" Urbanisation', in P. J. J. Sinclair (ed.), *The Development of Urbanism from a Global Perspective*, Uppsala: Uppsala University.

42 Coningham, R. A. E. (1999), *Anuradhapura: The British-Sri Lankan Excavations at Anuradhapura Salgaha Watta 2*, British Archaeological Reports, International Series 824, Oxford: Archaeopress Press.

43 BBC NEWS (2020), 'Hagia Sophia: Former Istanbul museum welcomes Muslim worshippers': https://www.bbc.com/news/ world-europe-53506445.

44 Coningham, R. A. E, Gunawardhana, P., Manuel, M., et al. (2007), 'The state of theocracy: Defining an Early Medieval Hinterland in Sri Lanka', *Antiquity*, 81: 699–719.

45 Mail, D. (2017), 'The official boundaries of the city of Liverpool are far too small–and it matters', CityMonitor: https://citymonitor.ai/politics/official-boundaries-city-liverpool-are-far-too-small-and-it-matters-3319.

46 Lucero, Fletcher and Coningham, 'From "collapse" to urban diaspora: the transformation of low- density, dispersed agrarian urbanism'.

47 Gilliland, K., Simpson, I. A., Adderley, W. P., et al. (2013), 'The dry tank development and disuse of water management infrastructure in the Anuradhapura hinterland, Sri Lanka', *Journal of Archaeological Science*, 40: 1012–28.

48 Meggers, B. (1954), 'Environmental limitations of the development of culture', *American Anthropologist*, 56: 801–24.

49 Heckenberger, M. J., Kuikuro, A., Tabata Kuikuro, U. T., et al. (2003), 'Amazonia 1492: Pristine Forest or Cultural Parkland?', *Science*, 301: 1710–14.

50   Heckenberger, M., and Neves, E. G. (2009), 'Amazonian archaeology', *Annual Review of Anthropology*, 38: 251–66.

51   Roosevelt, A. (1999), 'The Development of Prehistoric Complex Societies: Amazonia, a Tropical Forest', in E. A. Bacus, L. J. Lucero and J. Allen (eds.), *Complex Polities in the Ancient Tropical World*, Arlington: American Anthropological Association, 13–34.

52   Hermenegildo, T., O'Connell, T. C., Guapindaia, V. L. C., and Neves, E. G. (2017), 'New evidence for subsistence strategies of late pre-colonial societies of the mouth of the Amazon based on carbon and nitrogen isotopic data', *Quaternary International*, 448: 139–49.

53   Roosevelt, 'The Development of Prehistoric Complex Societies: Amazonia, a Tropical Forest'.

54   Koch, A., Brierley, C., Maslin, M. M., and Lewis, S. L. (2019), 'Earth system impacts of the European arrival and Great Dying in the Americas after 1492', *Quaternary Science Reviews*, 207: 13–36.

55   Rostain, S. (2014), *Islands in the Rainforest: Landscape Management in Pre-Columbian Amazonia*, London: Routledge.

56   de Souza, J. G., Schaan, D. P., Robinson, M., et al. (2018), 'Pre- Columbian earth-builders settled along the entire southern rim of the Amazon', *Nature Communications*, 9: 1125: https://doi.org/10.1038/s41467-018-03510-7.

57   Schmidt, M. J., Py-Daniel, A. R., de Paula Moraes, C., et al. (2014), 'Dark earths and the human built landscape in Amazonia: a widespread pattern of anthrosol formation', *Journal of Archaeological Science*, 42: 152–65.

58   Roosevelt, 'The Development of Prehistoric Complex Societies: Amazonia, a Tropical Forest'.

59   Scarborough, V. L., and Lucero, L. (2010), 'The non-hierarchical development of complexity in the semi-tropics:water and cooperation', *Water History*, 2:185–205.

60   McIntosh, S. K. (1999), 'Pathways to complexity: an African perspective', in S. K. McIntosh (ed.), *Beyond Chiefdoms: Pathways to Complexity in Africa*, Cambridge: Cambridge University Press, 1–30.

61   Carson, J. F., Whitney, B. S., Mayle, F. E., et al. (2014), 'Environmental impact of geometric earthwork construction in pre-Columbian Amazonia', *Proceedings of the National Academy of Sciences of the United States of America*, 111: 10497–502.

62　Piperno, D. R., McMichael, C., and Bush, M. B. (2017), 'Further evidence for localized, short-term anthropogenic forest alterations across pre-Columbian Amazonia', *Proceedings of the National Academy of Sciences of the United States of America*, 114: E4118–E4119.

63　Lucero, L. J., and Gonzalez Cruz, J. (2020), 'Reconceptualizing urbanism: Insights from Maya cosmology', *Frontiers in Sustainable Cities*, 2: DOI: 10.3389/frsc.2020.00001.

64　Simon, D., and Adam-Bradford, A. (2016), 'Archaeology and contemporary dynamics for more sustainable, resilient cities in the peri-urban interface', *Water Science and Technology*, 72: 57–83.

65　Miller, S. W. (2007), *An Environmental History of Latin America*, Cambridge: Cambridge University Press.

第十章　「地理大發現」時期的歐洲與熱帶地區

1　https://apnews.com/article/mexico-mexico-city-columbus-day-60bdc08a7606641a4825 d467d97c5f6c.

2　Mineo, L. (2020), 'A day of reckoning', *Harvard Gazette*: https://news.harvard.edu/ gazette/story/2020/10/ pondering-putting-an-end-to-columbus-day-and-a-look-at-what-could-follow/.

3　Elliott, J. H. (2006), *Empires of the Atlantic World: Britain and Spain in America, 1492–1830*, Yale: Yale University Press.

4　Steinberg, P. E. (1999), 'Lines of division, lines of connection: Stewardship in the World Ocean', *Geographical Review*, 89: 254–64.

5　Jackson, P. (2000), 'The Mongol Empire, 1986–1999', *Journal of Medieval History*, 26: 189–210.

6　O'Rourke, K. H., Williamson, J. G. (2009), 'Did Vasco da Gama matter for European markets?', *Economic History Review*, 62: 655–84.

7　Nichols, D. L., and Rodriguez-Alegria, E. (2017), *The Oxford Handbook of the Aztecs*, Oxford: Oxford University Press.

8　Bridges, E. J. (2016), 'Vijayanagara Empire', *The Encyclopaedia of Empire*: https://doi. org/10.1002/9781118455074.wbeoe424.

9　Cisse, M., McIntosh, S. K., Dussubieux, L., et al. (2013), 'Excavations at Gao Saney: New evidence for settlement growth, trade, and interaction on the Niger Bend in the first millennium CE', *Journal of African Archaeology*, 11: 9–37.

10 Koch, A., Brierley, C., Maslin, M. M., and Lewis, S. L. (2019), 'Earth system impacts of the European arrival and Great Dying in the Americas after 1492', *Quaternary Science Reviews*, 207: 13–36.

11 Hofman, C., Mol, A., Hoogland, M., and Rojas, R. V. (2014), 'Stage of encounters: migration, mobility and interaction in the pre-colonial and early colonial Caribbean', *World Archaeology*, 46: 590–609.

12 Mitchell, P. (2005), *African Connections: Archaeological Perspectives on Africa and the Wider World*, Lanham, Maryland: AltaMira Press.

13 Junker, L. L. (1999), *Raiding, Trading, and Feasting: The Political Economy of Philippine Chiefdoms*, Honolulu: University of Hawaii Press.

14 Wolf, E. (1982), *Europe and the People Without History*, Berkeley: University of California Press.

15 Crosby, A. W. (1972), *The Columbian Exchange: Biological and Cultural Consequences of 1492*, Westport, CT: Greenwood Press.

16 Canizares-Esguerra, J. (2006), *Puritan Conquistadors: Iberianizing the Atlantic 1550–1700*, Stanford: Stanford University Press.

17 Cavanagh, E. (2016), 'Corporations and business associations from the commercial revolution to the Age of Discovery: Trade, jurisdiction and the state, 1200–1600', *History Compass*, 14: 493–510.

18 Curry, A. (2016), ' "Green hell" has long been home for humans', *Science*, 354: 268–9.

19 Roberts, P. (2017), ' "Forests of Plenty": Ethnographic and archaeological rainforests as hotspots of human activity', *Quaternary International*: DOI: 10.1016/j.quaint.2017.03.041.

20 Ramsey, J. F. (1973), *Spain: The Rise of the First World Power*, Alabama: University of Alabama Press.

21 Schwarz, G. R. (2008), 'The Iberian caravel: Tracing the development of a ship of discovery', in F. Vieira de Castro and K. Custer (eds.), *Edge of Empire*, Casal de Cambra (Portugal): Caleidoscopio–Edi'cao e Artes Graficas, 23–42.

22 Hemming, J. (2004), *The Conquest of the Incas* (2nd edition), New York: Harvest.

23 Livi Bacci, M. (2003), 'Return to Hispaniola: Reassessing a demographic catastrophe', *Hispanic American Historical Review*, 83: 3–51.

24 Vagene, A. J., Herbig, A., Campana, M. G., et al. (2018), '*Salmonella enterica* genomes from victims of a major sixteenth-century epidemic in Mexico', *Nature Ecology & Evolution*, 2: 520–8.

25 McNeill, W. (1977), *Plagues and Peoples*, London: Anchor.

26 Koch, Brierley, Maslin and Lewis, 'Earth system impacts of the European arrival and Great Dying in the Americas after 1492'.

27 Nichols, D. L. (2018), *Agricultural practices and environmental impacts of Aztec and Pre-Aztec Central Mexico*, Oxford: Oxford Research Encyclopaedias: DOI:10.1093/acrefore/9780199389414.013.175.

28 Weaver, M. P. (2019), *The Aztecs, Maya, and their Predecessors: Archaeology of Mesoamerica* (3rd edition), London: Routledge.

29 Daniel, D. A. (1992), 'Tactical factors in the Spanish conquest of the Aztecs', *Anthropological Quarterly*, 65: 187–94.

30 Valdeon, R. A. (2013), 'Dona Marina/La Malinche. A historiographical approach to the interpreter/traitor', *Target*, 25: 157–79.

31 Mann, C. (2011), *1493: Uncovering the New World Columbus Created*. New York: Vintage Books.

32 Haskett, R. S. (1991), ' "Our suffering with the Taxco Tribute": Involuntary mine labour of indigenous society in central New Spain', *Hispanic American Historical Review*, 71: 447–75.

33 Diel, L. B. (2010), 'The spectacle of death in early colonial New Spain in the Manuscrito del aperreamiento', in J. Beusterien and C. Cortez (eds.), *Death and Afterlife in the Early Modern Hispanic World*, Hispanic Issues On Line, 7: 144–63.

34 Borsdorf, A., and Stadel, C. (2015), *The Andes: A Geographical Portrait* (translated by B. Scott and C. Stadel), Dordrecht: Springer.

35 Shimada, I. (ed.) (2015), *The Inka Empire: A Multidisciplinary Approach*, Austin: University of Texas Press.

36 Cieza da Leon, P. D. (1998), *The Discovery and Conquest of Peru* (translated by A. P. Cook and N. D. Cook–original 1553), Durham, NC: Duke University Press.

37 Hemming, *The Conquest of the Incas*.

38 de Espinosa, A. (1907), *The Guanches of Tenerife* (translated by C. Markham–original 1594), London: The Hakluyt Society.

39 Cook, N. D. (1998), *Born to Die: Disease and New World Conquest 1492–1650*, Cambridge: Cambridge University Press.

40 Cook, N. D. (1993), 'Disease and depopulation of Hispaniola, 1492–1518', *Colonial Latin American Review*, 2: 213–45.

41 Hemming, J. (2009), *Tree of Rivers: The Story of the Amazon*, London: Thames & Hudson.

42 Livi-Bacci, M. (2006), 'The depopulation of Hispanic America after the conquest', *Population and Development Review*, 32: 199–232.

43 Newson, L. A. (2009), *Conquest and Pestilence in the Early Spanish Philippines*, Manoa: University of Hawaii Press.

44 Scott, W. H. (1982), *Cracks in the Parchment Curtain and Other Essays in Philippine History*, Quezon City: New Day Publishers.

45 Newson, *Conquest and Pestilence in the Early Spanish Philippines*.

46 Acabado, S. B. (2010), 'Landscapes and the archaeology of the Ifugao agricultural terraces: Establishing antiquity and social organisation', *Hukay: Journal for Archaeological Research in Asia and the Pacific*, 15: 31–61.

47 Bassani, E., and Fagg, W. (1988), *Africa and the Renaissance, Art in Ivory*, London: Centre for African Art, Prestel-Verlag.

48 Mitchell, P. (2005), *African Connections: Archaeological Perspectives on Africa and the Wider World*, Lanham, Maryland: AltaMira Press.

49 Fage, J. D. (1980), 'Slaves and society in western Africa, c. 1445–c. 1700', *Journal of African History*, 21: 289–310.

50 Nunn, N., and Qian, N. (2010), 'The Columbian Exchange: A history of disease, food, and ideas', *Journal of Economic Perspectives*, 24: 163–88.

51 Koch, Brierley, Maslin and Lewis, 'Earth system impacts of the European arrival and Great Dying in the Americas after 1492'.

52 Adorno, R. (2000), *Guaman Poma: Writing and Resistance in Colonial Peru* (2nd edition), Austin: University of Texas Press.

53 Crosby, *The Columbian Exchange: Biological and Cultural Consequences of 1492*.

54 Earle, R. (2010), ' "If You Eat Their Food . . .": Diets and Bodies in Early Colonial Spanish America', *American Historical Review*, 115: 688–713.

55 Earle, R. (2012), 'The Columbian Exchange', in J. M. Pilcher (ed.), *The Oxford*

Handbook of Food History, Oxford: Oxford University Press: DOI: 10.1093/oxford hb/9780199729937.013.0019.

56　Dumire, W. (2004), *Gardens of New Spain: How Mediterranean Plants and Foods Changed America*, Austin: University of Texas Press.

57　Melville, E. G. K. (1994), *A Plague of Sheep: Environmental Consequences of the Conquest of Mexico*, Cambridge: Cambridge University Press.

58　Bhattacharya, T., and Byrne, R. (2016), 'Late Holocene anthropogenic and climatic influences on the regional vegetation of Mexico's Cuenca Oriental', *Global and Planetary Change*, 138: 56–69.

59　Hooghiemstra, H., Olijhoek, T., Hoogland, M., et al. (2018), 'Columbus'environmental impact in the New World: Land use change in the Yaque River valley, Dominican Republic', *The Holocene*, 28: https://doi.org/10.1177/0959683618788732.

60　Rifkin, J. (1993), *Beyond Beef: The Rise and Fall of the Cattle Culture*, New York: Plume.

61　Crosby, A. W. (1984), 'An ecohistory of the Canary Islands: A precursor of European colonialization in the New World and Australasia', *Environmental Review*, 8: 214–35.

62　Alexander, R. T., and Alvarez, H. H. (2017), 'Agropastoralism and household ecology in Yucatan after the Spanish Invasion', *Journal of Human Palaeoecology*, 23: 69–79.

63　Norton, M. (2015), 'The chicken or the *Iegue* : Human-animal relationships and the Columbian Exchange', *American Historical Review*, 120: 28–60.

64　Nunn and Qian, 'The Columbian Exchange: A history of disease, food, and ideas'.

65　ibid.

66　Rain, P. (1992), 'Vanilla: Nectar of the Gods', in N. Foster and L. S. Cordell(eds.), *Chilies to Chocolate: Food the Americas Gave the World*, Tucson: University of Arizona Press, 35–45.

67　Nunn and Qian, 'The Columbian Exchange: A history of disease, food, and ideas'.

68　Thornton, E. K., Emery, K. F., Steadman, D. W., et al. (2012), 'Earliest Mexican turkeys (*Melagris gallopavo*) in the Maya region: Implications for pre-Hispanic animal trade and the timing of turkey domestication', *PLOS ONE*: https://doi.org/10.1371/journal.pone.0042630.

69　Amano, N., Bankoff, G., Findley, D. M., et al. (2020), 'Archaeological and historical insights into the ecological impacts of pre-colonial and colonial introductions into the Philippine Archipelago', *The Holocene*: https://doi.org/10.1177/0959683620941152.

70　ibid.

71　McCann, J. C. (2005), *Maize and Grace: Africa's Encounter with a New World Crop, 1500-2000*, Cambridge, MA: Harvard University Press.

72　ibid.

73　Alpern, S. B. (2008), 'Exotic plants of western Africa: Where they came from and when', *History in Africa*, 35: 63–102.

74　Logan, A. (2020), *The Scarcity Slot: Excavating Histories of Food Security in Ghana*, Oakland, CA: University of California Press.

75　Shanahan, T. M., Overpeck, J. T., Anchukaitis, K. J., et al. (2009), 'Atlantic forcing of persistent drought in West Africa', *Science*, 324: 377–80.

76　Logan, A. (2017), 'Will agricultural technofixes feed the world? Short-and long-term tradeoffs of adopting high-yielding crops', in M. Hegmon (ed.), *The Give and Take of Sustainability: Archaeological and Anthropological Perspectives*, Cambridge: Cambridge University Press, 109–24.

77　Dotterweich, M. (2013), 'The history of human-induced soil erosion: Geomorphic legacies, early descriptions and research, and the development of soil conservation–A global synopsis', *Geomorphology*, 201: 1–34.

78　Mann, *1493: Uncovering the New World Columbus Created*.

79　Carney, J., and Rosomoff, R. (2009), *In the Shadow of Slavery: Africa's Botanical Legacy in the Atlantic World*, Berkeley: University of California Press.

80　Carney, J. (2001), *Black Rice: The African Origins of Rice Cultivation in the Americas*, Cambridge, MA: Harvard University Press.

81　Crosby, A. F. (2004), *Ecological Imperialism: The Biological Expansion of Europe, 900–1900* (2nd edition), Austin: University of Texas Press.

82　Brown, K. W. (2012), *A History of Mining in Latin America: From the Colonial Era to the Present*, Albuquerque: University of New Mexico Press.

83　de Araujo Shellard, A. H. (2016), 'History of the colonization of Minas Gerais: An environmental approach', in E. Vaz, C. Joanaz de Melo and L. Costa Pinto (eds.), *Environmental History in the Making*, Environmental History, volume 6, Cham: Springer, 243–57.

84　Hagan, N., Robins, N., Hsu-Kim, H., et al. (2011), 'Estimating historical atmospheric mercury concentrations from silver mining and their legacies in present-day surface soil in Potosi, Bolivia', *Atmospheric Environment*, 45: 7619–26.

85 Miller, S. W. (2007), *An Environmental History of Latin America*, Cambridge: Cambridge University Press.

86 Barretto-Tesoro, G., and Hernandez, V. (2017), 'Power and Resilience: Flooding and Occupation in a Late Nineteenth Century Philippine Town', in C. Beaule (ed.), *Frontiers of Colonialism*, Gainesville, Florida: University Press of Florida, 149–78.

87 Miller, *An Environmental History of Latin America*.

88 Barretto-Tesoro and Hernandez, 'Power and Resilience: Flooding and Occupation in a Late Nineteenth Century Philippine Town'.

89 Miller, *An Environmental History of Latin America*.

90 Cushner, N. P. (1971), *Spain in the Philippines: From Conquest to Revolution*, Quezon City, Philippines: Ateneo de Manila University.

91 Gerona, D. M. (2001), 'The colonial accommodation and reconstitution of native elite in early Provincial Philippines, 1600–1795', in M. D. E. Perez-Grueso, J. M. Fradera and L. A. Alvarez (eds.), *Imperios y Naciones en el Pacifico*, Madrid: Consejo Superior de Investigaciones Cientificas, 265–76.

92 Moore, J. W. (2009), 'Madeira, sugar, and the conquest of nature in the "first" sixteenth century. Part I: From "Island of timber" to sugar revolution, 1420–1506', *Review (Fernand Braudel Center)*, 32: 345–90.

93 Moore, J. W. (2000), 'Sugar and the expansion of the early modern world-economy: Commodity frontiers, ecological transformation, and industrialisation', *Review (Fernand Braudel Center)*, 23: 409–33.

94 Dannenfeldt, K. H. (1985), 'Europe discovers civet cats and civet', *Journal of the History of Biology*, 18: 403–31.

95 Polonia, A., and Pacheco, J. M. (2017), 'Environmental impacts of colonial dynamics 1400–1800: The first global age and the Anthropocene', in G. Austin(ed.), *Economic Development and Environmental History in the Anthropocene: Perspectives on Asia and Africa*, London: Bloomsbury, 23–49.

96 Teixeira, D. M., and Papabero, N. (2010), 'O trafico de primatas brasileiros nos seculos XVI e XVII', in L. M. Pessoa, W. C. Tavares and S. Salvatore (eds.), *Mamiferos de restingas e manguezais do Brasil*, Rio de Janeiro: Sociedade Brasileira de Mastozoologia & Museu Nacional da UFRJ, 253–82.

97 Polonia and Pacheco, 'Environmental impacts of colonial dynamics 1400–1800: The first global age and the Anthropocene'.

98 Beaule, C. D., and Douglas, J. G. (eds.) (2020), *The Global Spanish Empire: Five Hundred Years of Place Making and Pluralism*, Arizona: University of Arizona Press.

99 Reed, R. R. (1978), *Colonial Manila: The Context of Hispanic Urbanism and Process of Morphogenesis*, Berkeley: University of California Press.

100 Acabado, S. (2017), 'The archaeology of pericolonialism: Responses of the "unconquered" to Spanish conquest and colonialism in Ifugao, Philippines', *International Journal of Historical Archaeology*, 21: 1–26.

101 Bankoff, G. (2013), ' "Deep Forestry": Shapers of the Philippine forests', *Environmental History*, 18: 523–56.

102 Associated Press, 'Columbus statue removed in Mexico City, defaced elsewhere'.

103 Lowrey, M. M. (2020), 'Why more places are abandoning Columbus Day in favour of Indigenous Peoples' Day', *The Conversation*: https://theconversation.com/why-more-places-are-abandoning-columbus-day-in-favor-of-indigenous-peoples-day-124481.

104 Vink, M. (2003), ' "The world's oldest trade": Dutch slavery and slave trade in the Indian Ocean in the seventeenth century', *Journal of World History*, 14: 131–77.

105 Wing, J. T. (2015), *Roots of Empire: Forests and State Power in Early Modern Spain, c.1500–1750*, Leiden: Brill's Series in the History of the Environment, Volume 4.

106 Miller, *An Environmental History of Latin America*.

107 Newson, *Conquest and Pestilence in the Early Spanish Philippines*.

108 Bjork, K. (1998), 'The link that kept the Philippines Spanish: Mexican erchant interests and the Manila trade, 1571–1815', *Journal of World History*, 9: 25–50.

第十一章　熱帶全球化

1 Church, J. A., White, N. J., and Hunter, J. R. (2006), 'Sea-level rise at tropical Pacific and Indian Ocean islands', *Global and Planetary Change*, 53: 155–86.

2 Alroy, J. (2017), 'Effects of habitat disturbance on tropical forest biodiversity', *Proceedings of the National Academy of Sciences of the United States of America*, 114: 6056–61.

3 Corlett, R. T., and Primack, R. (2011), *Tropical Rain Forests: An Ecological and*

Biogeographical Comparison, London: Wiley-Blackwell.

4   Diamond, J. (1997), *Guns, Germs, and Steel: The Fates of Human Societies*, New York City: W.W. Norton.

5   Soule, E. B. (2018), 'From Africa to the Ocean Sea: Atlantic slavery in the origins of the Spanish Empire', *Atlantic Studies*, 15: 16–39.

6   von Humboldt, A. (1814– 29), 'Personal Narrative', Volume 4, 143–4, cited in Wulf, A. (2015), *The Invention of Nature: The Adventures of Alexander von Humboldt the Lost Hero of Science*, London: John Murray, 57–8.

7   Morgan, P. D. (2009), 'Africa and the Atlantic, c. 1450–1820', in J. P. Greene and P. D. Morgan (eds.), *Atlantic History: A Critical Appraisal*, Oxford: Oxford University Press, 223–48.

8   Martinez, J. S. (2012), *The Slave Trade and the Origins of International Human Rights Law*, Oxford: Oxford University Press.

9   Barquera, R., Lamnidis, T. C., Lankapalli, A. K., et al. (2020), 'Origin and health status of first-generation Africans from early colonial Mexico City', *Current Biology*, 30: 2078–91.e11: https://www.sciencedirect.com/science/article/abs/pii/S0960982220304826.

10 Schroeder, H., Avila-Arcos, M. C., Malaspinas, A.-S., et al. (2015), 'Genome-wide ancestry of 17th-century enslaved Africans from the Caribbean', *Proceedings of the National Academy of Sciences of the United States of America*, 112: 3669–73.

11 Schroeder, H., O'Connell, T. C., Evans, J. A., et al. (2009), 'Trans- Atlantic slavery: Isotopic evidence for forced migration to Barbados', *American Journal of Physical Anthropology*, 139: 547–57.

12 Klein, H. S., and Luna, F. V. (2009), *Slavery in Brazil*, Cambridge: Cambridge University Press.

13 Mintz, S. (1986), *Sweetness and Power: The Place of Sugar in Modern History*, London: Penguin.

14 Calderia, A. M. (2011), 'Learning the Ropes in the Tropics: Slavery and the plantation system on the island of Sao Tome', *African Economic History*, 39: 35–71.

15 Borucki, A., Eltis, D., and Wheat, D. (2015), 'Atlantic history and the slave trade to Spanish America', *American Historical Review*, 120: 433–61.

16 Calderia, 'Learning the Ropes in the Tropics: Slavery and the plantation system on the island of Sao Tome'.

17 Mann, C. (2011), *1493: Uncovering the New World Columbus Created*, New York: Vintage Books.

18 Vink, M. (2003), ' "The world's oldest trade": Dutch slavery and slave trade in the Indian Ocean in the seventeenth century', *Journal of World History*, 14: 131–77.

19 Shuler, K. A. (2011), 'Life and death on a Barbadian sugar plantation: historic and bioarchaeological views of infection and mortality at Newton Plantation', *International Journal of Osteoarchaeology*, 21: 66–81.

20 Bethell, L. (1987), *Colonial Brazil*, Cambridge: Cambridge University Press.

21 Emmer, P. C. (translated by C. Emery) (2006), *The Dutch Slave Trade, 1500–1850*, New York: Berghahn Books.

22 Meniketti, M. (2006), 'Sugar mills, technology, and environmental change: A case study of colonial agro-industrial development in the Caribbean', *Journal of the Society for Industrial Archaeology*, 32: 53–80.

23 Fick, C. (2000), 'Emancipation in Haiti: From plantation labour to peasant proprietorship', *Slavery and Abolition*, 21: 11–40.

24 Morgan, K. (2007), *Slavery and the British Empire: From Africa to America*, Oxford: Oxford University Press.

25 Allen, R. B. (2010), 'Satisfying the "want for labouring people": European slave trading in the Indian Ocean, 1500–1850', *Journal of World History*, 21: 45–73.

26 Russell-Wood, A. J. R. (1977), 'Technology and society: The impact of gold mining on the institution of slavery in Portuguese America', *The Journal of Economic History*, 37: 59–83.

27 Bradley, K., and Cartledge, P. (2011), *The Cambridge World History of Slavery*, Cambridge: Cambridge University Press.

28 Kelley, S. M. (2019), 'New world slave traders and the problem of trade in goods: Brazil, Barbados, Cuba, and North America in comparative perspective', *English Historical Review*, 134: 302–33.

29 Richardson, D., Schwarz, S., and Tibbles, A. (2009), *Liverpool and Transatlantic Slavery*, Liverpool: Liverpool University Press.

30 Barquera, Lamnidis, Lankapalli, et al., 'Origin and health status of first-generation Africans from early colonial Mexico City'.

31 Williamson, K. (2019), 'Most slave shipwrecks have been overlooked until now',

National Geographic: https://www.nationalgeographic.com/culture/ 2019/08/most-slave-shipwrecks-overlooked-until-now/.

32　Edwards, P., and Rewt, P. (1994), *The Letters of Ignatius Sancho*, Edinburgh: Edinburgh University Press (Letter 14, 56).

33　Inikori, J. (2002), *Africans and the Industrial Revolution in England: A Study in International Trade and Economic Development*, Cambridge: Cambridge University Press.

34　MacEachern, S. (2018), *Searching for Boko Haram: A History of Violence in Central Africa*, Oxford: Oxford University Press.

35　Bellagamba, A., Greene, S. E., and Klein, M. A. (eds.) (2013), *African Voices on Slavery and the Slave Trade*, Cambridge: Cambridge University Press.

36　Hicks, D. (2020), *The Brutish Museums: The Benin Bronzes, Colonial Violence and Cultural Restitution*, London: Pluto Press.

37　Landers, J. (2007), 'Slavery in the Spanish Caribbean and the Failure of Abolition', *Review (Fernand Braudel Center)*, 31: 343–71.

38　Thornton, J. (1998), *Africa and Africans in the Making of the Atlantic World, 1400–1800* (2nd edition), New York: Cambridge University Press.

39　ibid.

40　DeCorse, C. (2001), 'Introduction', in C. DeCorse (ed.), *West Africa during the Atlantic Slave Trade: Archaeological Perspectives*, Leicester: Leicester University Press, 1–13.

41　Behrendt, S. D., Latham, A. J. H., and Northrup, D. (2010), *The Diary of Antera Duke: An Eighteenth-Century African Slave Trader*, Oxford: Oxford University Press.

42　Mitchell, P. (2005), *African Connections: Archaeological Perspectives on Africa and the Wider World*, Lanham, Maryland: AltaMira Press.

43　Williams, H. V. (2010), 'Queen Nzinga (Njinga Mbande)', in L. M. Alexander and W. C. Rucker (eds.), *Encyclopaedia of African American History*, Santa Barbara, California: ABC-CLIO, 82–4.

44　Price, R. (ed.) (1996), *Maroon societies: Rebel slave communities in the Americas*, Baltimore, Maryland: Johns Hopkins University Press.

45　Richardson, D. (2001), 'Shipboard revolutions, African authority, and the Atlantic Slave Trade', *The William and Mary Quarterly*, 58 (New Perspectives on the Transatlantic Slave Trade): 69–92.

46　Diouf, S. A. (2016), *Slavery's exiles: the story of the American maroons*, New York: New

York University Press.

47 Schwartz, S. B. (2017), 'Rethinking Palmares: Slave resistance in colonial Brazil', in D. A. Pargas and F. Rosu (eds.), *Critical Readings on Global Slavery*, Leiden: Brill, 1294–1325.

48 Odewale, A. (2019), 'An archaeology of struggle: Material remnants of a double consciousness in the American South and Danish Caribbean Communities', *Transforming Anthropology*, 27: 114–32.

49 ibid.

50 Odewale, A., Foster II, T., and Toress, J. M. (2017), 'In service to a Danish King: Comparing material culture of Royal Enslaved Afro-Caribbeans and Danish soldiers at the Christianised National Historic site', *Journal of African Diaspora Archaeology and Heritage*, 6:1–39.

51 ibid.

52 Otele, O. (2020), *African Europeans: An Untold History*, London: Hurst Press.

53 Nunn, N., and Qian, N. (2010), 'The Columbian Exchange: A History of Disease, Food, and Ideas', *Journal of Economic Perspectives*, 24: 163–88.

54 Hall, C. (2020), 'The slavery business and the making of "race" in Britain and the Caribbean', *Current Anthropology*, 16: DOI: 10.1086/709845.

55 Meniketti, 'Sugar mills, technology, and environmental change: A case study of colonial agro-industrial development in the Caribbean'.

56 Hersh, J., and Voth, H.- J. (2009),'Sweet Diversity: Colonial goods and the rise of European living standards after 1492', available at SSRN: http://dx.doi.org/10.2139/ssrn.1443730.

57 Brunache, P. (2019), 'Mainstreaming African diasporic foodways when academia is not enough', *Transforming Anthropology*, 27: 149–63.

58 Brown, C. L. (2012), *Moral Capital: Foundations of British Abolitionism*, Carolina: University of North Carolina Press.

59 Roscoe, P. (2020), 'How the shadow of slavery still hangs over global finance', *The Conversation*: https://theconversation.com/ how-the-shadow-of-slavery-still-hangs-over-global-finance-144826?utm_medium=email&utm_campaign=Latest%20from%20 The%20Conversation%20for%20August%2024%202020%20-%201771316529& utm_ content=Latest%20from%20The%20Conversation%20for%20August%20

24%202020%20-%201711316529+CID_58678a94df8ae31f0740b74c6db57bf7& utm_source= campaign_monitor_uk&utm_term= How%20the%20shadow%20of% 20slavery%20still%20hangs%20over%20global%20finance.

60　Moore, J. W. (2000), 'Sugar and the expansion of the early modern world-economy: Commodity frontiers, ecological transformation, and industrialization', *Review (Fernand Braudel Center)*, 23: 409–33.

61　Barlow, V. (1993), *The Nature of the Islands: Plants and Animals of the Eastern Caribbean*, Dunedin: Chris Doyle Publishing.

62　Meniketti, 'Sugar mills, technology, and environmental change: A case study of colonial agro-Industrial development in the Caribbean'.

63　Dunnavant, J. (2019), 'A Historical Ecology of Slavery in the Danish West Indies', talk given for UCI Media: https://www.youtube.com/watch?v=Q8oR_CPxkyQ&feature=youtu.be.

64　Smith, F. H. (2009), *Caribbean Rum: A Social and Economic History*, Gainesville: University of Florida Press.

65　Baptist, E. E. (2016), *The Half Has Never Been Told: Slavery and the Making of American Capitalism*, London: Hachette.

66　Riello, G. (2013), *Cotton: The Fabric that Made the Modern World*, Cambridge: Cambridge University Press.

67　ibid.

68　Menon, M., and Uzramma (2017), *A Frayed History: The Journey of Cotton in India*, Oxford: Oxford University Press.

69　Beckett, S. (2016), *Empire of Cotton: A Global History*, London: Penguin Books.

70　Tarlo, E. (1996), *Clothing Matters: Dress and Identity in India*, Chicago: University of Chicago Press.

71　Behal, R. P. (2006), 'Power structure, discipline, and labour in Assam tea plantations under colonial rule', *International Review of Social History*, 51: 143–72.

72　Bandarage, A. (1983), *Colonialism in Sri Lanka: The Political Economy of the Kandyan Highlands, 1833–1886*, Berlin: Mouton Publishers.

73　Chatterjee, P. (1995), ' "Secure this excellent class of labour": Gender and race in labor recruitment for British Indian tea plantations', *Bulletin of Concerned Asian Scholars*, 27: 43–56.

74 Topik, S. (1998), 'Coffee', in S. Topik and A. Wells (eds.), *The Second Conquest of Latin America: Coffee, Henequen and Oil during the Export Boom, 1850–1930*, Austin: University of Texas Press.

75 Pomeranz, K., and Topik, S. (2018), *The World that Trade Created: Society, Culture, and the World Economy, 1400 to the Present* (4th edition), New York: Routledge.

76 Topik, S. (1999), 'Where is the coffee? Coffee and Brazilian identity', *Luso-Brazilian Review*, 36: 87–92.

77 Hemming, J. (2009), *Tree of Rivers: The Story of the Amazon*, London: Thames & Hudson.

78 Grandin, G. (2010), *Fordlandia: The Rise and Fall of Henry Ford's Forgotten Jungle City*, London: Picador.

79 Hemming, J. (2004), *Amazon Frontier: Defeat of the Brazilian Indians*, London: Pan Macmillan.

80 Caetano Andrade, V. L., Flores, B. M., Levis, C., et al. (2019), 'Growth rings of Amazon nut trees (*Bertholletia excelsa*) as living record of historical human disturbance in Central Amazonia', *PLOS ONE,* 14(4): e0214128: DOI: 10.1371/journal.pone.0214128.

81 Tully, J. (2011), *The Devil's Milk: A Social History of Rubber*, New York: Monthly Review Press.

82 Dean, W. (1987), *Brazil and the Struggle for Rubber: A Study in Environmental History*, New York, NY: Cambridge University Press.

83 Ross, C. (2017), 'Developing the rain forest: Rubber, environment and economy in Southeast Asia', in G. Austin (ed.), *Economic Development and Environmental History in the Anthropocene: Perspectives on Asia and Africa*, London: Bloomsbury, 199–218.

84 Louis, W. R. (1964), 'Roger Casement and the Congo', *Journal of African History*, 5: 99–120.

85 Loadman, J. (2005), *Tears of the Tree*, Oxford: Oxford University Press.

86 Tully, *The Devil's Milk*.

87 Robins, J. E. (2018), 'Smallholders and machines in the West African palm oil industry, 1850–1950', *African Economic History*, 46: 69–103.

88 Mann, K. (2009), 'Owners, Slaves, and the Struggle for Labour in the Commercial Transition at Lagos', in R. Law (ed.), *From Slave Trade to 'Legitimate'Commerce: The Commercial Transition in Nineteenth-Century West Africa*, Cambridge: Cambridge

University Press, 144–71.

89 Watkins, C. (2011), 'Dendezeiro: African oil palm agroecologies in Bahia, Brazil, and implications for development', *Journal of Latin American Geography*, 10: 9–33.

90 McNeill, W. H. (1999), 'How the potato changed the world's history', *Social Research*, 66: 67–83.

91 ibid.

92 Fitzgerald, P., and Lambkin, B. (2008), *Migration in Irish History 1607–2007*, London: Palgrave Macmillan.

93 Morrison, K. D., and Hauser, M. W. (2015), 'Risky business: Rice and inter-colonial dependencies in the Indian and Atlantic Oceans', *Atlantic Studies*, 12: 371–92.

94 ibid.

95 ibid.

96 Moberg, M., and Striffler, S. (eds.) (2003), *Banana Wars: Power, Production, and History in the Americas*, Durham and London: Duke University Press.

97 ibid.

98 Chapman, P. (2007), *Bananas: How the United Fruit Company Shaped the World*, Edinburgh: Canongate.

99 Moberg and Striffler (eds.), *Banana Wars: Power, Production and History in the Americas*.

100 Anderson, J. L. (2004), 'Nature's currency: The Atlantic mahogany trade and the commodification of nature in the eighteenth century', *Early American Studies*, 2: 47–80.

101 ibid.

102 ibid.

103 ibid.

104 Bankoff, G. (2013), ' "Deep Forestry": Shapers of the Philippine forests', *Environmental History*, 18: 523–56.

105 Pearson, M., and Lennon, J. (2010), *Pastoral Australia. Fortunes, Failures & Hard Yakka: A Historical Overview*, Victoria, Australia: CSIRO.

106 Frost, W. (1997), 'Farmers, government, and the environment: The settlement of Australia's "Wet Frontier", 1870–1920', *Australian Economic History Review*, 37: 19–38.

107 Ferrier, A. (2015), *Journeys into the Rainforest: Archaeology of Culture Change and Continuity on the Evelyn Tableland, North Queensland*, Canberra: Australian National University.

108 Brown, L. (2010), 'Monuments to freedom, monuments to nation: The politics of emancipation and remembrance in the eastern Caribbean', *Slavery and Abolition*, 23: 93–116.

109 Cushman, G. T. (2013), *Guano and the Opening of the Pacific World: A Global Ecological History*, Cambridge: Cambridge University Press.

110 Allen, R. B. (2014), 'Slaves, convicts, abolitionism and the global origins of the post-emancipation indentured labor system', *Slavery and Abolition*, 35: 328–48.

111 Bass, D. (2013), *Everyday Ethnicity in Sri Lanka: Up-country Tamil Identity Politics*, London: Routledge.

112 Firth, S. (1976), 'The transformation of the labour trade in German New Guinea, 1899–1914', *The Journal of Pacific History*, 11: 51–65.

113 Ramasamy, P. (1992), 'Labour control and labour resistance in the plantations of colonial Malaya', *The Journal of Peasant Studies*, 19: 87–105.

114 Holloway, T. H. (2004), 'Immigrants on the Land: Coffee and Society in Sao Paulo, 1886–1934', North Carolina: University of North Carolina Press.

115 Scharlin, C., and Villanueva, L. V. (2000), *Philip Vera Cruz: A Personal History of Filipino Immigrants and the Farmworkers Movement* (3rd edition), Washington: University of Washington Press.

116 Reyes, M. (2008), 'Migration and Filipino children left behind: A literature review', Quezon City, Philippines: Miriam College/UNICEF, retrieved from http://www.unicef. org/philippines/Synthesis_Study July12008.pdf.

117 Hobson, J. A. (2005) [1902], *Imperialism: A Study*, New York: Cosimo.

118 Wallerstein, I. (2007), 'The ecology and the economy: What is rational?', in A. Hornborg, J. R. McNeill and J. Martinez-Alier (eds.), *Rethinking Environmental History: World-System History and Global Environmental Change*, Plymouth: AltaMira Press, 379–90.

119 von Humboldt, A. (1814–29),'Personal Narrative', Volume 4, 143–4, cited in Wulf, A. (2015), *The Invention of Nature: The Adventures of Alexander von Humboldt, the Lost Hero of Science*, London: John Murray, 57–8.

120 McKittrick, K. (2013), 'Plantation futures', *Small Axe: A Caribbean Journal of Criticism*, 17: 1–15.

121 Moulton, A. A., and Popke, J. (2017), 'Greenhouse governmentality: Protected

agriculture and the changing biopolitical management of agrarian life in Jamaica', *Environment and Planning D: Society and Space*, 35: 714–732l.

122 Moulton, A. A., and Machado, M. R. (2019), 'Bouncing forward after Irma and Maria: Acknowledging colonialism, problematizing resilience and thinking climate justice', *Journal of Extreme Events*, 6: 1940003: DOI: 10.1142/S2345737619400037.

123 Byerlee, D. (2014), 'The fall and rise again of plantations in tropical Asia: History repeated?', *Land*, 3: 574–97.

124 Banerjee, A. (2005), 'History, institutions, and economic performance: The legacy of colonial land tenure systems in India', *American Economic Review*, 95: 1190–213.

125 Rudel, T. K. (2005), *Tropical Forests: Regional Paths of Destruction and Regeneration in the Late Twentieth Century*, New York: Columbia University Press.

126 ibid.

127 Pao, H.- T., and Tsai, C.- M. (2010), 'CO2 emissions, energy consumption and economic growth in BRIC countries', *Energy Policy*, 38: 7850–60.

128 Houghton, J. T., Ding, Y., Griggs, D. J., et al. (IPCC) (2001), *Climate Change 2001: The Scientific Basis. Contribution of Working Group I to the Third Assessment Report of the Intergovernmental Panel on Climate Change*, Cambridge: Cambridge University.

129 Myers, N. (1988), 'Tropical forests and their species: going, going . . . ?', in E. O. Wilson (ed.), *Biodiversity*, Washington: National Academy Press, 28–35.

130 Movuh, M. C. Y. (2012), 'The colonial heritage and post-colonial influence, entanglements and implications of the concept of community forestry by the example of Cameroon', *Forest Policy and Economics*, 15: 70–77.

131 Barber, S. (2020), 'Death by racism', *The Lancet, Infectious Diseases*, 20: DOI: https://doi.org/10.1016/ S1473-3099(20) 30567-3.

132 Levang, P., Dounias, E., and Sitorus, S. (2012), 'Out of the forest, out of poverty?', *Forests, Trees and Livelihoods*, 15: 211–35.

133 Morris, D. A. (1984), *The Origins of the Civil Rights Movement: Black Communities Organizing for Change*, New York: The Free Press.

134 Erfani-Ghettani, R. (2018), 'Racism, the Press and Black Deaths in Police Custody in the United Kingdom', in M. Bhatia, S. Poynting, and W. Tufail (eds.), *Media, Crime and Racism*, Palgrave Studies in Crime, Media and Culture, Palgrave Macmillan, 255–75.

135 Wilson, E. O. (ed.), (1988), *Biodiversity*, Washington, D.C.: National Academy Press.

第十二章　熱帶的「人類世」？

1　Walker, J. D., Geissman, J. W., Bowring, S. A., and Babcock, L. E. (2013), 'The Geological Society of America Geologic Time Scale', *Geological Society of America Bulletin*, 125: 259–72.

2　Malhi, Y. (2017), 'The concept of the Anthropocene', *Annual Review of Environment and Resources*, 42: 77–104.

3　Ronda, M. (2013), 'Mourning and Melancholia in the Anthropocene', *Post 45*: http://post45.org/2013/06/mourning-and-melancholia-in-the-anthropocene/.

4　Zalasiewicz, J., Waters, C. N., Summerhayes, C. P., et al. (2017), 'The Working Group on the Anthropocene: Summary of evidence and interim recommendations', *Anthropocene*, 19: 55–60.

5　rutzen, P. J. (2002), 'Geology of Mankind', *Nature*, 415: 23.

6　Ruddiman, W. F. (2003), 'The Anthropogenic Greenhouse Era Began Thousands of Years Ago', *Climatic Change*, 61, 261–93.

7　Ruddiman, W. F., Ellis, E. C., Kaplan, J. O., and Fuller, D. Q. (2015), 'Defining the epoch we live in', *Science*, 348: 38–9.

8　Ellis, E., Maslin, M., Boivin, N., and Bauer, A. (2016), 'Involve social scientists in defining the Anthropocene', *Nature*, 540: 192–3.

9　Roberts, P., Boivin, N., and Kaplan, J. (2018), 'Finding the anthropocene in tropical forests', *Anthropocene*, 23: 5–16.

10　Malhi, Y., Gardner, T. A., Goldsmith, G. R., et al. (2014), 'Tropical forests in the Anthropocene', *Annual Review of Environment and Resources*, 39: 125–59.

11　ibid.

12　Pimm, S. L., and Raven, P. (2000), 'Extinction by numbers', *Nature*, 403: 843–5.

13　Malhi, Y. (2012), 'The productivity, metabolism and carbon cycle of tropical forest vegetation', *Journal of Ecology*, 100: 65–75.

14　Brandon, K. (2014), *Ecosystem Services from Tropical Forests: Review of Current Science*, Washington D.C.: Center for Global Development Working Paper 380.

15　Wilson, J. B., Peet, R. K., Dengler, J., and Partel, M. (2012), 'Plant species richness: the world records', *Journal of Vegetation Science*, 23: 796–802.

16　Brugmann, H. (2020), 'Tree diversity reduced to the bare essentials', *Science*, 368: 128–9.

17　DRYFLOR, et al. (2015), 'Plant diversity patterns in neotropical dry forests and their conservation implications', *Science*, 353: 1383–7.

18　Watts, J. (2020), 'Tolkien was right: giant trees have towering role in protecting forests', *Guardian Online*: https://www.theguardian.com/environment/2020/apr/09/tolkien-was-right-giant-trees-have-towering-role-in-protecting-forests.

19　Larsen, M. C. (2017), 'Contemporary human uses of tropical forested watersheds and riparian corridors: Ecosystem services and hazard mitigation, with examples from Panama, Puerto Rico, and Venezuela', *Quaternary International*, 448: 190–200.

20　Samarakoon, M. B., Tanaka, N., and Iimura, K. (2013), 'Improvement of Effectiveness of Existing *Casuarina Equisetifolia* Forests in Mitigating Tsunami Damage', *Journal of Environmental Management*, 114: 105–14.

21　Powers, J. S., Montgomery, R. A., Adair, E. C., et al. (2009), 'Decomposition in tropical forests: A pan-tropical study of the effects of litter type, litter placement and mesofaunal exclusion across a precipitation gradient', *Journal of Ecology*, 97: 801–11.

22　Ruger, N., Condit, R., Dent, D. H., et al. (2020), 'Demographic trade-offs predict tropical forest dynamics', *Science*, 368: 165–8.

23　Lutz, J. A., et al. (2018), 'Global importance of large-diameter trees', *Global Ecology and Biogeography*, 27: 849–64.

24　Malhi, Gardner, Goldsmith, et al., 'Tropical forests in the Anthropocene'.

25　Sheil, D. (2014), 'How plants water our planet: advances and imperatives', *Trends in Plant Science*, 19: 209–11.

26　Met Office (2020), Tynemouth, UK Climate Averages: https://www.metoffice.gov.uk/research/climate/maps-and-data/uk-climate-averages/gcybzz9xh.

27　Lawrence, D., and Vandecar, K. (2015), 'Effects of tropical deforestation on climate and agriculture', *Nature Climate Change*, 5: 27–36.

28　Nogherotto, R., Coppola, E., Giorgi, F., and Mariotti, L. (2013), 'Impact of Congo Basin deforestation on the African monsoon', *Atmospheric Science Letters*, 14: 45–51.

29　Medvigy, D., Walko, R. L., Otte, M. J., and Avissar, R. (2013), 'Simulated changes in northwest U.S. climate in response to Amazon deforestation', *Journal of Climatology*, 26: 9115–36.

30　Werth, D., and Avissar, R. (2005), 'The local and global effects of African deforestation', *Geophysical Research Letters*, 32: L12704.

31　Prevedello, J. A., Winck, G. R., Weber, M. M., et al. (2019), 'Impacts of forestation and deforestation on local temperature across the globe', *PLOS ONE*:https://doi.org/10.1371/journal.pone.0213368.

32　Malhi, Y. (2010), 'The carbon balance of tropical forest regions, 1990–2005', *Current Opinions in Environmental Sustainability*, 2: 237–44.

33　Alkama, R., and Cescatti, A. (2016), 'Biophysical climate impacts of recent changes in global forest cover', *Science*, 351: 600–604.

34　Lawrence and Vandecar, 'Effects of tropical deforestation on climate and agriculture'.

35　ibid.

36　Malhi, Y. (2019), 'Does the Amazon provide 20% of our oxygen?': http://www.yadvindermalhi.org/blog/does-the-amazon-provide-20-of-our-oxygen.

37　Betts, R., Sanderson, M., and Woodward, S. (2008), 'Effects of large-scale Amazon forest degradation on climate and air quality through fluxes of carbon dioxide, water, energy, mineral dust and isoprene', *Philosophical Transactions of the Royal Society of London B Series: Biological Sciences*, 363: https://doi.org/10.1098/rstb.2007.0027.

38　Hoffmann, W. A., Schroeder, W., and Jackson, R. B. (2003), 'Regional feedbacks among fire, climate, and tropical deforestation, *Journal of Geophysical Research Atmosphere*, 108: https://doi.org/10.1029/ 2003 JD003494.

39　Lamb, K. (2019), 'Indonesian forest fires spark blame game as smoke closes hundreds of Malaysia schools', *Guardian Online*: https://www.theguardian.com/ world/2019/sep/12/indonesia-forest-fires-spark-blame-game-as-smoke-closes-hundreds-of-malaysia-schools.

40　Barrett, K. S. C., Jaward, F. M., and Stuart, A. L. (2019), 'Forest filter effect for polybrominated diphenyl ethers in a tropical watershed', *Journal of Environmental Management*, 248: 109279.

41　Lawrence and Vandecar, 'Effects of tropical deforestation on climate and agriculture'.

42　Roberts, P., and Petraglia, M. (2015), 'Pleistocene rainforests: barriers or attractive environments for early human foragers?', *World Archaeology*, 47: 718–39.

43　Doughty, C. E., Wolf, A., Morueta-Holme, N., et al. (2015), 'Megafauna extinction, tree species range reduction, and carbon storage in Amazonian forests', *Ecography*, 39: 194–203.

44　Davis, M., Faurby, S., and Svenning, J.- C.(2018), 'Mammal diversity will take millions of years to recover from the current biodiversity crisis', *Proceedings of the National*

Academy of Sciences of the United States of America, 115: 11262–7.

45 Doughty, Wolf, Morueta-Holme et al., 'Megafauna extinction, tree species range reduction, and carbon storage in Amazonian forests'.

46 Fairbairn, A. S., Hope, G. S., and Summerhayes, G. R. (2006), 'Pleistocene occupation of New Guinea's highland and subalpine environments', *World Archaeology*, 38: 371–86.

47 Kershaw, A. P. (1986), 'Climatic change and Aboriginal burning in north-east Australia during the last two glacial/interglacial cycles', *Nature*, 322: 47–9.

48 Haberle, S. G., Rule, S., Roberts, P., et al. (2010), 'Paleofire in the wet tropics of northeast Queensland, Australia', *PAGES*, 18: 78–80.

49 de Fatima Rossetti, D., de Toledo, P. M., Moraes-Santos, H. M., and de Araujo Santos Jr, A. E. (2004), 'Reconstructing habitats in central Amazonia using megafauna, sedimentology, radiocarbon, and isotope analysis', *Quaternary Research*, 61: 289–300.

50 Ruddiman, 'The Anthropogenic Greenhouse Era Began Thousands of Years Ago'.

51 Fuller, D. Q., van Etten, J., Manning, K., et al. (2011), 'The contribution of rice agriculture and livestock pastoralism to prehistoric methane levels', *The Holocene*, 21: 743–59.

52 Athens, J. S., and Ward, J. V. (2004), 'Holocene vegetation, savanna origins and human settlement of Guam', in V. Attenbrow and R. Fullagar (eds.), *A Pacific Odyssey: Archaeology and Anthropology in the Western Pacific. Papers in Honour of Jim Specht. Records of the Australian Museum, Supplement* 29, Sydney: Australian Museum, 15–30.

53 Levis, C., Flores, B. M., Moreira, P. A., et al. (2018), 'How people domesticated Amazonian forests', *Frontiers in Ecology and Evolution*, 5: 10.3389/fevo.2017.00171.

54 Maezumi, S. Y., Alves, D., Robinson, M., et al. (2018), 'The legacy of 4,500 years of polyculture agroforestry in the eastern Amazon', *Nature Plants*, 4:540–47.

55 Koch, A., Brierley, C., Maslin, M. M., and Lewis, S. L. (2019), 'Earth system impacts of the European arrival and Great Dying in the Americas after 1492', *Quaternary Science Reviews*, 207: 13–36.

56 Cook, B. I., Anchukaitis, K. J., Kaplan, J. O., et al. (2012), 'Pre- Columbian deforestation as an amplifier of drought in Mesoamerica', *Geophysical Research Letters*, 39: L16706.

57 Chepstow-Lusty, A. J., Bennett, K. D., Fjelsa, J., et al. (1998), 'Tracing 4000 years of environmental history in the Cuzco area, Peru, from the pollen record', *Mountain*

Research and Development, 18: 159–72.

58　Koch, Brierley, Maslin and Lewis, 'Earth system impacts of the European arrival and Great Dying in the Americas after 1492'.

59　Levis, Flores, Moreira, et al., 'How people domesticated Amazonian forests'.

60　Arroyo-Kalin, M. (2010), 'The Amazonian Formative: crop domestication and anthropogenic soils', *Diversity*, 2: 473–504.

61　Penny, D., Hall, T., Evans, D., and Polkinghorne, M. (2018), 'Geoarchaeological evidence from Angkor, Cambodia, reveals a gradual decline rather than a catastrophic 15th-century collapse', *Proceedings of the National Academy of Sciences of the United States of America*, 116: 4871–6.

62　Klein Goldewijk, K., Beusen, A., Doelman, J., et al. (2017), 'Anthropogenic land use estimates for the Holocene–HYDE 3.2', *Earth System Science Data*, 9, 927–53.

63　Koch, Brierley, Maslin and Lewis, 'Earth system impacts of the European arrival and Great Dying in the Americas after 1492'.

64　Lewis, S. L., and Maslin, M. A. (2015), 'Defining the anthropocene', *Nature*, 519: 171–80.

65　ibid.

66　ibid.

67　Anonymous (1603), 'Descripcion de la Villa y Minas de Potosi–Ano de 1603', in: *Relaciones Geográficas de Indias,* ed. Ministerio de Fomento, Vol. II, 113–36, Madrid: Ministerio de Fomento, quoted in J. W. Moore (2017), 'The Capitalocene, Part I: on the nature and origins of our ecological crisis', *Journal of Peasant Studies*, 44: 594–630, 24.

68　Miller, S. W. (2007), *An Environmental History of Latin America*, Cambridge: Cambridge University Press.

69　Moore, J. W. (2017), 'The Capitalocene, Part I: on the nature and origins of our ecological crisis', *Journal of Peasant Studies*, 44: 594–630, 24.

70　Wing, J. T. (2015), *Roots of Empire*, Leiden: Brill.

71　Moore, 'The Capitalocene, Part I: on the nature and origins of our ecological crisis'.

72　ibid.

73　Wolfe, A. P., Hobbs, W. O., Birks, H. H., et al. (2013), 'Stratigraphic expressions of the Holocene– Anthropocene transitions revealed in sediments from remote lakes', *Earth Science Reviews*, 116: 17–34.

74 Steffen, W., Grinevald, J., Crutzen, P., and McNeill, J. (2011), 'The Anthropocene: conceptual and historical perspectives', *Philosophical Transactions of the Royal Society A: Mathematical, Physical and Engineering Sciences*, 369: https://doi.org/10.1098/rsta.2010.0327.

75 Davis, J., Moulton, A. A., Van Sant, L., and Williams, B. (2018), 'Anthropocene, Capitalocene, . . . Plantationocene?: A manifesto for ecological justice in an age of global crises', *Geography Compass*, 2019: e12438.

76 ibid.

77 Haraway, D. (2015), 'Anthropocene, Capitalocene, Plantationocene, Chthulucene: Making Kin', *Environmental Humanities*, 6: 159–65.

78 ibid.

79 Yusoff, K. (2018), *A Billion Black Anthropocenes or None*, Minneapolis: University of Minnesota Press.

80 Davis, Moulton, Van Sant and Williams, 'Anthropocene, Capitalocene, . . .Plantationocene?: A manifesto for ecological justice in an age of global crises'.

81 Moore, 'The Capitalocene, Part I: on the nature and origins of our ecological crisis'.

82 ibid.

83 Edgeworth, M., de B. Richter, D., Waters, C., et al. (2015), 'Diachronous beginnings of the Anthropocene: The lower bounding surface of anthropogenic deposits', *Anthropocene Review*, 2: 33–58.

84 ibid.

85 Craig, O. E., Saul, H., Lucquin, A., et al. (2013), 'Earliest evidence for the use of pottery', *Nature*, 496: 351–4.

86 Edgeworth, Richter, Waters, et al., 'Diachronous beginnings of the Anthropocene: The lower bounding surface of anthropogenic deposits'.

87 Deckard, S. (2016), 'World- ecology and Ireland: The Neoliberal ecological regime', *Journal of World-Systems Research*, 22: 145–76.

88 Moore, J. W. (2007), 'Silver, ecology, and the origins of the modern world, 1450–1640', in A. Hornborg, J. R. McNeill and J. Martinez- Alier (eds.), *Rethinking Environmental History: World-System History and Global Environmental Change*, Plymouth: AltaMira Press, 123–42.

89 Woolford, A., Benvenuto, J., and Hinton, A. L. (eds.) (2014), *Colonial Genocide in*

Indigenous North America, Durham, NC: Duke University Press.

90   Hinkson, M., and Vincent, E. (eds.), 'Shifting Indigenous Australian Realities: Dispersal, Damage, and Resurgence', Special issue, *Oceania*, 88.

91   Dooling, W. (2007*), Slavery, Emancipation and Colonial Rule in South Africa*, Ohio: Ohio University Press.

第十三章　我們的家失火了

1   Thunberg, G. (2019), ' "Our house is on fire": Greta Thunberg, 16, urges leaders to act on climate', *Guardian Online*: https://www.theguardian.com/environment/2019/jan/25/our-house-is-on-ire-greta-thunberg16-urges-leaders-to-act-on-climate.

2   Barlow, J., Berenguer, E., Carmenta, R., and Fran'ca, F. (2019), 'Clarifying Amazonia's burning crisis', *Global Change Biology*, 26: 319–21.

3   World Meteorological Organization (2019), 'Australia suffers devastating fires after hottest, driest year on record': https://public.wmo.int/en/media/news/australia-suffers-devastating-fires-after-hottest-driest-year-record.

4   Reuters in Brasilia (2020), 'Brazil's Amazon rainforest suffers worst fires in a decade': https://www.theguardian.com/environment/2020/oct/01/ brazil-amazon-rainforest-worst-fires-in-decade.

5   Hansen, M. C., Potapov, P. V., Moore, R., et al. (2013), 'High- resolution global maps of 21st-century forest cover change', *Science*, 342: 850–53.

6   Corlett, R. T., and Primack, R. (2011), *Tropical Rain Forests: An Ecological and Biogeographical Comparison*, London: Wiley-Blackwell.

7   ibid.

8   Fa, J. E., Peres, C. A., and Meeuwig, J. (2002), 'Bushmeat exploitation in tropical forests: an intercontinental comparison', *Conservation Biology*, 16: 232–7.

9   Gibbs, D., Harris, N., and Seymour, F. (2018), 'By the numbers: The value of tropical forests in the climate change equation', World Resources Institute: https://www.wri.org/blog/2018/10/ numbers-value-tropical-forests-climate-change-equation.

10   The State of the Tropics Project (2020), *State of the Tropics 2020 Report*, Queensland, Australia: James Cook University Press.

11   Pimm, S. L., Jenkins, C. N., Abell, R., et al. (2014), 'The biodiversity of species and

their rates of extinction, distribution, and protection', *Science*, 344: 1246752.

12   Pimm, S. L., Jenkins, C. N., and Li, B. V. (2018), 'How to protect half of Earth to ensure it protects sufficient biodiversity', *Science Advances*, 4: DOI: 10.1126/sciadv. aat2616.

13   Bastin, J.- F., Fiengold, Y., Garcia, C., et al. (2019), 'The global tree restoration potential', *Science*, 365: 76–9.

14   Watson, J. E. M., Evans, T., Venter, O., et al. (2018), 'The exceptional value of intact forest ecosystems', *Nature Ecology & Evolution*, 2: 599–610.

15   UNESCO, 'Wet Tropics of Queensland': https://whc.unesco.org/en/list/486/.

16   Watson, Evans, Venter, et al., 'The exceptional value of intact forest ecosystems'.

17   Corlett and Primack, *Tropical Rain Forests: An Ecological and Biogeographical Comparison*.

18   Ghazoul, J., and Chazdon, R. (2017), 'Degradation and recovery in changing forest landscapes: A multiscale conceptual framework', *Annual Review of Environment and Resources*, 42: 161–88.

19   Harrison, R. D. (2011), 'Emptying the forest: Hunting and the extirpation of wildlife from tropical nature reserves', *BioScience*, 61: 919–24.

20   Roberts, P. (2018), 'Late Pleistocene tropical rainforest forager sustainability and resilience', in N. Sanz (ed.), *Exploring Frameworks for Tropical Forest Conservation: Managing Production and Consumption for Sustainability*, Mexico City: UNESCO, 116–35.

21   Barker, G., and Farr, L. (eds.) (2016), *Archaeological Investigations in the Niah Caves, Sarawak, The Archaeology of the Niah Caves, Sarawak*, Volume 2, McDonald Institute for Archaeological Research, Cambridge.

22   Van Vliet, N., Milner-Gulland, E. J., Bousquet, F., et al. (2009), 'Effect of small-scale heterogeneity of prey and hunter distributions on the sustainability of bushmeat hunting', *Conservation Biology*, 24: 1327–37.

23   Roberts, P. (2019), *Tropical Forests in Prehistory, History, and Modernity*, Oxford: Oxford University Press.

24   Dounias, E. (2016), 'From subsistence to commercial hunting: Technical shift in cynergetic practices among southern Cameroon forest dwellers during the 20th century', *Ecology and Society*, 21: http://dx.doi.org/10.5751/ ES-07946-210123.

25   Corlett and Primack, *Tropical Rain Forests: An Ecological and Biogeographical Comparison*.

26 Logan, A. L., Stump, D., Goldstein, S. T., et al. (2019), 'Usable pasts forum: Critically engaging food security', *African Archaeological Review*, 36: 419–38.

27 United Nations (2011), *Population distribution, urbanization, internal migration and development: an international perspective*, Department of Economic and Social Affairs, Population Division, Publication no. ESA/P/WP/223.

28 Connah, G. (2000), 'African city walls: a neglected source?', in D. M. Anderson and R. Rathbone (eds.), *Africa's Urban Past*, Oxford: James Currey, 36–51.

29 Simon, D., and Adam-Bradford, A. (2014), 'Archaeology and contemporary dynamics for more sustainable, resilient cities in the peri-urban interface', in B. Maheshwari, V. P. Singh and B. Thoradeniya (eds.), *Balanced urban development: Options and strategies for liveable cities*, Cham: Springer, 57–84.

30 ibid.

31 Roberts, P., Hunt, C., Arroyo-Kalin, M., et al. (2017), 'The deep human prehistory of global tropical forests and its relevance for modern conservation', *Nature Plants*, 3: 17093.

32 Carlos Quezada, J., Etter, A., Ghazoul, J., et al. (2019), 'Carbon neutral expansion of oil palm plantations in the Neotropics', *Science Advances*, 5: DOI: 10.1126/sciadv.aaw4418.

33 Meijaard, E., Abrams, J. F., Juffe-Bignoli, D., et al. (2020), 'Coconut oil, conservation and the conscientious consumer', *Current Biology*, 30: 757–8.

34 Pin Koh, L., Miettinen, J., Chin Liew, S., and Ghazoul, J. (2011), 'Remotely sensed evidence of tropical peatland conversion to oil palm', *Proceedings of the National Academy of Sciences*, 108: 5127–32.

35 Burney, D. A., and Burney, L. P. (2007), 'Paleoecology and "inter- situ" restoration on Kaua'i, Hawai'i', *Frontiers in Ecology and the Environment*, 5: 483–90.

36 Boesenkool, S., McGlynn, G., Epp, L. S., et al. (2013), 'Use of ancient sedimentary DNA as a novel conservation tool for high-altitude tropical biodiversity', *Conservation Biology*, 28: 446–55.

37 Louys, J., Corlett, R. T., Price, G. J., et al. (2014), 'Rewilding the tropics, and other conservation translocations strategies in the tropical Asia-Pacific region', *Ecology and Evolution*, 4 (22): 4380–98.

38 Ocheje, P. D. (2007), ' "In the public interest": forced evictions, land rights and human development in Africa', *Journal of African Law*, 51: 173–214.

39 Stanton, P., Stanton, D., Stott, M., and Parsons, M. (2014), 'Fire exclusion and the changing landscape of Queensland's Wet Tropics Bioregion 1. The extent and pattern of transition', *Australian Forestry*, 77: 51–7; and Stanton, P., Parsons, M., Stanton, D., and Stott, M. (2014), 'Fire exclusion and the changing landscape of Queensland's Wet Tropics Bioregion 2. The dynamics of transition forests and implications for management', *Australian Forestry*, 77: 58–68.

40 Roberts, P., Buhrich, A., Caetano-Andrade, V. L., et al. (2021), 'Reimagining the relationship between Gondwanan forests and Aboriginal land management in Australia's "Wet Tropics" ', *iScience*, 24: 102190, DOI: https://doi.org/10.1016/j.isci.2021.102190.

41 Maezumi, S. Y., Robinson, M., de Souza, J., et al. (2018), 'New insights from Pre-Columbian land use and fire management in Amazonian Dark Earth forests', *Frontiers in Ecology and Evolution*: https://doi.org/10.3389/fevo.2018.00111.

42 Breuste, J., and Dissanyake, L. (2013), 'Socioeconomic and environmental change of Sri Lanka's Central Highlands', in A. Borsdorf (ed.), *Forschen im Gebirge: Christoph Stadel zum 75. Gebursttag*, Christoph Stadel-Festschrift, Vienna: Verlag der Osterreichischen Akademie der Wissenschaften.

43 AOSIS (2017), *Rising Tides, Rising Capacity: Supporting a Sustainable Future for Small Island Developing States*, New York, NY: Association of Small Island States, United Nations Development Programme.

44 Schwitzer, C., Mittermeier, R. A., Johnson, S. E., et al. (2014), 'Averting lemur extinctions amid Madagascar's political crisis', *Science*, 343: 842–3.

45 Douglass, K., and Cooper, J. (2020), 'Archaeology, environmental justice, and climate change on islands of the Caribbean and southwestern Indian Ocean', *Proceedings of the National Academy of Sciences of the United States of America*, 117: 8254–62.

46 Gleeson, J. (2019), *Housing in our world cities: London, New York, Paris and Tokyo*, London: Greater London Authority: http://data.london.gov.uk.

47 Wet Tropics Management Authority (2020), World Heritage Area–facts and figures: https://www.wettropics.gov.au/world-heritage-area-facts-and-figures.html.

48 Ferrante, L., and Fearnside, P. M. (2020), 'Protect Indigenous peoples from COVID-19', *Science*, 368: 251.

49 Viana, V. (2010), *Sustainable Development in Practice: Lessons Learned from Amazonas*, London: International Institute for Environment and Development.

50 Edwards, G. A. S. (2019), 'Coal and climate change', *WIREs Climate Change*, 10: e607, https://doi.org/10.1002/wcc.607.

51 Finer, M., and Orta-Martinez, M. (2010), 'A second hydrocarbon boom threatens the Peruvian Amazon: trends, projections, and policy implications', *Environmental Research Letters*, 5: 014012.

52 Meijaard, E., and Sheil, D. (2019), 'The moral minefield of ethical oil palm and sustainable development', *Frontiers in Forests and Global Change* 2: DOI: 10.3389/ffgc.2019.00022.

53 Rist, L., Feintrenie, L., and Levang, P. (2010), 'The livelihood impacts of oil palm: smallholders in Indonesia', *Biodiversity and Conservation*, 19: 1009–24.

54 Muller, H., Rufin, P., Griffiths, P., et al. (2016), 'Beyond deforestation: Differences in long-term regrowth dynamics across land use regimes in southern Amazonia', *Remote Sensing of Environment*, 186: 652–62.

55 Corlett and Primack, *Tropical Rain Forests: An Ecological and Biogeographical Comparison*.

56 Ashton, P. S. (2010), 'Conservation of Borneo biodiversity: do small lowland parks have a role, or are big inland sanctuaries sufficient? Brunei as an example', *Biodiversity and Conservation*, 19: 343–56.

57 Voysey, B. C., McDonald, K. E., Rogers, M. E., et al. (1999), 'Gorillas and seed dispersal in the Lope Reserve, Gabon I: Gorilla acquisition by trees', *Journal of Tropical Ecology*, 15: 23–38.

58 DRYFLOR, et al. (2015), 'Plant diversity patterns in neotropical dry forests and their conservation implications', *Science*, 353: 1383–7.

59 ibid.

60 Levis, C., Flores, B. M., Mazzochini, G. G., et al. (2020), 'Help restore Brazil's governance of globally important ecosystem services', *Nature Ecology & Evolution*, 4: 172–3.

61 Roberts, Buhrich, Caetano-Andrade, et al., 'Reimagining the relationship between Gondwanan forests and Aboriginal land management in Australia's "Wet Tropics" '.

62 Cooper, J. (2012), 'Fail to prepare then prepare to fail: Re-thinking threat, vulnerability and mitigation in the pre-Columbian Caribbean', in J. Cooper and P. Sheets (eds.), *Surviving Sudden Environmental Change: Answers from Archaeology*, Boulder, CO: University Press of Colorado, 91–114.

63 Ferrier, A. (2015), *Journeys into the Rainforest: Archaeology of Culture Change and Continuity on the Evelyn Tableland, North Queensland*, Canberra: Australian National University.

64 Logan, Stump, Goldstein, et al., 'Usable pasts forum: Critically engaging food security'.

65 Corlett and Primack, *Tropical Rain Forests: An Ecological and Biogeographical Comparison.*

66 Roberts, Buhrich, Caetano-Andrade, et al., 'Primordial Gondwanaland or human forests?: Reimagining the Australian "Wet Tropics" and their conservation'.

67 Nicholas, A., Warren, Y., Bila, S., et al. (2010), 'Successes in community-based monitoring of cross river gorillas (*Gorilla gorilla diehli*) in Cameroon', *African Primates*, 7: 55–60.

68 Sheil, D., Boissiere, M., and Beaudoin, G. (2015), 'Unseen sentinels: local monitoring and control in conservation's blind spots', *Ecology and Society*, 20: http://dx.doi.org/10.5751/ES-07625-200239.

69 Putz, F. E., Zuidema, P. A., Synnott, T., et al. (2012), 'Sustaining conservation values in selectively logged tropical forests: the attained and the attainable', *Conservation Letters*, 5: 296–303.

70 Ebeling, J., and Yasue, M. (2009), 'The effectiveness of market-based conservation in the tropics: Forest certification in Ecuador and Bolivia', *Journal of Environmental Management*, 90: 1145–53.

71 Guemes-Ricalde, F. J., Villanueva-G, R., Echazarreta-Gonzalez, C., et al.(2005), 'Production costs of conventional and organic honey in the Yucatan Peninsula of Mexico', *Journal of Apicultural Research*, 45: 106–11.

72 ibid.

73 Soto-Pinto, L., Anzueto, M., Mendoza, J., et al. (2010), 'Carbon sequestration through agroforestry in indigenous communities of Chiapas, Mexico', *Agroforestry Systems*, 78: https://doi.org/10.1007/ s10457-009-9247-5.

74 Ghazoul, J., and Sheil, D. (2010), *Tropical Rain Forest Ecology, Diversity, and Conservation*, Oxford: Oxford University Press.

75 Aguilera, J. (2019), 'Bolsonaro says he won't accept $20 million to fight Amazon fires unless Macron apologises', *TIME*: https://time.com/5662395/ bolsonaro-reject-g7-pledge-amazon-fires/.

76 UN-REDD Programme Collaborative Online Workspace (2020), UN-REDD

Programme: http://www.unredd.net/regions-and-countries/regions-and-countries-overview.html.

77　Saeed, A.- R., McDermott, C., and Boyd, E. (2018), 'Examining equity in Ghana's national REDD+ process', *Forest Policy and Economics*, 90: 48–58.

78　Ghazoul and Sheil, *Tropical Rain Forest Ecology, Diversity, and Conservation.*

79　Butler, S., and Sweeney, M. (2018), 'Iceland's Christmas TV advert rejected for being political', *Guardian Online*: https://www.theguardian.com/media/2018/nov/09/iceland-christmas-tv-ad-banned-political-greenpeace-orangutan.

第十四章　全球責任

1　Evenstar, L. A., Stuart, F. M., Hartley, A. J., and Tattitch, B. (2015), 'Slow Cenozoic uplift of the western Andean Cordillera indicated by cosmogenic 3He in alluvial boulders from the Pacific Planation Surface', *Geophysical Research Letters*, 42: 8448–55.

2　Dentan, R. K. (1991), 'Potential Food Sources for Foragers in Malaysian Rainforest: Sago, Yams, and Lots of Little Things', *Bijdragen tot de Taal, Landen Volkenkunde*, 147: 420–44.

3　Morcote-Rios, G., Aceituno, F. J., Iriarte, J., et al. (2020), 'Colonisation and early peopling of the Colombian Amazon during the Late Pleistocene and the Early Holocene: New evidence from La Serrania La Lindosa', *Quaternary International*: https://doi.org/10.1016/j.quaint.2020.04.026.

4　Perfecto, I., Vandermeer, J. H., and Wright, A. L. (2009), *Nature's Matrix: Linking Agriculture, Conservation and Food Sovereignty*, Sterling, VA: Earthscan.

5　Hawthorne, W. (2010), *From Africa to Brazil: Culture, Identity, and an Atlantic Slave Trade, 1600–1830*, Cambridge: Cambridge University Press.

6　Sonter, L. J., Herrera, D., Barrett, D. J., et al. (2017), 'Mining drives extensive deforestation in the Brazilian Amazon', *Nature Communications*, 8: https://doi.org/10.1038/s41467-017-00557-w.

7　O'Neill, S., and Nicholson-Cole, S. (2009), ' "Fear won't do it": Promoting positive engagement with climate change through visual and iconic representations', *Science Communication*, 30: 355–79.

8　Sayyid, S. (2017), 'Post-racial paradoxes: rethinking European racism and anti-racism',

Patterns of Prejudice, 51: 9–25.

9 Boothby, J., and Hull, A. P. (1997), 'A census of ponds in Cheshire, North West England', *Aquatic Conservation: Marine and Freshwater Ecosystems*, 7: 75–9.

10 Hansen, M. C., Potapov, P. V., Moore, R., et al. (2013), 'High- resolution global maps of 21st-century forest cover change', *Science*, 342: 850–53.

11 Future Generations Commissioner for Wales (2020), 'The Future Generations Report 2020': https://www.futuregenerations.wales/wp-content/uploads/2020/06/Chap-3-Resilient.pdf.

12 Hansen, Potapov, Moore, et al., 'High- resolution global maps of 21st-century forest cover change'.

13 Strassburg, B. B. N., Rodrigues, A. S. L., Gusti, M., et al. (2012), 'Impacts of incentives to reduce emissions from deforestation on global species extinctions', *Nature Climate Change*, 2: 350–55.

14 Bullock, E. L., Woodcock, C. E., Souza Jr, C., and Olofsson, P. (2020), 'Satellite-based estimates reveal widespread forest degradation in the Amazon', *Global Change Biology*, 26: 2956–69.

15 Office for National Statistics (2009), 'Area', in I. Macrory (ed.), *Annual Abstract of Statistics*, Basingstoke: Palgrave Macmillan, 3–5.

16 Pearson, T. R. H., Brown, S., and Casarim, F. M. (2014), 'Carbon emissions from tropical forest degradation caused by logging', *Environmental Research Letters*, 9: https://doi.org/10.1088/1748-9326/9/3/034017.

17 Hosonuma, N., Herold, M., De Sy, V., et al. (2012), 'An assessment of deforestation and forest degradation drivers in developing countries', *Environmental Research Letters*, 7: https://doi.org/10.1088/1748-9326/7/4/044009.

18 Ahrends, A., Burgess, N. D., Milledge, S. A. H., et al. (2010), 'Predictable waves of sequential forest degradation and biodiversity loss spreading from an African city', *Proceedings of the National Academy of Sciences of the United States of America*, 107: 14556–61.

19 Romero-Sanchez, M. E., and Ponce-Hernandez, R. (2017), 'Assessing and monitoring forest degradation in a deciduous tropical forest in Mexico via remote sensing indicators, *Forests*, 8: https://doi.org/10.3390/f8090302.

20 Cordeiro, R. C., Turcq, B., Moreira, L. S., et al. (2014), 'Palaeofires in Amazon: Interplay

between land use change and palaeoclimatic events', *Palaeogeography, Palaeoclimatology, Palaeoecology*, 415: 137–51.

21 Marlon, J. R. (2020), 'What the past can say about the present and future of fire', *Quaternary Research*, 96: 66–87.

22 Fonseca, M. G., Alves, L. M., Aguiar, A. P. D., et al. (2019), 'Effects of climate and land-use change scenarios on fire probability during the 21st century in the Brazilian Amazon', *Global Change Biology*, 25: 2931–46.

23 Page, S. E., and Hooijer, A. (2016), 'In the line of fire: the peatlands of Southeast Asia', *Proceedings of the Royal Society B Series: Biological Sciences*, 371: https://doi.org/10.1098/rstb.2015.0176.

24 Fonseca, Alves, Aguiar, et al., 'Effects of climate and land-use change scenarios on fire probability during the 21st century in the Brazilian Amazon'.

25 Dutta, R., Das, A., and Aryal, J. (2016), 'Big data integration shows Australian bushfire frequency is increasing significantly', *Royal Society Open Science*, 3: https://doi.org/10.1098/rsos.150241.

26 Lenton, T. M., Rockstrom, J., Gaffney, O., et al. (2019), 'Climate tipping points–too risky to bet against', *Nature*, 575: 592–6.

27 SIMIP Community (2020), 'Arctic sea ice in CMIP6', *Geophysical Research Letters*, 47: https://doi.org/10.1029/2019GL086749.

28 State of the Tropics (2020), *State of the Tropics 2020 Report*, Townsville, Australia: James Cook University Press.

29 European Environment Agency (2020), 'Global and European temperatures':https://www.eea.europa.eu/data-and-maps/indicators/global-and-european-temperature-10/assessment.

30 King, A. D., and Harrington, L. J. (2018), 'The inequality of climate change from 1.5 to 2°C of global warming', *Geophysical Research Letters*, 45: 5030–33.

31 Lenton, Rickstrom, Gaffney, et al., 'Climate tipping points–too risky to bet against'.

32 Lovejoy, T. E., and Nobre, C. (2018), 'Amazon tipping point', *Science Advances*, 4: DOI: 10.1126/sciadv.aat2340.

33 Ferraz, G., Russell, G. J., Stouffer, P. C., et al. (2003), 'Rates of species loss from Amazonian forest fragments', *Proceedings of the National Academy of Sciences of the United States of America*, 100: 14069–73.

34 Thatte, P., Joshi, A., Vaidyanathan, S., et al. (2018), 'Maintaining tiger connectivity and minimizing extinction into the next century: Insights from landscape genetics and spatially-explicit simulations', *Biological Conservation*, 218: 181–91.

35 Benitez-Lopez, A., Santini, L., Schipper, A. M., et al. (2019), 'Intact but empty forests? Patterns of hunting-induced mammal defaunation in the tropics', *PLOS Biology*: https://doi.org/10.1371/journal.pbio.3000247.

36 Ghazoul, J., and Sheil, D. (2010), *Tropical Rain Forest Ecology, Diversity, and Conservation*, Oxford: Oxford University Press.

37 Rowland, J., Hoskin, C. J., and Burnett, S. (2019), 'Distribution and diet of feral cats (*Felis catus*) in the Wet Tropics of north-eastern Australia, with a focus on the upland rainforest', *Wildlife Research*, 47: 649–59.

38 *State of the Tropics 2020 Report.*

39 United Nations Department of Economic and Social Affairs (2019), *2019 revision of world population prospects*, New York: UN DESA.

40 *State of the Tropics 2020 Report.*

41 United Nations (2014), *2014 revision of world urbanization prospects*, New York: UN.

42 *State of the Tropics 2020 Report.*

43 ibid.

44 ibid.

45 ibid.

46 WHO and United Nations Settlements Programme (2010), *Hidden Cities: Unmasking and overcoming health inequalities in urban settings*, Kobe: World Health Organization Centre for Health Development.

47 *State of the Tropics 2020 Report.*

48 ibid.

49 Phelan, B., Bertzky, M., Butchart, S. H. M., et al. (2013), 'Crop expansion and conservation priorities in tropical countries', *PLOS ONE*, 8: https://doi.org/10.1371/journal.pone.0051759.

50 Dookhun, A. (2018), *Final country report LDN Target Setting Programme–Republic of Seychelles*, Bonn, Germany: UNCCD.

51 *State of the Tropics 2020 Report.*

52 Borrelli, P., Robinson, D. A., Fleischer, L. R., et al. (2017), 'An assessment of the global

impact of 21st century land use change on soil erosion', *Nature Communications*, 8: https://doi.org/10.1038/ s41467-017-02142-7.

53 World Bank (2018), *Poverty and shared prosperity 2018: Piecing together the poverty puzzle*, Washington, DC: World Bank.

54 *State of the Tropics 2020 Report*.

55 ibid.

56 Diffenbaugh, N. S., Singh, D., Mankin, J. S., et al. (2017), 'Quantifying the influence of global warming on unprecedented extreme climate events', *Proceedings of the National Academy of Sciences of the United States of America*, 114: 4881–6.

57 Eccles, R., Zhang, H., and Hamilton, D. (2019), 'A review of the effects of climate change on riverine flooding in subtropical and tropical regions', *Journal of Water and Climate Change*, 10: 687–707.

58 Alfieri, L., Bisselink, B., Dottori, F., et al. (2017), 'Global projections of river flood risk in a warmer world', *Earth's Future*, 5: 171–82.

59 Zhao, Y., Wang, C., and Wang, S. (2005), 'Impacts of present and future climate variability on agriculture and forestry in the humid and sub-humid tropics', *Climatic Change*, 70: 73–116.

60 Larsen, M. C. (2017), 'Contemporary human uses of tropical forested watersheds and riparian corridors: Ecosystem services and hazard mitigation, with examples from Panama, Puerto Rico, and Venezuela', *Quaternary International*, 448: 190–200.

61 Cange, C. W., and McGaw-Cesaire, J. (2020), 'Long-term public health responses in high-impact weather events: Hurricane Maria and Puerto Rico as a case study', *Disaster Medicine and Public Health Preparedness*, 14: 18–22.

62 Burkett, M. (2011), 'In search of refuge: Pacific islands, climate-induced migration, and the legal frontier', *AsiaPacific Issues*, 98: 1–8.

63 *State of the Tropics 2020 Report*.

64 Carroll, D., Daszak, P., Wolfe, N. D., et al. (2018), 'The global virome project', *Science*, 359: 872–4.

65 Dobson, A. P., Pimm, S. L., Hannah, L., et al. (2020), 'Ecology and economics for pandemic prevention', *Science*, 369: 379–81.

66 Van Heuverswyn, F., and Peeters, M. (2007), 'The origins of HIV and implications for the global epidemic', *Current Infectious Disease Reports*, 9: 338–46.

67 Olivero, J., Fa, J. E., Real, R., et al. (2017), 'Recent loss of closed forests is associated with Ebola virus disease outbreaks', *Nature Scientific Reports*, 7: https://doi.org/10.1038/ s41598-017-14727-9.

68 Dobson, Pimm, Hannah, et al., 'Ecology and economics for pandemic prevention'.

69 Zhou, P., Yang, X.- L., Wang, X.- G., et al. (2020), 'A pneumonia outbreak associated with a new coronavirus of probable bat origin', *Nature*, 579: 270–73.

70 Eberhard, D. M., Simons, G. F., and Fenning, C. D. (eds.) (2020), *Ethnologue: Languages of the World* (23rd edition), Dallas, Texas: SIL International.

71 Camacho, L. D., Gevana, D. T., Carandang, A. P., and Camacho, S. C. (2015), 'Indigenous knowledge and practices for the sustainable management of Ifugao forests in Cordillera, Philippines', *Journal of Biodiversity Science, Ecosystem Services & Management*, 12: 5–13.

72 Benz, B. F., Cevallos, E. J., Santana, M. F., et al. (2000), 'Losing knowledge about plant use in the sierra de manantlan biosphere reserve, Mexico', *Economic Botany*, 54: 183–91.

73 Stephens, C., Porter, J., Nettleton, C., and Willis, R. (2006), 'Disappearing, displaced, and undervalued: a call to action for Indigenous health worldwide', *The Lancet*, 367: 17–23.

74 Frechette, A., Ginsburg, C., and Walker, W. (2018), *A Global Baseline of Carbon Storage in Collective Lands*, Washington, DC: Rights and Resources Initiative.

75 Mitchard, E. T. A. (2018), 'The tropical forest carbon cycle and climate change', *Nature*, 559: 527–34.

76 Sitch, S., Friedlingstein, P., Gruber, N., et al. (2015), 'Recent trends and drivers of regional sources and sinks of carbon dioxide', *Biogeosciences*, 12: 653–79.

77 Mitchard, 'The tropical forest carbon cycle and climate change'.

78 Schleussner, C. F., Rogelj, J., Schaeffer, M., et al. (2016), 'Science and policy characteristics of the Paris Agreement temperature goal', *Nature Climate Change*, 6: 827–35.

79 Alroy, J. (2017), 'Effects of habitat disturbance on tropical forest biodiversity', *Proceedings of the National Academy of Sciences of the United States of America*, 114: 6056–61.

80 Giam, X. (2017), 'Global biodiversity loss from tropical deforestation', *Proceedings of the National Academy of Sciences of the United States of America*, 114: 5775–7.

81 Barnosky, A. D., Matzke, N., Tomiya, S., et al. (2011), 'Has the Earth's sixth mass extinction already arrived?', *Nature*, 471: 51–7.

82 Giam, 'Global biodiversity loss from tropical deforestation'.

83 Barnosky, Matzke, Tomiya, et al., 'Has the Earth's sixth mass extinction already arrived?'.

84 Coltart, C. E. M., Lindsey, B., Ghinai, I., et al. (2017), 'The Ebola outbreak, 2013–2016: old lessons for new epidemics', *Philosophical Transactions of the Royal Society B Series: Biological Sciences*, 372: https://doi.org/10.1098/rstb. 2016. 0297.

85 World Health Organization (2020), 'Coronavirus disease (COVID-19): Situation Report –192': https://www.who.int/docs/default-source/coronaviruse/situation-reports/20200730-covid-19-sitrep-192.pdf? sfvrsn= 5e52901f_4.

86 Dobson, Pimm, Hannah, et al., 'Ecology and economics for pandemic prevention'.

87 *State of the Tropics 2020 Report.*

88 World Bank (2019), 'Migration and remittances–Recent developments and outlook (Migration and Development Brief)', Washington, DC: World Bank.

89 *State of the Tropics 2020 Report.*

90 Biermann, F., and Boas, I. (2007), 'Preparing for a Warmer World: Towards a Global Governance System to Protect Climate Refugees', *Global Governance Working Paper*, 33, Amsterdam: Global Governance Project.

91 Roberts, P., and Stewart, B. (2018), 'Defining the "generalist- specialist" niche for Pleistocene *Homo sapiens* ', *Nature Human Behaviour*: DOI: 10.1038/s41562-018-0394-4.

92 Barbour, W., and Schlesinger, C. (2012), 'Who's the boss? Post-colonialism, ecological research and conservation management on Australian Indigenous lands', *Ecological Management & Restoration*, 13: 36–41.

93 Reality Check team BBC News (2019), 'Deforestation: Did Ethiopia plant 350 million trees in a day?': https://www.bbc.co.uk/news/world-africa-49266983.

94 *State of the Tropics 2020 Report.*

95 Goffner, D., Sinare, H., and Gordon, L. J. (2019), 'The Great Green Wall for the Sahara and the Sahel Initiative as an opportunity to enhance resilience in Sahelian landscapes and livelihoods', *Regional Environmental Change*, 19: 1417–28.

96 Reij, C., Tappan, G., and Smale, M. (2009), 'Re-greening the Sahel: farmer-led innovation in Burkina Faso and Niger. Agroenvironmental Transformation in the Sahel:

Another kind of "Green Revolution" ', IFPRI Discussion Paper, Washington DC: International Food Policy Research Institute.

97 Mbile, P. N., Atangana, A., and Mbenda, R. (2019), 'Women and landscape restoration: a preliminary assessment of women-led restoration activities in Cameroon', *Environment, Development and Sustainability*, 21: 2891–911.

98 Osei, R., Zerbe, S., Beckmann, V., and Boaitey, A. (2018), 'Socio- economic determinants of smallholder plantation sizes in Ghana and options to encourage reforestation', *Southern Forests: a Journal of Forest Science*, 81: 49–56.

99 Roberts, P., Buhrich, A., Caetano-Andrade, V. L., et al. (2021), 'Reimagining the relationship between Gondwanan forests and Aboriginal land management in Australia's "Wet Tropics" ', *iScience*, 24: 102190. DOI:https://doi.org/10.1016.j.isci.2021.102190.

100 Corlett, R. T., and Primack, R. (2011), *Tropical Rain Forests: An Ecological and Biogeographical Comparison*, London: Wiley-Blackwell.

101 Fonseca, Alves, Aguiar, et al., 'Effects of climate and land-use change scenarios on fire probability during the 21st century in the Brazilian Amazon'.

102 Hansen, Potapov, Moore, et al., 'High-resolution global maps of 21st-century forest cover change'.

103 Barbier, E. B., Lozano, R., Rodriguez, C. M., and Troeng, S. (2020), 'Adopt a carbon tax to protect tropical forests', *Nature*, 578: 213–16.

104 Strassburg, Rodrigues, Gusti, et al., 'Impacts of incentives to reduce emissions from deforestation on global species extinctions'.

105 Morgans, C. L., Meijaard, E., Santika, T., et al. (2018), 'Evaluating the effectiveness of palm oil certification in delivering multiple sustainability objectives', *Environmental Research Letters*, 13: 064032.

106 Vogelgesang, F., Kumar, U., and Sundram, K. (2018), 'Building a sustainable future together: Malaysian palm oil and European consumption', *Journal of Oil Palm, Environment and Health*, 9: 1–49.

107 Hasanah, N., Komarudin, H., Dray, A., and Ghazoul, J. (2019), 'Beyond Oil Palm: Perceptions of local communities of environmental change', *Frontiers in Forests and Global Change*, 2: DOI: 10.3389/ffgc.2019.00041.

108 Warren, M. (2019), 'Thousands of scientists are backing the kids striking for climate change', *Nature*, 567: 291–2.

109 Buchanan, L., Quoctrung, B., and Patel, J. K. (2020), 'Black Lives Matter may be the largest movement in U.S. History', *The New York Times*: https://www.nytimes.com/interactive/2020/07/03/us/george-floyd-protests-crowd-size.html.

110 Pingue, F. (2020), 'NFL'S Washington team to retire Redskins name and logo', Reuters: https://uk.reuters.com/article/uk-football-nfl-washington/nfls-washington-team-to-retire-redskins-name-and-logo-idUKKCN24E1OJ.

111 Elmi, O. (2020), 'Edward Colston: "Why the statue had to fall" ': https://www.bbc.co.uk/news/ uk-england-ristol-52965803.

112 Hurst, B. (2020), 'Brands backing Black Lives Matter: it might be a marketing ploy, but it also shows leadership', *The Conversation*: https://theconversation.com/brands-backing-black-lives-matter-it-might-be-a-marketing-ploy-but-it-also-shows-leadership-139874.

113 Batty, D. (2020), 'Universities criticised for "tokenistic" support for Black Lives Matter', *Guardian Online*: https://www.theguardian.com/education/2020/jul/06/universities-criticised-for-tokenistic-support-for-black-lives-matter.

114 Marshall, M. (2020), 'Planting trees doesn't always help with climate change': https://www.bbc.com/future/article/20200521-planting-trees-doesnt-always-help-with-climate-change.

致謝
Acknowledgements

　　寫出這本書，要感謝幾代以來的生態學家、生物學家、地球科學家、植物學家、動物學家以及環保主義者，他們的職業生涯共同揭開了「叢林」的非凡祕密。你在本書中所見到的內容，都建立在他們對環境的熱愛上，然而隨著幾十年歲月流逝，也看到環境越來越受到威脅。

　　從第一章開始，我就認為熱帶森林在人類歷史研究中普遍被「邊緣化」。儘管如此，我也希望強調考古學家、古人類學家、人類學家、歷史學家和古生態學家的工作。他們反對這種趨勢，並致力於將熱帶森林棲地整合起來，討論我們人類這物種的演化、糧食生產的出現、前工業城市定居地，以及歐洲殖民主義對景觀和人民的影響。這本書便是對他們的致敬。除了研究人員之外，這本書也說明了「科學」的進步遠非熱帶森林知識的唯一來源。原住民長期以來的呼籲，都一直強調叢林環境生態、文化和經濟的重要性，不僅因為他們是自己土地的管理者，他們還是整個世界環境的管理者。政府和科學家通常沒有仔細聆聽，或根本沒聽過原住民的這些呼籲聲音。

　　我非常慶幸能認識並與原住民一起共事，尤其斯里蘭卡萬尼亞拉脫人社區的 Uruwaruge Heenbanda 和 Uruwaruge Wanniya-laeto，以及分屬澳洲 Jirrbal、Djabugay 和 Mbabaram 原住民群體的 Desley Mosquito、Barry Hunter 和 Gerry Turpin 三人。原住民群體及其傳統知識必須得到承認和祝福，而非被忽視或剝削，它們為目前世界各地人類永續利用和管理這些環境，提供了最好的希望。

在一個科學面臨對倫理、工作環境和研究人員「審查」越來越嚴格的時代，我非常榮幸能在探索熱帶森林的過程中，拜訪一些最支持我的老師。我在牛津大學攻讀博士的兩位指導教授，讓我第一次接觸到動態的森林環境，從此我便一頭栽入其中。Mike Petraglia 向我介紹了斯里蘭卡及其非凡的史前歷史，Julia Lee-Thorp 則為我提供進一步探索的方法論工具。回想起來，我確信我一定是個難搞又惱人的學生，我希望我所有的紅筆標注以及他們讓我不斷敲門的作法，對他們來說是值得的。我也將永遠感謝與我同一機構的第一位顧問 Peter Mitchell；如果沒有他，我可以確定自己既不會是學者也不成為考古學家。當然，若沒有斯里蘭卡當地合作者的支持和善意，這裡甚至永遠不會成為我造訪的第一個熱帶森林──Siran Deraniyagala 博士把這個島嶼放在更新世考古學的地圖上，Nimal Perera 博士則確定了它的位置；還有 Oshan Wedage 博士，他是任何人都想擁有的最真實、最忠誠的朋友，也是位才華洋溢的研究人員。多虧他們，南亞這個地區考古學科的未來被充分掌握。我也非常感謝現在的老闆 Nicky Boivin，在我繼續在熱帶世界擴展研究時，他一直是最鼓舞人心、最能理解和最會幫忙加油打氣的導師，感謝你提供機會和資源來滿足我的熱情。我永遠不會忘記自己是多麼幸運，如果沒有你們的支持，這本書就不會存在。

雖然因出書而合作不順的恐怖故事經常在各地會議和咖啡時間裡出現，但在熱帶森林研究的背景下，我一直對來自世界各地的同行所提供的友好鼓勵、投入和幫助感到受寵若驚。撰寫這本書的過程當然也不例外。書中的引用和圖像來源，足以證明同事的慷慨，以及從博士生到教授，從歷史學家到地球科學家各種不同的聲音，在在激發我理解從熱帶森林到地球生命的重要性。

我更要感謝每一位建議參考文獻、回答我惱人問題並協助詳讀本書不同部分的人：Victor Lery Caetano Andrade（前言），Tim Lenton、Silvia Pressel 和 Luke Meade（第一章），Carlos Jaramillo（第二章），Emma Dunne、Leonardo Salgado 和 Paul Barrett（第三章），Zhe-Xi Luo、Tyler Lyson 和 Gina

Semprebon（第四章），Yohannes Haile-Selassie、Tim White、Sarah Feakins 和 Kira Westaway（第四章），Yohannes Haile-Selassie、Tim White、Sarah Feakins 和 Kira Westaway（第五章）、Eleanor Scerri、Oshan Wedage 和 Sue O'Connor（第六章），Tim Denham、Dolores Piperno、José Iriarte 和 Umberto Lombardo（第七章）、Scott Fitzpatrick、Monica Tromp 和 Kristina Douglass（第八章）、Lisa Lucero、Damian Evans 和 Eduardo Neves（第九章），Alexander Koch、Noel Amano、Amanda Logan 和 Grace Barretto-Tesoro（第十章），Alicia Odewale、Ayushi Nayak、John Hemming、John Tully、Kathy Morrison、Åsa Ferrier、Meena Menon、Justin Dunnavant 和 Alex Moulton（第十一章）、Nicky Boivin、Yadvinder Malhi、Nadja Rüger、Yoshi Maezumi 和 Janae Davis（第十二章），以及 Renier van Raders、Emuobosa Orijemie、Desley Mosquito 和 Douglas Sheil（第十三章）。這本書所表達的觀點都是我自己的觀點，若有任何錯誤都不應歸咎於他們。再次謝謝他們幫我完成了這本書。

　　雖然幫助我撰寫本書並進行探索的其他同事實在太多，無法一一列舉，但我還是要特別感謝在斯里蘭卡以外的各地合作者，謝謝他們歡迎我進入他們的國家和研究環境。他們教給我的東西，比我所能回報的還要多。包括菲律賓的 Grace Barretto-Tesoro 和 Francis Gealogo、Letícia Morgana Muller、Hilton Pereira、巴西的 Eduardo Neves、Eduardo Tamanaha、Carolina Levis 和 Charles Clement、墨西哥的 Oscár Solis、奈及利亞的 Emuobosa Orijemie、Åsa Ferrier、Alice Buhrich、 Desley Mosquito、Barry Hunter、Gerry Turpin、Richard Cosgrove、Simon Haberle 和澳洲的 Janelle Stevenson，印度的 Ravi Korisettar，印尼的 Mahirta Mahirta。正是他們的工作和努力，以及與他們合作（或一起參與）的原住民群體和利益相關者，為熱帶森林在國家和全球意義的文化和自然遺產上，鞏固了地位。

　　我還要感謝那些經常在書上看不到名字的行政和支援人員，他們讓我們的所有研究成為可能。對我來說，這些人包括馬克斯普朗克人類歷史科學研究所的 Anja Schatz、Anja Hannewald、Ellen Richter、Dorit

Wammetsberger、Graeme Richardson、Daniela Gütsch、Beate Kerpen、Anna Pallaske、Michelle O'Reilly、Hans Sell、Christian Nagel、Gerd Kusserow、Thomas Baumman、Thomas Melzer 和 Thomas Brückner。而我們的實驗室成員包括 Stefanie Schirmer、Ulrike Thüring、Dovydas Jurkenas、Mary Lucas、Erin Scott、Elsa Perruchini、Sara Marzo、Bianca Fiedler 和 Jana Ilgner。還有 Anneke van Heteren（巴伐利亞邦動物標本蒐集研究所），Jacques Cuisin、Violaine Nicolas-Colin、Géraldine Véron、Joséphine Lesur 和 Christine Lefèvre（國家自然歷史博物館），Malcolm McCallum 和 Tom Gillingburg（愛丁堡大學），謝謝他們的博物館收藏在採樣與歸還上的協助。還要感謝博物館的所有參觀者、報導的記者、同行評審、期刊編輯、處理實地工作許可的國家政府和行政部門成員、教師，以及支持我們在世界各地工作的納稅人、選民和政治家。

　　這些或許還不夠，在承擔責任和壓力的同時，領導一個研究小組也帶來相當多的好處。其中最重要的是，能監督來自不同背景的天才學生和博士後研究人員，透過我的研究室能以某種方式與這些才華橫溢和積極進取的人互動，真是莫大的榮幸，他們包括：Victor Lery Caetano Andrade、Ayushi Nayak、Maddy Bleasdale、Rebecca Jenner Hamilton、Bob Patalano、Max Findley、Jillian Swift , Anneke Janzen、Alicia Ventresca-Miller、Noel Amano、Asier García-Escárazaga、Eleftheria Orfanou、Oshan Wedage、Michael Ziegler、Phoebe Heddell-Stevens、Patxi Perez Ramallo、Neha Dhavale、Celeste Samec、Verónica Zuccarelli、Culeye Wang Óscar Ricardo Solís Torres、Letícia Morgana Muller、Giulia Riccomi 和 Clara Boulanger，我從你們身上學到很多東西，也很榮幸能以某種方式參與在你們激動人心的研究當中，我相信這些研究將有助於制定考古學和古生態學的議題，當然也包括未來日子裡的熱帶地區研究。

　　除了上面列出的許多人之外，我還要額外感謝一些人，他們在我職業生涯的不同階段，迫使我將工作放在一邊，（通常是）在談論其他事情時產生了變化。特別要感謝 Tom Boulton、Jonny Rollings、Max Mewes、Christoph

Brückner、Christoph Klose、Gerd Gleixner、Florian Ott、Rob Spengler、Andrea Kay、Julien Louys、Gilbert Price、Katerina Douka、Tom Higham、Brian Stewart、Sam Challis、Luíseach Nic Eoin、Rachel King、Mark McGranaghan、Ed Peveler、Abi Tomkins、Olly Beeley、Adam Besant、Vaughan Edmonds、Dan McArthur、Andy Baldock、Alison Crowther、Cosimo Posth、Mathew Stewart、Huw Groucutt 和 Eleanor Scrri，作為我事業上與喝啤酒時的好夥伴。

撰寫這本書是一種極大的樂趣，儘管過程並非一帆風順。我非常感謝我的編輯，尤其是英國的 Connor Brown 和美國的 Eric Henney，他們的熱情和耐心最終將這本書製成出版物。希望這本書對你們當中那些好心人具有足夠的可讀性！我還要感謝文案編輯 Annie Lee 對我手稿詳細、耐心的閱讀。也要感謝英國企鵝蘭登書屋 Viking 的藝術團隊，將我的塗鴉和散文變成拿得出來的藝術品，並將熱帶森林的故事帶入人們的生活。書中不同部分所使用的「藝術家重現古代情景」，也是由許多出色的創作者繪成，包括：Jeff Gage 的泰坦巨蟒（Titanoboa）奇妙畫作、Jay Matternes 的「雅蒂」圖片、Bob Nicholls 從石炭紀到侏羅紀的古代環境精采再現、Velizar Simeonovski 重現的象鳥、April Neander 的侏羅紀滑翔動物「翔齒獸屬」形象。如果沒有這些精湛圖像，要描述熱帶森林及其居民的漫長旅程就會有些困難。當然，若沒有我在 Hardman & Swainson 的出色經紀人 Joanna Swainson 和 Thérèse Coen，我的書甚至沒辦法進入編輯或插畫的階段。感謝你們對這本書的信任，閱讀了每一頁並談判合約和稿酬等。這一切真的是第一次出版書籍的作者的最好體驗了。我還要感謝幾位「無名編輯」，尤其是 Noel Amano、Max Findley 和 Rebecca Hamilton，他們抽出時間對本書的許多不同部分（而且很多次）提供了非常有用的評論。

如果沒有迄今為止我從各個機構獲得的慷慨資助和支持，本書的研究便不可能完成。這些機構包括牛津大學考古學院、牛津大學聖休學院、克拉倫登基金會、桑坦德基金會、自然環境研究委員會、牛津大學博伊西基金會、PAGES 園區和非洲協會考古學家、聯邦教育部、博登堡校區、國家

地理學會和歐洲研究委員會。還要特別感謝馬克斯普朗克學會為我的職位、實驗室設備和我在整個熱帶地區的研究計畫提供資金。面對經濟危機、日益增長的民族主義以及最近的流行病，研究資金往往最先被刪減，尤其是人文社科學科的研究資金。舉例來說，歐洲研究委員會最近便明顯面臨預算刪減。在這種艱難時期，一定還有許多事更應獲得財政支持，但這些資金讓我得以探索本書問題。若沒有這些資金，一切都不可能發生。我也充分意識到在第十章和第十一章裡探討的相同歷史過程和不平等，終於讓我擁有一個特殊的平台來進行這項工作。我們迫切需要大眾進一步支持那些來自熱帶地區、有才華的研究人員所領導和推動的熱帶研究計畫。我在書中也呈現其中一些人想表達的訊息。

最後要感謝的人除了我的老師、同事、朋友和資金之外，支持我走到最後寫完這本書的，就是我的家人。最支持我的家人就是我的母親和父親朱莉婭和尼爾。他們帶我參觀博物館、考古遺址和自然保護區。這些旅行激發了我對人類過去的興趣（也謝謝我弟弟湯姆的忍耐），在他們的經濟和愛心支持下，我才能在學術階梯上邁出第一步，在大學學習考古學和人類學。我想要的每一本書，不管書名聽起來有多無聊，他們都買來給我。我也必須感謝我的兩位祖母凱和瑪格麗特，當我穿越自己的「叢林」時，她們都一直照看著我。她們的「良善」也對我的人生產生了重大影響，我從未在任何人身上看過她們兩位身上的善良。我希望自己也能像她們一樣滿心懷抱著那種幫助人前進的願望。我的阿姨阿里是最關心、最有愛心、也最支持我的親人。我的妻子 Jana 和我們的孩子 Rhys、Ida 和 Livia，是我在熱帶地區可以持續努力的支持力量。他們隨時歡迎來自世界各地的同事和朋友到我們家造訪（儘管他們也經常能享受到從各地而來的美食……）。他們容忍我花許多時間在熱帶地區進行實地考察，或是與其他森林愛好者參加會議；他們也讓我有時間寫作。正如 Livia 所說：「這間房子裡充滿了混亂與愛。」我想要真摯地說：感謝你們所做的一切，我所有的愛都將奉獻給你們。我還要感謝演技出色的岳母 Bettina Ilgner，她的真心不可多得，她對家人的關

心讓他們度過艱難和美好的時光，而且遠比她所知道的要來得多。

鷹之眼 04

叢林：
關於地球生命與人類文明的大歷史
JUNGLE：How Tropical Forests Shaped the World – and Us

作　　　者	派區克‧羅勃茲 Patrick Roberts
編　　　者	吳國慶
審　　　訂	鍾國芳

副 總 編 輯	成怡夏
責 任 編 輯	成怡夏
行 銷 總 監	蔡慧華
封 面 設 計	莊謹銘
內 頁 排 版	宸遠彩藝

社　　　長	郭重興
發 行 人 暨 出 版 總 監	曾大福
出　　　版	遠足文化事業股份有限公司 鷹出版
發　　　行	遠足文化事業股份有限公司 231 新北市新店區民權路 108 之 2 號 9 樓
電　　　話	02-2218-1417
傳　　　真	02-8661-1891
客 服 專 線	0800-221-029

法 律 顧 問	華洋法律事務所 蘇文生律師
印　　　刷	成陽印刷股份有限公司

初　　　版	2022 年 4 月
定　　　價	600 元

Ｉ Ｓ Ｂ Ｎ	9789860682182（紙本） 9786269580507（EPUB） 9789860682199（PDF）

國家圖書館出版品預行編目 (CIP) 資料

叢林：關於地球生命與人類文明的大歷史 / 派區克. 羅勃茲 (Patrick Roberts) 作；吳國
慶譯 . -- 初版 . -- 新北市：遠足文化事業股份有限公司鷹出版：遠足文化事業股份有限
公司發行, 2022.04
　面；　公分
譯自 : Jungle : how tropical forests shaped the world-and us.
ISBN 978-986-06821-8-2(平裝)
1. 森林生態學　　2. 熱帶雨林
436.12　　　　　　　　　　　　　　　　　　　　　　111001945